D. Rosenberger

Technische Anwendungen des Lasers

Unter Mitarbeit von
E. Klement, U. Köpf, M. Lang, G. Rauscher

Springer-Verlag
Berlin · Heidelberg · New York 1975

Dr. rer. nat. Dieter Rosenberger

Dr. rer. nat. Ekkehard Klement
Dr. rer. nat. Ulrich Köpf
Dr. rer. nat. Manfred Lang
Dipl.-Phys. Gerhard Rauscher

sämtlich Mitarbeiter der Siemens AG, München

Mit 208 Abbildungen

ISBN-13:978-3-642-93031-7   e-ISBN-13:978-3-642-93030-0
DOI: 10.1007/978-3-642-93030-0

Vorwort

Der Laser als Strahlungsquelle hoher Kohärenz und Leuchtdichte hat seit seiner ersten Realisierung im Jahre 1960 bereits eine breite technische Anwendung gefunden. Sein Einsatz erstreckt sich derzeit überwiegend auf Aufgaben der Meßtechnik und Materialbearbeitung. Die Entwicklung bei der optischen Nachrichten- und Datentechnik sowie die Forschungsarbeiten auf den Gebieten der optischen Analyse und Photochemie lassen jedoch erkennen, daß der Laser auch in diesen Bereichen Einzug halten wird.

Im vorliegenden Buch werden die derzeit bedeutendsten technischen Anwendungsmöglichkeiten des Lasers behandelt. Nach einer Einführung in die Grundlagen der technisch wichtigen Lasersender, Modulatoren und Detektoren werden in den ersten Abschnitten zunächst die Anwendungsbereiche vorgestellt, in denen der Einsatz des Lasers bereits technische Realität ist. Ein breiter Raum ist dabei der Lasermeßtechnik gewidmet: Justiertechnik, Dicken- und Entfernungsmessung, Geschwindigkeitsmessung und Kurzzeitphotographie sowie interferometrische Meßtechnik werden an einer Reihe von Beispielen ausführlich erläutert. Ein betont praxisorientierter Abschnitt führt in das Gebiet der Materialbearbeitung ein. Die Darstellung in diesen Abschnitten ist bemüht, neben der Erläuterung der zugrunde liegenden physikalischen Effekte und Meßprinzipien auch praktische Hilfen für die aktuelle Anwendung zu geben. Diese Abschnitte wenden sich also gleichermaßen an Physiker, Ingenieure und Techniker.

Anschließend werden optische Nachrichtentechnik mit freien und geführten Wellen sowie optische Informationsverarbeitung und Datenspeicherung – Gebiete, auf denen noch Forschungs- und Entwicklungsarbeit geleistet wird – in ihren wesentlichen Zügen vorgestellt. Bei der optischen Informationsverarbeitung konnte auf die Grundelemente des für die Kohärenzoptik typischen mathematischen Formalismus nicht völlig verzichtet werden, was die Lektüre dieses Abschnitts zweifellos etwas erschwert. Erhöhte Anforderungen an die Vorkenntnisse werden auch bei der Abhandlung über den Einsatz des Lasers für Analyse und

Photochemie verlangt. Für diesen Abschnitt gilt in noch höherem Maße als für die übrigen Beiträge des vorliegenden Buches, daß bei dem vorgegebenen Umfang eine ausgewogene Darstellung des breiten Anwendungsspektrums nur durch äußerst knappe Formulierung möglich war. Biologische und medizinische Anwendungen des Lasers werden daher auch nur soweit behandelt, als es für eine Erläuterung des Laserstrahlenschutzes notwendig ist.

Die Verfasser dieses Buches haben ihre Kenntnisse zum überwiegenden Teil durch mehrjährige Arbeit auf den von ihnen bearbeiteten Teilgebieten in den Laboratorien der Siemens Aktiengesellschaft gewonnen. Sie danken an dieser Stelle allen Kollegen und deren Instituten für die Überlassung von Bildmaterial. Ein besonderer Dank gilt Herrn Dr. P. Graf, Siemens AG, Bereich Datentechnik, für die Bereitstellung von Manuskripten über Modulations- und Detektionsverfahren, sowie Herrn Dr. B. Koch, Deutsch-Französisches Forschungsinstitut, St. Louis, für die sorgfältige Durchsicht eines Manuskriptes zu Abschnitt 3. Dem Springer-Verlag sei für die sorgfältige Ausführung des Buches Dank gesagt.

München, im August 1974   Dieter Rosenberger

Inhaltsverzeichnis

Häufig benutzte Bezeichnungen

Physikalische Konstanten

$e = 1{,}602 \cdot 10^{-19}$ As $\qquad$ Elektronenladung
$c = 2{,}998 \cdot 10^{8}$ m s^{-1} $\qquad$ Lichtgeschwindigkeit im Vakuum
$\varepsilon_0 = 8{,}854 \cdot 10^{-12}$ AsV^{-1}m^{-1} $\qquad$ Dielektrizitätskonstante des Vakuums
$\mu_0 = 1{,}257 \cdot 10^{-6}$ VsA^{-1} m^{-1} $\qquad$ Permeabilität des Vakuums
$Z_0 = \mu_0^{1/2}\,\varepsilon_0^{-1/2} = 376{,}7\ \Omega$ $\qquad$ Wellenwiderstand des Vakuums
$k = 1{,}380 \cdot 10^{-23}$ JK^{-1} $\qquad$ Boltzmann-Konstante
$h = 6{,}625 \cdot 10^{-34}$ Js $\qquad$ Plancksches Wirkungsquantum

Mathematische Symbole

c . c $\qquad$ konjugiert komplexer Ausdruck einer komplexen Funktion
$\lg x$ $\qquad$ Briggsscher Logarithmus von x
$\ln x$ $\qquad$ natürlicher Logarithmus von x
$\exp x = e^{x}$
V, v $\qquad$ Vektoren V, v
e $\qquad$ Einheitsvektor
$J_m(x)$ $\qquad$ Besselfunktion m-ter Ordnung

Physikalische Größen

C	Kapazität	n	Brechungsindex
c_p	spezifische Wärme	n	Anzahldichte
E, $\boldsymbol{E}$	Elektrische Feldstärke	n_e	Elektronendichte
f	Brennweite	N	Anzahl
f	Frequenz	P	Leistung
F	Fresnelzahl	p	Druck
F	Blendenzahl	R	Widerstand
I	Stromstärke	r	Ortsvektor
i	Stromdichte	r	Krümmungsradius
$\boldsymbol{k}$	Ausbreitungsvektor, Wellenvektor	S	Leistungsflußdichte, Intensität
k	thermische Diffusionskonstante	T	Temperatur
		t	Zeit
L	Induktivität	U	elektrische Spannung

v	Geschwindigkeit	$\varkappa$	Wärmeleitungskoeffizient
W	Energie	λ	Wellenlänge im Vakuum
w	Energiedichte	ν	Frequenz
α	Dämpfungskonstante, bezogen auf Leistung	$\Delta\nu$	Linienbreite
		$\tilde{\nu}$	Wellenzahl $(= \nu/c)$
β	Phasenkonstante einer Welle	τ	Zeitkonstante, Lebensdauer
η	Wirkungsgrad	Ω	Raumwinkel
Θ	Öffnungswinkel	ω	Kreisfrequenz $(= 2\pi\nu)$

Energie-Umrechnungstabelle $(eU = kT = h\nu = hc\tilde{\nu})$

	U	T	ν	$\tilde{\nu}$
	V	K	Hz	cm^{-1}
$U = 1\,\text{V} \quad \triangleq$	1	$1{,}161 \cdot 10^4$	$2{,}418 \cdot 10^{14}$	$8{,}066 \cdot 10^3$
$T = 1\,\text{K} \quad \triangleq$	$8{,}617 \cdot 10^{-5}$	1	$2{,}083 \cdot 10^{10}$	$6{,}950 \cdot 10^{-1}$
$\nu = 1\,\text{Hz} \quad \triangleq$	$4{,}136 \cdot 10^{-15}$	$4{,}799 \cdot 10^{-11}$	1	$3{,}335 \cdot 10^{-11}$
$\tilde{\nu} = 1\,\text{cm}^{-1} \triangleq$	$1{,}240 \cdot 10^{-4}$	$1{,}439$	$2{,}998 \cdot 10^{10}$	1

1. Grundlagen

1.1. Überblick

Die technische Anwendung des Laserlichtes erfordert neben leistungsfähigen, zuverlässigen Lasersendern eine Reihe optischer Komponenten,
die der Weiterleitung, der Modulation und Detektion der Strahlung
dienen. Obwohl die Anforderungen an ein technisches Lasersystem im
Hinblick auf Gesamtaufbau, auf Qualität und Intensität der Strahlung
und Leistungsfähigkeit der einzelnen Komponenten je nach Anwendungszweck sehr verschieden sind, erscheint es zweckmäßig, die grund-
legenden Elemente in geschlossener Form vorzustellen.

Nach einer kurzen Einführung in die Wirkungsweise und den Aufbau
von Lasern werden in diesem Abschnitt die charakteristischen Eigenschaften der technisch interessanten Lasertypen, die Ausbreitung und
Fokussierung von Laserlicht sowie die Modulation und Detektion der
Strahlung behandelt.

Es erschien dabei wichtiger, die Funktion der einzelnen Elemente
und den erreichten technischen Stand aufzuzeigen, als weitergehende
Erklärungen der zugrunde liegenden quantenmechanischen, elektro- und
akustooptischen Effekte zu geben. Hierzu muß auf die jeweiligen Lehr-
bücher verwiesen werden.

1.2. Lasersender für technische Anwendungen

1.2.1. Allgemeines Laserprinzip

Der Laser ist ein Lichtverstärker, der bei geeigneter Rückkopplung
durch Selbsterregung zum Lichtoszillator wird. Als Lasersender emittiert er ein Bündel weitgehend kohärenter elektromagnetischer Wellen,
deren Frequenzen vom Ultravioletten bis ins Submillimetergebiet reichen
können [1.1 bis 1.7].

Die Verstärkung im Laser geschieht durch stimulierte (oder indu-
zierte) Emission in einem invertierten Medium. Die aus dem oberen
Laserniveau abgerufenen Lichtquanten werden dabei in Phase mit denen

der induzierenden Strahlung emittiert; die Laserverstärkung erfolgt also phasentreu.

Die Anregungsenergie wird je nach Lasertyp auf unterschiedliche Weise zugeführt. Festkörper- und Flüssigkeitslaser werden durch Einstrahlen von Licht „optisch gepumpt", beim Gaslaser werden die Atome, Ionen oder Moleküle durch Stöße in Gasentladungen angeregt. Molekülterme können jedoch auch durch chemische Reaktionen oder durch Zufuhr thermischer Energie mit nachfolgender rascher Abkühlung invertiert werden. Beim Halbleiterlaser schließlich wird Inversion in der Regel durch Injektion von Elektronen aus dem n- in den p-Bereich einer Laserdiode erzielt.

In den meisten Fällen wird der Laser als rückgekoppelter Lichtverstärker betrieben. Das zunächst durch einen spontanen Übergang zwischen den Laserniveaus emittierte Licht wird dabei zwischen zwei das Lasermedium begrenzenden Spiegeln hin- und herreflektiert. Sobald die Verstärkung im Lasermedium die von der Spiegelgeometrie, Spiegeltransmission und Streuung an Begrenzungsflächen abhängigen Verluste des optischen Resonators überwiegt, tritt durch Selbsterregung Laseroszillation ein. Der Laser arbeitet dann als Lichtsender und emittiert, sofern einer der Spiegel teildurchlässig ist, ein Lichtbündel hoher Kohärenz[1]. Der Kohärenzgrad ist dabei ein Maß für die räumlichen und zeitlichen Phasenkorrelationen in dem sich ausbreitenden Lichtbündel. Hohe räumliche Kohärenz besagt, daß sich die Phase des mit der Lichtwelle verbundenen elektrischen Feldes über den Querschnitt des Lichtbündels in definierter, vorhersagbarer Weise ändert. Hohe zeitliche Kohärenz bedeutet entsprechend, daß – ähnlich wie bei Rundfunksendern – lange Wellenzüge emittiert werden, bei denen die Phase an einem Punkt über relativ große Zeitintervalle vorhersagbar ist.

Der Kohärenzgrad des Laserlichtes wird weitgehend bestimmt durch die optische Qualität des verstärkenden Mediums (z. B. homogenes Gas oder inhomogener Kristall mit Schlieren und Spannungsdoppelbrechung), die Oberflächengüte der Spiegel sowie die geometrische Anordnung und Stabilität des gesamten Resonators.

1.2.2. Eigenschwingungen von Laserresonatoren

In dem durch Krümmung, Abstand und Form der Spiegel definierten optischen Resonator bilden sich stabile Konfigurationen des elektro-

---

[1] Bei hoher Verstärkung des Lasermediums kann spontan emittiertes Licht auch ohne Rückkopplung zu hohen Leistungspegeln verstärkt werden. Diese Superstrahlung zeigt keine Modenstruktur (Abschnitt 1.2.2) und ist in der Regel von geringerer Kohärenz als die Strahlung von Laseroszillatoren.

magnetischen Feldes, die Eigenschwingungen oder Moden des Resonators, aus. Sie haben Knoten längs der Resonatorachse und Knotenlinien in Ebenen senkrecht zur Achse. Bei Gas- und Festkörperlasern sind die Längsdimensionen der Resonatoren groß gegen die Wellenlänge, so daß die axiale Knotenzahl q groß gegen die Zahl der transversalen Knotenlinien wird. Das Feld ist daher nahezu transversal zur Laserachse, und die Eigenschwingungen sind in guter Näherung transversal elektromagnetisch. Sie werden deshalb als TEM-Moden bezeichnet und bei Rechtecksymmetrie mit m, n, q, bei Kreissymmetrie mit p, l, q indiziert [1.8] (Bild 1.1). Der transversale Grundmodus $\text{TEM}_{0,0,q}$ kurz $\text{TEM}_{0,0}$, läßt sich anschaulich als stehende Lichtwelle mit q Knoten im Abstand $\lambda/2$ längs der Achse interpretieren.

Beim Halbleiterlaser sind die transversalen Dimensionen des aktiven Mediums nicht mehr groß gegen die Wellenlänge. Der aktive p-n-Übergang hat die Struktur eines Wellenleiters (Abschnitt 6.3.), bei dem die Moden maßgeblich durch die seitlich begrenzenden Materialien bestimmt werden. Sind die Resonatoren durch die zum p-n-Übergang senkrechten Spaltflächen des Kristalles gebildet, so läßt die Theorie zwei Modensätze erwarten, die TE-Moden, mit transversaler E-Komponente (senkrecht zur p-n-Richtung) und einer transversalen und einer longitudinalen H-Komponente, sowie die TM-Moden mit bezüglich E und H vertauschten Verhältnissen (Bild 6.16). Unter speziellen Rand- und Anregungsbedingungen, insbesondere bei Verwendung äußerer, vom aktiven Medium getrennter, sphärischer Spiegel, lassen sich jedoch auch mit Laserdioden in guter Näherung $\text{TEM}_{m,n}$-Moden erhalten [1.9].

Jeder Modus hat in der Regel seine eigene, vom speziellen Resonatortyp und der axialen und transversalen Ordnung abhängige Frequenz. Bei speziellen Resonatorkonfigurationen können Moden verschiedener transversaler Ordnung jedoch gleiche Frequenzen haben; das Modenspektrum ist dann entartet. Beispielsweise wird für Resonatoren mit sphärischen Spiegeln in konfokaler Anordnung (Brennpunkte fallen zusammen) die Resonanzwellenlänge für Moden mit Rechtecksymmetrie

$$\frac{2L}{\lambda_{m,n,q}} = q + \frac{1}{2}\,(m + n + 1). \qquad (1.1)$$

Damit in Resonatoren mit sphärischen Spiegeln Oszillation mit geringen Verlusten stattfinden kann, müssen die Spiegel der Stabilitätsbedingung

$$0 < (1 - L/R_1)\,(1 - L/R_2) < 1 \qquad (1.2)$$

(R_1, R_2 Spiegelradien; L Spiegelabstand) genügen. Bei Annäherung an die Grenzen des Stabilitätsbereiches steigen die Beugungsverluste stark an, und das Anschwingen des Lasers wird erschwert. Für Laser mit geringer oder mittlerer Verstärkung müssen deshalb stabile Resonator-

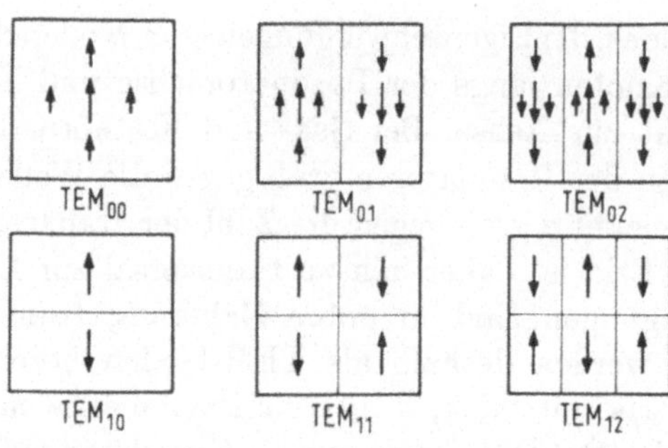

Rechtecksymmetrie

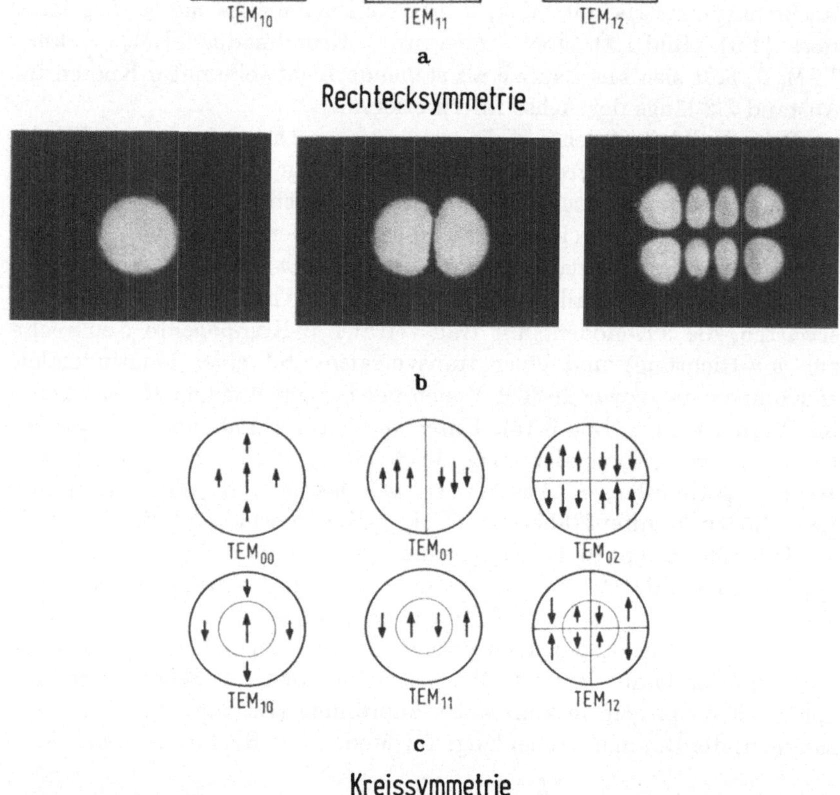

Kreissymmetrie

konfigurationen verwendet werden. Bei hohen Verstärkungswerten von
einigen 10 dB/m, wie sie beispielsweise bei chemischen Lasern vorliegen,
finden auch spezielle instabile Resonatoren [1.14] wegen ihrer günstigen
Modenvolumina Anwendung (Bild 1.2).

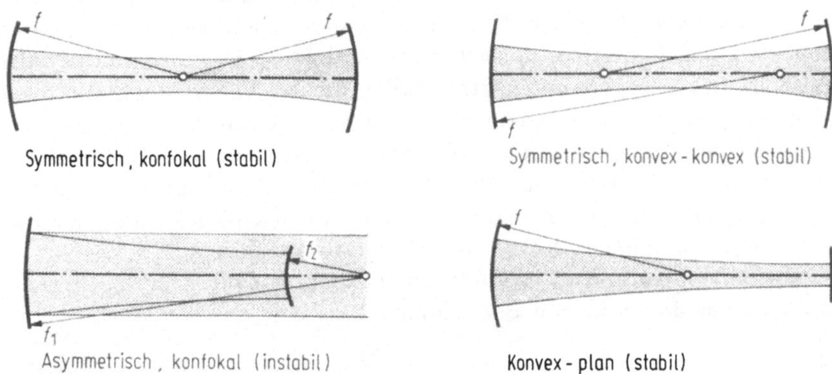

Bild 1.2. Resonatorkonfigurationen. In geometrisch-optischer Betrachtungsweise unterscheiden
sich stabile und instabile Resonatoren dadurch, daß ein vom Resonatorinnern ausgehender Lichtstrahl den instabilen Resonator nach einer endlichen Anzahl von Reflexionen verläßt, während
er im stabilen Resonator eingefangen bleibt. Es können dabei durchaus konkave und konvexe
Spiegelflächen – jeweils vom Resonatorinnern her gesehen – einander gegenüberstehen. Im letzteren Fall ist der Spiegelradius negativ einzusetzen.

Bei gegebener Resonatorkonfiguration erhöhen sich die Beugungsverluste auch mit zunehmender transversaler Modenordnung. Bei gleich-
förmiger Verteilung des invertierten Mediums über den Querschnitt des
Lasers hat also der transversale Grundmodus TEM_{00} die günstigsten
Anschwingbedingungen.

Der Frequenzabstand zweier aufeinanderfolgender, nur in der axialen
Ordnung verschiedener Moden ist durch

$$\Delta v_a = c/2nL \qquad (1.3)$$

(n Brechungsindex des zwischen den Spiegeln befindlichen Mediums)
gegeben. Typische axiale Modenabstände sind 100 MHz für Gaslaser
(150 cm Länge), 1 GHz für Festkörperlaser und 100 GHz für Halbleiterlaser.

Bild 1.1. Moden verschiedener transversaler Ordnung bei Resonatoren mit sphärischen Spiegeln.
a) $\mathrm{TEM}_{m,n}$-Moden: Durch Brewsterfenster wird bei sonst zylindrischen Laserrohren oder -stäben
Rechtecksymmetrie erzwungen; m und n zählen die Knoten in den beiden Achsen; b) $\mathrm{TEM}_{m,n}$-
Moden eines Nd: YAG-Lasers; c) $\mathrm{TEM}_{p,l}$-Moden: Bei Verwendung interner Spiegel bei Gaslasern
entstehen Moden mit Zylindersymmetrie; p zählt die Knoten längs des Radius, l die azimutalen
Perioden; d) $\mathrm{TEM}_{p,l}$-Moden eines Gaslasers.

Beim TEM_{00}-Modus des Resonators mit sphärischen Spiegeln wird die Intensitätsverteilung über den Querschnitt durch ein Gaußsches Profil beschrieben:

$$S(r) = S_0 \exp(-2\,r^2/w^2).\tag{1.4}$$

Der Fleckradius w, für den die Leistungsflußdichte $S(r)$ auf $1/e^2$ ihres Maximalwertes absinkt, ist im allgemeinen Fall eine Funktion der Spiegelradien R_i und des Spiegelabstandes L [1.8]. Der Fleckradius wird minimal in der sogenannten Strahltaille, die bei Verwendung von zwei Konkavspiegeln mit gleichem Radius in der Resonatormitte, bei Verwendung von Spiegeln mit verschiedenem Radius außerhalb der Resonatormitte und bei einem Plan-Konvex-Resonator auf dem planen Spiegel liegt. Wird ein Konkav- und ein Konvexspiegel verwendet, so liegt die Strahltaille außerhalb des Resonators (Bild 1.2).

Beim symmetrischen konfokalen Resonator läßt sich die Strahltaille w_0 aus der einfachen Bezeichnung

$$w_0 = \sqrt{\frac{L\lambda}{\pi}}\tag{1.5}$$

berechnen. In der Entfernung z von der Strahltaille (auch außerhalb des Resonators!) wird der Fleckradius durch

$$w(z) = w_0 \sqrt{1 + \left(\frac{\lambda z}{\pi w_0^2}\right)^2}\tag{1.6}$$

beschrieben.

Ein aus dem Laser austretender Strahl mit Gaußscher Intensitätsverteilung erfüllt demnach ein einschaliges Rotationshyperboloid, das sich im Fernfeld einem Kegel mit dem halben Öffnungswinkel

$$\vartheta \approx \tan\vartheta = \lim_{z \to \infty} \left(\frac{w(z)}{z}\right) = \frac{\lambda}{\pi w_0}\tag{1.7}$$

nähert (Bild 1.3). Die Divergenz eines Gaußschen Strahles ist somit bei gegebener Wellenlänge allein durch die Größe der Strahltaille bestimmt.

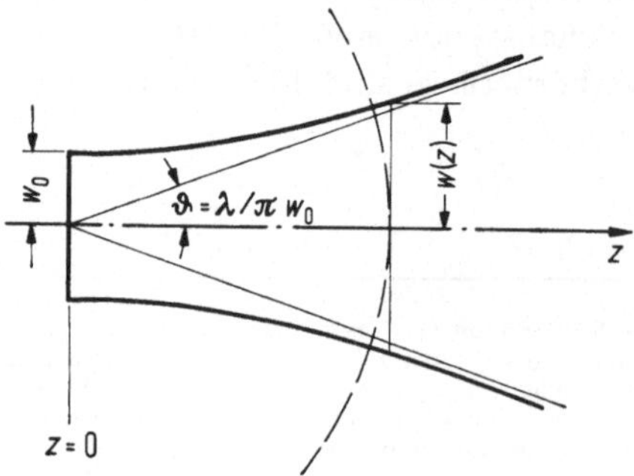

Bild 1.3. Divergenz eines Gaußschen Strahles mit der Strahltaille $w(0) = w_0$.

Durch einen Kreis mit dem Radius $w(z)$ fließen stets 86,5% der Gesamtleistung des Gaußschen Strahles, bei einem Radius $1,5\,w(z)$ bereits 98,9%. Typische Fleckradien für HeNe-Laser ($\lambda = 0,6\,\mu\mathrm{m}$) sind 0,1 mm bis 0,5 mm, für konventionelle CO_2-Laser ($\lambda = 10\,\mu\mathrm{m}$) 1 mm bis 5 mm.

Auch für höhere transversale Moden $\mathrm{TEM}_{m,n}$ läßt sich ein „Fleckradius" $w_m(z)$ aus dem Abfall der Intensität der äußeren Maxima definieren. Für ihn gilt

$$w_m(z) = w_0\sqrt{2m+1}\sqrt{1+(\lambda z/\pi w_0^2)^2}. \tag{1.8}$$

TEM-Moden mit $m \neq n$ haben demnach in x- und y-Richtung verschiedene „Fleckradien". Die Divergenz berechnet sich analog zu (1.7):

$$\vartheta_m = \lambda\sqrt{2m+1}/\pi w_0 = \sqrt{2m+1}\,\vartheta. \tag{1.9}$$

1.2.3. Oszillationsverhalten von Lasern
(Sättigung der Verstärkung, Modenselektion)

Eine monochromatische Strahlung der Frequenz ν und der Leistungsflußdichte S wird beim Laserübergang mit dem Verstärkungskoeffizienten $g(\nu)$ gemäß

$$\mathrm{d}S = g(\nu)S\,\mathrm{d}z \tag{1.10}$$

verstärkt. Mit steigender Signalintensität S wird dabei die vorhandene Verstärkung in zunehmendem Maße reduziert. Sobald ein Laser daher in einem Modus oszilliert, tendiert dieser Modus dazu, die Verstärkung auf den Schwellenwert für Oszillation zu erniedrigen und damit andere Moden zu unterdrücken. Trotzdem wird bei allen Lasern in der Regel Multimodenoszillation beobachtet. Bei den homogen[1] verbreiterten Linien der Festkörperlaser beruht dies darauf, daß Knoten und Bäuche der einzelnen Moden im Laserresonator räumlich etwas verschieden liegen (spatial hole burning); bei den durch Doppler-Effekt der bewegten Gasteilchen inhomogen verbreiterten Linien der Niederdruckgaslaser kann jeder Modus nur mit Atomen oder Molekülen eines gewissen Geschwindigkeitsintervalls in Wechselwirkung treten und damit die verstärkende Linie nur in einem eng begrenzten Frequenzbereich entleeren (frequency hole burning, Bild 1.4) [1.11].

Je nach Modenabstand und Breite des verstärkenden Übergangs können ein Modus bis mehrere hundert Moden gleichzeitig oszillieren.

---

[1] Bei homogen verbreiterten Linien sind alle am Strahlungsprozeß beteiligten Zustände gleichberechtigt. Die Linien haben Lorentz-Profil. Bei inhomogen verbreiterten Linien zeigen die Frequenzen der Einzelstrahler eine Gaußsche Verteilung (z.B. hervorgerufen durch Doppler-Effekt bei bewegten Gasteilchen).

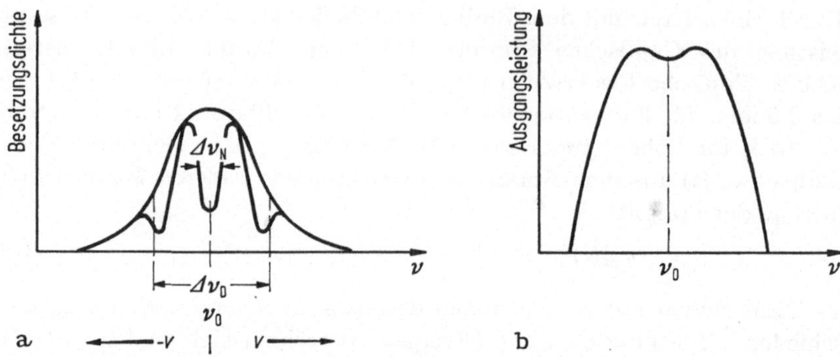

Bild 1.4. Laseroszillation bei inhomogen verbreiterten Linien. a) Die Laserstrahlung mit der Linienbreite $\Delta\nu$ (bei Gaslasern typischerweise im 100-kHz-Bereich) entleert die inhomogene Dopplerlinie der Breite $\Delta\nu_D$ (einige Gigahertz) nur innerhalb der natürlichen Linienbreite $\Delta\nu_N$ (10 MHz bis 100 MHz); b) Frequenzabhängige Ausgangsleistung eines Ein-Moden-Gaslasers. Da für $\nu \neq \nu_0$ die Verstärkung von Teilchen der Geschwindigkeit $+v$ und $-v$ getragen wird, für $\nu = \nu_0$ jedoch nur von Teilchen mit $v = 0$, entsteht eine kleine Einsattelung im Leistungsprofil, der sogenannte Lamb dip [1.11].

Eine niedrige transversale Modenordnung kann durch geeignete Resonatorformen mit günstiger Modendiskriminierung und durch interne Blenden erzwungen werden. Zur axialen Modenselektion sind je nach Lasertyp unterschiedliche Maßnahmen zu ergreifen: Bei Gaslasern mit Fluoreszenzlinienbreiten unter 1 GHz ist es möglich, allein durch entsprechende Wahl der Resonatorlänge gemäß (1.3) zu Einmodenoszillation zu gelangen. Die Frequenz des Lasers kann dabei durch geringe Längenänderung des Resonators innerhalb des verstärkenden Bereichs abgestimmt werden. Um eine frequenzstabile Oszillation zu erhalten, ist es umgekehrt notwendig, den Resonator zu stabilisieren (Abschnitt 1.2.5.).

Bei Festkörperlasern, deren Fluoreszenzlinienbreiten in der Größenordnung von 100 GHz liegen, kann die Selektion einer Eigenschwingung nur durch ein zusätzlich in den Resonator eingebrachtes Interferometer (z.B. eine planparallele Glasplatte) erzielt werden.

Bei Multimodenoszillation sind die Phasen der einzelnen Moden in der Regel unkorreliert, und die Gesamtintensität des Lasers ist die Summe der Einzelintensitäten der Moden. Unter bestimmten Voraussetzungen kann jedoch eine Phasenkopplung der einzelnen Moden erzwungen werden, so daß sich zwischen ihnen Schwebungen ausbilden. Im phasengekoppelten Betrieb emittiert der Laser scharfe Pulse der Folgefrequenz $\Delta\nu_a = c/2nL$. Die mittlere Leistung ist etwa gleich der Leistung bei ungekoppeltem Betrieb und die Pulsbreite gleich der reziproken Fluoreszenzlinienbreite des verstärkenden Übergangs.

Für den HeNe-Laser mit $\Delta\nu_D \approx 1$ GHz ergeben sich somit Pulsbreiten von $\Delta\tau \approx 1$ ns; für den Nd:YAG-Laser mit $\Delta\nu \approx 10^3$ GHz folgt $\Delta\tau \approx 1$ ps. Die Phasenkopplung kann beispielsweise durch Gütemodulation des Resonators bei der Zwischenfrequenz $\Delta \nu_a$ mittels eines in den Resonator eingebrachten Lichtmodulators vorgenommen werden. Eine andere Möglichkeit besteht in der Verwendung sättigbarer, die Laserfrequenz absorbierender Farbstoffe im Resonatorinnern [1.2].

1.2.4. Betriebszustände der Laser, Zeitverhalten der Laseremission

Der zeitliche Verlauf der Laseremission wird sowohl durch den Zeitverlauf des Pumpprozesses als auch durch das nichtlineare Verhalten des aktiven Mediums bestimmt. Zusätzlich kann der Emissionsverlauf durch verschiedene interne Modulationsmethoden – wie z.B. anhand der Modenkopplung schon erläutert – beeinflußt werden.

Gaslaser, insbesondere HeNe-, $Ar^+(Kr^+)$- und CO_2-Laser, werden in der Regel kontinuierlich gepumpt und emittieren einen kontinuierlichen Strahl. Der Leistungspegel wird im wesentlichen durch Plasmainstabilitäten und durch mechanische und thermische Resonatorinstabilitäten beeinflußt. Sofern genügend axiale Moden innerhalb der Fluoreszenzlinienbreite liegen, kann bei allen kontinuierlich gepumpten Gaslasern modengekoppelter Betrieb mit gepulster Ausgangsleistung durchgeführt werden.

Kontinuierliche Emission läßt sich auch relativ leicht mit Nd:YAG-Festkörperlasern erreichen. Im Gegensatz zu Gaslasern sind wegen der begrenzten Lebensdauer der zum Pumpen benötigten Lampen jedoch nur relativ kurze Betriebszeiten möglich. Hochleistungs-Festkörperlaser werden typischerweise in gepulster Betriebsweise verwendet.

Bei normal gepulstem Laser setzt die Emission dann ein, wenn die durch den Pumplichtimpuls erzeugte Inversion den Schwellenwert für Oszillation übersteigt. Der Laser emittiert (während der Dauer des Pumpimpulses) eine Folge von Lichtimpulsen, sogenannte Spikes, die je nach Resonatorgeometrie, Lasermaterial und Temperatur völlig unregelmäßig, abschnittsweise oder ganz periodisch, ungedämpft oder gedämpft sein können (Bild 1.5). Diese für Festkörperlaser (mit hoher Lebensdauer des oberen Laserniveaus) typischen Relaxationsschwingungen lassen sich anschaulich aus der Wechselwirkung des Strahlungsfeldes mit dem sättigbaren aktiven Medium verstehen [1.10]. Typische Spikesbreiten sind 1 µs bei Gesamtemissionszeiten von 100 µs bis 1000 µs.

Wesentlich kürzere (einige Nanosekunden) und intensitätsreichere Pulse, sogenannte Riesenimpulse, lassen sich durch Anwendung der Güteschaltung (Q-switsch) erzielen. Bei diesem Verfahren wird die Rückkopplung im Resonator während des Pumpprozesses für eine gewisse Dauer unterbrochen, so daß sich eine Inversion aufbauen kann, die weit über der Schwelleninversion liegt. Diese so gespeicherte Anregungsenergie kann durch plötzliche Freigabe des Rückkoppelweges in Form eines entsprechend intensiven Laserpulses abgegeben werden. Güteschaltung ist immer nur dann sinnvoll, wenn die Speicherzeit sehr groß gegen die Schaltzeit (10^{-7} s bis 10^{-8} s) gemacht werden kann. Da (bei konstanter Pumprate) die sinnvolle obere Grenze der Speicherzeit etwa der Lebensdauer des oberen Laserniveaus entspricht, sind Gaslaser mit Elektronenübergängen ($\tau \approx 10^{-7}$ s) für Q-switsch-Technik ungeeignet.

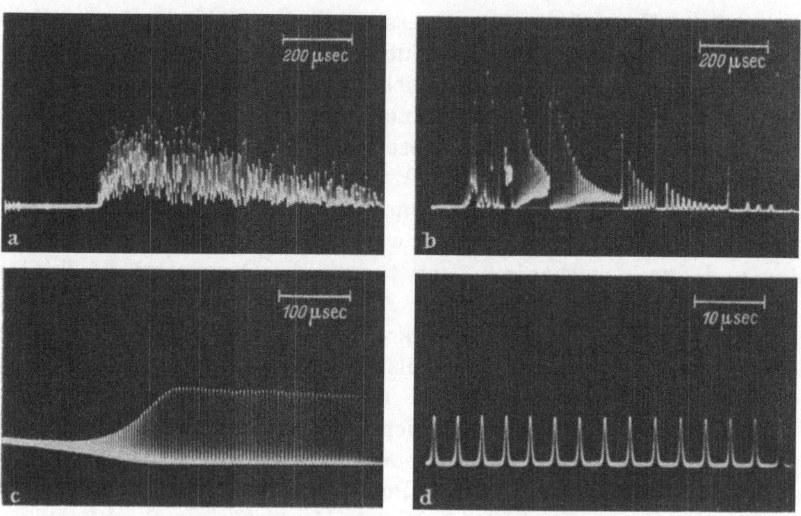

Bild 1.5. Zeitlicher Verlauf der Ausgangsleistung von Festkörperlasern [1.10]. a) Unregelmäßige und ungedämpfte Emission von Spikes; b) Abschnittweise periodische ungedämpfte Emission; c) und d) Rein periodische und ungedämpfte Emission [1.10].

Sie ist anwendbar bei Schwingungsübergängen von molekularen Gaslasern (z.B. CO_2: $\tau \approx 5 \cdot 10^{-2}$ s) und bei Festkörperlasern, insbesondere bei Rubin ($\tau \approx 4$ ms).

Auf einfachste Weise kann Güteschaltung durch Rotation eines der Laserspiegel vorgenommen werden. Mit diesen aus Drehspiegeln oder -prismen aufgebauten aktiven mechanischen Schaltern werden Schaltzeiten bis $2 \cdot 10^{-7}$ s erreicht. Kürzere Werte ($2 \cdot 10^{-8}$ s) lassen sich mit aktiven elektrooptischen oder akustooptischen Schaltern erzielen (Abschnitt 1.4.), die die Polarisation bzw. die Laufrichtung des Lichtes im Resonator verändern und damit die Güte beeinflussen. Bei passiven Güteschaltern wird die Sättigung der Absorption von Filtern oder Farbstofflösungen innerhalb des Resonators für den Schalteffekt ausgenützt.

1.2.5. Zeitverhalten der Laserfrequenz, Frequenzstabilisierung

Ohne Stabilisierung der Resonatorlänge kann sich die Emissionsfrequenz eines Einmodenlasers auf einen beliebigen Wert innerhalb des verstärkenden Frequenzbereiches des Überganges einstellen. Beim HeNe-Laser mit $\Delta\nu_D \approx 1{,}5\,\text{GHz}$ ist die Emissionsfrequenz damit mindestens auf $\Delta\nu/\nu = 3 \cdot 10^{-6}$ genau festgelegt. Über die Linienbreite $\Delta\nu$ der Laserstrahlung selbst (Bild 1.4a) ist damit noch keine Aussage getroffen. Bei stabilen und erschütterungsfreien Aufbauten können Werte bis herunter zu $100\,\text{Hz}$ gemessen werden, entsprechend einer Kohärenzlänge von $L_k = c/2\pi\Delta\nu = 5 \cdot 10^5\,\text{m}$.

Ohne besondere Vorkehrungen kann man jedoch für die Linienbreite allenfalls Werte im Bereich von 1 MHz bis 10 MHz erwarten und damit Kohärenzlängen bis etwa 50 m erhalten.

Die Kurzzeitänderungen der Frequenz beruhen in erster Linie auf mechanischen Erschütterungen. Eine Änderung der Resonatorlänge um 0,2 nm bei einem Laser von 10 cm Länge entspricht dabei gemäß $\Delta\nu/\nu = \Delta L/L$ einer Frequenzänderung von 1 MHz. Langzeitliche Frequenzänderungen werden durch Temperatur- und Luftdruckschwankungen hervorgerufen. Für einen aus Invar aufgebauten Gaslaser, bei dem beispielsweise 10 % der Resonatorlänge in Luft verlaufen, erhält man Frequenzänderungen von $\partial\nu/\partial T \approx 500\,\text{MHz/Grad}$ und $\partial\nu/\partial p = 0{,}2\,\text{MHz/Pa}$. Mit Quarz- oder Keramikkonstruktionen lassen sich diese Werte noch erheblich verbessern, so daß ohne besondere Stabilisierungsmaßnahmen eine langzeitliche Frequenzkonstanz von 10^{-7} erreicht werden kann. Um eine höhere Frequenzkonstanz zu erreichen, ist man auf elektronische Stabilisierungsmaßnahmen angewiesen. Es wird dabei die Abweichung von einer vorgegebenen Sollfrequenz registriert und in ein Fehlersignal umgewandelt, dessen Amplitude die Größe und dessen Phase die Richtung der Abweichung anzeigen [1.8, 1.11]. Die Resonatorlänge wird dann über eine piezoelektrische Keramik so nachgeregelt, daß das Fehlersignal verschwindet. Als Referenzfrequenz kann entweder das Zentrum des verstärkenden Überganges im Lasermedium selbst dienen oder aber ein Absorptionsübergang in einer vom Laser getrennten Absorptionszelle.

Wegen großer Fluoreszenzlinienbreiten, Schwierigkeiten bei der Modenselektion und der thermischen Instabilität ist Frequenzstabilisierung bei Festkörperlasern nur äußerst schwierig durchzuführen. Bei Gaslasern haben sich drei Stabilisierungsmethoden für den Bau technisch einsetzbarer Geräte bewährt (Bild 1.6):

a) Die Stabilisierung auf die Linienmitte (CO_2-Laser) oder auf das Lamb-dip-Minimum (Bild 1.4b) des verstärkenden Übergangs (HeNe-Laser: Spectra Physics, Perkin-Elmer, Elliot);

b) Stabilisierung mittels einer externen Absorptionszelle im magnetischen Wechselfeld (HeNe-Laser: Siemens) und

c) Stabilisierung unter Verwendung der Zeeman-Aufspaltung des Laserüberganges in einem magnetischen Gleichfeld (HeNe-Laser: Hewlett-Packard).

Wie bei allen Verfahren, die sich auf die Form der frequenzabhängigen Leistungskurve gründen, wird bei der Methode a) über die Resonatorlänge die Laserfrequenz und somit die Laseramplitude mit einer niedrigen Frequenz f moduliert. Je nach Lage der Laserfrequenz relativ zu einem Extremum der Leistungskurve zeigt die Grundwelle in der Lichtmodulation gleiche oder entgegengesetzte Phase (Bild 1.6a). Die Stabilisierung auf das Lamp-dip-Minimum hat den Nachteil, daß die Referenzfrequenz in gewissem Maße selbst eine Funktion der Anregungsbedin-

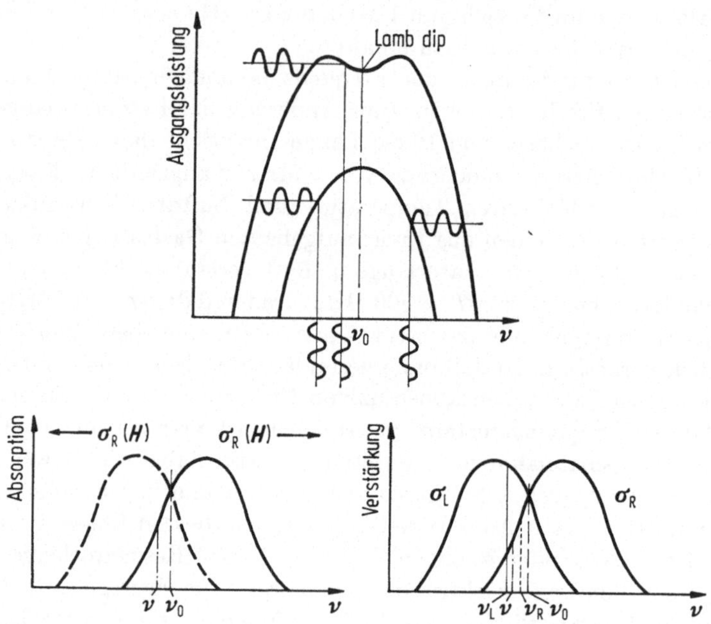

Bild 1.6. Stabilisierung der Frequenz von Gaslasern. a) Frequenzabhängige Ausgangsleistung, einmal bei niedrigem Druck und Lamb dip (HeNe-Laser) und einmal bei höherem Druck (CO_2-Laser). Durch Modulation der Oszillationsfrequenz entsteht eine Amplitudenmodulation der Laserstrahlung, die hinsichtlich Phase und Betrag zur Stabilisierung ausgenützt wird; b) Absorption in einer äußeren Absorptionszelle im magnetischen Wechselfeld. Im gezeigten Beispiel wird die rechtszirkular polarisierte Zeeman-Linie σ_R mittels eines magnetischen Wechselfeldes über die Laserfrequenz ν gewobbelt. Für $\nu < \nu_0$ und $\nu > \nu_0$ ergibt sich dadurch eine Amplitudenmodulation mit unterschiedlicher Phase, die zur Stabilisierung auf $\nu \to \nu_0$ verwendet wird; c) Verstärkungsprofil des Laserübergangs in einem axialen Magnetfeld. Bei einer magnetischen Aufspaltung, die etwa gleich der natürlichen Linienbreite der Laserterme ist, spaltet eine axiale Mode ν in zwei gegensinnig zirkular-polarisierte Linien ν_L und ν_R auf, die symmetrisch zu ν_0 stabilisiert werden können.

gungen und des Drucks im Laserrohr und damit kurz- und langzeitlichen Änderungen unterworfen ist. Typischerweise wird eine Frequenzkonstanz von 10^{-7} bis 10^{-8} erreicht [1.11].

Bei Verwendung eines äußeren Frequenznormals (Methode b) bleibt die Laserfrequenz unmoduliert. Ein Teil des zirkular-polarisierten Laserlichtes tritt mit einer der ebenfalls zirkularpolarisierten Zeeman-Linien des Absorptionsüberganges in Wechselwirkung. Wird die Frequenz dieses Überganges durch Verwendung eines sinusförmigen magnetischen Wechselfeldes periodisch über die Laserfrequenz geschoben, so wird dem Laserlicht ein Fehlersignal aufgeprägt, das wie üblich hinsichtlich Phase und Größe ausgewertet wird. Gibt man dem Referenz-(Absorptions-) Übergang einen Frequenzhub, der gleich der halben Wendepunktsbreite (Bild 1.6b) ist, so kann man sich die steilen Absorptionsflanken zunutze machen und damit eine sehr hohe Stabilisierungsgenauigkeit von 10^{-9} bis 10^{-11} erreichen [1.13].

Betreibt man einen völlig rotationssymmetrisch aufgebauten Laser in einem statischen axialen Magnetfeld (Methode c), so spaltet ein axialer Modus aufgrund von Pulling-Effekten [1.11] in ein Paar gegensinnig zirkularpolarisierter Linien auf (Bild 1.6c). Die Linien zeigen gleiche Intensität bei symmetrischer Lage bezüglich ν_0 und verschiedene Intensität bei unsymmetrischer Lage, was zur Stabilisierung des (um etwa 2 MHz) getrennten Linienpaares verwendet wird.

Während das unter a) beschriebene Stabilisierungsverfahren im Prinzip bei allen Gaslasern angewandt werden kann, müssen bei Anwendung des Zeeman-Effektes (b und c) Elektronenübergänge vorliegen.

Typische Ausgangsleistungen von frequenzstabilisierten HeNe-Lasern liegen bei 100 μW, von frequenzstabilen CO_2-Lasern bei 1 W bis 10 W.

Bei gepulsten Ein-Moden-Festkörperlasern kann man feststellen, daß die Kohärenzlänge der Strahlung wesentlich geringer ist als sich aus der Kohärenzzeit (Pulslänge) berechnet. Dies ist darauf zurückzuführen, daß sich die optische Länge des Laserresonators und damit die Emissionsfrequenz aufgrund von Inversionsdichteänderungen während der Pulsdauer verändern [1.24].

1.2.6. Gaslaser

Die für technischen Einsatz interessanten und kommerziell erhältlichen Gaslaser zeigen in ihrem Aufbau, ihrer Arbeitsweise und auch in der Qualität ihrer Strahlung viele gemeinsame Eigenschaften, die sie von Festkörper- und Halbleiterlasern unterscheiden. In einem optischen Resonator, der in der Regel aus hochreflektierenden, sphärischen Spiegeln gebildet ist, befindet sich, in ein Entladungsrohr eingeschlossen, das aktive Gas. Es steht unter niedrigem Druck und wird durch eine Gleichspannungsentladung angeregt. Die Gaszelle wird entweder durch transparente Fenster, die unter dem Brewsterschen Winkel angeordnet sind, oder unmittelbar durch die Resonatorspiegel vakuumdicht abgeschlossen. Da die Gassäule als verstärkendes Medium frei von Spannungen, Versetzungen, Dichte- und Dotierungsschwankungen ist, können relativ große Gasvolumina, die nur durch die Resonatorgeometrie vorgegeben sind, zur Verstärkung beitragen. Die Strahlung der meisten Dauerstrichgaslaser ist deshalb von hoher räumlicher und zeitlicher Kohärenz. Für technischen Einsatz sind in erster Linie HeNe-, HeCd-, Ar(Kr)- und CO_2-Laser geeignet. Erwähnenswert sind ferner der gepulste N_2-Laser als intensive UV-Lichtquelle und die Klasse der chemischen Laser, die als IR-Leistungslaser zunehmende Bedeutung erlangen [1.30] (Tabelle 1.1). Die wichtigsten Gaslaser werden nachfolgend näher betrachtet.

Tabelle 1.1. Wellenlängen und Betriebsdaten kommerzieller Laser. Maximale Pulsleistung und maximale Pulsenergie werden unter verschiedenen Bedingungen erreicht

Laser	Wellenlänge in μm	Leistung bei Dauerbetrieb	Pulsbetrieb			Wirkungsgrad in %
			Leistung	Dauer	Energie	
HeNe	0,6328	0,1–150 mW				0,1
	1,151	10–50 mW				0,1
	3,39	10–50 mW				
$HeCd^+$	0,3250	5–15 mW				
	0,4416	–50 mW				
Ar^{++}	0,3511	1–2 W				
	0,3638					
Ar^+	0,4579					
	0,4658					
	0,4727					
	0,4765					
	0,4880	2–6 W				
	0,4965					
	0,5145	2–6 W				
Kr^{++}	0,3507	0,5 W				
	0,3564					
Kr^+	0,4680					
	0,4762					
	0,4825					
	0,5208					
	0,5309					
	0,5682					
	0,6471	1 W				
	0,6741					
CO (CO, N_2, He, Xe)	5,07–5,36	0,1–10 W				
CO_2 (CO$_2$, N_2, He)	9,4–9,8 und 10,5–10,8	10–500 W (konventionell, langsam strömendes Gas) 1–50 W (stationäres Gas)				15
			40 MW (TEA)	50–100 ns	2 J	
N_2	0,3371		100 kW	10 μs		

Tabelle 1.1 (Fortsetzung)

Laser	Wellen-länge in μm	Leistung bei Dauer-betrieb	Pulsbetrieb			Wir-kungs-grad in %
			Leistung	Dauer	Energie	
Rubin	0,694	0,2 W	1 GW	3 ns	1000 J	0,2–2
Nd:YAG	1,064	100 W bis 1 kW	10 MW	10 ns	0,3 J	1–3
Nd:Glas	1,06		50 GW (Oszillator	40 ns und Verstärker)	5000 J	0,5–5
GaAlAs	0,85–0,9	100 mW (77 K)	60 W	100 ns		4
GaAs	0,9	50 mW (300 K)				
Farbstoff-laser	0,4–0,8 abstimmbar		10^5–10^6 W	0,2 ns	0,2 J	

a) HeNe-Laser schwingen je nach Wahl der selektiv reflektierenden Spiegel bei 0,63 μm, 1,15 μm oder 3,39 μm. Als typische Ausgangsleistung wird auf der roten Linie etwa 1 mW je 10 cm Rohrlänge erhalten, bei einem Wirkungsgrad von $1^0/_{00}$.

Der HeNe-Laser wird in vielen Abmessungen und Qualitätsstufen angeboten, vom einfachen und billigen, stabförmig aufgebauten Laser (etwa 20 cm Rohrlänge; 1 mm Kapillardurchmesser; etwa 1 mW Ausgangsleistung; 500 bis 1000 DM) bis hin zum großen, stabil aufgebauten Experimentierlaser (200 cm; 6 mm Rohrdurchmesser; 50 mW; 20 000 DM) und zum frequenzstabilisierten Ein-Moden-Laser (etwa 10 cm; 1 mm Rohrdurchmesser; 0,1 mW; 30 000 DM).

HeNe-Laser sind die am weitesten verbreiteten Laser. Sie finden Anwendung in vielen Bereichen der Meßtechnik, insbesondere bei Justieraufgaben und in der Längenmeßtechnik. Einen für Justierzwecke bestimmten Laser mit hoher Richtungsstabilität des Strahles zeigt Bild 1.7.

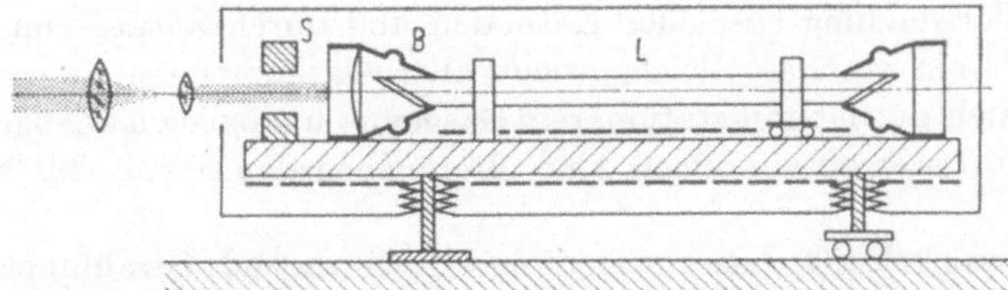

Bild 1.7. Konstruktionsprinzip eines HeNe-Justierlasers (Siemens LG 66). Durch thermische und mechanische Entkopplung wird eine hohe Richtungsstabilität erzielt. Das Laserrohr L ist durch Bälge B mit den Spiegeln S verbunden.

b) Mit etwas höherem technischem Aufwand als beim HeNe-Laser läßt sich mit Helium-Cadmiumdampf-Gemischen Laserstrahlung im Blauen (440 nm; 50 mW) und im UV-Spektralbereich (320 nm; 10 mW) erhalten. In der Regel zeigen HeCd-Laser weit höhere Intensitätsfluktuationen als HeNe-Laser, wodurch ihre Verwendbarkeit eingeschränkt ist. Wegen ihrer kurzen Emissionswellenlängen finden sie jedoch bei photographischen Registriermethoden bevorzugte Anwendung.

c) Mit kommerziellen Argon- und Kryptonionenlasern werden Dauerstrichleistungen bis zu einigen Watt und Pulsleistungen von mehreren Kilowatt im Sichtbaren und im UV-Spektralbereich erhalten.

Die Resonatoren sind in der Regel so dimensioniert, daß die Strahlungsleistung im transversalen Grundmodus TEM_{00} abgegeben wird. Bei Rohrdurchmessern um 3 mm wird dabei eine Strahldivergenz von einigen Zehntel Milliradian erreicht. Wegen der relativ großen Fluoreszenzlinienbreite von 4 GHz schwingen bei den üblichen Resonatorlängen von 100 cm bis 150 cm stets mehrere axiale Moden. Aufgrund der hohen Betriebsstromstärke und der Wechselwirkung benachbarter axialer Moden sind die Intensitätsfluktuationen der Strahlung höher als beim HeNe-Laser.

d) Beim CO_2-Laser wird die Rotations- und Schwingungsenergie angeregter CO_2-Moleküle in Laserstrahlungsenergie umgewandelt [1.11]. Mit einem Gitter oder einer Prismenanordnung im Resonator kann der Laser auf etwa 140 einzelne Linien im Bereich von 9,1 nm bis 11,3 μm abgestimmt werden. Die Linienabstände betragen im Mittel etwa 0,02 μm (60 GHz) [1.19].

Derzeit sind etwa sechs verschiedene Betriebsweisen des CO_2-Lasers bekannt, die sich sowohl hinsichtlich der Energiezufuhr, der Wärmeabfuhr, der Gasmischungen und -drücke und des technischen Aufwandes als auch in bezug auf die erreichte Strahlungsleistung und Strahlungsqualität erheblich unterscheiden.

Mit konventioneller Gleichspannungsanregung bei niedrigem Druck und langsam strömendem Gasgemisch [1.19] lassen sich 60 W Laserleistung je Meter Rohrlänge bei einem Wirkungsgrad von etwa 15% erhalten. Die Leistungsgrenze ist durch Temperatureffekte bedingt. Durch Verwendung spezieller Kathoden und durch Zusatz von Xenon läßt sich ein stabiles Gleichgewicht aller Gaskomponenten erreichen, so daß auch Betrieb mit stationärem Gasgemisch möglich ist. Abgeschlossene CO_2-Laserrohre können eine Brennlebensdauer von 20 000 h erreichen.

Niederdruck-CO_2-Laser zeigen eine hervorragende Strahlungsstabilität. Es ist sehr leicht Ein-Moden-Betrieb und Frequenzstabilisierung möglich. Als Leistungslaser werden sie mit optisch gefalteten Resonatoren aufgebaut und für Leistungen bis 1 kW angeboten.

Führt man die störende Wärme durch rasche Gasströmung transversal zur Laserachse ab, so lassen sich etwa 1 kW Laserleistung je Meter Rohrlänge erhalten [1.15]. Diese Gastransportlaser sind somit relativ kurz, haben aber insgesamt wegen der benötigten Pump- und Kühlaggregate kein wesentlich kleineres Bauvolumen als konventionelle Geräte.

Mit höheren Fülldrücken erreicht man einerseits eine größere Wärmekapazität des Gases und eine höhere Dichte der aktiven Moleküle, andererseits wächst aber auch die strahlungslose Relaxation angeregter Laserzustände durch Stöße. Die dem hohen Druck und der raschen Stoßrelaxation angemessene Betriebsweise ist eine gepulste Hochstromentladung. Um unnötig hohe Zündspannungen zu vermeiden, wird eine transversale Entladungsform zwischen einander gegenüberstehenden Elektroden gewählt [1.16 bis 1.18]. Mit diesen TEA-Lasern (transversalelektrische Anregung) lassen sich derzeit spezifische Energien von etwa 20 mJ/cm^3 je Impuls erzielen [1.20, 1.21]. Käufliche Laser emittieren je Impuls etwa 75 J bei einer Pulsfrequenz von einigen Hertz und einer Impulsdauer von 50 ns. Die Laser werden für Materialbearbeitung und Plasmadiagnostik eingesetzt.

Neben den genannten Betriebsweisen gibt es andere, derzeit erst im Laboratorium erprobte Anregungsarten für CO_2-Laser, die in den kommenden Jahren durchaus zu bedeutenden technischen Produkten führen können. Allen voran ist die Methode der Elektroionisierung des Lasergases mittels einer äußeren, vom aktiven Medium durch eine Folie getrennten Elektronenquelle zu nennen [1.22]. Beim Gasdynamiklaser [1.23] entspannt sich CO_2-N_2-Gas von hoher Temperatur und hohem Druck durch eine Lavaldüse in den Laserresonator. Durch die Expansion vermindert sich die Temperatur des mit Überschall strömenden Gases auf etwa 300 K, wobei sich wegen der unterschiedlich großen Vibrationslebensdauern in den oberen und unteren Laserniveaus eine hohe Inversion der Laserterme einstellt. Mit Gasdynamiklasern wurden im quasikontinuierlichen Betrieb bis 60 kW erreicht.

1.2.7. Optisch gepumpte Festkörperlaser

Beim optisch gepumpten Festkörperlaser [1.10] ist das stabförmig geschliffene aktive Material zusammen mit einer Pumplichtlampe in einem Pumplichtreflektor angeordnet. Die bedeutendsten Festkörperlasermaterialien sind Rubinkristalle (Al_2O_3:Cr^{3+}) sowie mit Nd^{3+} dotierte Y-Al-Granate (YAG:Nd^{3+}) und Gläser. Die Abmessungen der Stäbe reichen je nach Anwendungszweck von einigen Zentimetern Länge und einigen Millimetern Durchmesser (Rubin, Granat) bis zu einer Länge von 1 m und einem Durchmesser von 6 cm (Nd-Gläser). Als Pumplampen können in Sonderfällen Halbleiterlumineszenz- oder Laserdioden Verwendung finden. So eignen sich (GaAl)As-Laser besonders zum Pumpen von YAG-Nd-Lasern.

Die Resonatorspiegel können entweder auf die Stirnflächen der Laserstäbe aufgebracht oder extern angeordnet werden. In letzterem Fall, speziell bei interner Modulation oder Güteschaltung, sind die Kristallenden unter dem Brewsterschen Winkel geschnitten oder optisch vergütet. Die Spiegel bestehen häufig auch aus einem Satz von planparallelen, unbeschichteten Platten, da dielektrische Vielfachschichten bei den extrem hohen Leistungen leicht zerstört werden.

Aufgrund von Materialfehlern und thermischen Spannungen ist die Homogenität des aktiven Mediums beim optisch gepumpten Festkörperlaser in der Regel geringer als bei dem mit Gleichspannung erregten Gaslaser. Es lassen sich jedoch sowohl Rubin- als auch YAG-Kristalle aus der Schmelze ziehen, die im Dauerbetrieb einen Strahl mit praktisch beugungsbegrenzter Öffnung liefern (Bild 1.1c). Im Impulsbetrieb befindet sich der Laser jedoch nicht im thermischen Gleichgewicht, was zu mechanischen Deformationen und damit zu Änderungen des Resonator- und Modencharakters während der Emission führt.

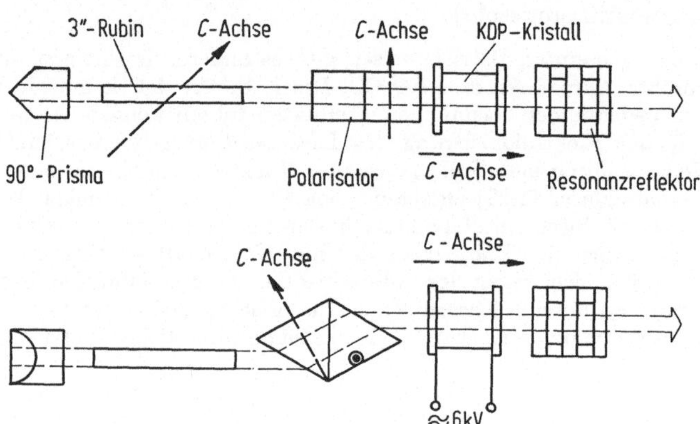

Bild 1.8. Aufbau eines Rubin-Riesenimpulslasers in Grund- und Aufriß. Die Güteschaltung wird mittels einer Pockels-Zelle vorgenommen.

a) Der Rubinlaser emittiert bei 694 nm im roten Spektralbereich. Wegen der langen Lebensdauer im oberen Laserterm ($\tau \approx 3$ ms) kann Rubin sehr viel Anregungsenergie speichern und eignet sich daher hervorragend für die Erzeugung von Hochenergiepulsen im Q-switch-Betrieb (Riesenimpulse). Es werden Impulsenergien bis zu einigen 100 J und Leistungen bis 100 GW erreicht. Die Dimensionierung eines Rubinriesenimpulslasers zeigt Bild 1.8.

b) Beim Nd:YAG-Laser wird der Schwellenwert für Oszillation bei relativ niedrigen Pumpleistungen erreicht. Die stärksten Pumpbänder liegen im roten Spektralbereich und können mit Krypton- oder Wolframlampen, u. U. auch mit Laserdioden gepumpt werden. Der Laser ist ohne Schwierigkeit bei Zimmertemperatur im Dauerstrich zu betreiben und emittiert in diesem Fall bei 1,06 µm eine Leistung bis zu 1 kW bei einem Wirkungsgrad von einigen Prozent. Typische Werte für Impulsbetrieb bei einem Kristall mit 100 mm Länge und 10 mm Durchmesser sind: Schwelle 20 J; Impulsenergie 1 J bei 100 J Pumpenergie. Im Q-switch-Betrieb werden Impulse mit 20 ns Halbwertsbreite und einer Spitzenleistung von einigen Gigawatt erreicht. Wegen der hohen Verstärkung und der großen Kristallquerschnitte treten Moden hoher transversaler Ordnung auf. Der TEM_{00}-Modus ist nur mit Einbuße an Leistung zu erreichen. Im Riesenimpulsbetrieb läßt sich Oszillation auf nur einem axialen Modus erreichen, so daß in diesem Fall Kohärenzlängen von mehreren Metern erhalten werden können.

c) Nd-dotierte Glasstäbe lassen sich in relativ großen Abmessungen und homogener Zusammensetzung herstellen. Bei geeigneter Glaszusammensetzung und Dotierung betragen die Lebensdauern der angeregten Zustände bis 1 ms. Es läßt sich daher relativ viel Anregungsenergie speichern, so daß sich Nd-Glas, wie Rubin, vorzüglich zur Erzeugung von Riesenimpulsen eignet. Da Laserstäbe bis 1 m Länge und 6 cm Durchmesser hergestellt werden können, lassen sich mit mehreren Verstärkerstufen Impulsleistungen bis 50 GW erreichen. Für kontinuierlichen Betrieb ist Nd-Glas nicht geeignet, da infolge der geringen Wärmeleitung große Spannungen entstehen, die zur Zerstörung des Glases führen.

1.2.8. Halbleiterinjektionslaser

Von den verschiedenen Anregungsmethoden für Halbleiterlaser – Injektionsanregung, Elektronenstrahl- und optisches Pumpen – ist im Hinblick auf technische Anwendungen nur der Injektionsbetrieb von Laserdioden wichtig. Durch Anlegen einer Spannung in Flußrichtung werden dabei Elektronen aus dem elektronenreichen n-Gebiet in das elektronenarme p-Gebiet injiziert, wobei an der Grenze des p-Bereiches innerhalb einer durch Lebensdauer und Diffusionsgeschwindigkeit gegebenen schmalen (aktiven) Zone eine hohe Konzentration von Elektronen und Löchern erzeugt wird (Inversion), die Laserbetrieb ermöglicht (Bild 1.9) [1.12].

Laserdioden zeichnen sich durch eine Reihe hervorstechender Eigenschaften aus: Sie sind sehr klein und mechanisch sehr stabil, haben einen hohen Quantenwirkungsgrad (bis 40 %), geben kontinuierliche Leistungen im Bereich einiger 10 mW und Impulsleistungen bis 100 W ab und lassen sich direkt über den Pumpstrom bis in den Gigahertzbereich modulieren. Durch entsprechende Wahl und Dotierung des Halbleitermaterials läßt sich Laseremission im Bereich von 0,7 µm bis 25 µm erhalten.

Der einfachste Aufbau einer Laserdiode (Homostruktur) ist in Bild 1.9a gezeigt. Wegen der geringen Dicke der aktiven Schicht hat der Laser die Struktur eines Bandwellenleiters. Die Rückkopplung erfolgt in der Regel durch Fresnelsche Reflexion an den (Spalt-)Stirnflächen. Die Resonatorlänge liegt im Bereich einiger hundert Mikrometer.

Bei Laserdioden in Homostruktur greift die geführte Welle wegen des geringen Brechzahlenunterschieds (Abschnitt 6.3.) stark in die absorbierenden Nachbarbereiche über und erleidet starke Verluste. Laser dieser Bauart benötigen daher hohe Schwellstromdichten (50 000 A/cm²; GaAs bei Zimmertemperatur) und können nur gepulst bei sehr kleinem Tastverhältnis betrieben werden.

Um eine bessere optische Abgrenzung der aktiven Zone gegen den hoch absorbierenden p^+-Bereich zu erhalten, kann dieser aus dem niedriger brechenden

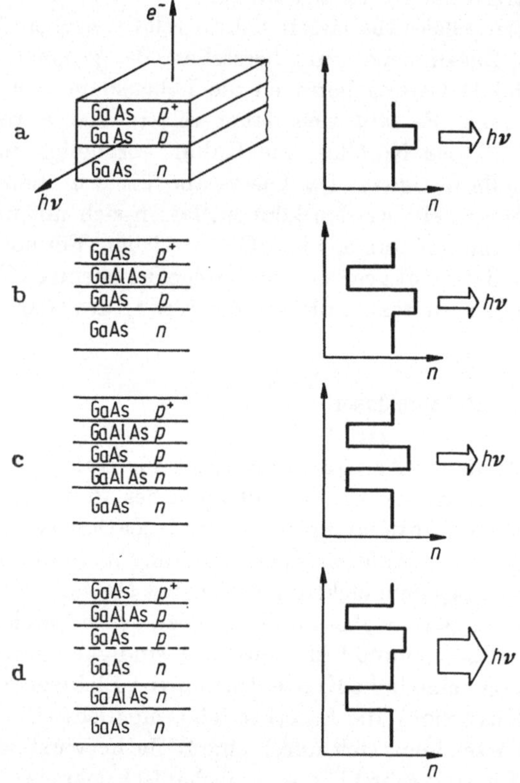

Bild 1.9. Aufbau von Ga(Al)As-Laserdioden verschiedener Strukturen (vereinfachte Darstellung). a) Homostruktur: Die aktive Zone (p-GaAs) der Dicke $d \approx 2$ µm wird vom n-Bereich (n-GaAs) und p^+-Bereich (GaAs, sehr hoch p dotiert) begrenzt. Die Brechzahldifferenzen Δn_{21} und Δn_{23} sind relativ gering, die erzeugten Wellen greifen daher stark in den hochabsorbierenden p^+-Bereich über; b) Heterostruktur: Zusätzlich zur hohen Brechzahldifferenz Δn_{21} entsteht an der p/p^+-Grenze eine hohe Potentialbarriere, die die Eindringtiefe der Elektronen in p^+-Richtung begrenzt, den Inversionsbereich verschmälert und damit – bei gegebener Pumpstromdichte – die Inversionsdichte erhöht; c) Doppelheterostruktur; d) LOC-Struktur.

Mischkristall (GaAl)As aufgebaut werden. Der Brechzahlverlauf der so gebildeten Einfach-Heterostrukturlaser (EH) ist in Bild 1.9b gezeigt. Die mit dieser Struktur verbundenen geringen inneren Verluste und höheren Inversionsdichten lassen die Schwellenstromdichten gegenüber der Homostruktur erheblich sinken. Typische Werte liegen bei 8000 A/cm², bei einem differentiellen Wirkungsgrad um 0,5 W/A. Wird durch eine Doppel-Heterostruktur (DH) auch n-seitig ein großer Brechzahlsprung vorgesehen (Bild 1.9c), so kann wegen der guten Führung der Welle die Dicke der aktiven Schicht bis auf 0,5 µm erniedrigt werden. Die Schwellenstromdichten lassen sich bei 0,5-µm-Schichten auf 1000 A/cm² absenken, was kontinuierlichen Betrieb bei Zimmertemperatur ermöglicht [1.25, 1.26].

Begrenzt man die aktive Rekombinationszone (p-GaAs) nicht, wie bei DH-Dioden, unmittelbar durch p- bzw. n-(GaAl)As-Bereiche, sondern fügt n-seitig noch eine verlustarme und höher brechende n-GaAs-Schicht ein, so kann man sowohl die Inversionszone schmal halten (und damit den Schwellenstrom gering) als auch gleichzeitig einen breiteren optischen „Kanal" erhalten. Die so hergestellten LOC-Dioden (large optical cavity) haben etwa die Divergenzwinkel von EH-Dioden bei Schwellenstromdichten um 1700 A/cm² [1.27].

Von entscheidener Bedeutung beim kontinuierlichen Betrieb ist die Beherrschung der Wärmeabfuhr. Durch Streifenkontaktierung oder durch Mesastrukturen (Bild 1.10) kann man den invertierten Bereich auf einen Streifen von 10 µm bis 40 µm Breite einschränken und damit die Gesamtstromstärke erniedrigen. Gleichzeitig wird durch diese Maßnahme die transversale Ordnung der Resonatormoden begrenzt. Bei ausgesucht homogenen Proben läßt es sich dabei erreichen, daß der Laser knapp oberhalb der Schwelle im transversalen Grundmodus oszilliert. Mit steigendem Strom erhöht sich die transversale Ordnung, bevorzugt in der Richtung senkrecht zum p-n-Übergang. Bei durchschnittlicher Diodenqualität bildet sich in der Regel mit steigendem Strom auch eine zunehmende Zahl voneinander unabhängiger „Laserkanäle" im invertierten Bereich aus.

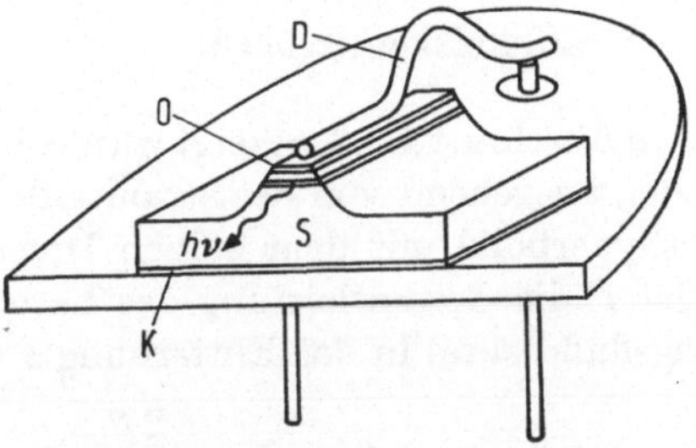

Bild 1.10. Aufbau einer Laserdiode mit Mesastruktur. Die emittierende Zone ist gemäß Bild 1.9c von GaAlAs-Schichten begrenzt. D Au-Draht; O Au–Ge-(1%-) Kontakt; K Au–Ge(Eutektikum-) Kontakt zwischen Substrat S und Trägerplatte. Übriger Aufbau wie in Bild 1.9.

Entsprechend der Rechteckstruktur des Laserresonators hat die austretende Strahlung in den zu den Rechteckseiten jeweils parallelen Richtungen eine um mehr als eine Größenordnung verschiedene Divergenz. Liegt so im Nahfeld die Längsachse des Intensitätsflecks noch parallel zur langen Rechteckseite, so liegt sie im Fernfeld senkrecht dazu. Die Divergenz in der zur p-n-Schicht senkrechten Ebene (kurze Seite) erreicht bei GaAs-Lasern mit Homo- oder LOC-Struktur etwa 20°, bei DH-Lasern etwa 40°, jeweils bezogen auf die Halbwertspunkte der Intensität.

Allen bei Zimmertemperatur arbeitenden Halbleiterlasern ist eine relativ kurze Lebensdauer bei hoher Belastung (kontinuierlicher Betrieb, hohe Pulsfolgefrequenz) eigen. Typische Werte für DH-Dioden sind bei kontinuierlichem Betrieb und 300 K einige 1000 h. Bei günstigem Tastverhältnis und mäßigen Pulsströmen lassen sich weitaus längere Zeiten erreichen.

Die Strahlung der am weitesten verbreiteten GaAs-Laser liegt bei 0,9 µm. Durch geringen Aluminiumzusatz in der Rekombinationszone läßt sich die Emissionswellenlänge bis in die Nähe von 0,8 µm verschieben (unabhängig von der gewählten Struktur).

Andere Wellenlängen lassen sich bei Homostruktur durch Kombinationen verschiedener Elemente der III. und V. sowie der IV. und VI. Gruppe des Periodensystems gewinnen. Diese Laser arbeiten bei 300 K nur gepulst; für kontinuierlichen Betrieb sind Temperaturen von 77 K oder 4 K nötig. Von besonderem Interesse für spektroskopische Anwendungen sind die (je nach Zusammensetzung) von 6 µm bis 28 µm emittierenden Blei-Zinn-Chalkogenide, deren Frequenzen durch Änderung der Betriebsparameter in relativ weiten Bereichen abgestimmt werden können [1.28 bis 1.30].

Auf andere abstimmbare Laser (Farbstofflaser, Spin-Flip-Raman-Laser) wird in Abschnitt 8 eingegangen.

1.3. Ausbreitung und Abbildung von Laserstrahlung

1.3.1. Strahlungskenngrößen

Wie im Abschnitt 1.2.2. gezeigt wurde, breitet sich ein Gaußsches Strahlenbündel, ausgehend von der Strahltaille w_0, auf einem einschaligen Rotationshyperbolid mit dem halben Divergenzwinkel $\vartheta = \lambda/\pi w_0$ aus (1.8).

Ist P die Gesamtleistung des Lasers, so gilt für die Intensität (Leistungsflußdichte) in der Entfernung z von der Strahltaille

$$S(r, z) = \frac{2P}{w^2(z)\pi} \exp[-2r^2/w^2(z)]. \tag{1.11}$$

[Der Radius $w(z)$ des Modenflecks ist durch (1.6) gegeben].

Die über die Fläche des Modenflecks gemittelte Intensität wird

$$\bar{S}(z) = \frac{P}{w^2(z)\pi}. \tag{1.12}$$

Der Laser emittiert in den Raumwinkel $\Omega = \pi\vartheta^2$ die gemittelte Strahlungsstärke

$$\left(\frac{\overline{dP}}{d\Omega}\right) = \frac{P}{\Omega} = \frac{Pw_0^2\pi}{\lambda^2} \tag{1.13}$$

und hat in Strahlrichtung die gemittelte Strahlungs- oder Leuchtdichte

$$\overline{\left(\frac{\mathrm{d}P}{\mathrm{d}\Omega\,\mathrm{d}F}\right)} = \frac{P}{\Omega\,w_0^2\,\pi} = \frac{P}{\lambda^2}\,. \tag{1.14}$$

Die durch Leistung und Wellenlänge vorgegebene gemittelte Leuchtdichte eines Lasers wird demnach durch Abbildung nicht verändert.

Die Bestrahlungsstärke auf einer vom Laserstrahl senkrecht getroffenen Fläche in größerer Entfernung z von der Strahltaille w_0 ist nach (1.4) und (1.11) durch

$$S(r, z) = \frac{2P w_0^2 \pi}{\lambda^2 z^2}\exp-2\,[r\pi w_0/\lambda z]^2 \tag{1.15}$$

gegeben; ihr über den Strahlquerschnitt gemittelter Wert ist

$$\bar{S}(z) = \frac{P w_0^2 \pi}{\lambda^2 z^2}\,. \tag{1.16}$$

Schwingt der Laser in einem transversalen Modus $\mathrm{TEM}_{m,\,n}$, so werden wegen der größeren Divergenz (1.10) die mittlere Strahlungsstärke und die mittlere Leistungsflußdichte um den Faktor $[(2m+1)\,(2n+1)]^{-1/2}$ und die mittlere Leuchtdichte um den Faktor $[(2m+1)\,(2n+1)]^{-1}$ reduziert.

Wird der Gaußsche Laserstrahl durch ein optisches System (Linse, Spiegel oder Teleskop) transformiert, so bleiben (1.13) bis (1.16) gültig, wenn anstelle von w_0 der Fleckradius der neuen Strahltaille w_0' eingesetzt wird.

In den Tabellen 3.1, 5.2 und 5.3 sind charakteristische Strahlungswerte für eine Reihe technisch interessanter Laser angegeben.

1.3.2. Abbildungsgesetze

Für technische Anwendungen des Lasers ist die Veränderung der Leistungsflußdichte und der Divergenz durch optische Systeme interessant, insbesondere im Hinblick auf Fokussierung im Nahbereich (einige Millimeter bis einige Zentimeter), Fokussierung im Fernbereich (einige hundert Meter bis einige Kilometer) und Erzeugung kollimierter Lichtbündel (Parallelstrahlen).

Beim Durchgang eines von einer Strahltaille w_0 ausgehenden Gaußschen Strahles durch eine Linse der Brennweite f entsteht ein neues Bündel, das durch eine Strahltaille w_0' beschrieben wird. Es ist dabei vorausgesetzt, daß der Linsenhalbmesser $D_\mathrm{L}/2$ größer als $w(z)$ des Strahles ist (1.6), so daß keine zusätzliche Beugung am Linsenrand auftritt ($D_\mathrm{L} \approx 4w$). Die in Bild 1.11 dargestellte Transformation wird durch folgende Gleichungen beschrieben [1.9]:

$$\frac{1}{w_0'^2} = \frac{1}{w_0^2}\left(1 - \frac{d}{f}\right)^2 + \frac{1}{f^2}\left(\frac{\pi w_0}{\lambda}\right)^2,$$
(1.17)

$$d' - f = (d - f)\frac{f^2}{(d-f)^2 + \left(\frac{\pi w_0^2}{\lambda}\right)^2}.$$
(1.18)

Wird d' negativ, so liegt w_0' auf der gleichen Seite wie w_0 und der Strahl bleibt nach der Transformation divergent.

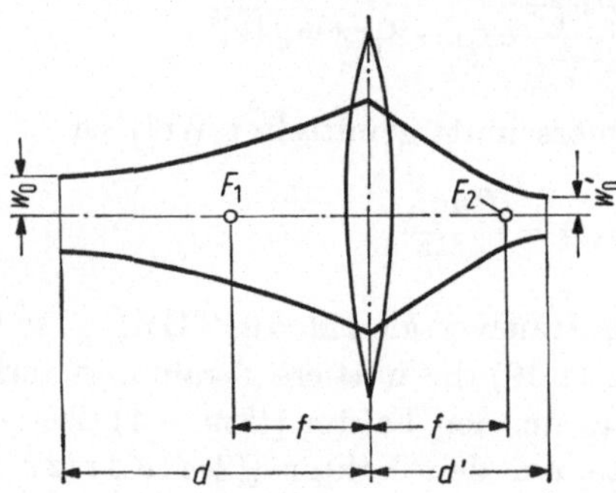

Bild 1.11. Transformation eines Gaußschen Strahles durch eine Linse.

1.3.3. Fokussierung im Nahbereich

Da in den Strahltaillen jeweils die höchsten Leistungskonzentrationen vorliegen, wird durch (1.17) und (1.18) auch die optimal zu erreichende Fokussierung von Laserlicht beschrieben.

Die Abbildungsformeln werden sehr übersichtlich, wenn w_0 in die Brennebene der Linse gelegt wird ($d = f$). Es folgt

$$w_0' = f\lambda/\pi w_0.$$
(1.19)

Man erkennt hieraus, daß theoretisch für $f \approx 4 w_0$ Brennfleckradien $w_0' \approx \lambda$ erreicht werden, vorausgesetzt, die Linse ist sphärisch korrigiert und das Öffnungsverhältnis erfüllt die Bedingung

$$\frac{D}{f} \geq \frac{4w(f)}{f} \approx 1.$$

Wird ein höherer Modus $\text{TEM}_{m,n}$ fokussiert, so ergibt sich rechnerisch ein Brennfleck mit den Halbachsen w_m' und w_n', wobei

$$w_m' = w_0'\sqrt{2m + 1} \approx \frac{f\lambda}{\pi w_m}(2m + 1).$$
(1.20)

Theoretisch lassen sich also bei einer Abbildung mit $f \approx 2 w_m$ Fleckradien um $(2m + 1)\lambda$ erhalten.

Aufgrund der sphärischen Aberration[1] können in der Praxis jedoch nur bei hochbrechenden Linsenmaterialien derart kleine Brennweiten verwendet werden. Realistische Werte für sphärisch korrigierte Linsen sind in Tabelle 1.2 angegeben.

Tabelle 1.2. Durch sphärische Aberration bedingte minimale Brennweiten zur Fokussierung eines Laserstrahls mit gegebenem Durchmesser; n Brechzahl des Linsenmaterials (Glas, Quarz: $n \approx 1{,}5$; KCL: $n \approx 1{,}5$; Ge: $n \approx 4$) [5.6]

Strahldurchmesser in mm	Brennweiten in mm			
	Rubin $n = 1{,}5$	Nd–YAG $n = 1{,}5$	CO_2 $n = 1{,}5$	CO_2 $n = 4$
1	3,4	3,0	1,4	0,7
2	8,6	7,5	3,5	1,7
3	14,7	12,8	5,6	2,9
4	21,6	18,8	8,8	4,3
5	29,1	25,3	11,8	5,8

Durch Wahl bestimmter Krümmungsradien der Linsenflächen kann eine minimale Aberration erreicht werden. Für Linsenmaterialien mit $n \approx 1{,}5$ gibt eine Konvex-Konkav-Linse mit $r_- \approx 6r_+$ oder näherungsweise eine Plan-Konvex-Linse minimale Aberration (konvexe Seite jeweils zum Strahl); für die Fokussierung von 10-μm-Strahlung mit Ge-Linsen ($n \approx 4$) empfiehlt sich eine konvex-konkave Linse (konvexe Seite zum Strahl) mit $r_- \approx 1{,}5r_+$.

Für die Fokussierung von Laserstrahlung ist außer der Brennfleckgröße auch die Fokustiefe von Bedeutung. Für Grundmoden berechnet sie sich nach (1.7). Definiert man als Tiefe Δz diejenige Strecke, innerhalb derer sich die Fläche des Brennfleckes um weniger als 10 % ändert, so folgt

$$\Delta z = 2w_0'^2 \pi/\lambda \sqrt{10} \approx 2w_0'^2/\lambda. \tag{1.21}$$

Als praktische Beispiele seien angeführt: Ein CO_2-Laser ($\lambda = 10{,}6\ \mu$m) mit TEM_{00} und $w_0 = 5$ mm gibt mit einer Ge-Linse mit $f = 15$ mm einen Brennfleck von $w_0' \approx \lambda \approx 10\ \mu$m und $\Delta z \approx 2\lambda \approx 20\ \mu$m. Ein Nd:Glaslaser ($\lambda = 1{,}06\ \mu$m) mit $TEM_{20,\,20}$ und $w_m = 4$ mm liefert mit $f = 100$ mm den Fleckradius $w_m' \approx 300\lambda \approx 300\ \mu$m.

1.3.4. Fokussierung auf große Entfernung

Zur Fokussierung auf große Entfernung wird – in Umkehrung des unter 1.3.3. betrachteten Strahlenganges – eine kleine Primärtaille w_0 benötigt, wenn man nicht einen großen Abstand zwischen Linse und Laser in

---

[1] Bei sphärischer Aberration schneiden sich achsennahe und achsenferne parallele Lichtstrahlen in verschiedenen Punkten längs der Achse, was zur Fleckvergrößerung in einer bestimmten Brennebene führt.

Kauf nehmen möchte. Man arbeitet also vorteilhaft mit teleskopischen Systemen, bei denen die benötigte kleine Strahltaille vom Okular gemäß (1.19) erzeugt wird (Bild 1.12).

Die Lage d_2' dieser Zwischentaille w_1' relativ zur Objektivlinse bestimmt nach (1.18) den Abstand d_2 der Taille w_2. Eine Fokussierung auf verschiedene Entfernungen ist somit durch Variation des Linsenabstandes $d = f_1 + f_2 + \Delta d$ möglich.

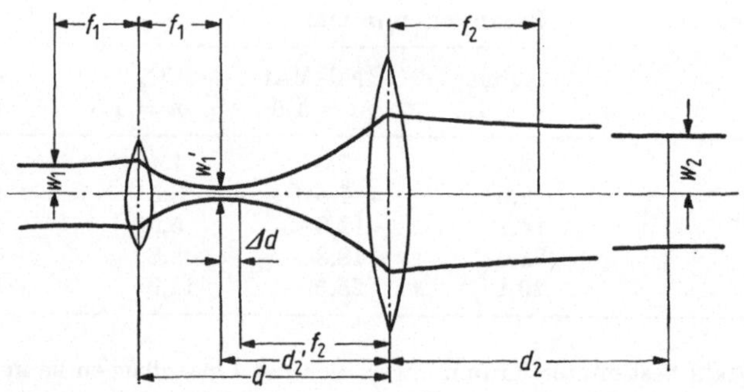

Bild 1.12. Fokussierung von Laserlicht auf große Entfernung mittels Teleskop.

Aus der Diskussion von (1.17) und (1.18) ergeben sich die folgenden Fokussiereigenschaften: Liegt w_1' in den Brennebenen von Okular und Objektiv ($\Delta d = 0$; $f_1 = d_1 = d_1'$; $f_2 = d_2' = d_2$), so liegt w_2 bei $d_2 = f_2$, also nahe am Teleskop, und erreicht den maximal möglichen Wert

$$w_{2\,\mathrm{max}} = w_1 f_2 / f_1 . \tag{1.22}$$

Für $\Delta d = d_2' - f_2 > 0$ wandert w_2 zu größeren Entfernungen. Der maximale Fokussierabstand $d_{2\,\mathrm{max}}$ wird nach (1.18) für $\Delta d = \pi w_1'^2 / \lambda$ erreicht:

$$d_{2\,\mathrm{max}} = f_2 + \frac{\pi w_2^2}{\lambda} \approx \frac{\pi w_2^2}{\lambda} , \tag{1.23}$$

$$w_2 = w_1 f_2 / \sqrt{2} f_1 . \tag{1.24}$$

Die Strahltaille verringert sich also längs dieses Abstimmbereiches um den Faktor $\sqrt{2}/2$. Bei weiterer Abstimmung ($\Delta d > \pi w_1'^2 / \lambda$) wird w_2 weiter verkleinert, wandert jedoch wieder in Richtung zum Teleskop ($d_2 < d_{2\,\mathrm{max}}$). Längs dieses zweiten Abstimmbereiches lassen sich prinzipiell sehr kleine Fleckradien erzielen, auch $w_2 < w_1$ (Bild 1.13); die beschränkte Abstimmöglichkeit der üblichen Teleskope erlaubt jedoch in der Regel nicht, diesen zweiten Bereich voll zu durchfahren.

Von besonderer Bedeutung ist die Fokussierung auf die maximal mögliche Entfernung $d_{2\,max}$. Diese läßt sich nach (1.7) und (1.23) auch durch den Bündeldurchmesser D_{Ob} am Objektiv ausdrücken.

$$d_{2\,max} = \frac{\pi D_{Ob}^2}{8\lambda} \tag{1.25}$$

und

$$w_2(d_{2\,max}) = D_{Ob}/2\,\sqrt{2}. \tag{1.26}$$

Die Eingangsstrahltaille muß diesem Durchmesser gemäß $D_{Ob} \approx 2w_1 f_2/f_1$ angepaßt sein.

Beispiel: Ein Spiegelteleskop mit $D_{Ob} = 20$ cm kann den TEM_{00}-Strahl eines 10-μm-Lasers maximal bis 1,5 km Entfernung fokussieren (Fleckdurchmesser $2w_2 = 14$ cm). In 150 m Entfernung läßt sich nach Bild 1.13 ein Brennfleck mit $2w_2 \approx 2$ cm, in 15 m mit $2w_2 \approx 0,2$ cm erreichen. Bei einer Vergrößerung $f_2/f_1 = 20$ ist $w_1 = 0,5$ cm zu wählen.

Infolge atmosphärischer Störungen ist in der Praxis auf größeren Entfernungen mit Strahlaufweitungen zu rechnen, so daß die angegebenen Rechenwerte nicht erreicht werden. Eine genauere Diskussion dieser Störungen findet sich in Abschnitt 6.2.

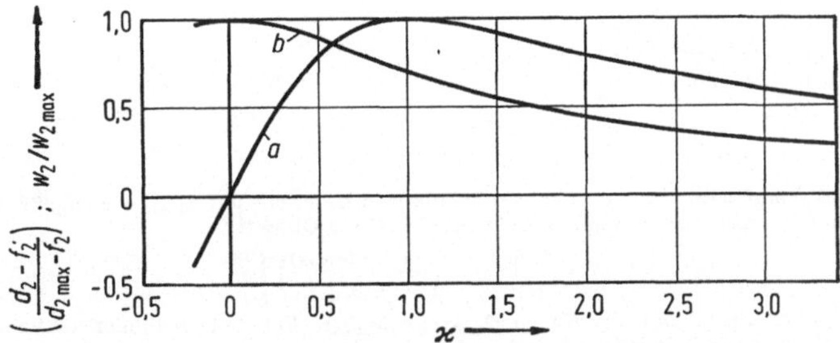

Bild 1.13. Fokusweiten d_2 (Kurve a) und Fleckradien w_2 im Fokus (Kurve b) als Funktion des Abstimmparameters $\varkappa$ bei der Fokussierung mittels eines Teleskopes ($d_1 = f_1 = d_1'$; $d = f_1 + f_2 + \Delta d$; Bild 1.12). Bei der Abstimmung gemäß $\Delta d = \varkappa(\pi w_1'^2/\lambda)$ werden die Fokusweiten $d_2 - f_2 = \varkappa/(1 + \varkappa^2) \cdot (d_{2\,max} - f_2)$ und die Fleckradien $w_2 = w_{2\,max}/\sqrt{1 + \varkappa^2}$ eingestellt. Maximaler Fokusabstand wird für $\varkappa = 1$, maximaler Fleckradius bei $\varkappa = 0$ erreicht. Für große $\varkappa$-Werte wird $d_2/d_{2\,max} \approx w_2/w_{2\,max}$.

1.3.5. Bündelung von Laserlicht

Ein auf die Entfernung $d_{2\,max}$ fokussiertes Laserbündel erreicht bei der Entfernung $2d_{2\,max}$ wieder seinen primären Durchmesser D_{Ob}. Längs der Strecke $2d_{2\,max}$ ist somit in guter Näherung ein „Parallelbündel" realisiert. Im Fernfeld ist die Divergenz eines solchen Bündels durch die Strahltaille $w_2(d_{2\,max})$ bestimmt. Sie ist dadurch um den Faktor $\sqrt{2}$ größer als die Divergenz eines Lichtbündels, das am Fernrohr mit paralleler Wellenfront austritt (kollimierter Strahlengang, Strahltaille $D_{Ob}/2$).

Die mit fokussierten und kollimierten Bündeln erreichbare Bündelung
ist für verschiedene Objektivdurchmesser am Beispiel des roten HeNe-
Lasers im Bild 1.14 dargestellt.

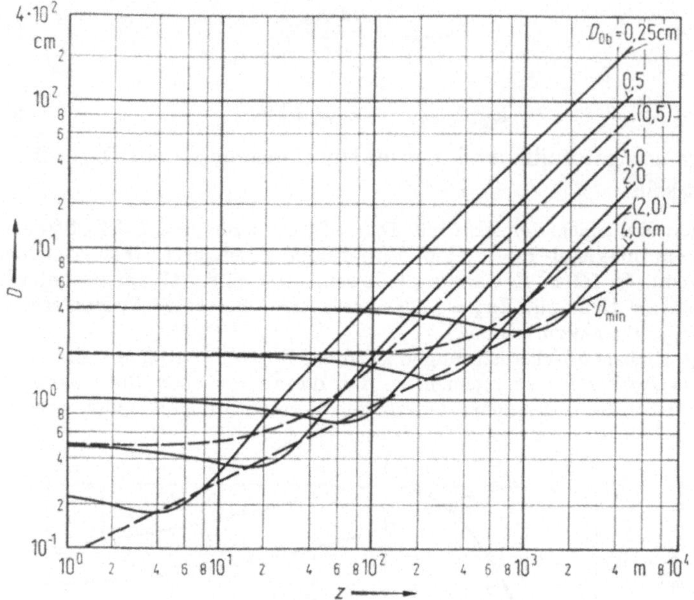

Bild 1.14. Strahlaufweitung bei optimal gebündelten, d.h. jeweils auf $d_{2\,max} = \pi D_{Ob}^2/8\lambda$ fokussierten Bündeln für verschiedene Bündeldurchmesser D_{Ob} am Objektiv.

$$D(z) = \frac{D_{Ob}}{\sqrt{2}}\left[1 + \left(\frac{8\lambda(z-d_{2\,max})}{\pi D_{Ob}^2}\right)^2\right]^{1/2}.$$

Die Bündeltaillen liegen auf der Kurve $D_{min}(z = d_{2\,max})$. Für zwei kollimierte Bündel ist die
Strahlaufweitung gestrichelt eingezeichnet.

In praktischen Ausführungsbeispielen werden Fernrohre mit 15- bis 30facher
Vergrößerung und einem Öffnungsverhältnis $d/f \approx 1/5$ verwendet. Ein auf 30 mm
aufgeweiteter HeNe-Laserstrahl hat nach (1.26) und Bild 1.14 bei 550 m seine
Strahltaille und erreicht bei 1100 m wieder seinen Primärdurchmesser.

Wegen atmosphärischer Strahlaufweitungen liegen die praktisch erreichbaren
Werte etwas niedriger als die theoretischen Weiten; im genannten Beispiel ist
realistischerweise mit $d_{max} \approx 400$ m zu rechnen.

1.4. Modulation und Ablenkung von Laserstrahlung

1.4.1. Überblick

Für technische Anwendungen des Lasers ist sowohl eine zeitliche Modulation hinsichtlich Intensität, Phase oder Frequenz als auch eine räumliche oder Richtungsmodulation von Bedeutung. Wegen der hohen

Trägerfrequenzen des Lichtes ($\approx 10^{14}$ Hz) lassen sich dabei theoretisch sehr große Modulationsbandbreiten vorsehen.

Für eine Reihe von meßtechnischen Aufgaben genügt es, mechanische Methoden zur Modulation oder Ablenkung einzusetzen: z.B. Zerhacker, Schwingspiegel, rotierende Polygonspiegel. Sie sind einfach aufgebaut, haben aber wegen ihrer Trägheit nur begrenzte Bandbreite. Alle schnellen Verfahren stützen sich auf elektrooptische und akustooptische Effekte.

Neben den genannten, zur Modulation benutzten, physikalischen Effekten ist noch zu unterscheiden hinsichtlich des Modulationsverfahrens:

a) Bei äußerer Modulation wird das aus dem Laserresonator ausgetretene Licht moduliert, eine Rückwirkung auf den Resonator soll dabei nach Möglichkeit vermieden werden.

b) Bei innerer Modulation wird die Lichterzeugung im Resonator selbst beeinflußt, so daß ein zeitlich oder räumlich modulierter Strahl den Resonator verläßt. Die einfachste Art der inneren Modulation ist die Steuerung der Verstärkung und damit der Laserintensität über den Pumpstrom. Sie wird vielfach bei den in der Meß- und Justiertechnik eingesetzten HeNe-Lasern angewandt, um die Strahlung bequemer messen zu können. Während man bei Gaslasern mit dieser Pumpmodulation allenfalls 100 kHz erreichen kann, lassen sich Lumineszenz und Laserdioden über den Strom bis in den Gigahertz-Bereich modulieren, was sie für nachrichtentechnische Anwendungen äußerst attraktiv macht. Andere Methoden der inneren Modulation steuern die optische Länge oder die Verluste des Resonators und beeinflussen damit entscheidend die Dynamik der Schwingungserzeugung. Die erzwungene Modenkopplung (Abschnitt 1.2.3.) ist ebenso ein Spezialfall der inneren Modulation wie die Gütemodulation zur Erzeugung von Riesenimpulsen (Abschnitt 1.2.4.).

c) Eine weitere Möglichkeit der Lichtmodulation eröffnet sich beim Laser durch gesteuerte Auskopplung eines mehr oder weniger großen Teils der im Resonator gespeicherten Energie. Diese Koppelmodulation bedient sich in der Regel eines Polarisationsschalters in Verbindung mit einer Polarisationsweiche, z.B. Rochonprisma (Bild 1.17), oder eines akustooptischen Lichtablenkers (Bild 1.18). Man kann die Koppelmodulation einmal verwenden, um bei niedriger Frequenz schlagartig die gesamte gespeicherte Energie auszukoppeln und damit Impulsleistungen zu bekommen, die bis zu zwei Größenordnungen über dem Dauerstrichwert liegen (Cavity dumping, Anwendung bei Ar^+-Laser und Festkörperlasern), andererseits eröffnet sie jedoch auch die Möglichkeit, mit relativ geringen Steuerleistungen hohe Modulationsgrade bis zu Frequenzen von einigen 10 GHz zu erreichen, was zu einer eingehenden Untersuchung dieser Modulationsart seitens der Nachrichtentechniker geführt hat [1.31].

Weitere Einzelheiten über Modulationsverfahren sind dem der optischen Nachrichtentechnik gewidmeten Abschnitt 6 vorbehalten. Die folgenden Ausführungen sollen sich ausschließlich mit Lichtmodulatoren und den ihrer Wirkung zugrunde liegenden Effekten befassen.

1.4.2. Mechanische Modulation

Hier sind sämtliche Modulationsarten möglich: Neben der Intensitätsmodulation mit rotierenden Zerhackern wird Phasen- und Frequenzmodulation durch mechanisch erzeugte optische Weglängenänderungen [1.32] und Richtungsmodulation mit Drehspiegeln und Schwingspiegeln [1.33] angewandt. Die Modulationsgrade bzw. Ablenkwirkungsgrade können praktisch 100 % erreichen; jedoch sind die Bandbreiten und die Subträgerfrequenzen auf die Größenordnung von 10^3 bis 10^4 Hz beschränkt. Antriebsmittel für mechanische Systeme sind entweder von elektromagnetischer Art (Motoren, Galvanometer für Schwingspiegel), piezoelektrisch (Schwingspiegel, Feinjustierung über Ablenker) oder magnetostriktiv. Ausführliche Literatur findet sich in [1.33].

1.4.3. Elektrooptische Modulatoren und Ablenker

Kristalle ohne Inversionszentrum [1.34] ändern bei geeigneter gegenseitiger Lage von Kristallachsen, Feld- und Lichtausbreitungsrichtung ihren Brechungsindex linear mit der Feldstärke E eines von außen angelegten elektrischen Feldes (Pockels-Effekt). Bei Kristallen mit Inversionszentrum und Flüssigkeiten ist die Brechungsindexänderung quadratisch in $|E|$ (Kerr-Effekt). Im allgemeinen ist der Kerr-Effekt klein

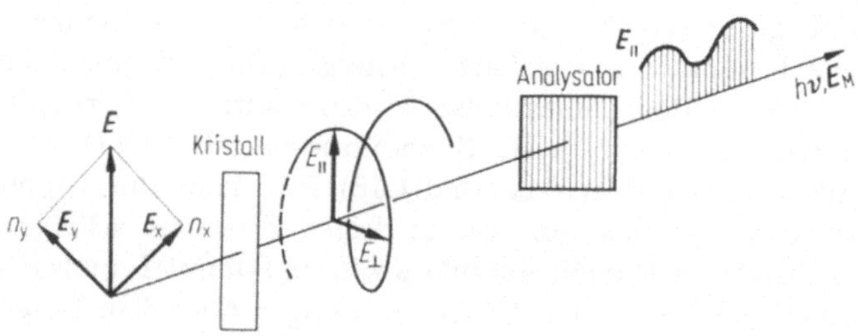

Bild 1.15. Phasen und Amplitudenmodulation unter Anwendung des longitudinalen Pockels-Effektes in einachsigen Kristallen (z.B. KDP): Durch Anlegen eines Feldes in z-Richtung wird $n_x \neq n_y$. Liegt E parallel zur x- oder y-Achse, wird reine Phasenmodulation, liegt E unter 45° zu den Achsen (Zeichnung), kann hinter einem Analysator Amplitudenmodulation erhalten werden. Mit Hilfe eines $\lambda/4$-Blättchens wird der Arbeitspunkt in den linearen Teil der Kennlinie geschoben.

gegen den Pockels-Effekt. Die Stärke der Veränderung wird durch die elektrooptischen Koeffizienten r_{ik} des jeweiligen Materials beschrieben; sie bestimmen letztlich die Größe der Steuerspannung bei der Anwendung in Modulatoren und Ablenkern. Die Koeffizienten r_{ik} sind temperaturabhängig und steigen bei Annäherung an den Curie-Punkt stark an [1.13, 1.33]. Im Bereich von Mikrowellenfrequenzen ist mit einer stärkeren Abnahme dieser Koeffizienten zu rechnen.

Phasenmodulation. Durchläuft linear polarisiertes Licht einen Kristall mit dem Brechungsindex n (Bild 1.15), dann ist die Änderung des Brechungsindex im elektrischen Feld E von der Form [1.33]

$$\Delta n = \pm n^3 r \, |E|. \tag{1.27}$$

Beim Durchlaufen einer Strecke dz ändert sich die Phase um den Betrag $d\varphi = (2\pi/\lambda_0) n \, dz$. Ein Wechselfeld $E_M \cos\omega_M t$ erzeugt somit bei einem Lichtweg L im Kristall eine Phasenmodulation mit dem Modulationsindex (Phasenhub)

$$\Delta\varphi = \pm \frac{\pi}{\lambda_0} n^3 r E_M L. \tag{1.28}$$

Liegt das Modulationsfeld in Lichtrichtung (longitudinaler Effekt), so ist $E_M L$ gleich der Amplitude U_M der Modulationsspannung.

Liegt E_M transversal, so wird bei der Kristalldicke D

$$E_M L = U_M L/D. \tag{1.29}$$

Beim Transversaleffekt wird also bei gegebener Spannung ein um den Faktor L/D größerer Phasenhub als bei longitudinaler Anordnung erzeugt.

(Zeitliche) Amplitudenmodulation. Wir beschränken uns hier auf den Fall, daß das Licht parallel zur optischen Achse des Kristalls einfällt. Liegt, wie in Bild 1.15 eingezeichnet, die Polarisationsebene unter 45° zu den Achsen mit unterschiedlichem Brechungsindex, so haben die senkrecht zueinander polarisierten Lichtwellen E_x und E_y nach Durchlaufen der Strecke L den Phasenunterschied

$$\Delta\varphi(t) = \frac{2\pi}{\lambda_0} n^3 r \, U(t). \tag{1.30}$$

Das Licht ist dann im allgemeinen elliptisch polarisiert, und mit einem hinter dem Modulationskristall angeordneten Polarisator kann eine der linear polarisierten Komponenten [1.13]

$$\left. \begin{aligned} E_\| &\sim \cos\frac{\Delta\varphi}{2} \cos\omega t \\[2ex] E_\perp &\sim -\sin\frac{\Delta\varphi}{2} \sin\omega t \end{aligned} \right\} \tag{1.31}$$

oder

eliminiert werden. Diese Komponenten sind über den $\cos(\Delta\varphi/2)$- bzw. $\sin(\Delta\varphi/2)$-Term amplitudenmoduliert, sobald sich $\Delta\varphi$ im Takte von $\cos\omega_M t$ ändert. Da die üblicherweise verwendeten Lichtdetektoren auf die mittlere Intensität der Strahlung ansprechen, interessiert allein die Abhängigkeit der mittleren Lichtleistung $\overline{P}$ von der Modulationsspannung, z. B.

$$\overline{P}_\| \sim \overline{E_\|^2} \sim \cos^2 \frac{\Delta\varphi}{2}. \tag{1.32}$$

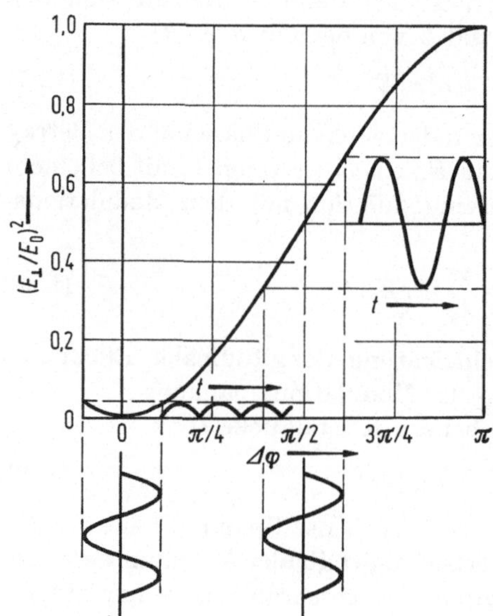

Bild 1.16. Modulationskennlinie bei Pockels-Effekt. Der eingezeichnete Arbeitspunkt kann durch eine überlagerte Gleichspannung oder durch ein zusätzliches $\lambda/4$-Blättchen eingestellt werden.

Um in den linearen Bereich der durch (1.32) beschriebenen Modulationskennlinie zu gelangen, kann man zusätzlich zum Modulationswechselfeld eine Gleichspannung anlegen und den Arbeitspunkt in (1.32) nach $\Delta\varphi_0 = \pi/2$ legen (Wendepunkt in Bild 1.16). Experimentell weit einfacher ist es jedoch, diese Phasenverschiebung $\Delta\varphi_0$ durch ein $\lambda/4$-Blättchen zu erzeugen, das vor oder hinter dem Modulationskristall angeordnet werden kann. Man erhält damit als Phasenänderung bei externer Amplituden- oder Intensitätsmodulation

$$\Delta\varphi(t) - \frac{\pi}{2} = \frac{2\pi}{\lambda_0} n^3 r L E_M \cos\omega_M t. \tag{1.33}$$

Um im linearen Bereich zu bleiben, arbeitet man üblicherweise mit kleinem Modulationsgrad.

Für die meisten technischen Anwendungen ist Pulsmodulation der Lichtintensität erwünscht. Die größte Änderung der Intensität von 0 auf

den Maximalwert und umgekehrt erhält man, wenn in (1.30) $\Delta\varphi = \pi$ ist.
Die hierzu nötige Feldstärke ist

$$E = \frac{\lambda_0}{2\,L\,n^3\,r} \qquad (1.34)$$

und die zugehörige $\lambda/2$- oder Halbwellenspannung

$$U_{\lambda/2} = EL = \frac{\lambda_0}{2\,n^3\,r}. \qquad (1.35)$$

Wird ein Transversaleffekt verwendet, so wird die Halbwellenspannung
um den Geometriefaktor D/L kleiner.

Elektrooptische Materialien. Für die Auswahl eines Materials im Hinblick auf
elektrooptische Modulation sind folgende Gesichtspunkte wichtig: hohe elektrooptische Koeffizienten, hoher Brechungsindex, ausreichende Transmission, Dielektrizitätskonstante so niedrig wie möglich, kleiner Verlustwinkel δ, gutes Kristall-
wachstum (Homogenität), gute Kristallbearbeitbarkeit, gute Strahlungsbelastbarkeit, gute Wärmeleitfähigkeit.

Hier sei nur die Regel vermerkt, daß das Verhältnis von elektrooptischen
Koeffizienten r und Dielektrizitätskonstante ε relativ unabhängig vom speziellen
Kristall, seiner Temperatur und der Frequenz ist [1.36]. Hohe elektrooptische
Effekte sind deshalb bei großem ε, vorzugsweise in der Nähe von Curie-Punkten
zu erwarten. Von den sehr vielen untersuchten Materialien [1.35, 1.37] sind nur
die in Tabelle 1.3 aufgeführten zu einer breiten technischen Anwendung gekommen.

Bemessung optischer Modulatoren [1.37 bis 1.42]. Da die Energie des elektrischen Feldes proportional dem von ihm erfüllten Volumen ist, soll die Modulator-
apertur nicht größer sein, als zur Aufnahme des Strahls einschließlich einer Tole-
ranzbreite notwendig ist. Dies gilt für transversalen und für longitudinalen Effekt,

Tabelle 1.3. Technisch bedeutende elektrooptische Materialien [1.35, 1.37]. Die
geringste Halbwellenspannung (48 V) wird bei BaSr-Niobat beobachtet. Doch zeigt
dieses Material bei Zimmertemperatur so hohe elektrische Verluste ($\tan\delta > 0{,}3$
bei 1 MHz), daß es keine technische Bedeutung hat

Material	Orientierung	$U_{\lambda/2}$ in kV	$\varepsilon/\varepsilon_0$	$\tan\delta$	Transmissions- bereich in μm
KDP	longitudinal	9,6	21	$<2\cdot10^{-3}$	0,3–2,0
KD*P	longitudinal	3,2	50	0,1	0,3–1,8
LiNbO$_3$	transversal[1], $L\Vert C$	4,1	84	0,24	0,4–5
	transversal, $L\perp C$	3,0	30	$<0{,}01$	0,4–5
LiTaO$_3$	transversal, $L\Vert C$	–	51	–	0,4–5
	transversal, $L\perp C$	2,8	47	$<0{,}05$ $-2\cdot10^{-3}$	0,4–5
GaAs	transversal	10,3[2]	12,5	–	0,9 bis >10

[1] $L\Vert C$, $L\perp C$: Polarisation $\Vert$ bzw. $\perp$ zur C-Achse.
[2] $\lambda = 1{,}06$ μm, die übrigen Werte von $U_{\lambda/2}$ gelten für $\lambda = 0{,}63$ μm.

da die Steuerleistung bei gleichem elektrooptischem Koeffizient r, gleicher Dielektrizitätskonstante ε und gleichem „Verlustwinkel" $\tan \delta$ unabhängig vom Charakter des Effektes ist. Lediglich die Steuerspannung läßt sich beim transversalen Effekt anpassen. Da die Halbwellenspannungen bei $D:L = 1:1$ im allgemeinen im Kilovoltbereich liegen, ist der Transversaleffekt mit $D/L \ll 1$ zur Anpassung an die Spannungswerte der Halbleitertechnik sehr bequem.

Normalerweise sind elektrooptische Kristalle doppelbrechend. Die natürliche Doppelbrechung führt zu einer Einschränkung der Winkelapertur und erfordert eine Temperaturregelung, falls nicht parallel zur optischen Achse durchstrahlt wird. Temperaturabhängigkeit und Einschränkung der Winkelapertur können reduziert werden durch Aufbau zusammengesetzter Modulatoren [1.38]. Angaben zur Modulatorauslegung finden sich in [1.37].

Einen Modulator kann man als räumlich konzentriertes Bauelement auffassen, wenn

$$L \ll 2\pi\, c/2\omega_m \sqrt{3}, \tag{1.36}$$

d.h. wenn die Modulationsfeldstärke während der Transitzeit eines Lichtquants durch den Kristall näherungsweise konstant ist. Daraus ergibt sich eine Bandbreitenbeschränkung. Für höhere Bandbreiten kommen Wanderwellenmodulatoren in Frage. Sie sind in Laboraufbauten realisiert worden und in [1.37, 1.40, 1.41, 1.32] beschrieben.

In Laboraufbauten werden mit konzentrierten Modulatoren Bandbreiten von mehreren Gigahertz erreicht. Im Handel erhältliche Modulatoren erreichen Anstiegszeiten von typischerweise 1 ns bei Pulsfrequenzen im Bereich von einigen MHz bis 100 MHz. Bei großen Bandbreiten und hohem Modulationsgrad ergeben sich beträchtliche Steuerleistungen [1.37].

Elektrooptische Strahlablenker. Die Leistungsfähigkeit eines Ablenkers wird nach der Zahl der möglichen Strahlrichtungen und nach der Zeitspanne beurteilt, die zur Änderung einer Ablenkrichtung notwendig sind. Zwei Strahlrichtungen gelten im allgemeinen als verschieden, wenn sie das Rayleigh-Kriterium[1] erfüllen. Für viele Einsatzzwecke ist dieses Kriterium jedoch zu schwach. Die realistische Zahl der Ablenkrichtungen reduziert sich entsprechend.

Man unterscheidet nach analogen und digitalen Ablenkverfahren. In analogen elektrooptischen Ablenkern führen elektrooptisch erzeugte Phasenänderungen des Lichts zu Änderungen der Ausbreitungsrichtung (Beispiel: Prisma aus elektrooptischem Kristall). Digitale Ablenker transformieren die Änderung der Polarisationsrichtung in Richtungsänderungen. Sie allein haben von den elektrooptischen Ablenkern bis jetzt größere Bedeutung erlangt.

Digitale Ablenker bestehen aus einer Kaskade von Ablenkstufen, die wiederum aus einem Modulator und einem passiven optischen Element (Bild 1.17) zusammengesetzt sind. Der Modulator ändert die Polarisationsrichtung des linear polarisierten Laserstrahles um 90°, wenn die

---

[1] Das heißt, der Abstand der zugehörigen Beugungsmaxima ist mindestens gleich dem Radius der entstehenden Beugungsscheibchen. Der trennbare Winkel wird (beim Strahldurchmesser D) $\sin \Delta\varphi = 1{,}22\lambda/D$. Bei Gaußschen Strahlen mit $D = 2w_0$ wird nach (1.8) $\sin \Delta\varphi = \lambda/\pi D$.

Halbwellenspannung an ihn angelegt wird. Das passive Element transformiert die Änderung der Polarisationsrichtung in eine Strahlrichtungsänderung oder eine Strahlversetzung. Die passiven Elemente sind als doppelbrechende Platten, als Wollastonprismen oder auch als einfache Prismen ausgebildet.

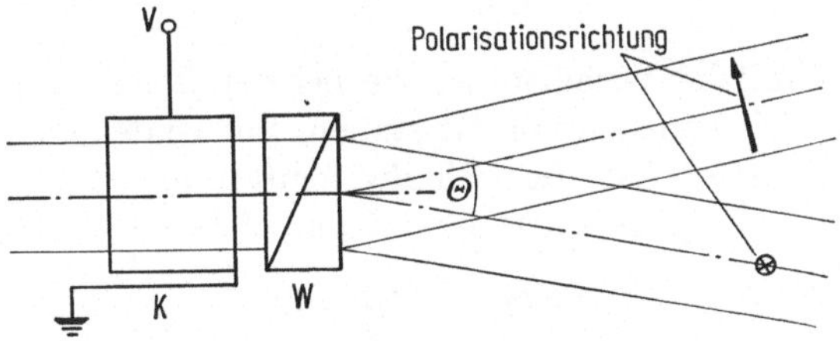

Bild 1.17. Digitale Ablenkstufe, bestehend aus Modulationskristall K und Wollastonprisma W.

Jede Stufe erzeugt zwei Ablenkrichtungen. Mit n Stufen lassen sich daher 2^n Ablenkrichtungen erzeugen. Die Strahlrichtungen sind durch die Konstruktion der passiven Elemente fest vorgegeben.

Ungenaue Werte der Modulatorspannung ergeben keine Abweichungen von der Strahlrichtung, sondern erzeugen Nebenlicht, da nicht die volle Intensität ausgeschaltet wird. Begrenzend für die Zahl der Strahlrichtungen und die Umschaltzeit ist die Apertur des Ablenkers und die notwendige Steuerspannung bzw. Steuerleistung. Der am weitesten entwickelte digitale elektrooptische Ablenker hat eine Strahlauflösung von $1024 \cdot 1024$ Richtungen bei einer Umschaltzeit von etwa $0,5\,\mu$s. Die Transmission beträgt etwa 80 %. Dieser Ablenker [1.43, 1.44] benutzt als Modulatormaterial die Kerr-Flüssigkeit Nitrobenzol. Dadurch wurden verschiedene Probleme, die sich aus der Anisotropie von Kristallen ergeben, vermieden und die Zahl der Grenzflächen verringert.

1.4.4. Akustooptische Modulatoren und Ablenker

Die bei der Beugung von Licht an Ultraschallwellen auftretenden Effekte [1.45 bis 1.47] erlangten mit dem Erscheinen des Lasers technische Bedeutung für die schnelle Modulation und Ablenkung von Licht. Die akustooptischen Modulator- und Ablenkanordnungen haben zwar bis jetzt noch nicht ganz die mit elektrooptischen Verfahren erzielten Bandbreiten erreicht; sie sind jedoch vorteilhaft im Hinblick auf die geringen Steuerspannungen, die zur Anregung der piezoelektrischen Ultraschallgeber benötigt werden.

Beugung des Lichtes an Ultraschallwellen. Eine Ultraschallwelle, die ein Medium durchläuft, erzeugt dort eine Brechungsindexvariation mit gleicher räumlicher und zeitlicher Periode wie die Schallwelle. Einem transversal zur Schallrichtung einfallenden Lichtstrahl der Wellenlänge λ, dessen Apertur groß[1] gegen die Schallwellenlänge Λ ist, bietet sich demnach ein Phasengitter dar. Ist die Tiefe des Schallfeldes in Fortpflanzungsrichtung des Lichtes wesentlich größer[2] als

$$L = \Lambda^2/2\pi\lambda, \tag{1.37}$$

so herrschen ähnliche Verhältnisse wie bei der Beugung von Röntgenstrahlen an den Netzebenen von Kristallen: Sofern der Lichtstrahl unter dem Bragg-Winkel Θ auf die Schallwellenfronten trifft, tritt Bragg-Reflexion unter dem gleichen Winkel Θ auf (Bild 1.18). Es gilt

$$\sin\Theta = \lambda/2\Lambda \approx \Theta. \tag{1.38}$$

Das abgebeugte Licht erfährt eine Frequenzverschiebung $\Delta\nu$, die gleich der Schallfrequenz ist.

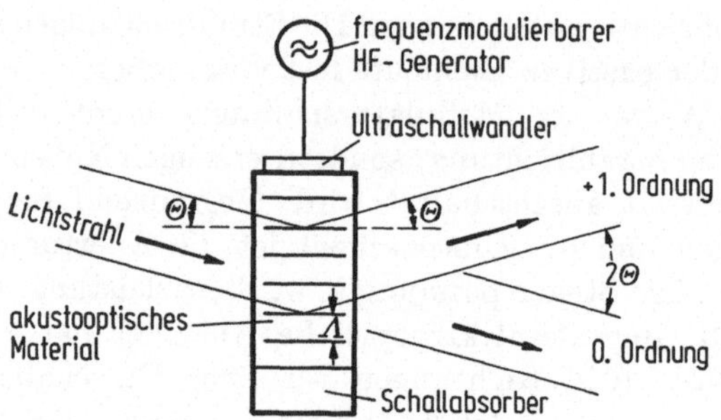

Bild 1.18. Akustooptischer Lichtablenker. Das Licht wird um den Winkel $2\Theta \approx \lambda/\Lambda$ aus der Primärrichtung abgebeugt. Λ Schallwellenlänge, λ Lichtwellenlänge.

Bei ideal ebenen Licht- und Schallwellenfeldern ist die Ablenkbedingung gemäß (1.38) nur für *einen* scharfen Winkel Θ erfüllt. Bei begrenzten Aperturen gibt es eine Winkelbreite, innerhalb derer Bragg-Beugung auftritt. Bei Lichtablenkern arbeitet man mit ebener Lichtwelle und nichtebener Schallwelle, indem man die Apertur des Schallfeldes begrenzt und durch Beugung verschiedene Richtungen der Schallwellenfront erzeugt. Längs seines Weges durch das Schallfeld kann so für einen

---

[1] Bei einer Apertur, die klein gegen Λ ist, tritt Brechung des Lichtstrahles auf: Die fortschreitende oder stehende Schallwelle führt zu einem periodisch schwankenden Brechungsindexgradienten innerhalb der Lichtstrahlapertur, was zur Ablenkung benutzt werden kann.

[2] Ist die Tiefe kleiner als L, so wirkt das Schallfeld als Phasengitter. Es wird eine größere Zahl von Beugungsordnungen beobachtet (Debye-Sears-Effekt). Die gebeugte Lichtfrequenz erfährt die gleiche Frequenzverschiebung wie beim Bragg-Effekt.

gewissen Λ- und Θ-Bereich die Bragg-Bedingung erfüllt werden. Durch Einstellen der Schallfrequenzen (der Mittenfrequenz f_0) innerhalb einer Bandbreite Δf kann somit das Licht um $2\Theta_0$ gegenüber der ursprünglichen Richtung mit einer Winkelbreite

$$\Delta 2\Theta = \frac{\Delta f}{f_0} \frac{\lambda}{\Lambda \cos\Theta_0} = \frac{\Delta f \lambda}{v \cos\Theta_0} \tag{1.39}$$

(v Schallgeschwindigkeit) abgestimmt werden.

Für den Frequenzbereich Δf, innerhalb dessen Ablenkung möglich ist, werden in [1.49] Näherungswerte angegeben. Sie zeigen, daß das Produkt aus Beugungswirkungsgrad η (Verhältnis von abgebeugter zu einfallender Intensität) und Bandbreite Δf bei gegebener Schalleistung P und vorgegebenem Material konstant ist.

$$\eta \Delta f = \text{const } P M_1. \tag{1.40}$$

Der Gütefaktor M_1 (figure of merit) eines akustooptischen Materials hängt dabei vom Brechungsindex n, der akustooptischen Konstanten p, der Dichte ϱ und der Schallgeschwindigkeit v gemäß

$$M_1 = n^7 p^2 \varrho^{-1} v^{-1} \tag{1.41}$$

ab. Günstige Materialien lassen sich nach den in [1.52] aufgestellten Leitlinien aufsuchen (Tabelle 1.4).

Tabelle 1.4. Gütefaktor akustooptischer Materialien

Elasto-optisches Material	Wellenlänge in μm	Gütefaktor $10^7\,M_1$ in $cm^2\,s\,g^{-1}$	Frequenzbereich in MHz
α-HJO$_3$	0,633	97	< 500
	0,488	162	
PbMoO$_4$	0,633	101	< 500
	0,488	189	
TeO$_2$	0,633	142	< 100
Ge	10,6	9800	
Te	10,6	10200	

Da die Schalleistung wegen Temperatureffekten nicht beliebig erhöht werden kann, muß ein hoher Beugungswirkungsgrad durch kleine Bandbreite erkauft werden. Umgekehrt erzeugt ein enges Schallfeld viele Laufrichtungen, so daß eine große Bandbreite möglich wird. Die Schallenergie verteilt sich jedoch in einem großen Winkelbereich, was zu kleinem Beugungswirkungsgrad führt.

Bei einer neuartigen Schallgeberanordnung werden die einzelnen piezoelektrischen Kristalle gegeneinander verkippt, so daß jeder einzelne

Schallgeber für einen gewissen Winkelbereich arbeitet und Zwischen-
bereiche durch Interferenz der von benachbarten Schallgebern erzeugten
Schallwellen überdeckt werden [1.50].

Akustooptische Ablenker. Die Zahl A der Strahlrichtungen, die ein
akustooptischer Ablenker bei einer Laserstrahltaille w_0 erzeugt, ist
theoretisch gleich dem Verhältnis von maximalem Ablenkwinkel zur
Beugungsunschärfe. Für einen Gaußschen Laserstrahl mit halbem
Öffnungswinkel $\vartheta = \lambda/\pi w_0$ (1.8) wird

$$A = \frac{\Delta 2\Theta}{2\vartheta} = \frac{\pi w_0 \Delta f}{2v \cos\Theta_0}. \tag{1.42}$$

Da die Transitzeit τ der Schallwelle durch die Lichtstrahlaperatur $2w_0$
zu $\tau = 2w_0/(v \cos\Theta_0)$ gegeben ist, gilt für das Kapazitäts-Geschwindig-
keitsprodukt (CSP)

$$A\tau^{-1} = \mathrm{CSP} \approx \Delta f. \tag{1.43}$$

Je Ablenkstufe werden heute etwa 50 % Wirkungsgrad und 100 MHz
Bandbreite beherrscht [1.48].

Akustooptische Modulatoren. Intensitätsmodulation von Licht mittels akustooptischer Modulatoren kann entweder durch Ausnützung der
nichtabgebeugten (Primärstrahl) oder der abgebeugten Intensität durchgeführt werden. Bei einer frequenzmodulierten Schallwelle, wird im
letzteren Falle eine unter einem Winkel 2Θ zur Primärrichtung angeordnete Lochblende benötigt; wird eine gepulste Schallwelle konstanter
Wellenlänge angeboten, so entsteht in einer Beugungsrichtung 2Θ gepulste Lichtintensität. Ausführungsbeispiele solcher Modulatoren mit
sehr kurzen Anstiegszeiten (bis 2 ns) werden in [1.51] angegeben. Die
Bandbreite der Modulatoren ist durch die Transitzeit der Schallwelle
durch den Lichtstrahl bestimmt.

1.5. Detektoren für Laserstrahlung

1.5.1. Überblick

Detektoren wandeln Lichtsignale in elektrische Signale um. Sie werden
allgemein für den Nachweis und die Messung von Laserstrahlung, insbesondere für Justieraufgaben, Längen- und Geschwindigkeitsmessungen
sowie für Informationsübertragung und Verarbeitung benötigt.

Die wichtigsten Detektoren für die Lasertechnik sind die auf dem
Photoeffekt beruhenden Quantendetektoren. Bei Photoröhren und
Photomultiplieren wird dabei der äußere[1] Photoeffekt, bei Photoelemen-

---

[1] Befreiung von Elektronen aus der Detektoroberfläche.

ten, Photoleitern und Photodioden der innere[1] Photoeffekt angewandt. Quantendetektoren sprechen auf die Energie der Strahlungsquanten an, sind nur in diskreten Spektralbereichen empfindlich, besitzen hohe Strahlungsempfindlichkeit und kurze Ansprechzeiten. Sie müssen bei Verwendung im Infraroten gekühlt werden, um thermische Nebeneffekte auszuschalten. Thermische Detektoren dagegen sprechen auf die Strahlungsleistung an. Die damit verbundene Temperaturerhöhung führt zur Veränderung der Zustandsgrößen (Thermo-EMK, elektrische oder magnetische Polarisation, elektrischer Widerstand). Sie sind in ihrer Empfindlichkeit unabhängig von der Wellenlänge, dafür relativ unempfindlich und träge und werden vornehmlich bei Zimmertemperatur betrieben. Von den gängigen thermischen Detektoren – Thermoelement und Thermosäule, Thermistor, Bolometer, pyroelektrischer Detektor – hat nur der letztgenannte für die Lasertechnik eine begrenzte Bedeutung erlangt.

1.5.2. Detektorkenngrößen

Um die Eignung eines Detektors für eine bestimmte Aufgabe beurteilen und einen Vergleich durchführen zu können, seien zunächst die Detektorkenngrößen erörtert.

Quantenwirkungsgrad η. Er ist gleich der Zahl der Elektronen, die im Mittel von einem Lichtquant der Energie $h\nu$ erzeugt werden. Wird die Leistung P eingestrahlt und der Strom I_S oder die Spannung U_S am Lastwiderstand R_L beobachtet, so ist

$$\eta = \frac{I_S/e}{P/h\nu} = \frac{U_S/R_L e}{P/h\nu}. \tag{1.44}$$

η ist wellenlängenabhängig und erreicht beim äußeren Photoeffekt maximal 30% (Bild 1.19); beim inneren Photoeffekt können 100% erreicht werden. Oberhalb einer Grenzwellenlänge λ_g wird $\eta = 0$. λ_g ist beim äußeren Photoeffekt durch die Austrittsarbeit (größter Wert etwa $\lambda_g \leq 1,2\ \mu$m), beim inneren Photoeffekt durch den Bandabstand oder die Lage von Störtermen (Werte bis $\lambda_g > 10\ \mu$m möglich) gegeben.

Strahlungsempfindlichkeit (Responsivity). Die Empfindlichkeit $\Re$ ist definiert als Quotient aus Signalspannung U_S, bzw. Signalstrom I_S und Strahlungsleistung[2] P:

$$\Re_U = \frac{U_S}{P} \quad \text{und} \quad \Re_I = \frac{I_S}{P}. \tag{1.45}$$

---

[1] Erzeugung von Ladungsträgern im Detektormaterial, wodurch eine Leitfähigkeitsänderung oder Photo-EMK entsteht.

[2] Es sind hier und im folgenden stets die Effektivwerte, z.B. $U_{\text{eff}} = \sqrt{\overline{U^2}}$, gemeint.

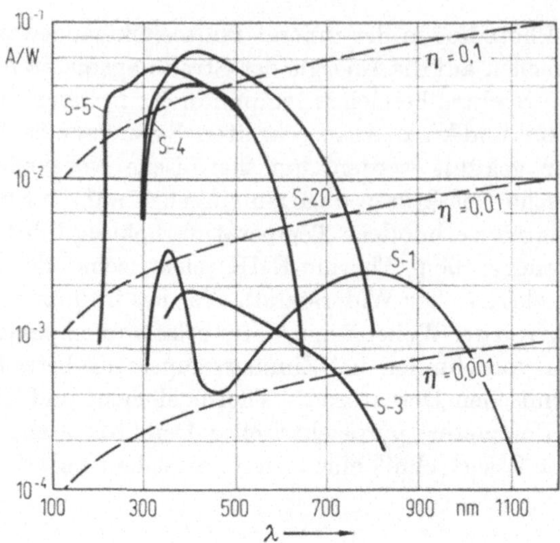

Bild 1.19. Strahlungs-
empfindlichkeit $\Re_\mathrm{I}$
von Photokathoden.

$\Re$ ist häufig auf das Emissionsspektrum eines schwarzen Körpers der Temperatur 500 K bezogen oder auf die Wellenlänge λ_p, bei der der betreffende Detektor seine größte Empfindlichkeit hat ($\Re_{\lambda_\mathrm{p}}$).

$\Re$ ist mit dem Quantenwirkungsgrad η durch

$$\Re_\mathrm{U}(\lambda)/R_\mathrm{L} = \Re_\mathrm{I}(\lambda) = G\eta(\lambda)\,e/h\nu \qquad (1.46)$$

verbunden. Der Verstärkungsfaktor G berücksichtigt die Stromverstärkung bei Photovervielfachern ($G = G_\mathrm{D}^\mathrm{N}$, G_D Verstärkung je Dynode, N Zahl der Dynoden) Photoleitern oder Avalanche-Photodioden. Wird dem Detektor eine zerhackte Strahlung der Frequenz f angeboten, so geht die Empfindlichkeit oberhalb einer, durch die Rekombinationszeit im Detektormaterial vorgegebenen Grenzfrequenz f_g sehr rasch auf Null zurück. Für $f \ll f_\mathrm{g}$ ist $\Re(f)$ frequenzunabhängig.

Rauschäquivalente Strahlungsleistung NEP und Detektivität D^*. Zur Beschreibung des durch das Rauschen begrenzten Strahlungsnachweisvermögens eines Detektors dient die „rauschäquivalente Strahlungsleistung" NEP. Ihr Zahlenwert ist gleich dem Zahlenwert der Strahlungsleistung, die bei einer Rauschbandbreite B von 1 Hz am Detektorausgang das Signal-Rausch-Verhältnis $\mathrm{SRV} = S/N = U_\mathrm{S}^2/U_\mathrm{N}^2 = 1$ erzeugt ($S \sim U_\mathrm{S}^2$ elektrische Signalleistung; $N \sim U_\mathrm{N}^2$ elektrische Rauschleistung). Es gilt[1]

$$\mathrm{NEP} = \frac{P}{\sqrt{B}}\frac{U_\mathrm{N}}{U_\mathrm{S}} = \frac{P}{\sqrt{BS/N}}. \qquad (1.47)$$

---

[1] Die Definition erklärt sich daraus, daß optische Eingangsleistung P_S und elektrische Ausgangsleistung S am Detektor durch $P_\mathrm{S} \sim \sqrt{S}$ verknüpft sind und $N \sim B$ angenommen ist (Abschnitt 1.5.3.).

Hierin ist B die Beobachtungsbandbreite (Bandbreite des selektiven Verstärkers). Das Produkt NEP $\sqrt{B}$ stellt demnach die minimale, vom Detektor noch nachweisbare Strahlungsleistung dar.

Die meisten Detektoren zeigen eine NEP, die direkt der Wurzel aus der Detektorfläche F_D proportional ist. Eine für das Detektormaterial spezifische, flächenunabhängige Größe ist demnach der Quotient $\mathrm{NEP}/F_\mathrm{D}$ oder sein Kehrwert, die Detektivität

$$D^* = \frac{\sqrt{F_\mathrm{D}\,B}}{P}\left(\frac{U_\mathrm{S}}{U_\mathrm{N}}\right). \tag{1.48}$$

D^* und der NEP-Wert hängen von der Wellenlänge der Strahlung, der Detektorbetriebstemperatur T_B, der Temperatur der Hintergrundstrahlung T_H, der Chopper-Frequenz f (Mittenfrequenz des selektiven Verstärkers) und dem Gesichtsfeldwinkel Θ ab (Bild 1.21). Wie $\Re$, so werden auch D^* und der NEP-Wert entweder auf die Emission eines schwarzen Körpers von 500 K oder auf λ_p bezogen. Bezugswerte sind ferner $T_\mathrm{H} = 300$ K, $f = 900$ Hz, $\Theta = \pi$ und $B = 1$ Hz. Explizit ausgewiesen werden T_H, f und B in der Form $D^*(T_\mathrm{H}, f, B)$.

Abschließend soll die Bedeutung der Kenngrößen η, $\Re$ und D^* nochmals kurz charakterisiert werden: η gibt eine eindeutige Aussage über den Umwandlungsgrad von Photonen in Elektronen; $\Re$ ist interessant, wenn nach der absoluten Größe von Detektorspannung oder -strom gefragt ist; D^* zieht man heran, wenn nicht nur die Signalübertragungseigenschaften, sondern auch das Signal/Rausch-Verhältnis interessieren.

Zeitkonstante, Ansprechzeit. Für viele Anwendungsfälle ist die „Geschwindigkeit" des Detektors, d.h. die Anstiegs- und Abklingzeit, von ausschlaggebender Bedeutung. Sie kann als Zeitkonstante aus der zeitabhängigen Detektorantwort[1] auf einen rechteckigen Leistungsimpuls ermittelt werden. Nach dem Abtasttheorem gibt die Zeitkonstante die Demodulationsbandbreite B gemäß

$$\tau = 1/2B \tag{1.49}$$

an.

Weitere charakteristische Werte von Detektoren sind: Größe, Gewicht, Aufwand für Schaltungen, Strahlungsbelastbarkeit, Langzeitstabilität der Kenngrößen, Kühltemperatur, optischer Justieraufwand (wird erheblich bei kleinen Detektorflächen), spektrale Empfindlichkeit (Bereich soll nicht größer als notwendig sein, sonst unnötige Störempfindlichkeit).

---

[1] Es werden zwei Definitionen benutzt: Anstieg auf $(1 - e^{-1})$ bzw. Abfall auf e^{-1} des Maximalwertes oder Zeit zwischen den 10%- und 90%-Punkten.

1.5.3. Rauschen bei der Detektion von Strahlung

Eine Lichtwelle mit statistisch unabhängigen Photonen, d. h. in klassischer Beschreibung mit ideal konstanter Amplitude, wie sie der Laser darstellt, erzeugt beim Photoeffekt einen Strom statistisch unabhängiger Elektronen [1.66]. Das Quanten-(Schrot-)Rauschen des Photonenstromes $\overline{\Delta N^2}$ im Beobachtungszeitraum τ manifestiert sich somit als Schrotrauschen

$$\overline{\Delta I_{\mathrm{S}}^2} = e I_{\mathrm{S}} G^2/\tau = 2 e I_{\mathrm{S}} B G^2 \tag{1.50}$$

des Detektorstromes (B Beobachtungsbandbreite, G innerer Stromverstärkungsfaktor).

Das Signal-Rausch-Verhältnis ergibt sich in diesem Fall mit (1.44) zu

$$\frac{I_{\mathrm{S}}^2}{\overline{\Delta I_{\mathrm{S}}^2}} = \eta\, \frac{P_{\mathrm{S}}}{2\,h\nu\,B}. \tag{1.51}$$

Der hier skizzierte, letztlich durch das Quantenrauschen begrenzte Empfang, läßt sich jedoch nur in Ausnahmefällen realisieren (Überlagerungsempfang). In der Regel sind eine Reihe zusätzlicher äußerer und innerer Rauschquellen zu beachten.

Äußere Rauschquellen. Sieht man von senderseitigen Amplitudenschwankungen und den durch atmosphärische Störungen (Turbulenzen, Streuungen) erzeugten Fluktuationen, die ja als Teil der beobachtbaren, am Detektor eintreffenden Signalstrahlung betrachtet werden können, ab, so ist allein die Hintergrundstrahlung P_{H} von Bedeutung. Ist die Hintergrundstrahlung zeitlich konstant[1], so liefert sie einen additiven Beitrag

$$\overline{\Delta I_{\mathrm{H}}^2} = 2 e I_{\mathrm{H}} B G^2 \tag{1.52}$$

zum Schrotrauschen des Stromes.

Innere Rauschquellen. Allen Detektoren gemeinsam ist das durch thermische Fluktuationen von Elektronen in Widerständen hervorgerufene und von der Stromverstärkung unabhängige thermische oder Johnson-Rauschen.

$$\overline{\Delta I_{\mathrm{Th}}^2} = 4 k T\, B/R_{\mathrm{L}}. \tag{1.53}$$

Das durch Signal- und Hintergrundstrahlung hervorgerufene Schrotrauschen (1.50 und 1.52) verdoppelt sich bei Photoleitern, da zu dem bisher besprochenen Generationsanteil ein gleich großer Rekombinationsanteil tritt, hervorgerufen durch die relativ langsame Rekombination der primär erzeugten Elektron-Loch-Paare[2].

Die übrigen Photodetektoren – Photovervielfacher, Photoelemente und Photodioden – zeigen einen Dunkelstrom, der zum Schrotrauschen des Gesamtdetektorstromes additiv beiträgt:

$$\overline{\Delta I_{\mathrm{D}}^2} = 2 e I_{\mathrm{D}} B G^2. \tag{1.54}$$

Bei Photovervielfachern ist bei niedrigen Frequenzen das frequenzabhängige Flicker-Rauschen ($\overline{\Delta I^2} = \alpha_{\mathrm{F}} I_{\mathrm{S}}^2/f$) der dominierende Rauschanteil. Die gleiche Frequenzabhängigkeit zeigt das sogenannte Stromrauschen in Halbleiterdetektoren, das ursächlich auf Potentialbarrieren, wie Oberflächen oder p-n-Übergänge, zurückzuführen ist ($\overline{\Delta I^2} = \alpha_{\mathrm{C}} I_{\mathrm{S}}^2/f$).

---

[1] Über modulierte Hintergrundstrahlung siehe [1.67].

[2] Bei Photoelementen und Photodioden entfällt dieser Rauschanteil wegen des schnellen Rekombinationsprozesses [1.68].

Bei innerer Stromverstärkung im Detektor multiplizieren sich alle Rauschleistungen mit Ausnahme des thermischen Rauschens mit dem Quadrat des Stromverstärkungsfaktors G.

Bei optischem Direktempfang ergibt sich insgesamt das Signal-Rausch-Verhältnis[1]

$$\frac{I_\mathrm{S}^2}{\Delta I_\mathrm{ges}^2} = \frac{S}{N} = I_\mathrm{S}^2/[2\,e\,G^2 B\,(I_\mathrm{S} + I_\mathrm{H} + I_\mathrm{D}) + 4kT\,B/R_\mathrm{L} + (\alpha_\mathrm{F} + \alpha_\mathrm{C})\,I_\mathrm{S}^2/f]. \quad (1.55)$$

Durch Wahl größerer Arbeitsfrequenzen entfallen die Terme des Flicker- und Stromrauschens. Für $G \approx 1$ (beispielsweise in Photoleitern) dominiert in ungekühlten Detektoren das thermische Rauschen. Durch detektorinterne Nachverstärkung ($G \gg 1$, z.B. Photovervielfacher) wird der thermische Rauschanteil vernachlässigbar klein gegenüber dem Schrotrauschen. Der Dunkelstromanteil des Schrotrauschens kann durch Kühlung des emittierenden Materials verkleinert und das Hintergrundrauschen durch Herabsetzung der Umgebungstemperatur, durch Verkleinerung des für Empfang vorgesehenen Raumwinkels und durch Filterung des zu empfangenden Wellenlängenbereiches stark erniedrigt werden. Sind die genannten Rauschquellen eliminiert, so verbleibt theoretisch alleine das eingangs (1.50) genannte Quantenrauschen der Signalstrahlung. Die minimal noch detektierbare Eingangsleistung ist dann gleich $2h\nu B/\eta$.

Bei den bisher durchgeführten Betrachtungen war vorausgesetzt, daß die optische Signalstrahlung unmoduliert ist. Bei Modulation der Signalstrahlung verringert sich die Signalleistung am Detektorausgang stärker als der durch die Signalstrahlung erzeugte Schrotrauschanteil, wodurch eine Verkleinerung des Signal-Rausch-Verhältnisses entsteht. Bei quantenrauschbegrenztem Empfang und 100% sinusförmiger Subträgermodulation geht der S/N-Wert auf

$$\frac{S}{N} = \frac{\eta\,P_\mathrm{S}}{8\,h\nu\,B} \quad (1.56)$$

zurück [1.68].

Wird Überlagerungsempfang (Bild 1.20) mit der Strahlung eines Lokaloszillators LO durchgeführt, so kann bei hoher Strahlungsleistung P_LO auch ohne be-

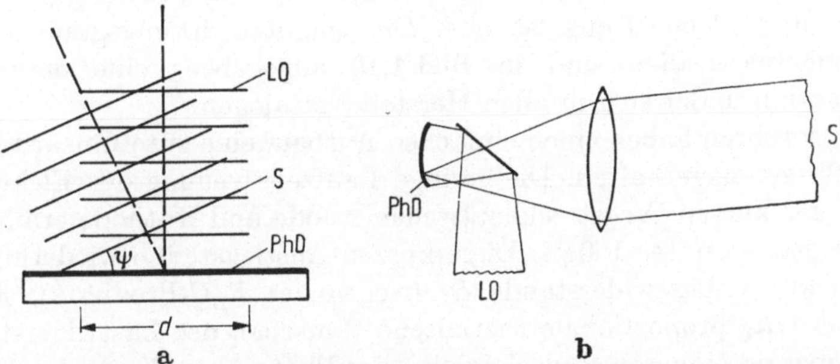

Bild 1.20. Überlagerungsempfang. a) Bei Überlagerung von 2 Bündeln mit ebenen, parallelen Wellenfronten muß $\psi < \lambda/4\,d$ gehalten werden. Es kann ein großer Mischungswirkungsgrad erhalten werden, die Anordnung ist jedoch sehr justierempfindlich und benötigt in der Praxis einen Servojustiermechanismus (Bild 6.6). LO Lokaloszillator, S Signal, PhD Photodetektor; b) Wird das Signalbündel S auf einen beugungsbegrenzten Fleck fokussiert, kann die Justiergenauigkeit um 2 Größenordnungen geringer sein als unter a), ε ist jedoch klein, da nur im Fokus Überlagerung stattfindet [1.68].

---

[1] Bei Photoleitern lautet der Schrotrauschterm im Nenner $4\,e\,G^2 B\,(I_\mathrm{S} + I_\mathrm{H})$.

sondere Eliminierung der übrigen Rauschanteile stets quantenrauschbegrenzter Empfang durchgeführt werden. Es gilt für den Empfang auf der Zwischenfrequenz $f_{zf} = |f_s - f_{LO}|$

$$\left(\frac{S}{N}\right)_{zf} = \frac{\eta\, P_s\, \varepsilon}{h\nu\, B_{zf}\, (1 + P_s/P_{LO})}. \tag{1.57a}$$

Für $P_{LO} \gg P_s$ wird

$$\left(\frac{S}{N}\right)_{zf} = \frac{\eta\, P_s\, \varepsilon}{h\nu\, B_{zf}}. \tag{1.57b}$$

Der Faktor ε gibt an, in welchem Maße zwischen den Signalwellen und den Wellen des LO tatsächlich Mischung stattfindet. ε ist also in hohem Maße von der Justierung (Bild 1.20) abhängig; es gilt stets $\varepsilon \leq 1$.

Obwohl beim Überlagerungsempfang das Rauschen nur halb so groß ist wie beim Direktempfang mit einem Photogleichrichter, wird letzterer in der Regel bevorzugt, da er auf Überlagerungsoszillator und Mischoptik verzichten kann und unempfindlich gegen Verzerrung der Phasenfronten durch atmosphärische Einflüsse ist.

1.5.4. Photoröhren und Photovervielfacher

Beide Detektortypen benützen den äußeren Photoeffekt. Bei der Vakuumphotoröhre gelangen die auf der Photokathode emittierten Elektronen unverstärkt zur gegenüberliegenden Anode. Der Photostrom wird durch den Spannungsabfall am Lastwiderstand R_L gemessen. Beim Photovervielfacher wird durch Sekundärelektronenvervielfachung nach der Photokathode eine innere, rauscharme Verstärkung des Photostromes um den Faktor 10^5 bis 10^8 erzielt.

Gebräuchliche Kathodenmaterialien sind AgO–Cs, halbleitende Alkaliverbindungen, halbleitende III-V-Verbindungen mit negativer Elektronenaffinität [1.53]. Sie geben gute Quantenwirkungsgrade bis 1,1 µm und kleine Dunkelströme. Die Quantenwirkungsgrade einiger Kathodenmaterialien sind in Bild 1.19 angegeben; eine detaillierte Information findet sich in allen Herstellerkatalogen.

Photoröhren haben einen einfachen Aufbau, eine gute Linearität und gutes Frequenzverhalten. Die geringe Laufzeitstreuung der Elektronen wegen der kurzen Wegstrecke zwischen Anode und Kathode ermöglicht Anstiegszeiten unter 100 ps. Diese kurzen Anstiegszeiten wiederum verlangen kleine Lastwiderstände R_L (wegen des $R_L C$-Produkts), so daß das mit $1/R_L$ proportionale thermische Rauschen des Lastwiderstandes gegenüber den inneren Rauschquellen der Photoröhre (Kathodendunkelstrom, Leckströme) dominiert. Bei Anstiegszeiten unter 100 ps liegen die rauschäquivalenten Eingangsleistungen zwischen einigen zehn und einigen tausend Mikrowatt. Photoröhren finden Anwendung als Normale für Strahlungsmessungen in der Kurzzeitphysik, für Triggerinstrumentierung und zur Messung von Riesenimpulsen. Die Nachweisgrenze liegt bei 10^6 Photonen je Sekunde ($\approx 2 \cdot 10^{-13}$ W bei 1 µm).

Für kleinere Lichtleistungen kommen Photovervielfacher in Frage. Bei diesen durchlaufen die von Photonen aus der Photokathode befreiten Elektronen ein Dynodensystem, wobei durch Beschleunigung in den Feldern zwischen den Dynoden Sekundärelektronenvervielfachung auftritt. Je Stufe wird eine Vervielfachung bis zu 30 erreicht [1.53]; im ganzen liegt die Verstärkung zwischen 10^5 und 10^8. Da die Verstärkung stark von der Beschleunigungsspannung abhängt, ist eine hochkonstante Spannungsversorgung notwendig (Bemessungsvorschriften in den meisten Herstellerkatalogen). Die geometrische Anordnung des Dynodensystems ist von Einfluß auf die Anstiegszeit. Kürzeste Anstiegszeiten werden bei fokussierten Systemen erreicht (RCA-Typen C 70045 C, C 70045 D: $\tau \approx 0{,}5$ ns oder $\Delta f \approx 1$ GHz). In unfokussierten Systemen liegt τ zwischen 10 ns und 20 ns. Mit erweiterten Fokussiertechniken in Kombination mit Wanderwellentechnik wurde im Labor $\Delta f > 1$ GHz realisiert [1.54].

Da beim Photovervielfacher $\lambda_g \leq 1{,}2$ µm ist, ist der Einfluß der Hintergrundstrahlung zu vernachlässigen. Der Empfang ist wegen der hohen inneren Verstärkung durch die inneren Rauschquellen begrenzt. Wesentlichste Rauschquelle ist dabei der Dunkelstrom I_D aus der Photokathode (zumindest bei $\lambda_g > 0{,}7$ µm). Ihm ist inkohärent überlagert das Schrotrauschen des Signalstroms I_S. Bei guten Photovervielfachern ist bis zu sehr niedrigen Lichtleistungen der Dunkelstrom vernachlässigbar, so daß derartige Empfänger quantenrauschbegrenzt arbeiten. Da der wesentliche Beitrag zum Dunkelstrom aus der thermischen Emission der Kathode stammt, läßt sich durch Kühlung um 20 bis 40 °C viel an Empfindlichkeit erreichen. Bei S-1-Kathoden ist Kühlung bis 77 K sinnvoll. Maßnahmen zur Erhöhung des Nachweisvermögens sowie kritische Betrachtungen des Meßverfahrens (Gleichstrommessung, Pulszählung, Rauschspektrumsmessung) finden sich in der Spezialliteratur [1.53, 1.55 bis 1.59]. Die rauschäquivalenten Leistungen bei 1 Hz Bandbreite liegen im Bereich von 0,1 µm bis 0,8 µm zwischen 10^{-15} W und 10^{-17} W.

Unter den hochempfindlichen Photovervielfachern ist das Channeltron zu erwähnen. Es besteht aus einem Röhrchen von etwa 1 mm Innendurchmesser, das mit einem halbleitenden Dynodenmaterial ausgekleidet ist. In axialer Richtung wird ein elektrisches Feld erzeugt, so daß die Elektronen auf dem Weg zur Anode durch Wandstöße wiederholt Sekundärelektronen erzeugen. Channeltrons zeichnen sich durch geringe thermische Emission, geringe Einflüsse durch Restgasionen und entsprechend kleine Dunkelströme aus. Hinsichtlich des Kathodenrauschens ist die sehr kleine Kathodenfläche (10^{-2} cm²) günstig. Channeltrons mit S-20-Kathoden haben bei Raumtemperatur Dunkelströme von 10^{-18} bis 10^{-19} A an der Kathode, bei Kühlung auf -20 °C noch eine Zehnerpotenz weniger. Ihre Verstärkung liegt im Bereich von 10^6 bis 10^9; die Bandbreite reicht bis etwa 100 MHz [1.61].

1.5.5. Photoleiter

Photoleiter benützen den inneren Photoeffekt. Die durch Photonen aus dem Valenz- ins Leitfähigkeitsband[1] oder aus Störstellen[2] befreiten Ladungsträger bewirken eine Leitfähigkeitsänderung. Die Grenzwellenlänge ergibt sich aus dem Bandabstand bzw. aus der Lage der Störstellenterme zum benachbarten Band. Photoleiter überdecken einen weiten Spektralbereich vom Sichtbaren bis ins ferne IR und sind für die Lasertechnik besonders für $\lambda > 1\,\mu m$ von Bedeutung, weil hier die Quantenwirkungsgrade von Photokathoden gegen Null gehen. Da die thermische Energie des Detektors mit wachsendem λ immer stärkere

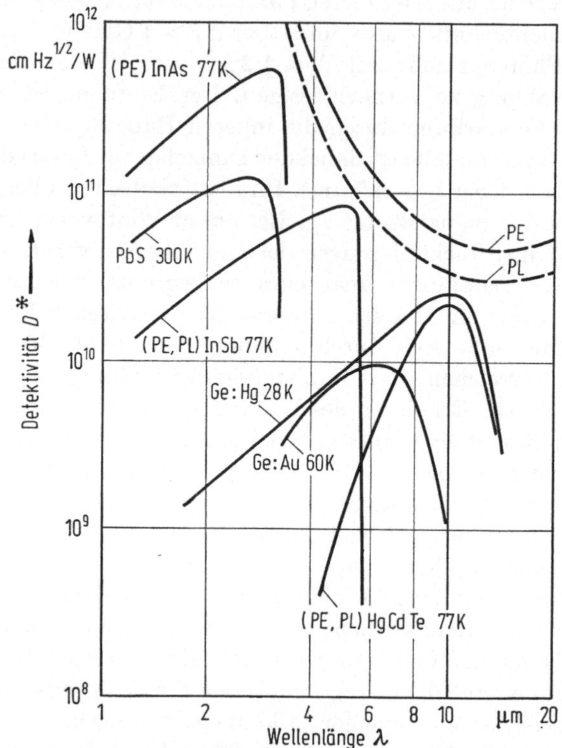

Bild 1.21. Die Detektivität $D*$ einiger Quantendetektoren für das nahe und mittlere Infrarot. Die gestrichelten Kurven geben die theoretischen Grenzen an, die für Photoelemente (PE) und Photoleiter (PL) bei 290 K Hintergrundstrahlung und 2π sterad Gesichtsfeld erreicht werden können.

---

[1] Intrinsic-Photoleitung: bei Isolatoren, wie CdS und CdSe oder Eigenhalbleitern, wie PbS, PbSe, InAs, InSb, PbSnTe und HgCdTe.

[2] Extrinsic-Störstellenphotoleitung: bei Fremdhalbleitern, wie z.B. dotiertes Germanium.

Beiträge zum Rauschen liefert, müssen Quantendetektoren für den infraroten Spektralbereich gekühlt werden.

Die von der mit ω_M modulierten Lichtleistung P erzeugte Wechselstromstärke läßt sich darstellen durch

$$I = \frac{GP(\eta e/h\nu)}{(1 + \omega_M^2\tau^2)^{1/2}}.$$ (1.58)

Der Stromgewinn G ist dabei gleich der je absorbiertes Photon durch den Photoleiter wandernden Elektronenzahl ($G \leq 1$ oder $G \geq 1$ möglich) oder gleich dem Quotienten aus der Trägerlebensdauer τ und der Transitzeit t_{tr} für Ladungsträger zum Durchlaufen des Elektrodenabstandes. Da t_{tr} raumladungsbegrenzt ist, nimmt G/τ oder GB, das Gewinn-Bandbreite-Produkt, einen für jeden Photoleiter spezifischen festen Wert an. Obwohl ein hoher Stromgewinn günstig im Hinblick auf das Rauschen der nachfolgenden Elektronik ist, ist er nur auf Kosten der Bandbreite oder der Anstiegszeit zu erhalten.

Die für Photoleiter wesentlichen inneren Rauschquellen wurden in Abschnitt 1.4.3. besprochen. Während im Sichtbaren das Hintergrundrauschen keine Rolle spielt, liefert diese Rauschquelle im IR die Begrenzung der Detektivität (Bild 1.21).

1.5.6. Photodioden und Photoelemente

Brauchbare Photodioden existieren im Bereich bis 1,7 µm. Charakteristisch für Photodioden ist eine als p-n- oder p-i-n-Übergang zwischen verschieden (d.h. p und n) dotierten Halbleitern oder zwischen Halbleitern und Metallen (Schottky-Dioden) ausgebildete Grenzfläche. Durch inneren Photoeffekt erzeugte Ladungsträger werden im elektrischen Feld dieses Überganges getrennt und zu ihrem jeweiligen Majoritätsgebiet befördert, so daß im n-Bereich eine negative, im p-Bereich eine positive Ladung entsteht. Ohne äußere Spannungsquelle entsteht an der Diode bei Lichteinfall somit eine Photo-EMK (Photoelemente), bei Abschluß mit einem Widerstand ein Photostrom. Die Verwendung einer Diode als Photoelement empfiehlt sich zur Messung schwacher Signale im Gleichstrombetrieb. Bei Kühlung läßt sich der Dunkelstrom unterdrücken. Voraussetzung ist ein genügend hoher Diodenwiderstand, da Linearität nur bei Kurzschluß und ausreichende Signalleistung nur bei genügend hohem Lastwiderstand erreicht werden. Als Ausgangsmaterial für Dioden kommen Silizium, Indiumarsenid, Indiumantimonid und Blei-Zinn-Tellurid (gekühlt) in Frage.

Für breitbandige Anwendungen bevorzugt man wegen der kurzen Anstiegszeiten in Sperrichtung gepolte Dioden. Der Strom einer in

Sperrrichtung betriebenen Diode ist über viele Zehnerpotenzen der einfallenden Lichtleistung proportional. Im Gegensatz zu Photokathoden kann der Quantenwirkungsgrad bei Dioden im spektralen Maximum nahezu 1 betragen (Si-, Ge-Diode). Der Verstärkungsfaktor G ist bei gewöhnlichen Dioden kleiner oder gleich 1; bei Avalanche-Dioden kann er je nach Nebenbedingungen zwischen 10 und einigen 100 liegen. – Die wesentlichen inneren Rauschquellen sind außer dem thermischen Rauschen das Schrotrauschen des Signalstromes und das Dunkelstromrauschen [1.53, 1.62].

Die Begrenzung durch das Rauschen des Lastwiderstandes bei sehr hoher Frequenz (Gigahertz-Bereich) wird bei Avalanche-Dioden aufgehoben. Durch innere Verstärkung werden dabei hohe Signalströme und ähnliche Verhältnisse wie bei Photovervielfachern erzielt.

Für technische Anwendungen sind vier Gruppen von Photodioden interessant:

a) p-i-n-Photodioden

Sie bestehen aus hochdotierten n^+- bzw. p^+-Schichten mit einem dazwischenliegenden schwach dotierten n- bzw. p-Gebiet (Bild 1.22). Die Schichtdicken sind so bemessen, daß der wesentliche Teil des Lichtes in der Übergangszone absorbiert wird. Die Ansprechzeit ist dann durch die Driftzeit der erzeugten Elektronen-Loch-Paare in der Übergangszone bestimmt. Sie ergibt sich aus der Sättigungsgeschwindigkeit der Ladungsträger ($v_{SL} \approx 10^7$ cm/s) und der Weite w der Übergangszone. Letztere wird durch den Absorptionskoeffizienten α bestimmt. Meistens wird ein Kompromiß zwischen Zeitverhalten und Empfindlichkeit geschlossen, derart, daß $w\alpha = 1$. Die Grenzfrequenz f_g (am 3-dB-Punkt) ist dann durch

$$f_g = 0{,}4\,\alpha v_{SL} \tag{1.59}$$

gegeben.

f_g liegt bei $\eta = 0{,}5$ in der Größenordnung von 10 GHz bis 20 GHz.

b) p-n-Photodioden

Bei der üblichen Lichteinstrahlung senkrecht zum p-n-Übergang findet die Absorption von Licht in beträchtlichem Maße außerhalb des Überganges statt. Da in diesen Bereichen kein elektrisches Feld vorhanden ist, wird die Ansprechzeit durch die Diffusion der Ladungsträger zu ihrem Majoritätsgebiet bestimmt. Die Grenzfrequenz wird

$$f_g = 0{,}4\,\alpha^2 D_n \tag{1.60}$$

(D_n Diffusionskonstante für die Elektronen, z.B. für Silizium $D_n = 30$ cm^2 s^{-1}, $\alpha = 10^{-3}$ cm^{-1} bis 10^{-4} cm^{-1}; die Löcherdiffusion ist vernachlässigbar). Zur Auswahl einer Diode müssen zunächst Modulationsfrequenz und Wellenlänge bekannt sein. Sofern gleichwertige Si-

und Ge-Dioden zur Wahl stehen, wird man Si-Dioden einsetzen, da die Si-Technologie voll beherrscht wird und sich mit Silizium kleinere Kapazitäten und Bahnwiderstände realisieren lassen. Ge-Dioden sind im allgemeinen langsamer. Die Formeln für die Grenzfrequenz sind nur gültig, wenn die durch Widerstand und Kapazität der Diode gegebene Zeitkonstante nicht begrenzend wirkt. Im allgemeinen werden Dioden dahingehend optimiert, daß die RC-Konstante und die Laufzeit dieselbe Grenzfrequenz liefern.

c) Schottky-Dioden

Die Übergangszone wird durch einen Metallhalbleiterkontakt gebildet (Bild 1.22). Je nach Quantenenergie können Ladungsträger im Metall oder im Halbleiter erzeugt werden. Mit solchen Dioden sind Anstiegszeiten von 0,1 ns und Quantenwirkungsgrade von 0,7 bei einer Wellenlänge von 632,8 nm erreicht worden.

Von den übrigen Photodetektoren, die auf dem inneren Photoeffekt beruhen, seien hier noch der Phototransistor, die Diode mit Heterostruktur und die Punktkontaktdiode erwähnt [1.62].

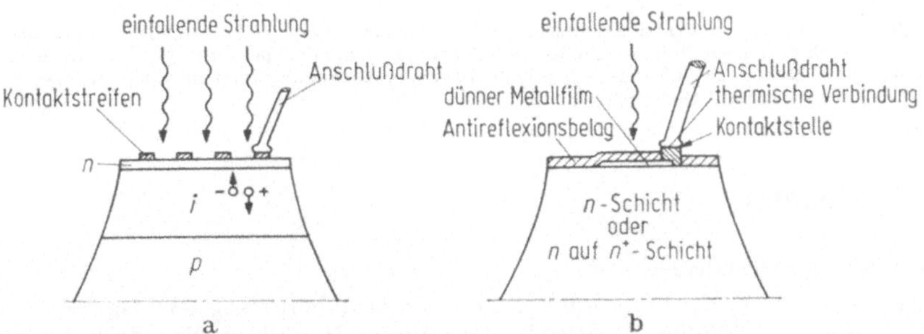

Bild 1.22. a) p-i-n-Diode mit Kontaktstreifen und Kontaktdraht; b) Schottky-Diode mit Antireflexschicht (AS) und dünner Metallschicht (MS) auf einem n-Halbleiter.

d) Avalanche-Dioden

Bei genügend hohen elektrischen Feldern in der Übergangszone werden die Ladungsträger so hoch beschleunigt, daß es zur Stromverstärkung durch Ladungsträgervervielfachung (Stoßionisation) kommt. Diese Betriebsweise ist deshalb interessant, weil der Avalanche-Verstärkungsprozeß rauscharm ist und es damit gelingt, schwache Photoströme gegenüber dem thermischen Rauschen des Lastwiderstandes und der nachgeschalteten Elektronik hervorzuheben. Die NEP- und D^*-Werte werden durch das avalancheverstärkte Dunkelstromrauschen begrenzt. Das technologische Problem bei Avalanche-Dioden ist die einheitliche Durchbruchspannung. Man erreicht sie durch Verwendung sehr homo-

gener, versetzungsfreier Ausgangsmaterialien (Si, Ge) und durch entsprechenden Aufbau der Diode (Bild 1.23).

Neuerdings sind Mesa-Avalanche-Dioden mit Quereinstrahlung bekannt geworden [1.63]. Spektrale Eigenschaften (Empfindlichkeit) und
Demodulationseigenschaften sind bei diesen Dioden gegenüber dem
normalen Betrieb stark voneinander entkoppelt, weil der Lichtstrahl in
der Übergangsschicht verläuft (Bild 1.23).

Die NEP von Avalanche-Dioden liegt zwischen 10^{-10} und $10^{-9}\,\mathrm{WHz}^{-1/2}$
bei Multiplikationsfaktoren zwischen 50 und 200 [1.63 bis 1.65].

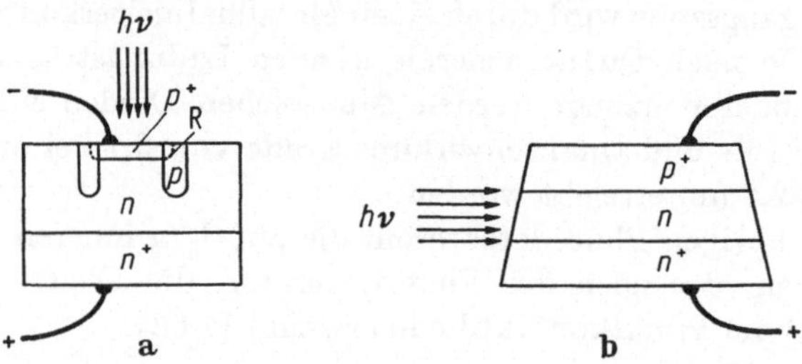

Bild 1.23. Aufbau von Avalanche-Photodioden. a) Planar-Avalanche-Photodiode. Ein Schutzring
aus schwach dotiertem Material um den p-n-Übergang verhindert das Auftreten von hohen Feldstärken am Rande, so daß eine einheitliche Durchbruchspannung erreicht wird; b) Mesa-Ava-
lanche-Photodiode mit Quereinstrahlung [1.64].

1.6. Literatur

Bücher über Grundlagen

1.1   Tradowsky, K.: Laser kurz und bündig. Würzburg: Vogel-Verlag 1968.
1.2   Kleen, W.; Müller, R. (Hrsg.): Laser. Berlin, Heidelberg, New York: Springer
      1969.
1.3   Röß, D.: Laser. Frankfurt: Akad. Verlagsges. 1966.
1.4   Arecchi, F. T.; Schulz-Dubois, E. O. (Hrsg.): Laser Handbook. Amsterdam:
      North-Holland 1972.
1.5   Mollwo, E.; Kaule, W.: Maser und Laser. BI-Hochschultaschenbuch Nr.
      7979a. Mannheim: Bibliograph. Institut 1966.
1.6   Levine, A. K.: Lasers I/II. New York: Marcel Dekker 1968.
1.7   Weber, H.; Herziger, G.: Laser, Grundlagen und Anwendungen. Weinheim:
      Physik-Verlag 1972.

Spezialliteratur

1.8   Grau, G.: in „Laser", hrsg. v. W. Kleen und R. Müller. Berlin, Heidelberg,
      New York: Springer 1969.
1.9   Phillip-Rutz, E. M.; Edmonds, H. D.: Diffraction-limited GaAs-laser with
      external resonator. J. Appl. Opt. 8 (1969) 1859–65.
1.10 Gürs, K.: in „Laser", hrsg. v. W. Kleen und R. Müller. Berlin, Heidelberg,
      New York: Springer 1969.
1.11 Rosenberger, D.: in „Laser", hrsg. v. W. Kleen und R. Müller. Berlin, Heidel-
      berg, New York: Springer 1969.

1.12 Winstel, G.: in „Laser", hrsg. v. W. Kleen und R. Müller. Berlin, Heidelberg, New York: Springer 1969.

1.13 Müller, R.: in „Laser", hrsg. v. W. Kleen und R. Müller. Berlin, Heidelberg, New York: Springer 1969.

1.14 Siegman, A. E.; Miller, H. Y.: Unstable optical resonator loss calculations using the prony method. Appl. Opt. 9 (1970) 2729–2736.
Siegman, A. E.: Unstable optical resonators for laser applications. Proc. IEEE 53 (1965) 277–287.

1.15 Tiffany, W. B.; Targ, R.; Foster, J. D.: Kilowatt CO_2 gas transport laser. Appl. Phys. Letters 15 (1969) 91–93.

1.16 Beaulieu, A. J.: Transversely excited atmospheric pressure CO_2 lasers. Appl. Phys. Letters 16 (1970) 504–505.

1.17 Rusbüldt, D.: Gepulste CO_2-Laser hoher Leistung. Elektrotechn. Z. 92 (1971) 278.

1.18 Dumanchin, R.; Michon, M.; Farcy, J. C.; Boudinet, G.; Rocca-Serra, J.: Extension of TEA CO_2 laser capacities. IEEE J. Quant. Electron. QE-8 (1972) 163.

1.19 Gürs, K.: Der CO_2-Laser. Z. angew. Phys. 25 (1968) 379–386.

1.20 Pearson, P. R.; Lamberton, H. M.: Atmospheric pressure CO_2 lasers giving high output energy per unit volume. IEEE J. Quant. Electron. QE-8 (1972) 145–149.

1.21 Hidson, D. J.; Makios, V.: A high-voltage high-pressure TEA CO_2-laser. IEEE J. Quant. Electron. QE-8 (1972) 594.

1.22 Fenstermacher, C. A.; Nutter, M. J.; Leland, W. T.; Boyer, K.: Electron-beam-controlled electrical discharge as a method of pumping large volumes of CO_2-laser media at high pressure. Appl. Phys. Letters 20 (1972) 56.

1.23 Birinkov, A. S.; Dronov, A. P.; Kondriavtsev, E. M.; Sobolev, N. N.: Gas dynamic CO_2-He(N_2) laser investigations. IEEE J. Quant. Electron. QE-7 (1971) 388–391.

1.24 Hirth, A.: Mesure et interprétation de la longueur de cohérence d'un laser à rubin monomode déclenché. Comptes Rendues Acad. Sci. Paris 271 (1970) 853–856.

1.25 Tsukada, T.; Nakashima, H.; Umeda, J.; Nakamura, S.; Chinone, N.; Ito, R.; Nakada, O.: Very-low-current operation of mesa-stripe-geometry double-heterostructure injection lasers. Appl. Phys. Letters 20 (1972) 344–345.

1.26 Ripper, J. E., Dyment, J. C.; D'Asaro, L. A.; Paoli, T. L.: Stripe-geometry double heterostructure injection lasers: Mode structure and cw operation above room temperature. Appl. Phys. Letters 18 (1971) 155–157.

1.27 Kressel, H.; Lockwood, H. F.; Hawrylo, F. Z.: Low-threshold loc GaAs injection lasers. Appl. Phys. Letters 18 (1971) 43–45.

1.28 Harman, T. C.: The physics of semimetals and narrow gap semiconductors. Paper VII A, S. 363–382. Oxford, New York: Pergamon Press 1971.

1.29 Melengailis, I.: The use of laser in pollution monitoring. IEEE Trans. Geosci. Electron. GE-10 (1972) 7–17.

1.30 Hinkley, E. D.: Tunable infrared lasers and their application to air pollution measurements. J. Opto-Electron. 4 (1972) 69–86.

1.31 Gürs, H.; Müller, R.: Breitband-Modulation durch Steuerung der Emission eines optischen Masers (Auskoppelmodulation). Phys. Letters 5 (1963) 179–181.

1.32 Nomarski, G.; Roblin, G.: Modulation optischer Verzögerungen. DGaO-Tagung, Bad Hersfeld Mai 1972.

1.33 Appl. Opt. 5, Joint issue (1966).

1.34 Nye, J. F.: Physical properties of crystals. London: Oxford University Press 1957.

1.35 Spenzer, E. G.; Lenzo, P. V.; Ballmann, A. A.: Dielectric materials for elec-
      trooptic, elastooptic and ultrasonic device applications. Proc. IEEE 55 (1967)
      2074–2108.
      Milch, J. T.; Welles, S. J.: Hughes Aircraft, Culver City, Report for the Air
      Force, Jan. 70, AD 704556, U. S. Department of Commerce, National Bureau
      of Standards.
1.36 Miller, R. C.: Optical second harmonic generation in piezoelectric crystals.
      Appl. Phys. Letters 5 (1964) 17.
1.37 Kaminow, I. P.; Turner, E. H.: Electrooptic light modulators. Appl. Opt. 5,
      Joint Issue (1966) 1612–1628.
1.38 Fang Shan Chen: Modulators for optical communications. Proc. IEEE 58
      (1970) 1440–1457.
1.39 Peters, C. J.: Gigacycle bandwidth coherent light travelling wave phase
      modulators. Proc. IRE 51 (1963) 147–153.
1.40 White, C.; Chi, G. M.: IEEE Conf. on Communications, San Francisco, Calif.
      1970.
1.41 Bicknell, W. E.; Yap, B. K.; Peters, G. J.: 0 to 3 GHz traveling-wave
      electrooptic modulator. Proc. IEEE Letters 55 (1967) 225–226.
1.42 Rigrod, W. W.; Kaminow, I. P.: Wide-band microwave light modulation:
      Proc. IEEE 51 (1963) 137–140.
1.43 Schmidt, U. J.: A high speed digital light beam deflector. Phys. Letters 12
      (1964) 205–206.
1.44 Meyer, H.; Riekmann, D.; Schmidt, K. P.; Schmidt, U. J.; Rahlff, M.;
      Schröder, E.; Thust, W.: Design and performance of a 20-stage digital light
      beam deflector. Appl. Opt. 11 (1972) 1732–1736.
1.45 Debye, P.; Sears, F. W.: Proc. Nat. Acad. Sci. (Washington) 18 (1932) 409.
1.46 Lucas, R.; Riquard, P.: J. Phys. et Rad. 3 (1932) 464.
1.47 Raman, C. V.; Nath, N. S.: Proc. Ind. Acad. Sci. 2 (1915) 406, 413; 3 (1936)
      75, 119; 4 (1937) 222.
1.48 Eschler, H.: Schnell umtastbare digital programmierbare Hochfrequenz-
      generatoren zur Ansteuerung akustooptischer Lichtablenker. Frequenz 26
      (1972) Nr. 5, 124–129.
1.49 Gordon, E. I.: A review of acustooptical deflection and modulation devices.
      Appl. Opt. 5 (1966) 1629–1639.
1.50 Eschler, H.: Tilted transducer arrays for wide-band acustooptic deflectors.
      Optics Commun. (im Druck).
1.51 Maydan, D.: Acustooptical pulse modulators. IEEE J. Quant. Electron.
      QE-6 (1970) 15–24.
1.52 Pinnow, P. A.: Guide lines for the selection of acoustooptic materials. IEEE
      J. Quant. Electron. QE-6 (1970) 223–238.
1.53 Seib et al.: AD 718096, Photodetectors for the 0,1 to 1 μ spectral region.
      The Airospace Corp. El Segundo, Calif. 1971.
1.54 Anderson, L. K.; McMurthy, B. J.: High speed photodetectors. Proc. IEEE
      54 (1966) 1335–1349.
1.55 Budde, O.; Kelly, P.: Variations of the spectral sensitivity of the RCA 6217
      and 5819 photomultipliers at new temperatures. Appl. Opt. 10 (1971) 2612 to
      2616.
1.56 Alfano, R. R.: Methods of detecting weak light signals. J. O. S. A. 58 (1968)
      90–95.
1.57 Foord, R.; Jones, R.; Oliver, C. J.; Pike, E. R.: The use of photomultiplier
      tubes for photon counting. Appl. Opt. 8 (1969) 1975–1989.
1.58 Robinson, W.; Williams, I.; Lewis, T.: Quantum entrancement of the RCA
      C 31000 E photomultiplier: Appl. Opt. 10 (1971) 2560–61.

1.59 Geckeler, S.: Ein statisches Modell für das Rauschen in Teilchenströmen und seine Anwendung auf Photodetektoren. Arch. elektr. Übertr. 26 (1972) 66–72.

1.60 Geckeler, S.: Der Quantenzähler, ein Empfänger für Nachrichtenübertragung mit minimalem Energieaufwand. Arch. elektr. Übertr. 23 (1969) 137–146.

1.61 Bendix Electro Optics Division. The channeltron photomultiplier tube as a photon counting light detector. Technic. Appl. Note 6803.

1.62 Su, S. M.: Physics of semiconductor devices. New York: Wiley 1969.

1.63 Krumpholz, O.; Maslowski, S.: Avalanche Mesaphotodioden mit Quereinstrahlung. Wiss. Ber. AEG-Telefunken 44 (1971) 73–79.

1.64 Krumpholz, O.: Signal-Rauschverhältnis bei Avalanche-Photodioden. Wiss. Ber. AEG-Telefunken 44 (1971) 80–84.

1.65 Biard, J. R.; Shannfield, W. N.: A model of the avalanche photodiode. Trans. Electron. Devices ED-14 (1967) 233–238.

1.66 Grau, G.: Rauschen und Kohärenz im optischen Spektralbereich. S. 459 in „Laser“, hrsg. v. W. Kleen und R. Müller. Berlin, Heidelberg, New York: Springer 1969.

1.67 Monte Ross: Laser receivers. New York: Wiley 1966.

1.68 Pratt, W. K.: Laser communication systems. New York: Wiley 1969.

2. Justier- und Längenmeßtechnik

2.1. Einführung

Eine der ersten und einfachsten Anwendungen des Lasers war die Ausnützung des kollimierten Laserstrahles für Justierzwecke. Bedingt
durch die hohe räumliche Kohärenz des Laserlichtes lassen sich unter
Verwendung von Teleskopen Lichtbündel realisieren, die über mehrere
hundert Meter als nahezu parallel angesehen werden können. Auch in
größeren Entfernungen läßt sich wegen der relativ hohen Leistung vieler
Lasersender eine so hohe Bestrahlungsstärke erreichen, daß reflektiertes
Licht am Sendeort wieder empfangen werden kann. Unter Ausnützung
der Gruppenlaufzeit des Lichtes lassen sich somit große Entfernungen
mit hoher Genauigkeit bestimmen.

In zunehmendem Maße finden Laser auch für Abstandsmessungen
im Nahbereich Anwendung, insbesondere zur Dicken- und Profilmessung
bei der industriellen Fertigung. Die genannten Anwendungsbereiche
werden im folgenden eingehend behandelt. Über interferometrische Prä-
zisionslängenmessung wird im Abschnitt 4 berichtet.

2.2. Laserjustiertechnik

2.2.1. Überblick

Die Justierung mittels Laser ist sowohl im Hinblick auf die Ausrichtung
einer Reihe von Punkten längs einer geraden Linie von Bedeutung als
auch hinsichtlich der Führung eines bewegten Punktes längs einer
Geraden oder innerhalb einer Ebene.

Die Vorteile der Laserjustiertechnik beruhen dabei nicht so sehr auf
einer bedeutenden Erhöhung der Meßgenauigkeit gegenüber den konventionellen Methoden. Sie liegen vielmehr auf praktischem und wirt-
schaftlichem Gebiet und lassen sich wie folgt charakterisieren:

Die Beobachtung durch Fernrohre entfällt.

Die Bezugslinie oder -ebene ist an der Stelle vorhanden, an der sie
benötigt wird.

Eine Einmannbedienung ist möglich.

Die Meßzeiten und der technische Aufwand werden stark reduziert.

Es ist dadurch möglich, den Meß- und Justiervorgang voll zu automatisieren und den Anwendungsbereich über die konventionellen Grenzen hinaus auszudehnen.

Die Justiergenauigkeiten konventioneller Methoden – 10^{-5} rad bei Verwendung von Teleskop und Fadenkreuz, 10^{-6} rad mit Doppelspalt oder Zonenplatte [2.1] – werden ohne besondere Vorkehrungen auch bei Verwendung von Lasern erreicht, mit speziellen Anordnungen sogar übertroffen. Die überbrückbaren Entfernungen werden größer, wenngleich auch beim Einsatz von Lasern die Präzisionsjustierung über große Entfernungen letztlich durch atmosphärische Störungen begrenzt ist (Abschnitt 1.3. und 6.2.). Es wäre jedoch falsch, die Nützlichkeit eines Justiersystems allein an der Genauigkeit messen zu wollen. So ist beispielsweise bei all den Problemen, die mit Leitstrahlverfahren gelöst werden, eine Genauigkeit von 10^{-4} rad völlig ausreichend; hingegen werden eine hohe Meßfrequenz und große Meßentfernungen gefordert, die sich bei Verwendung des Lasers erreichen lassen.

2.2.2. Laserjustierprinzipien

Im Gegensatz zu konventionellen Justiertechniken, bei denen die Achse des Systems durch eine unsichtbare und imaginäre Linie definiert ist, wird vom Laser eine Bezugslinie in Form eines sichtbaren Strahles geliefert. Es sind zwei Methoden zu unterscheiden.

a) Wenn der Fundamentalmodus des Lasers verwendet wird, ist die Achse durch das zentrale Intensitätsmaximum definiert. Dieses kann in beliebiger Entfernung gemessen werden, wobei die Meßgenauigkeit Δr durch die Intensitätsauflösung $\Delta I/I$ und den Fleckradius (Abschnitt 1.2.) gegeben ist [1.1]:

$$\Delta r = \frac{\Delta I}{I}\frac{w}{4}. \qquad (2.1)$$

Es ist dabei gleichgültig, ob das Maximum mit einem oszillierenden Spalt, einem Doppel- oder Quadrantendetektor ausgemessen wird. Nimmt man beispielsweise einen über 500 m auf 2 cm kollimierten Strahl (über die Kollimierung von Laserbündeln wurde in Abschnitt 1.3. ausführlich berichtet), so läßt sich bei einer Auflösung von $\Delta I/I \approx 10\,\%$ eine Justierunsicherheit von 0,25 mm, entsprechend einer Winkelunsicherheit von $5 \cdot 10^{-7}$ rad, erreichen.

Eine Erhöhung dieser Auflösung ist nur möglich, wenn der Strahldurchmesser durch Fokussierung reduziert wird. Wie in Abschnitt 1.3.

gezeigt, werden zur Fokussierung auf größere Entfernungen beträchtliche Bündelweiten am Teleskop benötigt. Zum anderen ist die optische Achse nur in der unmittelbaren Umgebung des Fokus genau definiert. Fokussierende Systeme sind somit nicht für Leitstrahlverfahren geeignet, sondern ausschließlich für die Präzisionsjustierung stationärer Objekte [2.2]. Wegen der Kohärenz der Laserstrahlung können zur Fokussierung anstelle von Glaslinsen oder Spiegeln auch Fresnelsche Zonenplatten verwendet werden, die sich mit großen Öffnungen herstellen lassen [2.2]. Ist D_0 der Bündeldurchmesser am Teleskop und L die Fokussierweite, so wird die Meßunsicherheit für die optische Achse anstelle von (2.1)

$$\Delta r = \frac{\Delta I}{I} \frac{\lambda L}{2\pi D_0}. \tag{2.2}$$

Unter Verwendung eines HeNe-Lasers (0,6 μm) und einer Linse mit 10 cm Durchmesser kann so bei $\Delta I/I \approx 10\%$ eine Winkelauflösung von $\Delta r/L \approx 10^{-7}$ erreicht werden (Bild 2.1).

b) Eine optische Achse kann auch durch ein absolutes zentrales Intensitätsminimum definiert sein [2.1]. Man kann es durch Interferenz zwischen Lichtbündeln entgegengesetzter Phase erzeugen. Eine ,,innere"

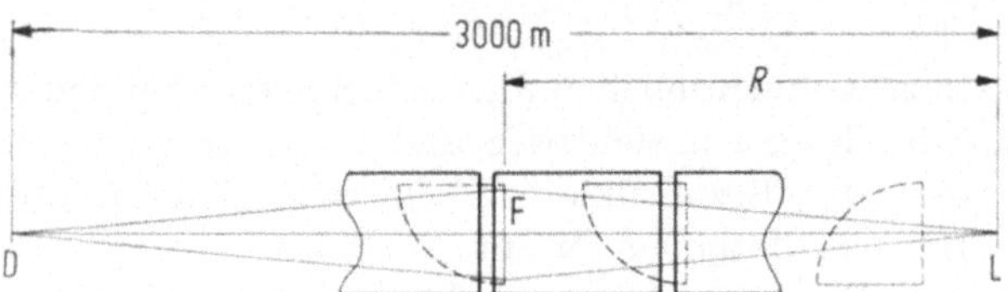

Bild 2.1. Schematische Darstellung der Justierung von Einzelelementen des Stanford Linearbeschleunigers über 3000 m. Eine in der Entfernung R von der divergenten Laserlichtquelle L angeordnete Fresnel-Zonenplatte F fokussiert das Licht in der Detektorebene D. Das die Zonenplatte tragende Justierobjekt wird so lange verschoben, bis am Detektor maximale Intensität herrscht. Auf diese Weise läßt sich eine Reihe von Einzelobjekten nacheinander auf die optische Achse LD justieren [2.2].

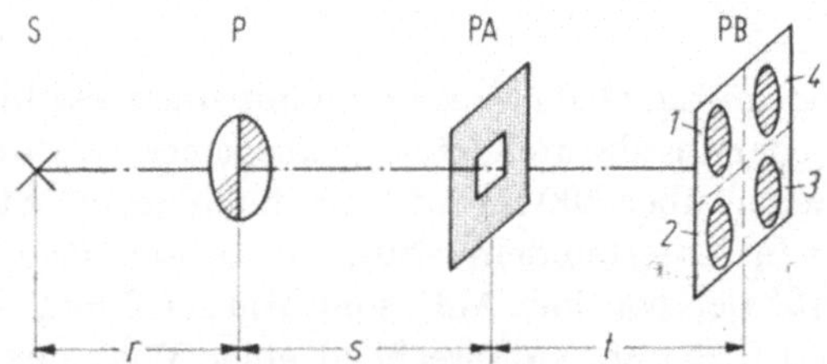

Bild 2.2. Asymmetrische Justiermethode [2.1]. Der von S ausgehende Laserstrahl mit Gaußscher Intensitätsverteilung wird durch eine Viersektorenscheibe P in vier, gegeneinander um jeweils $\lambda/2$ phasenverschobene Teilbündel zerlegt. Das Beugungsbild PB zeigt an, ob die Blende PA relativ zur optischen Achse justiert ist.

Phasenumkehr wird dabei erhalten, wenn man den Sendelaser so justiert, daß ein TEM_{01}- oder TEM_{11}-Modus emittiert wird (Abschnitt 1.2.). Wegen der Instabilität dieser höheren Moden und der mit ihnen verbundenen erhöhten Strahldivergenz ist es jedoch vorteilhafter, einen Laser im TEM_{00}-Modus zu verwenden und die Phasenverschiebungen mittels einer äußeren Phasenplatte durchzuführen (Bild 2.2). Hinter der Platte ist der Strahl in vier Teilbündel geteilt. Die optische Achse ist definiert als die Schnittlinie der zwei senkrecht zueinander stehenden Ebenen der Intensität Null. Wird im Abstand s hinter der Phasenplatte P eine quadratische Blende PA eingebracht, so läßt sich auf einem Schirm PB ein typisches Beugungsbild beobachten [1.1], dessen Auswertung über die Lage der Blende PA relativ zur optischen Achse Auskunft gibt und eine Justierung dieser Blende mit einer Winkelunsicherheit bis zu 10^{-8} rad erlaubt. Wird anstelle einer quadratischen Apertur ein Spalt eingebracht, so ist eine entsprechende Justierung in einer Ebene möglich (Bild 2.3).

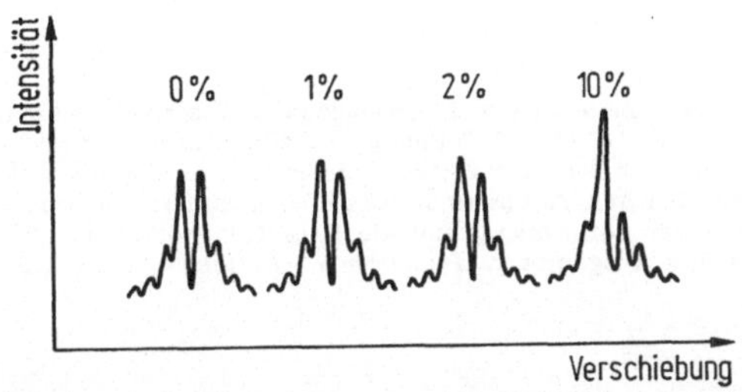

Bild 2.3. Experimentelle Intensitätsverteilung im Beugungsbild bei der Justierung eines Spaltes der Weite 3 mm. Da 1 % Verschiebung noch nachweisbar sind, kann eine Justiergenauigkeit von 0,03 mm erzielt werden [2.1].

2.2.3. Praktische Detektionsmethoden und Anwendungen

Visuelle Beobachtung und Justierung auf das Strahlmaximum ist nur in seltenen Anwendungsfällen möglich. Für Präzisionsjustierungen bei Tageslicht werden photoelektrische Detektoranordnungen benötigt [2.2, 2.3].

Wenn sowohl horizontale als auch vertikale Justierung vorzunehmen ist, werden üblicherweise Quadrantendetektoren verwendet. Die Justierung ist dann erreicht, wenn die in den vier Quadranten angeordneten Einzeldetektoren gleiche Intensitäten anzeigen. Viele technisch interessante Justierprobleme erfordern jedoch eine hohe Genauigkeit nur in einer Ebene, wogegen in der dazu senkrechten Ebene eine Bewegung und Dejustierung erlaubt sein darf oder sogar erlaubt sein muß. So er-

fordert die Steuerung von Planierraupen oder Drainagepflügen nur eine
Führung in der Horizontalen, während Schwimmkräne nur in einer
Vertikalebene geführt werden und Höhenschwankungen zugelassen
werden müssen. Für diese Anwendungsfälle ist ein Strahlfächer einem
Parallelstrahl vorzuziehen. Die eindimensionale Divergenz wird üblicher-

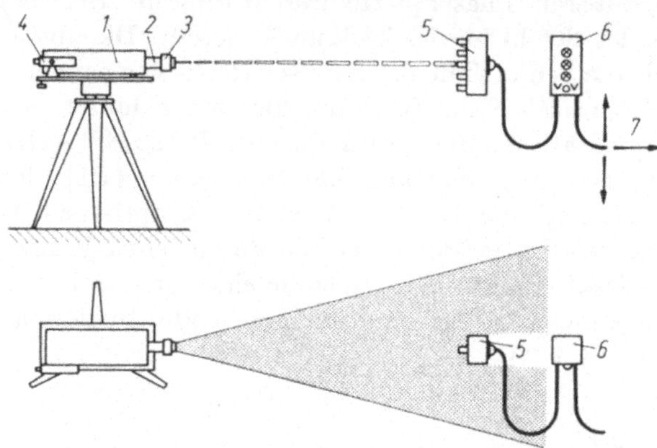

Bild 2.4. Anordnung eines kommerziellen eindimensionalen Laserfächers für horizontale Führung
(Werkbild Siemens). *1* Laser LG 661; *2* Teleskop; *3* Zylinderlinse; *4* Suchfernrohr; *5* Detektor-
anordnung; *6* Steuergerät; *7* Ausgang der Steuersignale für die Maschine. Die für Justierzwecke
verwendeten Laser sind über den Pumpstrom intensitätsmoduliert, um schmalbandig detektieren
zu können. Zum Schutz vor Sonnenlicht sind die Detektoren durch Interferenzfilter geschützt.
Das Steuergerät liefert drei Ausgangssignale: zu hoch – korrekt – zu niedrig.

Bild 2.5. a) Detektoreinheit mit 2 Kanälen für eine Detektionsbreite von ±100 mm bezüglich
der Nullinie (Siemens LGE 9005/LGE 9006); b) Durch Laserfächer geführter Drainagepflug. Die
erreichbare Genauigkeit hängt nicht nur von der Justiergenauigkeit (10^{-5} rad) ab, sondern auch
von den Schaltzeiten der Magnetventile der Steuerhydraulik. Bei Drainagepflügen wird praktisch
ein Justierfehler von ±1 cm, bei Straßenplanierraupen von ±2 mm erreicht [2.4].

weise durch Zylinderlinsen erzielt (Bild 2.4). Für praktische Anwendungen haben sich Fächerwinkel von 0,02 rad (2 m nach 100 m), 0,1 rad (10 m nach 100 m) und 0,3 rad (30 m nach 100 m) als günstig erwiesen (Bild 2.5). Für größere Divergenzwinkel werden rotierende Spiegel verwendet, die einen Öffnungswinkel bis 360° erlauben.

Eine in [2.2] vorgestellte Auswertmethode benutzt eine elektromechanische Schwingblende, die die Ableitung der Strahlintensität als Funktion der horizontalen und vertikalen Position aufzeichnet. Der Nulldurchgang definiert die Lage der optischen Achse.

Typische Beispiele für die Anwendung der Laserjustiertechnik finden sich im Hoch- und Tiefbau: Hallen- und Regalebau, Gleitschalungsbau, Errichtung hoher Gebäude und Schornsteine, Justierung und Nivellierung von Bahnschienen, Verlegen von Rohrleitungen. Eine andere Anwendung ist die kontinuierliche Justierung bewegter Objekte wie Drainagepflüge, Planierraupen, Schwimmkräne und Tunnelvortriebsmaschinen [2.4, 2.5]. Typische Anwendungsbeispiele sind in den Bildern 2.5 und 2.6 gezeigt.

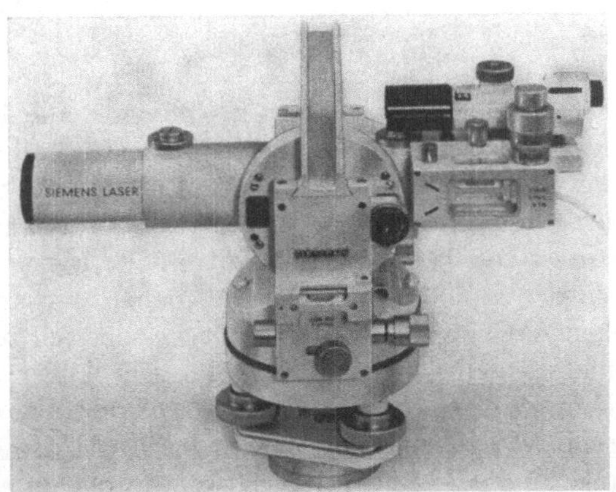

Bild 2.6. Typischer Baulaser mit Zielfernrohr (Siemens LG 68 System).

2.3. Profilmessung durch Lasersonden

Die berührungslose Vermessung von Oberflächenprofilen ist prinzipiell mittels interferometrischer Techniken möglich (Abschnitt 4.). Für eine punktweise Vermessung bietet sich daneben die vergleichsweise einfache und mit geringerem Aufwand verbundene Oberflächenabtastung mittels einer Lasersonde an [2.6, 2.7].

Das zugrunde liegende Meßprinzip läßt sich anhand von Bild 2.7 erläutern: Die Strahlung eines im Grundmodus oszillierenden Gaslasers GL wird kollimiert und über einen Teilerspiegel TS mittels einer

Linse L_1 auf die zu vermessende Oberfläche P fokussiert. Das in der
Brennebene der Linse L_2 aufgrund diffuser Reflexion entstehende Bild
des Brennfleckes wird mit Hilfe einer in Richtung der optischen Achse
oszillierenden Lochblende analysiert: Wenn das Laserlicht genau auf die
Meßfläche fokussiert ist, schwingt die Blende, deren Öffnung etwa der
Bildgröße entspricht, symmetrisch zu der in der Bildebene gelegenen

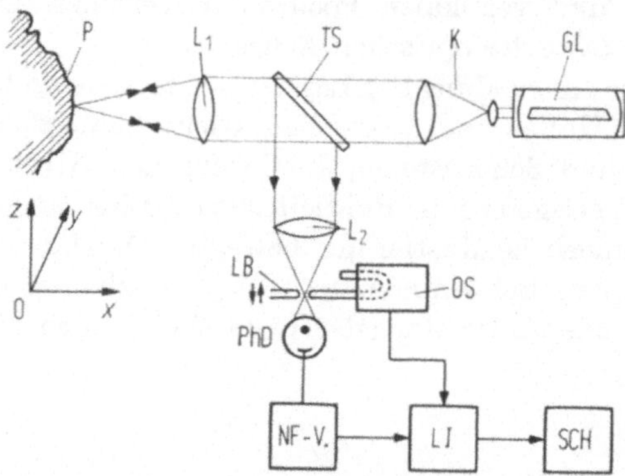

Bild 2.7. Experimenteller
Aufbau einer Lasersonde für
Profilmessung.
P zu vermessende Oberfläche,
GL Gaslaser, K Kollimator,
TS Teilerspiegel, LB schwin-
gende Lochblende, OS Oszillator,
PHD Photodetektor,
NF NF-Verstärker, LI Lock-in-
Detektor, SCH Schreiber.

Strahltaille des abbildenden Lichtbündels. Die Intensität des durch das
Blendenloch tretenden Lichtes ist in diesem Fall genau mit der doppelten
Schwingfrequenz $2f$ des Oszillators moduliert. Sobald die Meßfläche in
x-Richtung auswandert, liegt die Bildebene außerhalb des Schwing-
zentrums. Die durch die Blende tretende Intensität zeigt eine Asymme-
trie in der Modulation, d.h., daß neben den geraden höheren Harmo-
nischen auch ungerade Harmonische, speziell die Grundfrequenz f des
Oszillators selbst, enthalten sind. Ein auf f abgestimmter Lock-in-
Detektor gibt daher ein Spannungssignal ab, dessen Größe der Auslenkung und dessen Vorzeichen der Auslenkungsrichtung proportional
sind. Wird die gesamte optische Anordnung auf einen Schlitten montiert,
so kann die Ausgangsspannung des Lock-in-Verstärkers zur Steuerung
eines Servomechanismus verwendet und die Vermessung einer in y- und
z-Richtung verschiebbaren Probe mit einer Nullmethode durchgeführt
werden [2.7].

Bei der Vermessung von matten Oberflächen ergeben sich unabhängig
vom Material Meßfehler in der Größenordnung von einigen zehn Mikrometern (Bild 2.8). Bei glänzenden Oberflächen kann ein erheblicher Meßfehler auftreten, wenn die Abbildungsoptik L_1, L_2 (Bild 2.7) sphärische
Aberration aufweist. Achsennahe und achsenferne Abbildungsstrahlen
erzeugen in diesem Fall ein Bild hinter bzw. vor der mittleren Brennebene. Bei diffus reflektierenden Oberflächen bleibt dies auch bei Kippung
der Oberfläche ohne Konsequenzen, da die Linse L_2 und die Blende

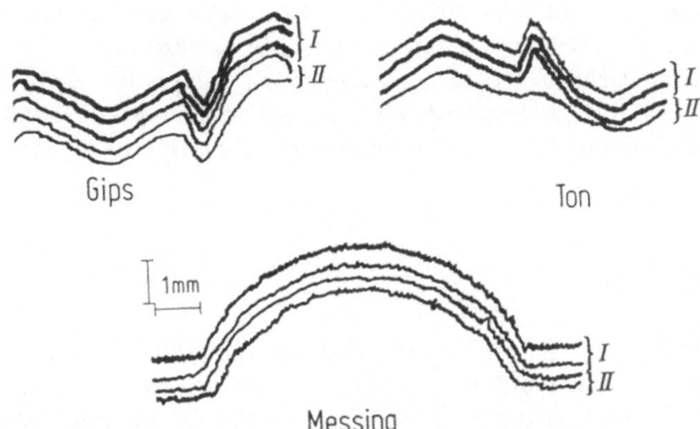

Bild 2.8. Oberflächenprofile verschiedener Materialien. In allen drei Fällen wurden matte Oberflächen vermessen. Die Profilkurven I werden jeweils mit den photographisch ermittelten Profilen II verglichen. Die Fehler in der Reproduzierbarkeit liegen bei etwa 30 μm, wenn eine Abbildung mit Brennweiten $f_1 = 15$ mm und $f_2 = 100$ mm (Bild 2.9) vorgenommen wird [2.7].

homogen ausgeleuchtet werden und die resultierende Strahltaille vermessen wird. Wird aber durch spiegelnde Reflexion ein äußerer oder innerer Strahlenbereich intensitätsmäßig bevorzugt, so dominiert das diesem Bereich zugehörige Bild. Es wird somit eine Verschiebung der Meßebene vorgetäuscht. Wenn das Bild infolge einer inhomogenen Lichtverteilung um den Betrag ΔX_2 auswandert, entspricht dies einem Meßfehler

$$\Delta X_1 = \left(\frac{f_1}{f_2}\right)^2 \Delta X_2. \tag{2.3}$$

Bei gegebener Aberration ist es daher günstig, mit kleiner Brennweite f_1 und großer Brennweite f_2 zu arbeiten.

Das vorliegende Meßprinzip, die Abweichung vom Fokus einer Lichtquelle zur Profilmessung zu verwerten, kann durch verfeinerte Ausführung auch zur Präzisionsmethode ausgebaut werden. Ein derartiger Aufbau mit einer theoretischen Meßgenauigkeit kleiner als 1 μm wird in [2.8] ausführlich behandelt.

2.4. Abstands- und Dickenmessung durch Lasertriangulation

2.4.1. Überblick

Ein weites Anwendungsspektrum für den kollimierten Laserstrahl eröffnet sich auf dem Gebiet der berührungslosen Abstands- und Dickenmessung durch Triangulation im Nahbereich. Das Meßverfahren ist besonders geeignet für abschnittsweise ebene oder leicht gewellte Oberflächen, deren Geschwindigkeitskomponente senkrecht zur Beobachtungsrichtung größer ist als parallel dazu. Typische Anwendungsbeispiele sind die Dickenkontrolle von schnellbewegten Walzblechen oder die Bahnkontrolle eines bewegten Körpers relativ zu einer Leitschiene.

2.4.2. Meßprinzip

Wie in Bild 2.9 gezeigt, wird bei der Messung ein kollimierter oder fokussierter Gaslaserstrahl unter dem Winkel α auf die Meßfläche gerichtet (Lichtfleck A) und mittels des diffus reflektierten Lichtes unter dem Beobachtungswinkel β in der Brennebene einer Abbildungslinse L ein Bild B des Lichtfleckes A erzeugt. Die Winkel α und β sind dabei so zu wählen, daß ein Empfang des spiegelnd reflektierten Lichtanteiles vermieden wird ($\alpha \neq \beta$).

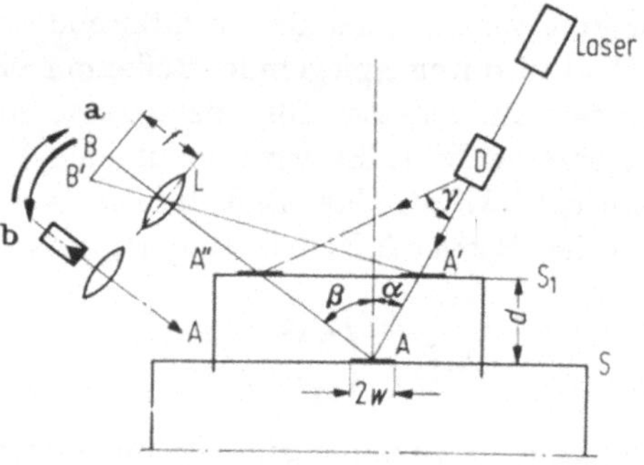

Bild 2.9. Abstandsmessung mittels Triangulation. a) Anordnung mit variabler Beobachtungsrichtung und Auswertung in der Brennebene (Abschnitt 2.4.2.a.); b) Anordnung mit fester Beobachtungsrichtung anstelle von a) und Auswertung im Brennpunkt (Abschnitt 2.4.2.b.).

Bei einer Verschiebung der Meßebene S um den Betrag d in Richtung der Flächennormalen nach S' entstehen die Auftreffpunkte A' (Laserstrahl-Meßebene) und A'' (Detektionsachse-Meßebene). Die zu messende Verschiebung d kann nun prinzipiell auf zwei Weisen ermittelt werden, die sich formal sehr ähnlich sind, aufgrund verschiedenartiger Auswertungsmöglichkeiten jedoch um Zehnerpotenzen verschiedene Meßauflösungen ermöglichen.

a) Wird bei fester Laserstrahlrichtung α die Detektionsachse primär so ausgerichtet, daß sie bei $d = 0$ den Laserstrahl in A schneidet, so liegt B', das Bild von A', in der Brennebene von L um die Strecke x vom Brennpunkt B entfernt. Die Verschiebung $x = $ B'B ist der Höhenvariation d proportional gemäß

$$x = \frac{fd \sin(\alpha + \beta)}{(a - f) \cos\alpha - d \cos(\alpha + \beta)} \qquad (2.4\,\text{a})$$

mit $a = \text{AL}$ und f Brennweite der Linse. Für $\alpha + \beta = 90°$ wird

$$x = \frac{fd}{(a - f) \cos\alpha}. \qquad (2.4\,\text{b})$$

Legt man die Brennebene der Linse beispielsweise auf die photoempfindliche Fläche einer Fernsehkamera [2.9], so kann eine Auswertung auf elektronische Weise vorgenommen werden: Wenn die elektronische Abtastung senkrecht zur B′B-Achse erfolgt, ist die Zahl der Zeilen zwischen B und B′ ein Maß für x. Erfolgt die Abtastung dagegen parallel zur B′B-Achse, muß das Zeitintervall zwischen B und B′ gemessen werden (Bild 2.10). Eine digitale Auswertung kann vorgenommen werden,

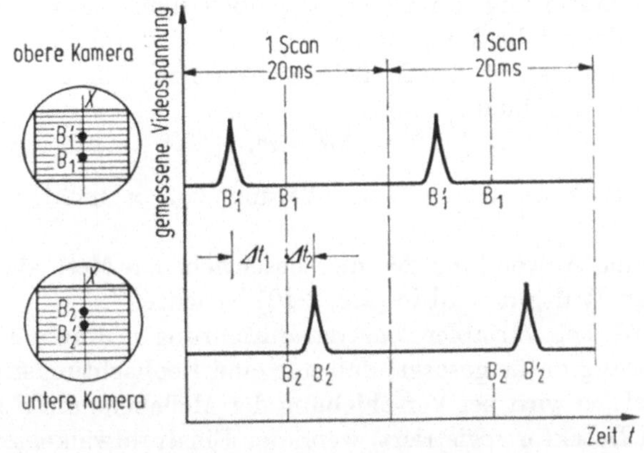

Bild 2.10. Auswertung einer Dickenmessung mittels Fernsehkamera. Zur Dickenmessung von flatternden Blechen wird eine Abstandsmessung von der Ober- und Unterseite durchgeführt. Wenn der Bildpunkt B_1 infolge einer Abstandsänderung d_1 nach $B_1{}'$ auswandert (Bildpunkt B nach B′ in Bild 2.11), wird der Videoimpuls um $\Delta t_1 \sim d_1$ früher registriert. Im gezeigten Bild wandert $B_2{}'$ auf dem zweiten Schirm in entgegengesetzter Richtung. Die gesamte Dickenänderung ist demnach (bei gleicher Geometrie auf der Ober- und Unterseite) durch $d_1 + d_2 = k(\Delta t_1 + \Delta t_2)$ gegeben.

wenn in der Brennebene mittels einer Zylinderlinse ein Strichfokus erzeugt wird, der N parallel angeordnete, binär codierte Photodetektoren ausleuchtet (Bild 2.11).

Die mit einem Detektionssystem erreichbare aktuelle Auflösung $d_0/\Delta d$ innerhalb des vorgegebenen Meßbereiches d_0 ist gleich der Zahl n der vom jeweiligen System trennbaren Punkte, d.h. beispielsweise gleich der Zeilenzahl bei Auswertung mit einer Fernsehkamera (Bild 2.10) oder

gleich der größten Zahl separater Spalte einer Detektormaske ($n = 2^N$;
Bild 2.11). Bei vorgegebenem Detektionssystem ist der Meßfehler somit
durch den Meßbereich d_0 bestimmt:

$$\Delta d = \frac{d_0}{n}. \tag{2.5}$$

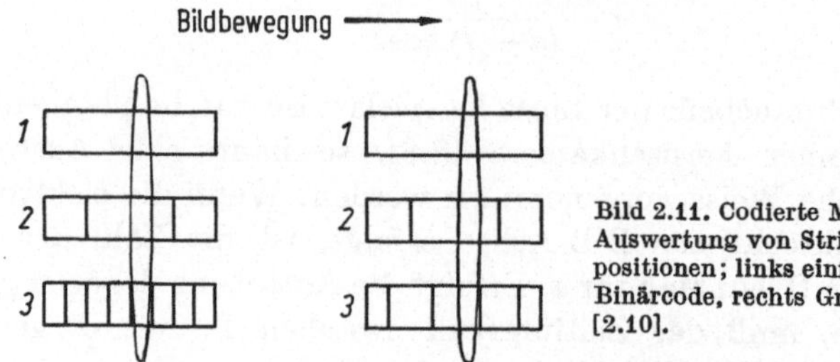

Bild 2.11. Codierte Masken zur Auswertung von Strichfokuspositionen; links einfacher Binärcode, rechts Gray-Code [2.10].

Da die Bildauflösung am Detektor jedoch nicht besser sein kann als
die Bildgröße, ist die Meßgenauigkeit letztlich durch den Fleckradius w
des Laserstrahles auf der Meßebene begrenzt. Für $\alpha \approx \beta \approx 45°$ wird
der Meßfehler minimal:

$$\Delta d = w. \tag{2.6}$$

Dieser Wert kann durch Vergrößerung von n nicht unterschritten
werden.

Über eine Anwendung der hier beschriebenen Methode zur Dickenmessung an Walzgut wird in [2.9, 2.10] berichtet.

b) Wird bei variabler Laserstrahlrichtung α durch entsprechende
Raumfilterung dafür gesorgt, daß nur eine Beobachtungsrichtung β zugelassen ist, so wird bei Verschiebung der Meßebene um d nur dann ein
Signal am Detektor registriert, wenn der Einstrahlwinkel α so verändert
wird (um γ), daß der neue Schnittpunkt A'' von Detektionsachse und
Meßebene vom Laserstrahl beleuchtet wird (Bild 2.9). Es wird dann
[2.11]

$$d = \frac{b \sin\gamma \cos\beta}{\sin(\alpha + \beta + \gamma)}. \tag{2.7a}$$

(b Abstand DA) und für $\alpha + \beta = 90°$

$$d = b \tan\gamma \cos\beta. \tag{2.7b}$$

Zur Abstandsmessung wird in diesem Falle der Laserlichtstrahl mit
einem Lichtablenker D periodisch über einen definierten Winkelbereich γ_0 abgelenkt. Am Detektor entsteht immer dann ein Impuls,
wenn (2.7) erfüllt ist. Wird der Beginn der Ablenkung ($\gamma = 0$) durch
einen Referenzimpuls signalisiert, so ist das Zeitintervall t_d zwischen

Referenz- und Meßimpuls ein Maß für den Abstand zwischen Referenz- und Meßebene.

Diese Meßzeit t_d ist jedoch mit einem Fehler behaftet, der gleich der Breite t_D des Meßimpulses, d.h. gleich der Zeit ist, die der Laserstrahl zum Passieren des Meßpunktes benötigt (Meßdauer). Dies hat zur Folge, daß wie in Abschnitt 2.4.2.1., der Meßfehler Δd auch in diesem Fall zunächst durch die Ausdehnung des Laserflecks gegeben ist: $\Delta d = w$. Die Zahl der trennbaren Punkte innerhalb einer Strahlablenkperiode τ wird nach (2.5)

$$n = \frac{d}{\Delta d} = \frac{\tau}{t_\mathrm{D}}.\tag{2.8}$$

Wenn man nun vom Meßimpuls der Dauer t_D jedoch nur die Anstiegsflanke auswertet, kann man die Meßdauer und damit Δd wesentlich erniedrigen. Gleichzeitig werden n oder Δd weitgehend unabhängig vom Durchmesser der Photodiode und vom Fleckradius [2.11]. Für diesen Zweck werden die von der Photodiode entnommenen Meßimpulse durch einen Verstärker mit automatischer Verstärkungsregelung auf eine konstante Impulshöhe verstärkt, in Rechteckimpulse verwandelt und differenziert. Die auf diese Weise erhaltenen Nadelimpulse ($t_N \approx 200$ ps) werden mit Referenznadelimpulsen verglichen, die auf ähnliche Weise aus den Rechteckimpulsen eines Steuerspannungsgenerators G abgeleitet werden (Bild 2.12).

Wird ein piezoelektrischer Lichtablenker mit einer Dreiecksteuerspannung der Frequenz f und maximalem Auslenkwinkel γ_0 betrieben, so wird das zu messende Zeitintervall

$$t_d = \frac{\sin\gamma}{4f \tan\gamma_0 \sin(\alpha + \beta + \gamma) \cos\alpha \cos\beta}.\tag{2.9}$$

Für $\alpha \approx \beta \approx 45°$ und $\tan\gamma_0 \approx \gamma_0$ erhält man

$$d = 2fd_0t_d = kt_d.\tag{2.10}$$

Mit k als Meßgerätekonstante kann die Dicke d als Funktion der Impulsdauer direkt mit einem digitalen Impulsdauerzähler angezeigt werden. Bei Integrierung der Ausgangsimpulse (Bild 2.12) können die Meßwerte auch analog ausgegeben werden [2.11, 2.12].

Die Methode ist geeignet, Abstandsmessungen mit einer relativen Genauigkeit von $5 \cdot 10^{-5}$ durchzuführen. Wird unmittelbar hinter den Ablenker ein Strahlteiler eingefügt und eine Photodiode so justiert, daß beim Referenzwinkel $\gamma = 0$ ein Signal entsteht, erhält man einen Referenzimpuls, der nicht nur elektronisch definiert ist, sondern sich exakt auf die Teilerplatte als Referenzebene bezieht. Man kann so den Abstand Laser–Meßebene absolut messen.

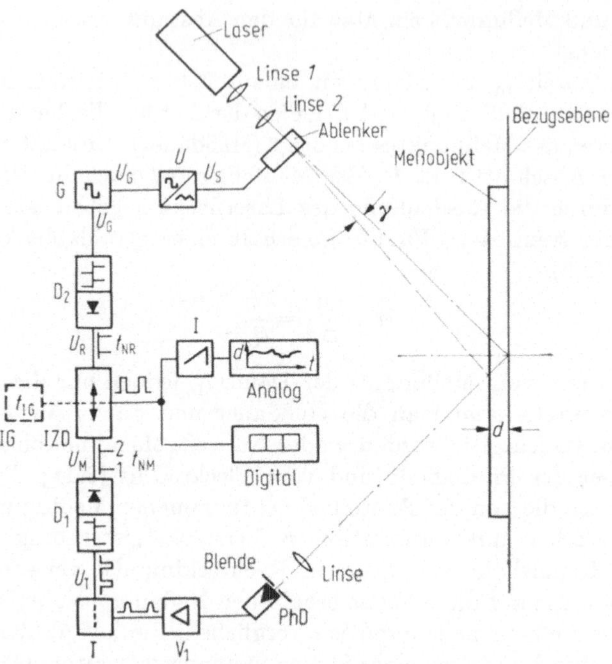

Bild 2.12. Blockschaltbild der Laserstrahlabtastanordnung und der Auswertelektronik. In der Praxis wird ein piezoelektrischer Lichtablenker (Bild 2.13) verwendet, der mit einer Dreieckspannung gesteuert wird. G Rechteckgenerator, D_1, D_2 Differentiatoren, IZD Impulszeitdiskriminator, I Integrator. Typische Abtastfrequenzen liegen bei einigen hundert Hertz.

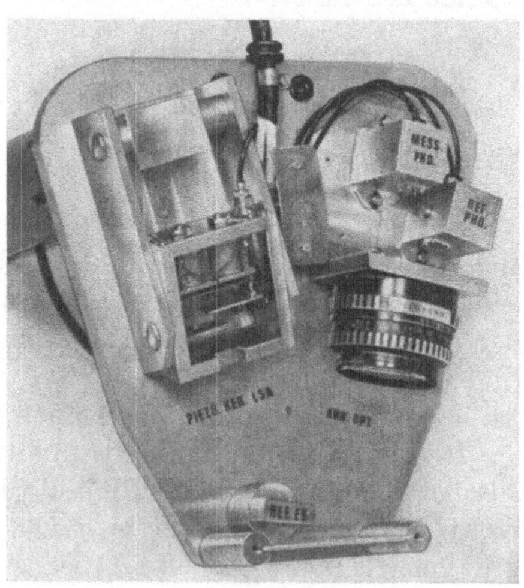

Bild 2.13. Meßkopf einer Lasersonde für Dickenmessung mit Lichtablenker LAS, Abbildungsoptik, Referenzebene, Meß- und Referenzphotodiode.

Die Triangulation mittels abgelenktem Laserstrahl verspricht, für den Meßbereich von einigen Zentimetern bis zu einigen zehn Metern erhebliche Bedeutung zu erlangen. Typische Anwendungsfälle finden sich bei Walzwerken, in der Papierindustrie, im Maschinenbau und im Bauwesen [2.12]. Den Prototyp eines Meßgerätes zeigt Bild 2.13.

2.5. Entfernungsmessung mit moduliertem Licht

2.5.1. Einleitung

Die Entfernungsmessung mit moduliertem Licht beruht auf der Geradlinigkeit der Lichtausbreitung und der Kenntnis der Gruppengeschwindigkeit des Lichtes. Optische Entfernungsmesser bestehen aus einem Sender, der moduliertes Licht abgibt, und einem Empfänger, der das vom Ziel zurückreflektierte Licht in ein elektrisches Signal umwandelt. Die Modulation des empfangenen Signals ist gegen die des gesendeten Signals um die Gruppenlaufzeit verzögert, aus der sich die Entfernung ermitteln läßt. Nach der Art der Modulation sind drei Verfahren zu unterscheiden:

a) Sinusförmige Intensitätsmodulation: Die Laufzeit bewirkt eine Phasenverschiebung, die als Meßgröße dient. Das erste Gerät dieser Art wurde 1928 entwickelt [2.13], um die Lichtgeschwindigkeit zu messen.

b) Impulsmodulation: Die Laufzeit eines kurzen Lichtimpulses dient als Meßgröße. In Analogie zum Radar (Radiofrequency Detection and Ranging) spricht man deshalb von Lidar (Light Detection and Ranging). Das erste Gerät wurde 1938 [2.14] eingesetzt, um Wolkenhöhen zu bestimmen.

c) Frequenzmodulation: Man verwendet das gleiche Verfahren wie beim FM-CW-Radar [2.15]. Das kontinuierlich ausgesendete Licht erhält eine zeitabhängige Frequenzmodulation. Beim Mischen des zurückreflektierten und des gesendeten Lichtes auf einem Photodetektor entsteht dann eine von der Meßentfernung abhängige Differenzfrequenz [2.16, 2.17]. Das Verfahren, das nur mit kohärentem Licht durchführbar ist, hat bisher keine praktische Bedeutung erlangt und wird daher nicht im einzelnen behandelt.

Optische Entfernungsmesser erreichen bessere Winkel- und Entfernungsauflösung als Geräte, die Mikrowellen als Träger verwenden. Ferner fallen Störechos durch Bodenreflexionen weg, so daß auch Messungen in geringer Höhe durchgeführt werden können. Die absolute Genauigkeit der Entfernungsmessung ist begrenzt durch die Genauigkeit mit der die Lichtgeschwindigkeit bekannt ist.

Durch die Verwendung von Lasern als Sender konnte die Winkelauflösung und die Reichweite gegenüber inkohärenten Lichtquellen erheblich erhöht werden. Die starke Dämpfung des Lichtes durch die Atmosphäre begrenzt jedoch immer noch die Einsatzmöglichkeiten.

2.5.2. Reichweite

Die Lichtleistung P_{E} am Empfänger ist eine Funktion der Meßentfernung L. Bei ihrer Ermittlung sind drei Fälle zu unterscheiden:

a) Das Ziel ist eine ebene Fläche, die den Bruchteil ϱ_1 des auftreffenden Lichtes diffus in den Halbraum reflektiert. Dann gilt

$$P_{\mathrm{E}} = P_{\mathrm{S}} \frac{A_{\mathrm{Z1}}}{\pi\,[w_0^2 + (\vartheta_{\mathrm{S}}L)^2]} \cdot \frac{\varrho_1}{2\pi}\,T_{\mathrm{E}}\,\frac{A_{\mathrm{E}}}{L^2}\,\exp\,(-2\alpha L). \tag{2.11}$$

Die vom Sender abgegebene Leistung ist P_{S}. Ist die Fläche des Ziels $A_{\mathrm{Z1}} \geqq \pi\,[w_0^2 + (\vartheta_{\mathrm{S}}L)^2]$, dem Querschnitt des Lichtbündels[1] mit dem halben Öffnungswinkel ϑ_{S}, so ist der erste Bruch in (2.11) gleich 1 zu setzen[2] und P_{E} nimmt mit L^{-2} ab. Ist die Fläche des Ziels kleiner als der Bündelquerschnitt, erfolgt die Abnahme von P_{E} mit L^{-4}. Die Fläche der Empfangsoptik ist A_{E}, T_{E} ist ihre Transmission, $\exp\,(-2\alpha L)$ gibt die Schwächung des Lichtes beim zweimaligen Durchlaufen der Meßstrecke an. Bei Messungen auf der Erde ist der erste Fall im allgemeinen realisierbar.

b) Das Ziel ist ein Retroreflektor (sogenanntes kooperatives Meßobjekt) mit der Fläche A_{Z2} und dem Reflexionsvermögen ϱ_2. Der Öffnungswinkel des reflektierten Bündels ist bei einem beugungsbegrenzten Retroreflektor $\vartheta_{\mathrm{Z}} = 1{,}22\lambda/D + D/2R(L)$ mit D als Durchmesser des Retroreflektors und $R(L)$ als Krümmungsradius der Wellenfronten am Retroreflektor. Darum gilt

$$P_{\mathrm{E}} = P_{\mathrm{S}} \frac{A_{\mathrm{Z2}}}{\pi\,[w_0^2 + (\vartheta_{\mathrm{S}}L)^2]}\,\varrho_2\,\frac{A_{\mathrm{E}}}{\pi\,(\vartheta_{\mathrm{Z}}L)^2}\,T_{\mathrm{E}}\,\exp\,(-2\alpha L). \tag{2.12}$$

Die beiden Brüche sind wieder $\leqq 1$. Die Lichtleistung am Empfänger ist bei Verwendung eines Retroreflektors also um den Faktor $(\varrho_1/\varrho_2)\,(2/\vartheta_{\mathrm{Z}}^2)$ größer als bei diffus reflektierendem Ziel mit gleicher Fläche.

c) Das Ziel ist eine streuende Wolke, deren Anfang in der Entfernung L_0 liegt, mit der Teilchendichte $n(L)$. Die Teilchen streuen mit dem Streuquerschnitt σ in den ganzen Raum, wobei ein Faktor Γ_π eine

---

[1] Diese Berechnung gilt näherungsweise. Für $\vartheta_{\mathrm{S}} < 5°$ bleibt der Fehler unter 1%.

[2] Die durch die Atmosphäre verursachte Aufweitung des Bündels ist hier unberücksichtigt geblieben, so daß P_{E} zu groß wird (siehe Abschnitt 6.2.2.).

Anisotropie der Rückstreuung berücksichtigt (Abschnitt 8.2.). Für die am Empfänger registrierte Leistung $P_E(L)$ gilt unter der Voraussetzung, daß die Ausdehnung der Wolke in der Ausbreitungsrichtung groß ist gegen die Länge des Laserpulses:

$$P_E(L) = \frac{cE}{2} \frac{A_E T_E}{L^2} \frac{n(L)\,\sigma\,\Gamma_\pi}{4\pi} \exp(-2\alpha L_0) \exp\left(-2\int_{L_0}^{L} \beta(L)\,\mathrm{d}L\right). \quad (2.13)$$

Hier ist E die Energie des Laserpulses und $\beta(L) = \sigma n(L)$ die Extinktion der Wolke.

Tabelle 2.1 enthält Zahlenwerte, die die Abnahme der empfangenen Leistung mit steigender Meßentfernung unter Zugrundelegung typischer Daten zeigen. Dem Wert α_1 entspricht eine Sichtweite von etwa 100 km, α_2 entspricht einer Sichtweite von etwa 1 km.

Tabelle 2.1. Verhältnis zwischen empfangener und gesendeter Leistung für einen Entfernungsmesser mit $\vartheta_S = 5 \cdot 10^{-5}$, $A_E = 90$ cm², $T_E = 0,5$. Die atmosphärische Extinktion sei $\alpha_1 = 3 \cdot 10^{-5}$ m⁻¹ bzw. $\alpha_2 = 3 \cdot 10^{-3}$ m⁻¹

L in m	Großes Ziel $\varrho_1 = 0,1$		Kleines Ziel $\varrho_1 = 0,1$; $A_{Z1} = 0,2$ m²		Retroreflektor $\varrho_2 = 0,9$; $A_{Z2} = 50$ cm²	
	$\left(\dfrac{P_E}{P_S}\right)_{\alpha_1}$	$\left(\dfrac{P_E}{P_S}\right)_{\alpha_2}$	$\left(\dfrac{P_E}{P_S}\right)_{\alpha_1}$	$\left(\dfrac{P_E}{P_S}\right)_{\alpha_2}$	$\left(\dfrac{P_E}{P_S}\right)_{\alpha_1}$	$\left(\dfrac{P_E}{P_S}\right)_{\alpha_2}$
10^2	$7,1 \cdot 10^{-9}$	$3,9 \cdot 10^{-9}$	$7,1 \cdot 10^{-9}$	$3,9 \cdot 10^{-9}$	$0,45$	$0,25$
10^3	$6,8 \cdot 10^{-11}$	$1,8 \cdot 10^{-13}$	$6,8 \cdot 10^{-11}$	$1,8 \cdot 10^{-13}$	$3,5 \cdot 10^{-2}$	$9,1 \cdot 10^{-5}$
10^4	$3,9 \cdot 10^{-13}$	–	$1 \cdot 10^{-13}$	–	$2,9 \cdot 10^{-4}$	–
10^5	$1,8 \cdot 10^{-17}$	–	$4,5 \cdot 10^{-19}$	–	$1,27 \cdot 10^{-8}$	–

Die für eine Messung am Empfänger notwendige Leistung $P_{E\,min}$ ist bei sinusförmiger Modulation von der gewünschten Meßgenauigkeit abhängig, bei impulsförmiger Modulation von der Wahrscheinlichkeit, mit der ein Ziel erkannt werden soll, so daß die Reichweite keine feste Größe ist. Werte von $P_{E\,min}$ werden bei der Behandlung der verschiedenen Meßsysteme abgeschätzt.

2.5.3. Entfernungsmessung durch Laufzeitmessung

Meßprinzip. Das Schema eines Laufzeitentfernungsmessers zeigt Bild 2.14 Der vom Laser ausgesandte Lichtimpuls wird aufgeteilt, ein Teil trifft auf einen Photodetektor, dessen Signal die Zeitmessung in Gang setzt. Der zweite Teil durchläuft die Meßstrecke und wird vom Ziel, das eine diffus streuende Fläche, ein Retroreflektor oder eine streuende Gaswolke sein kann, zum Empfänger, der einen zweiten Detektor enthält, reflektiert. Das zurückkommende Licht erzeugt hier ein Signal (Bild 2.15), das nach geeigneter Verstärkung die Zeitmessung beendet. Aus dieser Laufzeit ergibt sich die Entfernung zwischen Meßgerät und Ziel.

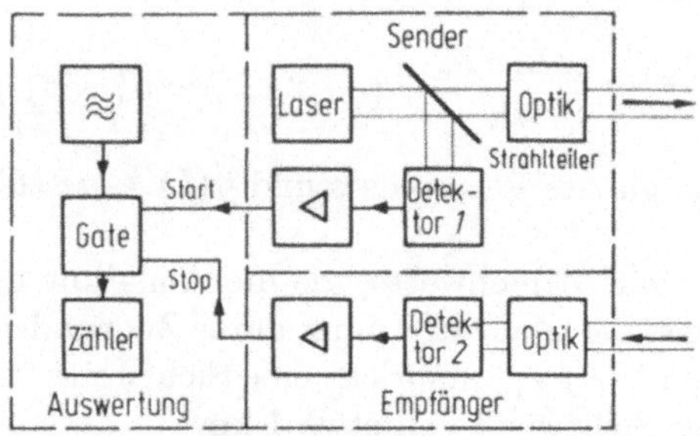

Bild 2.14. Schema eines Laufzeitentfernungsmessers. Sender und Empfänger sind immer mit einer optischen Zieleinrichtung zu einer Einheit zusammengefaßt, wobei die Optiken für Sender und Empfänger häufig getrennt sind.

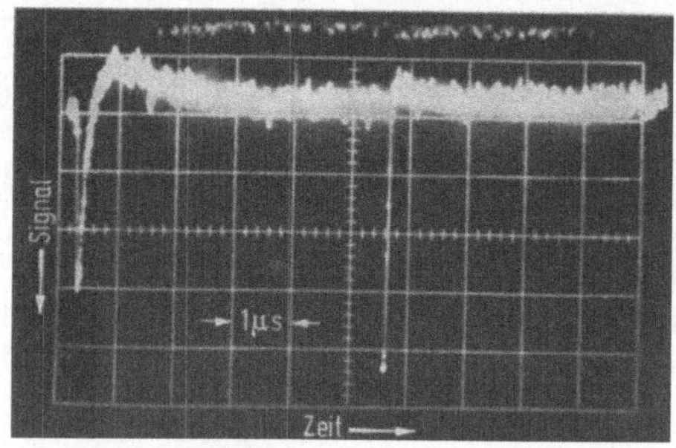

Bild 2.15. Detektorsignal. Das breite Signal am Anfang stammt von der Rückstreuung der Atmosphäre. Das vom Ziel stammende Echo hat eine in diesem Zeitmaßstab nicht erkennbare Halbwertsbreite von etwa 20 ns. Gut zu erkennen ist auch das Rauschen des Empfängers (Detektor + Verstärker).

Zeitmessung. An dieser Stelle kann nur ein unvollständiger Überblick über die Methoden der Zeitmessung gegeben werden. Eine ausführliche Behandlung einiger Präzisionsmethoden findet sich in [2.18].

Die Aufgabe, das Zeitintervall zwischen dem Start- und dem Stopsignal mit einem vorgegebenen Fehler, der die Entfernungsauflösung festlegt, zu messen, besteht aus zwei Teilaufgaben:

a) Die erste ist die Festlegung von je einem den Beginn bzw. das Ende des Zeitintervalls bestimmenden signifikanten Punkt (τ_0) auf dem Start- bzw. Stopsignal. Bild 2.16 zeigt schematisch den zeitlichen Verlauf des Detektorsignals. Diese Pulsform ist durch den Laser und die Bandbreite des Verstärkers bestimmt und zeigt immer den gleichen Verlauf, so lange der Lichtimpuls am Detektor aus mehr als etwa 10^2 Photonen

besteht und der Verstärker nicht übersteuert ist. Wenn die Anstiegszeit τ_A kurz gegen die gewünschte Zeitauflösung ist, kann als zeitsignifikanter Punkt das Überschreiten einer vorgegebenen Schwelle T gewertet werden, wobei die Schwelle so hoch gelegt wird, daß das Rauschen
nur mit geringer Wahrscheinlichkeit die Schwelle überschreiten kann.

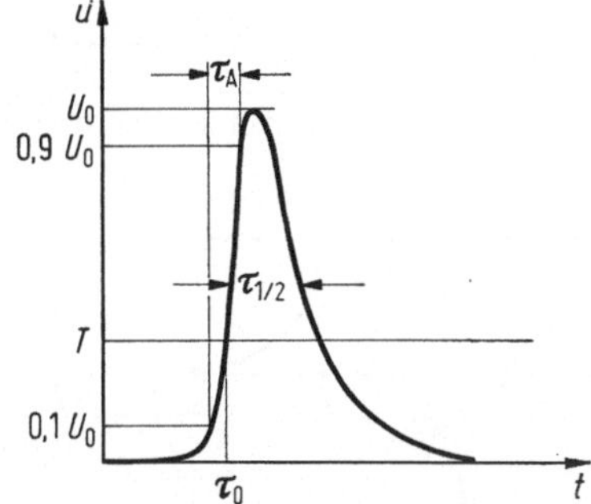

Bild 2.16. Schwellwertmessung. Als zeitsignifikanter Punkt gilt das Überschreiten
der Schwelle T. Sie muß so hoch sein, daß
das Rauschen sie nur mit geringer Wahrscheinlichkeit übersteigt. Bei wechselnder
Amplitude U_0 treten Fehler bei der
Bestimmung von I_0 auf.

Der Fehler dieser Schwellwertmessung läßt sich vermindern, wenn die
Verstärkung so geregelt wird, daß die Amplitude des Signals konstant
bleibt. Im günstigsten Fall bleibt eine durch das Signal-Rausch-Verhältnis SRV verursachte Unsicherheit

$$\Delta t = \tau_\mathrm{A}/\mathrm{SRV}. \tag{2.14}$$

Solange das Signal konstante Pulsform zeigt, kann als zeitsignifikanter,
von der Amplitude nahezu unabhängiger Punkt der Nulldurchgang des
nach der Zeit differenzierten Detektorsignals dienen (Nulldurchgangsmessung, Bild 2.17). Zur Unterscheidung von den Nulldurchgängen des
Rauschens ist jedoch immer eine Schwellwertmeßeinrichtung zur Signal-
erkennung notwendig.

Sehr schwache Signale (weniger als 10^2 Photonen am Detektor) zeigen
keine Signalform nach Bild 2.16, so daß die Zeitauflösung Δt gleich der
Dauer des Laserpulses ist. In allen Fällen sind Beginn und Ende des
Zeitintervalls durch die Anstiegsflanken von zwei Impulsen markiert.

b) Die zweite Teilaufgabe, die eigentliche Zeitmessung, geschieht
digital oder analog. Die digitale Auswertung eignet sich für die Messung
langer Zeiten, die analoge Auswertung erlaubt hohe Zeitauflösung. Beide
Verfahren lassen sich mit entsprechendem Aufwand auch kombinieren,
so daß lange Zeitintervalle mit hoher Auflösung gemessen werden können. Als Beispiel sei auf die Vermessung der Mondbahn [2.19] verwiesen.

Bei der digitalen Auswertung gibt der Startimpuls das Eingangstor
eines Digitalzählers frei, das Stopsignal sperrt ihn. In der Zwischenzeit

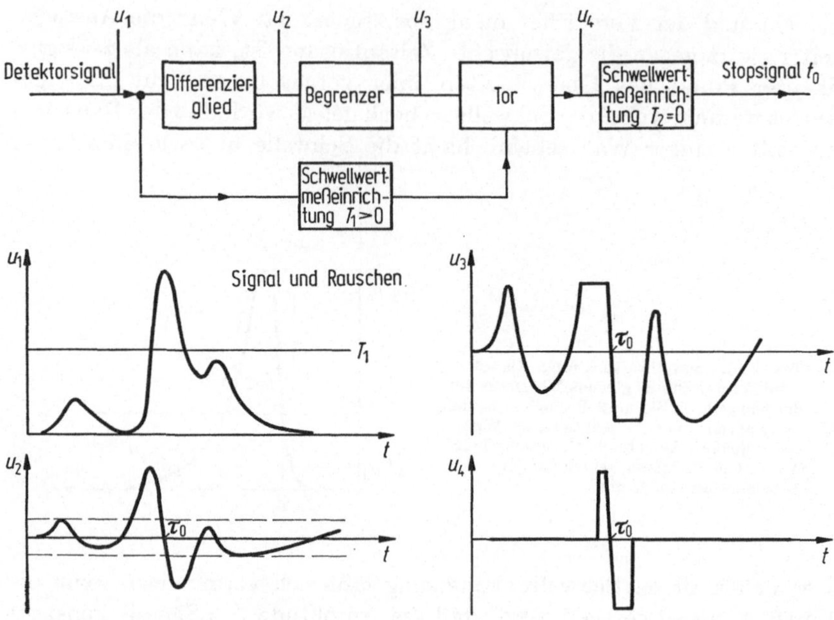

Bild 2.17. Nulldurchgangsmessung. Das verstärkte Signal (u_1) wird differenziert (u_2) und begrenzt (u_3). Um die Nulldurchgänge des Rauschens auszuschalten, ist eine Schwellwertmeßeinrichtung notwendig, so daß nur der Nulldurchgang des Echos das Stopsignal auslösen kann (u_4).

gelangen von einem stabilen Oszillator erzeugte Impulse mit der Folgefrequenz f_Z in den Zähler. Das Auflösungsvermögen ist daher

$$\Delta L = c/2 f_Z. \tag{2.15}$$

Die Meßfrequenz liegt im allgemeinen bei 30 MHz, so daß sich eine Entfernungsauflösung von 5 m ergibt. Die obere Grenze liegt bei einigen 100 MHz. Mit verschiedenen Kunstschaltungen läßt sich die Auflösung bis auf 0,3 ns ($\Delta L = 5$ cm) steigern [2.18].

Zur analogen Zeitbestimmung wird das zu messende Zeitintervall in eine Amplitude umgeformt (Zeit-Amplituden-Konverter), deren Messung mit kleinem Fehler möglich ist. Im einfachsten Fall schaltet das Startsignal eine Konstantstromquelle ein, die das Stopsignal ausschaltet. Der Strom lädt einen Kondensator auf eine der Zeit proportionale Spannung. Mit diesem Verfahren läßt sich eine Auflösung von etwa 0,1 ns erreichen, die aber bisher für Laufzeitentfernungsmessungen nicht ausgenützt wurde (zur Zeit liegt die Grenze bei 0,3 ns [2.27]).

Statistische Analyse des Detektorsignals. Die Fähigkeit des Empfängers, Signale zu registrieren, ist durch das Rauschen begrenzt. Es entsteht im Empfänger (Dunkelstromrauschen, Verstärkerrauschen), durch

Hintergrundstrahlung (z.B. Sonne) und durch die Rückstreuung der Atmosphäre. Das vom Ziel reflektierte Licht muß deshalb am Detektor eine Intensität $P_{E\,min}$ haben, um registriert werden zu können.

Wegen der statistischen Natur des Signals und des Rauschens ist die Erkennung eines Ziels immer nur mit einer Wahrscheinlichkeit kleiner als 1 möglich, die jedoch durch wiederholte Messungen verbessert werden kann [2.15].

Die am Detektor erforderliche mittlere Leistung $P_{E\,min}$, der eine bestimmte Höhe der Schwelle im Zeitmeßkreis entspricht, soll in Abhängigkeit von der Wahrscheinlichkeit einer Zielerkennung abgeschätzt werden.

Eine mittlere Anzahl von $\bar{p}$ Laserphotonen erzeugt an der Photokathode eines Photomultipliers mit dem Quantenwirkungsgrad η im Zeitintervall τ im Mittel $\bar{n}_S = \eta \bar{p}$ Elektronen. Die Wahrscheinlichkeit $p(n, \bar{n})$, daß n Photoelektronen[1] erzeugt werden, ist durch die Poisson-Statistik gegeben:

$$p(n, \bar{n}) = \frac{\bar{n}^n}{n!}\, e^{-\bar{n}}. \tag{2.16}$$

Die Wahrscheinlichkeit p_D (Entdeckungswahrscheinlichkeit), daß ein Signal eine gegebene Schwelle T_0 übersteigt, ist gegeben durch [2.37]:

$$p_D(n \geqq T_0, \bar{n}) = \sum_{n=T_0}^{\infty} \frac{\bar{n}^n}{n!}\, e^{-\bar{n}}. \tag{2.17}$$

Die Wahrscheinlichkeit p_{ND} (no detection), daß ein Ziel nicht erkannt wird, ist $p_{ND} = 1 - p_D$.

Die Zahl der im Mittel erzeugten Photoelektronen ergibt sich je nach Art des Zieles aus (2.11) bis (2.13). Außer der Empfindlichkeit des Detektors und den Parametern des optischen Systems, die in der Größe $K(L)$ zusammengefaßt sind, geht dabei die Dämpfung der Atmosphäre stark ein:

$$\bar{n}_S = K(L) \exp(-2\alpha L). \tag{2.18}$$

Um $\bar{n}_S$ abschätzen zu können, sind einige Annahmen notwendig. Zunächst wird vorausgesetzt, daß das optisch anvisierte Ziel gerade noch erkennbar sein soll, wozu ein Kontrast C notwendig ist, der mindestens gleich 0,01 sein sollte.

Ist C_0 der Kontrast für $L \to 0$, so gilt mit wachsender Entfernung bei der atmosphärischen Dämpfung α:

$$C = C_0 \exp(-\alpha L). \tag{2.19}$$

Mit einem angenommenen Kontrast $C_0 = 0,2$ und $C = 0,01$ ergibt sich aus (2.19): $\alpha L \approx 3$. Dieser Wert gilt für das zur Visierung verwendete

---

[1] Es ist zu beachten, daß n eine ganze Zahl ist, während $\bar{n}$ nicht ganzzahlig sein muß.

sichtbare Licht. Wegen der etwas größeren Wellenlänge des Laserlichtes, deren Dämpfung geringer ist, wird für die weitere Rechnung $\alpha L = 2{,}5$ als ungünstigster Wert angenommen.

Tabelle 2.2. Daten eines Laufzeitentfernungsmessers

Energie am Ausgang des Teleskops	E	40 mJ
Lichtwellenlänge	λ	0,69 µm
Halbwertsbreite des Laserpulses	τ	20 ns
Empfängerfläche	A_E	11 cm²
Transmission der Empfangsoptik (mit Schmalbandfilter)	T_E	0,4
Halbwertsbreite des Schmalbandfilters	$\Delta\lambda$	2 nm
Gesichtsfeld der Empfangsoptik	Ω_E	$2 \cdot 10^{-7}$ sr
Ziel kleiner als der Querschnitt des Lichtbündels	$\dfrac{A_\mathrm{Z}}{\pi\,[w_0^2 + (\vartheta_\mathrm{s} L)^2]}$	0,5
Anisotropie der Rückstreuung	$\gamma\alpha$	0,24
Strahlungsdichte des Hintergrundes bei $\lambda = 0{,}69$ µm	S_H	$2 \cdot 10^{-3}\ \dfrac{\mathrm{W}}{\mathrm{cm^2\,sr\,µm}}$

Für einen bestimmten Entfernungsmesser, dessen Daten Tabelle 2.2 [2.20] enthält, ist in Bild 2.18 die Höhe der Schwelle T_0 als Funktion von L für 2 Entdeckungswahrscheinlichkeiten p_D eingezeichnet. Es zeigt sich, daß oberhalb einer bestimmten Entfernung auch bei verschwindender Schwelle die gewünschte Wahrscheinlichkeit nicht mehr zu erzielen ist. Die erforderliche Lichtleistung kann allerdings außerordentlich klein werden. Sie ist natürlich stark abhängig von den Detektoreigenschaften (minimaler Dunkelstrom, rauscharme innere Verstärkung, hoher Quantenwirkungsgrad).

Befindet sich das Ziel innerhalb der Atmosphäre, so verursacht deren Rückstreuung ein Signal, gegen das das Rauschen der Hintergrundstrahlung und des Dunkelstromes (Photomultiplier als Detektor) vernachlässigbar sind. Die mittlere Zahl der zur Zeit $t = 2L/c$ durch Rückstreuung erzeugten Photoelektronen ist:

$$\bar{n}_\mathrm{b} = \eta\,\frac{W}{h\nu}\,(\gamma\alpha)\,\frac{c\tau}{2}\,\frac{A_\mathrm{E} T_\mathrm{E}}{4\pi L^2}\,\exp(-2\alpha L). \tag{2.20}$$

Hierin bedeuten η den Quantenwirkungsgrad der Photokathode, $W/h\nu$ die Zahl der gesendeten Photonen, $(\gamma\alpha)$ den Anteil der Rückstreuung der Atmosphäre mit der Extinktion α und $c\tau$ die räumliche Länge des Lichtpulses der Gesamtdauer τ.

Das Rückstreusignal $\bar{n}_\mathrm{b}$ wird maximal für $\alpha = 1/2L$. Für diesen ungünstigsten Fall wird für den Entfernungsmesser nach Tabelle 2.2

$$\bar{n}_\mathrm{b} = K'\tau L^{-3} e^{-1} \approx 2 \cdot 10^{18}\tau L^{-3}. \tag{2.21}$$

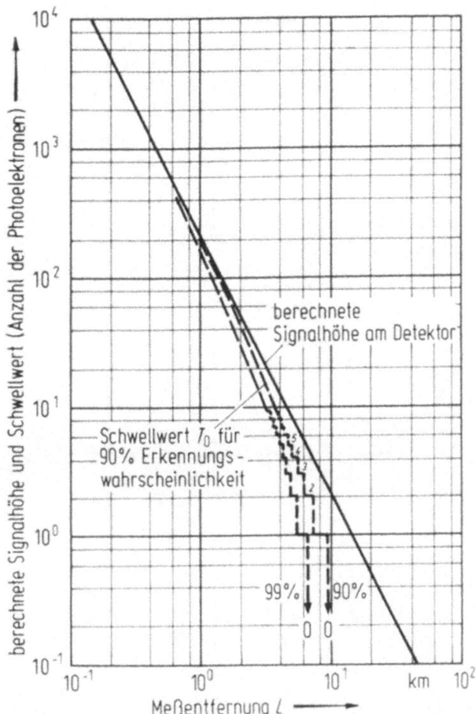

Bild 2.18. Berechnete Signalhöhe und Schwellwert T_0 für 90 % und 99 % Entdeckungswahrschein
lichkeit eines Systems nach Tabelle 2.2 [2.20]. Das Ziel soll für *jede* Meßentfernung gerade noch
sichtbar sein ($\alpha L = 2,5$).

Die Rückstreuung verursacht eine fehlerhafte Messung (false alarm),
wenn $\bar{n}_\mathrm{b} > T_0$ wird. Damit die Wahrscheinlichkeit für eine Fehlmessung p_FA (Fehlerwahrscheinlichkeit) einen bestimmten Wert nicht übersteigt, muß die Schwelle nach (2.17) mindestens einen Wert T_u erreichen,
der in Bild 2.19 als Funktion von L angegeben ist.

Die Schnittpunkte der Kurven T_0 und T_u (Bild 2.20) bestimmen den
Meßbereich, in dem unter ungünstigen Bedingungen Messungen mit
gegebener Entdeckungswahrscheinlichkeit und Fehlerwahrscheinlichkeit
möglich sind. Es ist zu beachten, daß unterhalb einer gewissen Entfernung die Rückstreuung so stark ist, daß die gewünschte Sicherheit
nicht mehr gewährleistet ist!

Eine ähnliche statistische Rechnung läßt sich auch für Photodioden
durchführen. Hier ist wegen der geringen inneren Verstärkung das
Rauschen des Nachverstärkers als wichtige Rauschquelle zu berücksichtigen. Die am Detektor notwendige Leistung liegt hier bei etwa
10^{-8} W für eine Entdeckungswahrscheinlichkeit von 99 %.

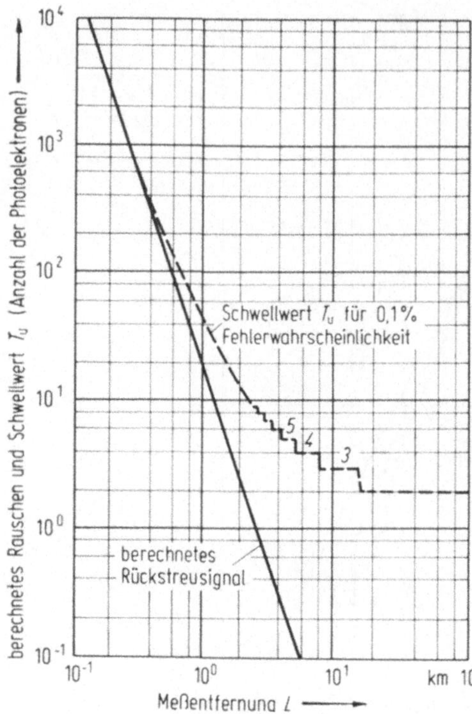

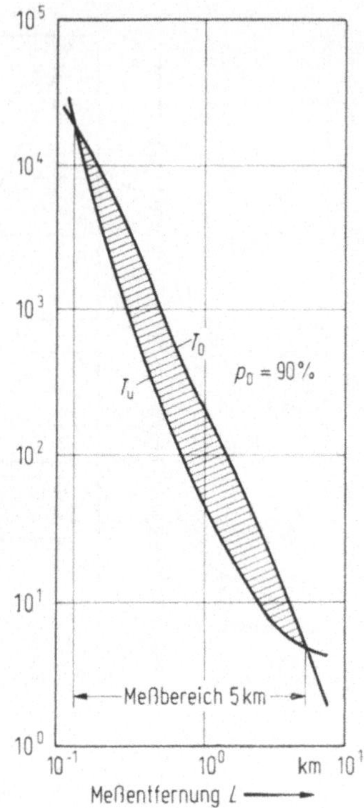

Bild 2.19. Durch Rückstreuung hervorgerufene Signalhöhe und Schwellwert u für eine Fehlerwahrscheinlichkeit $p_{FA} = 10^{-3}$ [2.20]. Da die Abschätzung für den ungünstigsten Fall durchgeführt wurde, wie er nur für $\alpha = 1/2\,L$ eintritt, ist $p_{FA} < 10^{-3}$.

Bild 2.20. Obere und untere Schwelle T_o und T_u [2.20]. Die Schnittpunkte legen den Meßbereich fest in dem $p_D = 90\%$ und $p_{FA} < 0,1\%$ ist.

Die Höhe der Schwelle im Zeitmeßkreis wird aus technischen Gründen konstant gehalten. Die statistische Rechnung zeigt aber, daß die Höhe der Schwelle sich wegen der Rückstreuung der Atmosphäre mit der Meßentfernung ändern muß. Aus diesem Grund muß die Verstärkung des Empfängers zeitlich veränderlich sein.

Methoden zur Vermeidung von Fehlmessungen. Bisher wurde angenommen, daß nur das Ziel vom gesendeten Licht getroffen wird. Bei Messungen an fliegenden Zielen ist diese Voraussetzung auch im allgemeinen richtig. Bei Messungen auf der Erde können jedoch mehrere Echos auftreten, von denen nur eines vom Ziel kommt.

Geht man davon aus, daß das Ziel größer ist als der Durchmesser des ausgesendeten Lichtbündels, was bei Meßentfernungen von wenigen Kilometern im allgemeinen möglich ist, so stammt beim Auftreten mehrerer Echos nur das letzte vom Ziel. Die Auswertung des letzten Echos ist mit einer Doppelmessung möglich, bei der zuerst die Zahl der Echos bestimmt wird.

Bei weit entfernten Zielen (z. B. Satelliten) sind die Signale stets schwach, und die Schwelle muß meist Null gesetzt werden. In diesem Fall kann Fehlalarm durch das Rauschen (Hintergrundstrahlung und Dunkelstrom) eintreten. Fehlalarm durch Rückstreuung der Atmosphäre läßt sich in diesen Fällen wegen der langen Laufzeit des Lichtes leicht ausschalten. Die Fehlalarmrate kann trotzdem niedrig gehalten werden, wenn die in Bild 2.21 angegebene Schaltung verwendet wird. Hier genügen 2 Photoelektronen, deren zeitlicher Abstand kürzer ist als die Pulsdauer τ des Lasers, um die Zeitmessung zu stoppen.

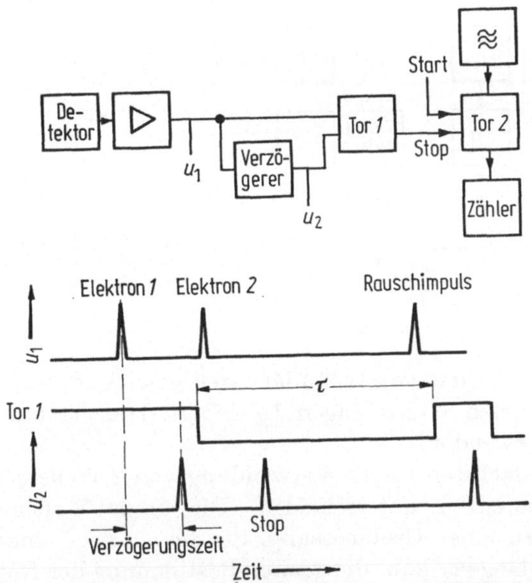

Bild 2.21. Koinzidenzsystem. Der erste Impuls öffnet das Tor 1 für die Dauer τ, die gleich der Länge des Laserpulses ist. Dieses Tor kann von dem zweiten Puls passiert werden, der dann die Zeitmessung beendet, wenn die Verzögerungszeit richtig eingestellt ist. Fehlalarm kann nur eintreten, wenn zwei Rauschimpulse mit einem zeitlichen Abstand $< \tau$ auftreten. Die Wahrscheinlichkeit dafür kann sehr niedrig gehalten werden. Die Schaltung arbeitet auch mit starken Signalen ($\triangleq 1$ breiter Impuls).

2.5.4. Entfernungsmessung durch Phasenvergleich

Meßprinzip. Das Prinzip eines Phasenmeßverfahrens zeigt Bild 2.22. Das Licht des Lasers erhält von einem Modulator, den ein Oszillator speist, eine sinusförmige Intensitätsmodulation mit der Wellenlänge λ_m. Das modulierte Licht durchläuft die Meßstrecke L, wird von einem Retro-

reflektor zurückgeworfen und erzeugt in einem Detektor ein Wechselspannungssignal. Die Phasendifferenz δ zwischen der Oszillatorspannung
und dem Detektorsignal gibt ein Phasenanzeiger an. Für die gesuchte
Länge der Meßstrecke gilt also:

$$2L = \lambda_m(N + \delta/\pi + p/\pi). \tag{2.22}$$

N ist die Zahl der Wellen, die auf die Strecke $2L$ entfallen und p eine
feste Phasendifferenz (Additionskonstante), die durch die Meßeinrichtung
entstehen kann. Ein kleiner Meßfehler ist bei großen Entfernungen nur
zu erzielen, wenn $\lambda \ll L$ ist, da der Phasenwinkel δ nur auf etwa 0,5°
genau gemessen werden kann. Daraus folgt, daß $N \gg 1$ und zunächst
unbekannt ist.

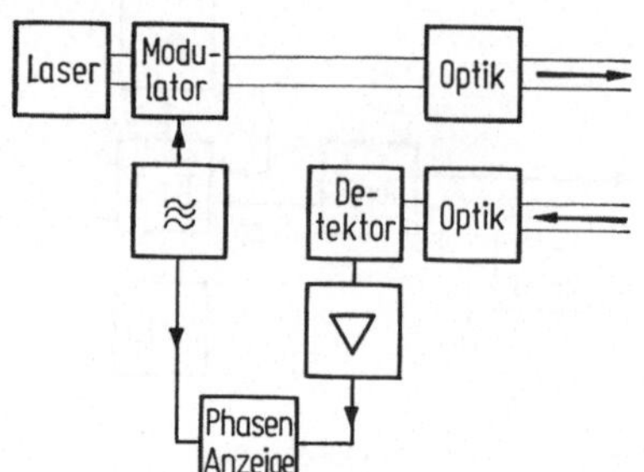

Bild 2.22. Schematische Darstellung
einer Entfernungsmessung durch
Phasenvergleich.

Die Vieldeutigkeit von (2.22) läßt sich beseitigen, wenn die Messung
mit verschiedenen Wellenlängen λ_m erfolgt. Drei Verfahren werden in
der Praxis verwendet:

a) Am einfachsten ist die Verwendung von 2 Wellenlängen, die sich
um Zehnerpotenzen unterscheiden. Die große Wellenlänge $(\lambda \approx L)$
dient dann zu einer Grobmessung, die für $L < \lambda_m$ eindeutig ist. Die
kurze Wellenlänge erlaubt die genaue Bestimmung der Entfernung. Man
erkennt leicht, daß dieses Verfahren nur für relativ kurze Entfernungen
$(L < 5\ \mathrm{km})$ brauchbar ist.

b) Für große Meßentfernungen eignet sich folgendes Verfahren:
Unterscheiden sich zwei Modulationswellenlängen nur wenig vonein-
ander, so läßt sich erreichen, daß N in (2.22) für λ_{m1} und λ_{m2} gleich
bleibt. Dann gilt also

$$2L = \lambda_{m1}(N + \delta_1/\pi + p/\pi) = \lambda_{m2}(N + \delta_2/\pi + p/\pi). \tag{2.23}$$

Setzt man $\lambda_{m2} = \lambda_{m1}[(1/n) + 1]$ mit $n \gg 1$, so gilt

$$2L = (\lambda_{m1}/\pi)\,(n + 1)\,(\delta_1 - \delta_2). \tag{2.24}$$

Wenn der Fall $\delta_1 < \delta_2$ eintritt (das bedeutet, daß N für die kürzere Wellenlänge um 1 größer ist als für die längere), muß δ_1 um 2π erhöht werden.

Meistens werden fünf Modulationsfrequenzen verwendet, bei denen n jeweils um den Faktor 10 steigt, so daß die Entfernung bis zum 10^5-fachen der kleinsten Modulationswellenlänge eindeutig meßbar ist. Jede der fünf Einzelmessungen liefert eine Stelle des Meßergebnisses. Die kürzeste sinnvolle Wellenlänge ist durch die von der Atmosphäre verursachten Meßfehler bestimmt ($\lambda_m \geqq 0{,}6$ m).

c) Die Wellenlänge der Modulation wird kontinuierlich von $1{,}1\lambda_m$ auf λ_m gebracht. Dabei ändert sich der Phasenwinkel. Bei einer Meßstrecke mit $2L = 10\lambda_m$ beträgt die Änderung des Phasenwinkels 2π. Durch Zählen der Vielfachen von 2π ist eine Grobmessung möglich, für die gilt:

$$L = m\lambda_m/2. \tag{2.25}$$

Hier ist m die Zahl der Vielfachen von 2π, um die sich der Phasenwinkel geändert hat.

Signalauswertung. Zur Bestimmung der Phasendifferenz zwischen gesendetem und empfangenem Signal eignen sich mehrere Verfahren [2.21], die schon in optischen Entfernungsmessern mit inkohärenten Lichtquellen erprobt wurden. Hier sollen nur drei Methoden behandelt werden.

Das älteste Verfahren stammt von Karolus und Mittelstädt [2.13] und ist schematisch in Bild 2.23 dargestellt. Linear polarisiertes Licht, das den Modulator M_1 durchläuft, erhält eine elliptische Polarisation, die sich mit der Frequenz f_m des Oszillators ändert. Das zurückkehrende Licht durchläuft einen zweiten Modulator M_2, den der gleiche Oszillator steuert. Je nach der Modulationsphase des

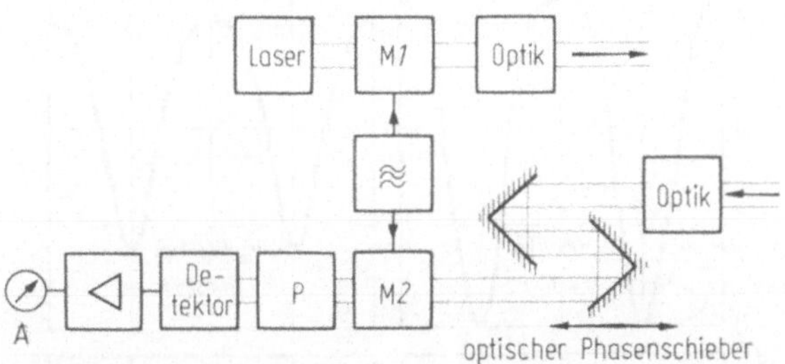

Bild 2.23. Blockschaltbild der additiven Mischung. Statt des optischen Phasenschiebers (variabler Lichtweg) kann auch ein elektrischer Phasenschieber zwischen dem Oszillator und einem der Modulatoren M_1, M_2 angebracht werden.

zurückkommenden Lichtes wird die Elliptizität vergrößert oder verkleinert (additive Mischung). Das Licht trifft nun auf einen Polarisator P, der senkrecht zur Polarisationsrichtung des Lasers steht. Die von ihm durchgelassene Lichtamplitude, die vom Anzeigeinstrument A angezeigt wird, hängt von der Phasendifferenz $\delta(t)$ ab. Im Modulator M_1 (Pockels-Effekt, Modulationsspannung parallel zur optischen Achse und zum Lichtweg) entsteht zwischen den beiden aufeinander senkrecht stehenden Komponenten des linear polarisierten Lichtes eine von der Zeit abhängige Phasendifferenz, die gegeben ist durch

$$\delta_1(t) = (\pi\, V_{\mathrm{m}}/V_0)\sin(\omega_{\mathrm{m}}t). \tag{2.26}$$

Es bedeuten V_{m} die Amplitude der Modulationsspannung, V_0 die Amplitude der Modulationsspannung, bei der $\delta_1(t) = \pi$ wird (Halbwellenspannung), $\omega_{\mathrm{m}} = 2\pi\, f_{\mathrm{m}}$ die Kreisfrequenz der Modulationsspannung.

Nach dem Durchlaufen des zweiten Modulators ist die Phasenverschiebung

$$\delta(t) = \delta_1(t) + \delta_2(t) + p = \frac{\pi\, V_{\mathrm{m}}}{V_0}\left[\sin\omega_{\mathrm{m}}t + \sin\omega_{\mathrm{m}}\left(t + \frac{2L}{c}\right)\right] + p. \tag{2.27}$$

Hierin sind: p die Phasenverschiebung, die am Umlenkspiegel auftreten kann, L die Meßentfernung, c die Gruppengeschwindigkeit des Lichtes.

Für die Lichtamplitude E_{D} hinter dem Polarisator P gilt

$$E_{\mathrm{D}} \sim \sin\frac{\delta(t)}{2}. \tag{2.28}$$

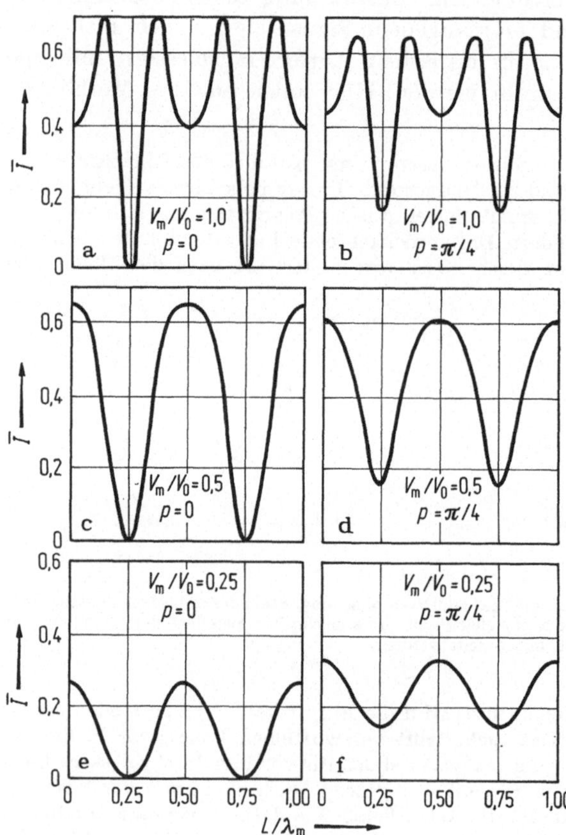

Bild 2.24. Detektorstrom $\overline{i}$ für verschiedene Modulationsgrade bei additiver Mischung.

Sie erzeugt im Detektor einen mittleren Strom

$$i(t) \sim E_{\mathrm{D}}^2 \sim \sin^2 \frac{\delta(t)}{2}. \qquad (2.29)$$

Der zeitliche Mittelwert $\bar{\imath}$ des Stromes über viele Perioden von $\delta(t)$ ist:

$$\bar{\imath} \sim \frac{1}{2} - \frac{1}{2} \cos p\, J_0 \left(\frac{2\pi V_{\mathrm{m}}}{V_0} \cos\omega_{\mathrm{m}} \frac{L}{c} \right). \qquad (2.30)$$

J_0 ist die Bessel-Funktion 0. Ordnung. Den Verlauf von $\bar{\imath}$ als Funktion von L/λ_{m} zeigt Bild 2.24. Die Funktion hat Minima für

$$L = N\lambda_{\mathrm{m}}/2 + \lambda_{\mathrm{m}}/4, \qquad (2.31)$$

deren Lage nicht von p abhängt. Sie sind eindeutig und besonders ausgeprägt für $V_{\mathrm{m}}/V_0 = 0{,}5$. Da V_0 aber sehr hoch ist (5,5 kV für KDP), bleibt $V_{\mathrm{m}} \ll V_0$ und es entsteht ein nahezu sinusförmiger Verlauf des Detektorstromes, wie er in Bild 2.24c angegeben ist.

Die Einstellung des Stromminimums erfolgt mit Hilfe eines Phasenschiebers, der ein veränderlicher Lichtweg (bei kurzer Modulationswellenlänge) oder ein elektrischer Phasenschieber sein kann, der die Phase der Modulationsspannung an M_1 oder M_2 (Bild 2.23) einstellt. Der Phasenschieber muß geeicht sein, um die Meßentfernung mit Hilfe von (2.22) und (2.24) bzw. (2.25) bestimmen zu können.

Mit Hilfe von Röhren läßt sich eine multiplikative Mischung durchführen. Bild 2.25 zeigt ein Beispiel, bei dem die Mischung in dem als Detektor dienenden Photomultiplier PM geschieht.

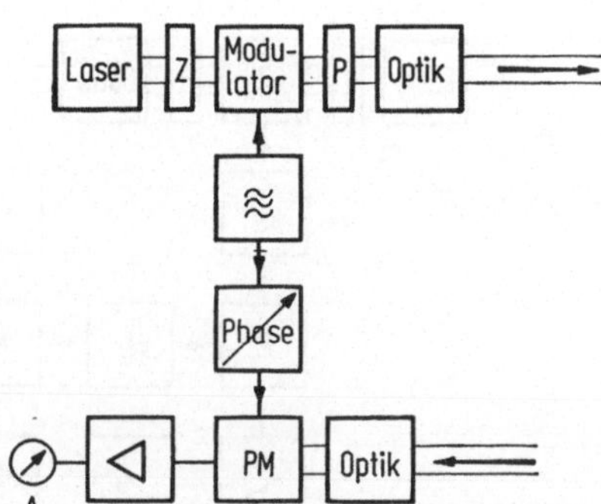

Bild 2.25. Blockschaltbild der multiplikativen Mischung. PM = Photomultiplier, Z = $\lambda/4$-Platte, P = Polarisator.

Das Licht, das den Polarisator P verläßt, zeigt eine Intensitätsmodulation

$$P(t) \sim 1 + u \sin\omega_{\mathrm{m}} t, \qquad (2.32)$$

wobei ein Modulationsgrad $u \ll 1$ vorausgesetzt ist.

Nach Durchlaufen der Meßstrecke ist die Intensität am Detektor

$$P_{\mathrm{E}} \sim 1 + u \sin\omega_{\mathrm{m}} \left(t + \frac{2L}{c} \right). \qquad (2.33)$$

Liegt am Gitter vor der ersten Dynode außer der Gleichspannung U_0 eine schwache Wechselspannung $v U_0 \sin\omega_{\mathrm{m}} t$ mit $v \ll 1$, so entsteht ein Detektorstrom mit dem zeitlichen Mittelwert

$$\bar{\imath} \sim \nu_\mathrm{m} \int_0^{1/\nu_\mathrm{m}} P_\mathrm{E}(t)\, U(t)\, \mathrm{d}t \sim \nu_\mathrm{m} \int_0^{1/\nu_\mathrm{m}} \left[1 + u \sin \omega_\mathrm{m}\left(t + \frac{2L}{c}\right)\right] \left[1 + v \sin \omega_\mathrm{m} t\right] \mathrm{d}t. \quad (2.34)$$

Die Auswertung ergibt

$$\bar{\imath} \sim 1 + \frac{uv}{2} \cos \omega_\mathrm{m} \frac{2L}{c}. \quad (2.35)$$

Dieser Strom zeigt Minima an den Stellen

$$L = N\lambda_\mathrm{m}/2 + \lambda_\mathrm{m}/4, \quad (2.36)$$

die mit einem geeichten Phasenschieber eingestellt werden können.

Bei den beiden bisher beschriebenen Verfahren geschieht die Bestimmung der Phasenverschiebung durch Einstellen eines Minimums des mittleren Detektorstroms mit Hilfe eines Phasenschiebers, dessen Einstellung als Maß für den Phasenwinkel dient. Das dritte Verfahren ist die Messung der Phasenverschiebung zwischen zwei Wechselspannungen mit einem elektronischen Phasenmesser. Da diese Geräte nur bei relativ kleinen Frequenzen (bis Megahertz) arbeiten, erfolgt eine Reduktion der Signalfrequenz mit Hilfe eines zweiten Oszillators. Das Blockschaltbild zeigt Bild 2.26. Das von der Meßstelle zurückreflektierte intensitäts-

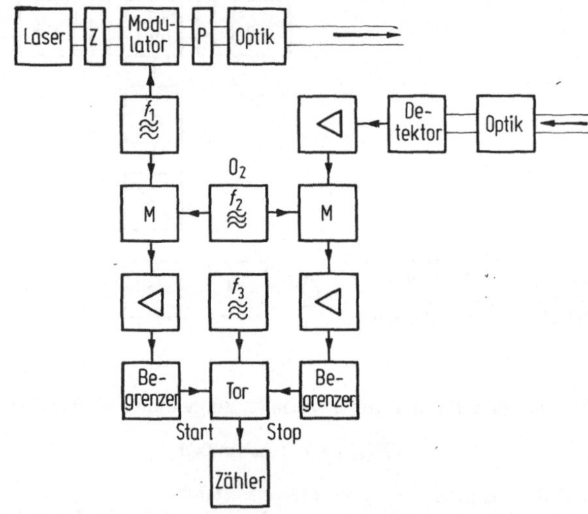

Bild 2.26. Blockschaltbild zur elektronischen Messung der Phasendifferenz. Z = λ/4-Platte, P = Polarisator, M = Mischer.
Referenz- und Detektorsignal werden mit einer zweiten Frequenz gemischt. Dabei bleibt die Phasenverschiebung zwischen den beiden Frequenzen erhalten. Die Zwischenfrequenzen werden in Rechteckschwingungen umgeformt. Als Maß für die Phasendifferenz dient das Zeitintervall zwischen den positiven Nulldurchgängen der beiden Zwischenfrequenzen. Die Zeitmessung kann mit den in Abschnitt 2.5.3.2. erläuterten Methoden erfolgen.

modulierte Licht erzeugt ein Wechselspannungssignal mit der Phasenverschiebung $2\pi\, 2L/\lambda_\mathrm{m}$, die beim Mischen mit dem Signal des Oszillators O_2 erhalten bleibt. Bei dem hier gezeigten Beispiel wird die Phasenmessung auf die Messung des Zeitintervalls zwischen den Anstiegsflanken von Referenz- und Detektorsignal zurückgeführt. Hier ist ein Meßfehler von weniger als $0{,}5°$ erreichbar. Diese Art der Demodulation eignet sich besonders für die automatische Auswertung.

Meßfehler und Signal-Rausch-Verhältnis. Für die Abschätzung der Reichweite eines Entfernungsmessers muß die am Empfänger notwendige Lichtleistung $P_{\mathrm{E\,min}}$ bekannt sein, die im folgenden für den Fall der multiplikativen Mischung abgeschätzt werden soll.

Bei multiplikativer Mischung bewirkt eine Längendifferenz nach (2.35) eine Änderung des Detektorstromes um

$$\Delta i = \frac{\mathrm{d}i}{\mathrm{d}L}\,\Delta L = -\,\Re P_\mathrm{E}\,uv\,\frac{\Delta L}{\lambda_\mathrm{m}}\,\sin\left(\omega_\mathrm{m}\,\frac{2L}{c}\right). \tag{2.37}$$

$\Re$ Empfindlichkeit des Detektors, P_E Lichtleistung am Empfänger. Da die Messung im Minimum des Stromes erfolgt, gilt näherungsweise

$$\Delta i = -\,\Re P_0\,uv\,8\pi^2(\Delta L^2/\lambda_\mathrm{m}^2). \tag{2.38}$$

Die durch die Längenänderung ΔL bewirkte Signalstromänderung Δi muß mindestens gleich dem Rauschen Δi_R sein:

$$P_{\mathrm{E\,min}} \geqq -\,(\Delta i_\mathrm{R}/\Re\,uv\,8\pi^2)\,(\lambda_\mathrm{m}^2/\Delta L^2). \tag{2.39}$$

Mit abnehmendem Meßfehler ΔL nimmt $P_{\mathrm{E\,min}}$ also stark zu.

Für einen Photomultiplier mit einer S-20-Kathode und für eine Lichtwellenlänge $\lambda = 0{,}633\ \mu\mathrm{m}$ soll das Rauschen abgeschätzt werden. In diesem Fall sind Dunkelstrom (i_D) und Hintergrundstrahlung (i_H) zu berücksichtigen, deren Rauschen in dem schmalbandigen Empfangssystem Signale mit den mittleren Amplituden Δi_D bzw. Δi_H erzeugt, deren Phase sich während der Beobachtungszeit maximal um 2π ändern kann. Für diesen ungünstigsten Fall gilt

$$\Delta i_\mathrm{R} = \Delta i_\mathrm{D} + \Delta i_\mathrm{H}. \tag{2.40}$$

Die vom klaren Himmel zum Detektor gelangende Strahlungsleistung ist

$$P_\mathrm{H} = S_\mathrm{H} A_\mathrm{E} \Omega_\mathrm{E} \Delta\lambda T_\mathrm{E}. \tag{2.41}$$

Mit den in Tabelle 2.3 angegebenen typischen Werten ergibt sich $P_{\mathrm{H1}} \approx 9\cdot 10^{-11}\ \mathrm{W}$ bei Tageslicht und $P_{\mathrm{H2}} \approx 4\cdot 10^{-18}\ \mathrm{W}$ bei Nacht. Die mittlere Schwankung Δi eines mittleren Stromes i ist

$$\Delta i = G\sqrt{2q\,i\,\Delta f}. \tag{2.42}$$

Tabelle 2.3. Daten eines Entfernungsmessers mit Phasenmeßeinrichtung

Senderleistung am Teleskop	P_S	10 mW
Wellenlänge	λ	0,633 µm
Fläche der Empfangsoptik	A_E	90 cm²
Gesichtsfeld der Empfangsoptik	Ω_E	$2 \cdot 10^{-7}$ sr
Transmission der Empfangsoptik (Filter)	T_E	0,5
Halbwertsbreite des Schmalbandfilters	$\Delta\lambda$	2 nm
Verstärkung des Photomultipliers	G	$5 \cdot 10^7$
Empfindlichkeit der Photokathode	$\Re$	$1,4 \cdot 10^{-2}$ AW^{-1}
Kathodendunkelstrom	i_D	10^{-13} A
Bandbreite der Elektronik	Δf	10 Hz
Spektrale Strahlungsdichte des Hintergrundes bei $\lambda = 0,633$ µm;		
tags	S_{H1}	$5 \cdot 10^{-3} \dfrac{W}{cm^2\,sr\,\mu m}$
nachts	S_{H2}	$2,3 \cdot 10^{-10} \dfrac{W}{cm^2\,sr\,\mu m}$

Daraus ergibt sich $\Delta i_D = 5,7 \cdot 10^{-9}$ A, $\Delta i_{H1} = 10^{-7}$ A und $\Delta i_{H2} = 2 \times 10^{-11}$ A. Bei Tageslicht stammt das Rauschen also von der Hintergrundstrahlung, bei Nacht ist der Dunkelstrom die wesentliche Rauschquelle.

Bei einem geforderten Meßfehler von $\Delta L \leqq 1$ cm, einer Modulationswellenlänge $\lambda_m = 1$ m und einem Modulationsgrad von $uv = 0,05$ ergibt sich bei Tageslicht aus (2.39)

$$P_{E\,min} \geqq 1,8 \cdot 10^{-8} \text{ W}.$$

Bei einer gesendeten Leistung von 10 mW hat ein solches Gerät bei sehr guter Sicht und Verwendung eines Retroreflektors nach Tabelle 2.1 eine Reichweite von knapp 100 km. Einen kleineren Meßfehler anzustreben ist wegen der durch atmosphärische Einflüsse verursachten Meßfehler nicht sinnvoll.

2.5.5. Meßfehler

Der Absolutwert der Vakuumlichtgeschwindigkeit

$$c = 299\,792,456 \pm 0,0011 \text{ kms}^{-1}$$

ist mit einem geschätzten relativen Fehler von $4 \cdot 10^{-9}$ bekannt [2.22].

Verläuft der Meßweg in einem Medium mit dem wellenlängenabhängigen Brechungsindex n (Dispersion), so ist als Ausbreitungsgeschwindigkeit die Gruppengeschwindigkeit zu verwenden. Für Gase ist die Dispersion aber so gering, daß ihre Vernachlässigung nur einen Fehler von etwa $2 \cdot 10^{-7}$ verursacht.

Für den Brechungsindex n_L der Luft in Abhängigkeit von Temperatur T, Druck p und Wasserdampfdruck e gilt

$$(n_\mathrm{L} - 1) = 273{,}15 \frac{K}{T} \left[(n_\mathrm{L}^* - 1)\, 9{,}86 \cdot 10^{-6} \frac{P}{Pa} - 41{,}2 \cdot 10^{-11} \frac{e}{Pa} \right]. \qquad (2.43)$$

Hier ist n_L^* der Brechungsindex der trockenen Luft unter Normalbedingungen, dessen Abhängigkeit von der Vakuumwellenlänge λ im Sichtbaren und nahen Infrarot gegeben ist durch

$$(n_L^* - 1) \cdot 10^6 = 67{,}8 + 31{,}117 \left[146 - \frac{1}{(\lambda/\mu\mathrm{m})^2} \right]^{-1} + 269 \left[41 - \frac{1}{(\lambda/\mu\mathrm{m})^2} \right]^{-1}.$$
$$(2.44)$$

Alle Werte beziehen sich auf einen CO_2-Gehalt der Luft von 0,03 Vol.-%. Änderungen des CO_2-Druckes haben einen vernachlässigbaren Einfluß auf den Brechungsindex. In Bild 2.27 bis 2.29 sind die relativen Änderungen des Brechungsindex in Abhängigkeit von den Eigenschaften der Atmosphäre dargestellt. Sie zeigen, daß schon kleine Schwankungen von Druck-und Temperatur längs der Meßstrecke relative Brechungsindexänderungen von 10^{-6} erzeugen, während Änderungen der Luftfeuchtigkeit nur geringen Einfluß haben. Bei Messungen im Freien ist ein relativer Fehler unter 10^{-6} also nur unter günstigen Umständen zu erzielen. Für viele Aufgaben der Vermessungstechnik ist allerdings ein relativer Fehler unter 10^{-5} ausreichend.

Befinden sich Sender und Ziel in verschiedener Höhe, so macht der Druckunterschied eine Korrektur der gemessenen Entfernung gemäß Tabelle 2.4 notwendig [2.23].

Die durch Brechungsindexschwankungen verursachten Meßfehler lassen sich ausschalten, wenn die Messung mit zwei verschiedenen Lichtwellenlängen geschieht [2.24]. Der optische Weg auf einer Strecke der Länge L sei $L + S$. Dann gilt:

$$S = \int_0^L (n - 1)\, \mathrm{d}x. \qquad (2.45)$$

Für zwei Wellenlängen unterscheiden sich die optischen Wege um

$$\Delta S = S_1 - S_2 = \int_0^L A\,(n_2 - 1)\, \mathrm{d}x, \qquad (2.46)$$

mit

$$A = (n_1 - n_2)/(n_2 - 1). \qquad (2.47)$$

A ist von Druck und Temperatur unabhängig und nur schwach abhängig von der Luftfeuchtigkeit. A kann daher vor das Integral gezogen werden, so daß gilt

$$\Delta S = A\, S_2. \qquad (2.48)$$

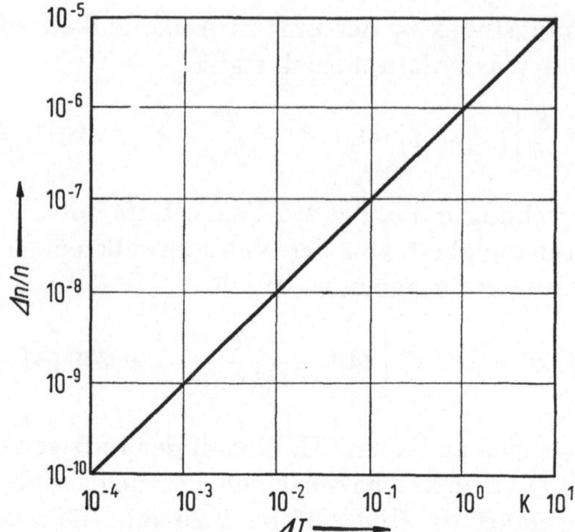

Bild 2.27. Relative Änderung des Brechungsindex durch Temperaturänderungen der Atmosphäre. $T = 20\,°C$, $p = 1$ bar, $e = 10$ mbar, Volumenanteil $CO_2 = 0,03\%$, $\Delta n/n = 0,925 \cdot 10^{-6}\,\Delta T$.

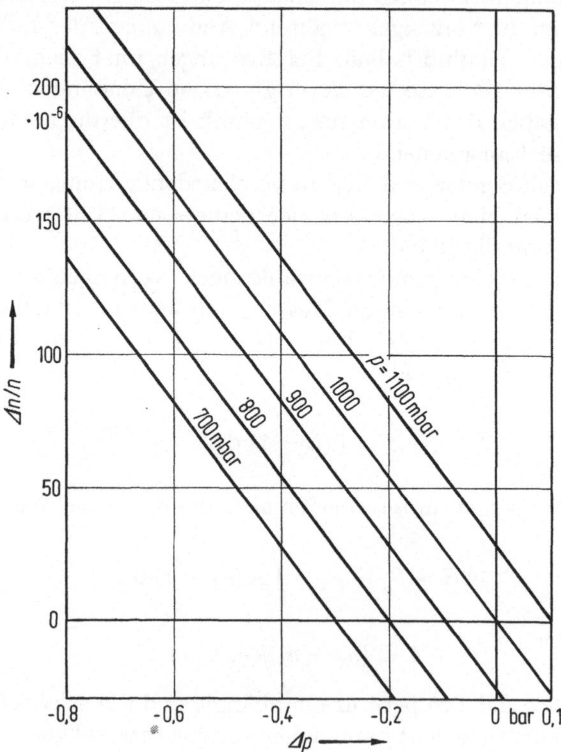

Bild 2.28. Relative Änderung des Brechungsindex durch Luftdruckänderungen. $T = 20\,°C$, $e = 10$ mbar, $\Delta n/n \cdot 10^6 = -271,6\,\Delta p + k$.

Tabelle 2.4. Korrektur der gemessenen Entfernung in $(\Delta L/L)\,10^6$ bei einem Höhenunterschied zwischen Sender und Ziel

Höhe des Senders über NN	Höhendifferenz zwischen Sender und Ziel			
	0 m	300 m	600 m	900 m
0 m	0	4,4	8,8	13,2
3000 m	0	3,4	6,8	10,2
6000 m	0	2,7	5,4	8,1

Die Korrektur ist positiv, wenn das Ziel höher steht als der Sender und negativ, wenn das Ziel niedriger steht als der Sender.

ΔS ergibt sich als Differenz der beiden Meßwerte $(L + S_1)$ und $(L + S_2)$, so daß zunächst S_2 mit dem bekannten Wert für A bestimmt werden kann. L kann dann aus dem Meßwert $(L + S_2)$ berechnet werden. Wegen des relativ hohen Aufwandes ist diese Möglichkeit bisher in der Praxis nicht verwendet worden.

Statistische Brechungsindexschwankungen (Abschnitt 6.2.2.) führen zu statistischen Wanderungen des Bündelschwerpunktes um 0,1 mrad bis 0,3 mrad [2.25], in extremen Fällen bis 1 mrad. Der Fehler der Winkelmessung kann nicht kleiner sein als diese Strahlschwankungen.

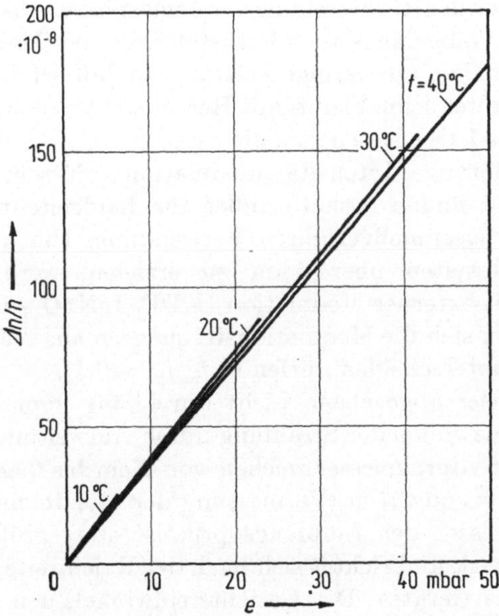

Bild 2.29. Relative Änderung des Brechungsindex als Funktion des Wasserdampfpartialdrucks e. Die Kurven enden am Taupunkt. $p = 1$ bar.

2.5.6. Aufbau von Entfernungsmessern

Ein Entfernungsmesser besteht aus Sender (Laser, Modulationseinrichtung, Optik), Empfänger (Optik, Detektor, Verstärker) und der Elektronik zur Signalauswertung.

Sender und Empfänger sind, von seltenen Ausnahmen abgesehen, mit einer Zieleinrichtung zu einer Einheit zusammengefaßt, wobei entweder nur eine gemeinsame oder zwei getrennte Optiken verwendet werden. Bei gemeinsamer Optik kann bis zum Abstand Null gemessen werden, bei getrennter Optik ist eine Messung nur in dem Bereich möglich, in dem sich die beiden Gesichtsfelder überlappen.

Häufig ist die Auswerteinrichtung mit Sender und Empfänger zusammengefaßt, gelegentlich ist sie auch in einem eigenen Gehäuse untergebracht.

Meßgeräte mit Phasenvergleich enthalten für Kontrollzwecke oft einen sogenannten Kurzweg bekannter Länge, über den das Licht des Senders zum Empfänger geleitet wird.

An den Sender eines Laufzeitenentfernungsmessers sind zwei Anforderungen zu stellen: Für gute Entfernungsauflösung ist ein kurzer Sendeimpuls notwendig, für große Reichweite ist hohe Sendeleistung erforderlich. Beide Forderungen erfüllen in besonders günstiger Weise Festkörperlaser mit Güteschaltung.

Für Messungen der Rückstreuung der Atmosphäre (Abschnitt 8.2.) werden wegen ihrer Wellenlänge auch Farbstofflaser und Gaslaser eingesetzt.

GaAs-Laser haben nur geringe Leistung, so daß bei diffuser Streuung die Reichweite unter 1 km bleibt, mit Retroreflektoren erreicht sie einige Kilometer. GaAs-Laser lassen sich aber gut modulieren (hohe Pulsfolgefrequenz, sinusförmige Intensitätsmodulation mit sehr verschiedenen Frequenzen) und finden deshalb außer für Laufzeitentfernungsmesser vor allem für Phasenmeßverfahren Verwendung. Um mit Phasenmeßverfahren Reichweiten über 5 km zu erzielen, werden vorwiegend He-Ne-Laser mit externer Modulation (KDP, $LiNbO_3$, Ultraschallzelle) verwendet, wobei sich die Modulationsfrequenzen aus technischen Gründen nur wenig unterscheiden dürfen ($\Delta f_m/f_m = 0{,}1$).

Das vom Laser abgegebene Licht durchläuft immer ein Teleskop, um den Divergenzwinkel der Strahlung durch Aufweitung zu reduzieren. Typische Objektivdurchmesser reichen von 2 cm bis 3 cm bei transportablen Geräten bis zu 2,7 m (Vermessung der Mondbahn).

Der Durchmesser der Empfangsoptik ist stets größer oder gleich dem der Sendeoptik und richtet sich nach der Reichweite und der Transportfähigkeit des Gerätes. Der Gesichtsfeldwinkel, den eine Blende in der Brennebene bestimmt, sollte möglichst klein sein, damit die Hintergrundstrahlung reduziert und die Winkelauflösung verbessert wird.

Ein optisches Schmalbandfilter vor dem Detektor schwächt die Hintergrundstrahlung noch weiter. Die Halbwertsbreite dieser Filter liegt üblicherweise zwischen 2 nm und 0,3 nm[1].

Photomultiplier eignen sich vor allem als Detektoren für das Licht des Rubin- und des HeNe-Lasers. Wegen ihrer hohen inneren Verstärkung kann das Rauschen des nachfolgenden Verstärkers vernachlässigt werden. Ihre hohe Empfindlichkeit zwingt dazu, sie vor zu starken Signalen zu schützen (mechanische Verschlüsse bei langen Laufzeiten, Einschalten der Anodenspannung mit Verzögerung). Der Dunkelstrom kann durch Kühlung so weit reduziert werden, daß er nur noch bei extrem schwachen Signalen stört.

Bei 1,06 µm Wellenlänge ist der Quantenwirkungsgrad der Photokathoden so klein, daß Avalanche-Dioden trotz ihrer schwachen inneren Verstärkung (100 bis 200) besser geeignet sind. Ihr Empfindlichkeitsmaximum liegt bei der Wellenlänge des GaAs-Lasers (etwa 0,9 µm). Sie werden deshalb in Entfernungsmessern mit Infrarotlicht bevorzugt.

Dem Detektor ist immer ein Verstärker nachgeschaltet, dessen Verstärkung meistens so gesteuert wird, daß das Ausgangssignal konstante Amplitude zeigt. Seine Bandbreite muß an die des Detektorsignales angepaßt sein, um das Verstärkerrauschen möglichst gering zu halten [2.26].

2.5.7. Entfernungsmesser und ihre Anwendungen

a) Laufzeitentfernungsmesser. Die Anwendungen des Lidar-Verfahrens lassen sich in drei Gruppen unterteilen: Messungen an erdnahen oder erdgebundenen Zielen, Untersuchungen der Atmosphäre und Messungen an Zielen im Weltraum. Die Daten einiger charakteristischer Geräte sind in Tabelle 2.5 zusammengestellt.

Bild 2.30. Kleiner Laufzeitentfernungsmesser [2.27].
Abmessungen mit Batterie:
115 mm × 74 mm × 110 mm.
Daten siehe Tabelle 2.4.

---

[1] Die geringe Bandbreite des Filters hat keinen Einfluß auf die Form der Lichtimpulse, da sie immer noch groß gegen die des Nachverstärkers ist ($\Delta\lambda = 1$ nm $\triangleq 30$ GHz bei $\lambda = 1$ µm).

Tabelle 2.5. Daten von Laufzeitentfernungsmessern

Sender		Rubin	YAG:Nd	GaAs
Wellenlänge	μm	0,694	1,06	0,905
Spitzenleistung	W	–	10^6	10
Pulsenergie	J	7	13	–
Impulsdauer (Halbw.)	ns	20	30	–
Folgefrequenz	Hz	0,16	50···100	10···10^3
Optikdurchmesser (Sender)	cm	270	3	5
Detektor		Photo-multiplier [1]	Ge-Avalanche-Diode	Diode
Optikdurchmesser (Empf.)	cm	270	6	6
Reichweite	m	$3 \cdot 10^8$ [2]	10^4 [3]	10
Meßfehler	m	0,15	1	0,1
Masse	kg	–	etwa 18 [4]	1,4 [4]
Literatur		[2.19]	–	[2.22]
Bemerkung		gemeinsame Optik für Sender und Empfänger, Augen-gefährdung	Augen-gefährdung	Bild 2.33 Keine Augen-gefährdung

[1] Gekühlt auf 193 K.
[2] Unter günstigen atmosphärischen Bedingungen mit Retroreflektor.
[3] Reichweite = Sichtweite, diffuse Streuung.
[4] Mit Energieversorgung.

In der ersten Gruppe überwiegen die militärischen Anwendungen, bei denen die Anforderungen an die Meßgenauigkeit jedoch gering sind (1 m bis 5 m, 1 mrad). Für die zivile Meßtechnik sind diese Geräte wegen ihrer Augengefährlichkeit nicht geeignet (Abschnitt 9.). Daten eines solchen Geräts enthält Spalte 4 der Tabelle 2.5. Ein besonders kleines für das Auge ungefährliches Gerät (Bild 2.30, Spalte 5 in Tabelle 2.5) wurde für die automatische Fokussierung von Filmkameraobjektiven entwickelt [2.27].

Das Lidar-Verfahren ist von wachsender Bedeutung für Untersuchungen der Atmosphäre. Einige dieser Anwendungen werden in Abschnitt 8 behandelt.

Extraterrestrische Ziele (bisher Satelliten und der Mond) werden mit Retroreflektoren versehen, um mit Lasern mittlerer Ausgangsleistung (einige Gigawatt) auszukommen. Dabei werden Rubinlaser bevorzugt, um Photomultiplier als Detektoren verwenden zu können. Die Optiken sind astronomische Fernrohre mit Spiegeldurchmessern bis zu 2,7 m (Tabelle 2.5, Spalte 3).

Messungen an Satelliten und am Mond geben Aufschluß über Unregelmäßigkeiten der Erdrotation und Kontinentdrift. Durch gleichzeitige Messungen von mehreren Stationen kann ein weltweites Triangulationsnetz hoher Genauigkeit hergestellt werden. Die hohe Meßgenauigkeit erlaubt die Einbeziehung relativistischer Terme in die Bewegungsgleichungen und deren Prüfung. Messungen über einen längeren Zeitraum könnten eine von Dirac vorhergesagte zeitliche Abnahme der Gravitationskonstante nachweisen.

Bild 2.31. Entfernungsmesser DM 1000 von Kern. Daten siehe Tabelle 2.5 (Werkfoto Kern).

b) Meßgeräte mit Phasenvergleich. Elektrooptische Entfernungsmesser nach dem Phasenmeßverfahren finden zunehmend in der Vermessungstechnik Anwendung, weil mit geringerem Zeit- und Personalaufwand eine höhere Meßgenauigkeit erzielt wird als mit den früheren Verfahren. Im allgemeinen ist eine Reichweite von 1 km bis 3 km bei einem Meßfehler unter 1 cm ausreichend. Vorteilhaft sind Geräte, die außer für Entfernungsmessung auch für Azimut- und Höhenwinkelmessung eingerichtet sind. Eine Übersicht über die Daten einiger handelsüblichen Geräte geben Tabelle 2.6 und die Bilder 2.31 bis 2.33.

Geräte mit hoher Entfernungsauflösung dienen für Präzisionsvermessungen (Teilchenbeschleunigerbau, Kontrolle von Staudämmen, Vermessung großer Parabolantennen). Die große Reichweite solcher Geräte erlaubte die Vermessung einer Strecke von 83,764 km mit einem wahrscheinlichen Fehler von nur ± 9 cm [2.28].

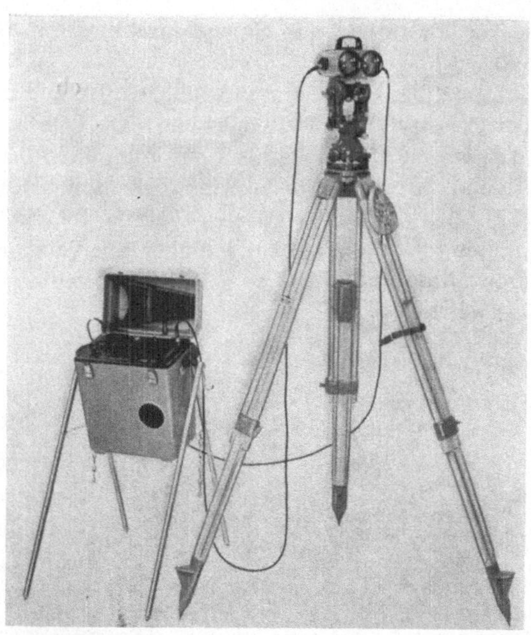

Bild 2.32. Entfernungsmesser Distomat DJ 10 [2.26]. Daten siehe Tabelle 2.5 (Werkfoto Wild).

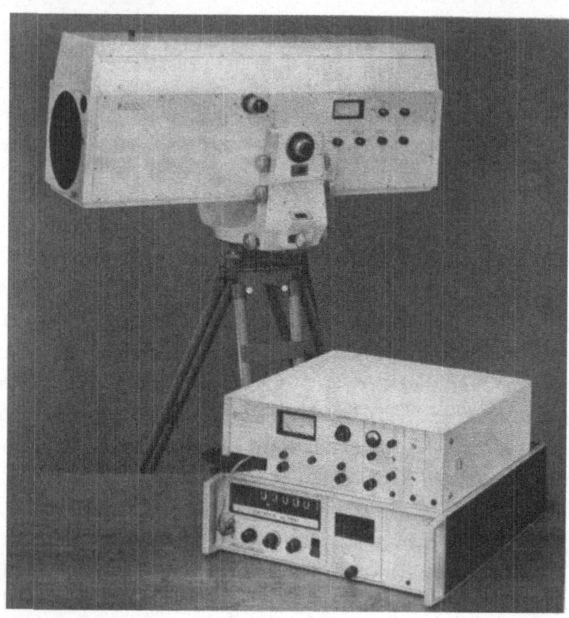

Bild 2.33. Entfernungsmesser Geodolite, Spectra Physics. Daten siehe Tabelle 2.5 (Werkfoto Spectra Physics).

c) Ortung und Bahnverfolgung. Eine wichtige Anwendung der optischen Entfernungsmessung ist die Ortung[1] und Bahnverfolgung[2]. Die optische Bahnverfolgung ist für die Weltraumfahrt wegen der hohen erreichbaren Meßgenauigkeit und der geringen Geräteabmessungen von großer Bedeutung. Wichtige Anwendungsbeispiele sind die Kontrolle startender Raketen, die Steuerung von Koppelmanövern und die Vermessung von Satellitenbahnen, wobei die Ziele immer mit Retroreflektoren ausgerüstet sind.

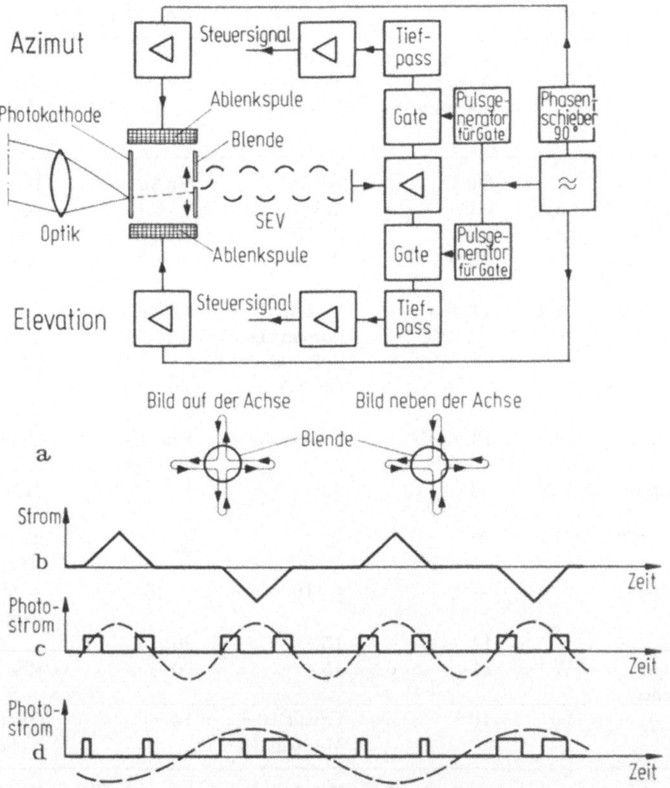

Bild 2.34. Erzeugung eines Fehlersignals mit einer Bildzerlegungsröhre [2.36]. Die an der Photokathode erzeugten Elektronen werden in Richtung der Blende beschleunigt und mit Hilfe der Ablenkspulen in der in (a) gezeigten Weise mit der Frequenz f abgelenkt. Der Stromverlauf für eine Ablenkrichtung ist in (b) dargestellt. Der Photostrom zeigt dann den in (c) bzw. (d) dargestellten Verlauf, je nachdem, ob das Bild auf oder neben der Achse liegt. Die Grundwelle dieses Signals hat die Frequenz $2f$ im Fall (c) bzw. die Frequenz f im Fall (d) und kann nach Verstärkung zum Antrieb eines Servomotors dienen.

---

[1] Ortung ist die Bestimmung der Koordinaten eines Punktes aus einer Abstandsmessung und zwei Winkelmessungen.

[2] Bahnverfolgung ist die ständige (u.U. automatische) Ortung eines bewegten Punktes.

Zur automatischen Steuerung von Azimut- und Elevationswinkel (Bahnverfolgung) sind Fehlersignale notwendig, die die Abweichung der optischen Achse des Gerätes von der Sichtlinie zwischen Gerät und Ziel angeben. Man gewinnt sie durch Verwendung eines Quadrantendetektors [2.32], wenn genügend Lichtintensität zur Verfügung steht, oder

Tabelle 2.6. Entfernungsmesser mit Phaseneinrichtung

Typ		DM 1000	DJ 10 DJ 10 T	SM 11 Reg Elta 14	Geodolite
Hersteller		Kern, Aarau, Schweiz	Wild, Heerbrugg, Schweiz	Zeiss, Oberkochen, Deutschland	Spectra Physics, Mountain View/USA
Sender		GaAs	GaAs	GaAs	He–Ne
Leistung[1]	mW	0,2	1,5	–	10
Wellenlänge	µm	0,9	0,875	0,92	0,633
Modulation		direkt	direkt	direkt	elektro- optisch
Modulations- frequenz	MHz	14,985 0,14985	13,487 kontinuier- lich bis 14,985	14,985 0,14985	44,248 48,673 49,116 49,159 49,164
Detektor		Photodiode	Photodiode	Photo- multipl.	Photo- multipl.
Empfänger- fläche	cm²	95	39	110	315
Reichweite[2]	km	≥ 2,5	≤ 2	≤ 2	30 (Tag) 70 (Nacht)
Meßfehler	mm	± 4	± 10	± 10	$\pm (1 + 10^{-6}$ $L/mm)$
Meßzeit	s	14	15	20	–
Leistungs- aufnahme	W	11	15	20	400
Masse	kg	10 [3]	Optik 10 [3] Meßteil 14	14 [3]	Optik 40 Netzger. 17
Bemerkungen		gem. Optik, keine Winkel meßeinrich- tung	Winkel- messung durch Auf- setzen des DJ 10 T auf Theodolit T 2 [2.29, 2.30]	gem. Optik, Winkelmeß- einrichtung [2.31]	Winkelmeß- einrichtung

[1] Leistung des Lasers ohne Optik.
[2] Mit Retroreflektoren verschiedener Größe.
[3] Mit Stativ.

durch periodisches Abtasten eines bestimmten Winkelbereiches mit kleinem Gesichtswinkel, um hohe Auflösung zu erreichen. Das Abtasten geschieht durch Steuerung der Beobachtungsrichtung mittels bewegter Spiegel [2.33] oder mit einer Bildzerlegungsröhre [2.34, 2.35] (Bild 2.34). Die beste Energieausnützung liegt vor, wenn der Divergenzwinkel des Laserbündels mit dem Gesichtsfeldwinkel des Detektors übereinstimmt. In diesem Fall ist eine synchrone Ablenkung von Beobachtungs- und Beleuchtungsrichtung notwendig [2.34, 2.35].

Die bisher ausgeführten Geräte erreichten die durch atmosphärische Störungen bedingte Meßgenauigkeit.

2.6. Literatur

2.1 Betz, H. D.: An asymmetry method of high precision alignment with laser light. Appl. Opt. 8 (1969) 1007.

2.2 Hermannsfeld, W. B.: Precision alignment using a system of large rectangular fresnel lenses. Appl. Opt. 7 (1968) 995.

2.3 Holtz, E.: Elektronisches Verfahren zur Erfassung der Lage von Laserstrahlen. Int. Elektron. Rdsch. 11 (1969) 279.

2.4 Thorn, J.: Laser-Leitstrahlverfahren. Laser u. angew. Strahlentechn. 2 (1969) 1–5.

2.5 Kindl, H.: Laser in der Bauindustrie. Tiefbau 1 (1971) 25–30.

2.6 Ando, S.; Taniguchi; Miyazawa, T.: Photoelectric detection of displacement from focus. Appl. Opt. 5 (1966) 1961.

2.7 Ando, S.; Taniguchi; Miyazawa, T.; Okada, K.: A new method of contour measurement by gas lasers. IEEE J. Quant. Electron. QE-3 (1967) 576.

2.8 Vyce, J. R.: An optical, noncontacting surface sensor (optical probe). Appl. Opt. 8 (1969) 2301.

2.9 Pirlet, R.; Noel, Y.: Instrument. Technol. 16 (1969) 43.

2.10 Kerr, J. R.: A laser-thickness monitor. 1969 IEEE Conf. on Laser Engineering and Application, Digest of Techn. Papers. IEEE J. Quant. Electron. QE-5 (1969) 6.

2.11 Bodlaj, V.: Dicken-, Entfernungs- und Geschwindigkeitsmessungen mittels eines piezoelektrischen Lichtablenkers. Messen + Prüfen/Automatik (1972) 778–782.

2.12 Bodlaj, V.: Remote measurement of the thickness, distance and velocity of objects by means of a piezoelectric laser beam deflector. Proc. of the First Europ. Electro-Optics Market and Technol. Conf. Genf, Sept. 1972, S. 284 bis 288. IPC Science and Technol. Press.

2.13 Karolus, A.; Mittelstädt, O.: Die Bestimmung der Lichtgeschwindigkeit unter Verwendung des elektro-optischen Kerr-Effektes. Phys. Z. 29 (1928) 698–702.

2.14 Bareau, R.: Météorologie 3 (1946) 292.

2.15 Skolnik, M. I.: Introduction to radar systems. New York: McGraw Hill 1962.

2.16 Honeycutt, T. E.; Otto, W. F.: Radar range measurement with a CO_2-laser. IEEE J. Quant. Electron. QE-8 (1972) 91–92.

2.17 Hughes, A. J.; O'Shanguessy, J.; Pike, E. R.: FM-CW radar range measurement at 10 μm wavelength. IEEE J. Quant. Electron. QE-8 (1972) 909–910.

2.18 Klein, J. W.: Elektronische Zeitmessung im Nanosekunden- und Submano-
      sekundenbereich. Diss. TH Aachen 1971.

2.19 Alley, O.; Chang, R. F.; Currie, D. G.; Mullendore, J.; Poultney, S. K.;
      Rayner, J. D.; Silverberg, E. C.; Steggerda, C. A.: Apollo 11 laser ranging
      retro-reflector. Initial measurements from the McDonald Observatory.
      Science 167 (1970) 368–370.

2.20 Kaplan, R. A.; Daly, R. T.: Performance limits and design procedure for
      all-weather terrestrial rangefinders. IEEE J. Quant. Electron. QE-3 (1967)
      428–435.

2.21 Benz, F.: Elektronische Entfernungsmessung mittels Lichtwellen. Arch.
      techn. Messen ATM Blatt V 1122–9 (1967) 113–118, ATM Blatt V 1122–12
      (1968) 137–140, ATM Blatt V 1122–13 (1968) 161–164.

2.22 Evenson, K. M.; Wells, J. S.; Peterson, F. R.; Danielson, B. L.; Day, G. W.;
      Barger, R. L.; Hall, J. L.: Speed of light from direct frequency and wave-
      length measurements of the Methane-stabilized laser. Phys. Rev. Letters 29
      (1972) 1346–1349.

2.23 Froome, K. D.: Mekometer III: EDM with sub-millimeter resolution. Survey
      Rev. 21 (1971) Nr. 161, S. 98–112.

2.24 Bender, P. L.; Owens, J. C.: Correction of optical distance measurement for
      the fluctuating atmospheric index of refraction. Geophys. Res. 70 (1965)
      2461–2462.

2.25 Hansen, J. P.; Madhu, S.: Angle scintillation in the laser return from a
      retroreflector. Appl. Opt. 11 (1972) 233–238.

2.26 Gatti, E.; Donati, S.: Optimum signal processing for distance measurements
      with laser. Appl. Opt. 10 (1971) 2446–2451.

2.27 Riegl, J.: Optische Impulsradar-Kurzstreckenentfernungsmessung. Diss. TH
      Wien 1972.

2.28 Straub, H. W.; Arthaber, J. M.; Copeland, A. L.: Das Laser-Geodimeter des
      Coast und Geodetic Survey. Meßtechnik 5 (1970) 106–107.

2.29 Strasser, G.: Der Infrarot-Distanzmesser Wild Distomat DJ 10. Allg. Ver-
      mess. Nachr. (1969) Nr. 2, 65–72.

2.30 Zeiske, K.: Der neue Infrarot-Distanzmesser Wild Distomat DJ 10. Schweiz.
      Z. f. Vermessung, Photogrammetrie u. Kulturtechn. (1968) Nr. 6, 3–7.

2.31 Leitz, H.: Zwei elektronische Tachymeter von Zeiss. Allg. Vermess. Nachr.
      (1969) Nr. 2, 73–79.

2.32 Cooke, C. R.: Automatic laser tracking and ranging system. Appl. Opt. 11
      (1972) 277–284.

2.33 Barnard, T. W.; Fencil, C. R.: Digital laser ranging and tracking using a
      compound axis servomechanism. Appl. Opt. 5 (1966) 497–505.

2.34 Flom, T.: Spaceborn laser radar. Appl. Opt. 11 (1972) 291–299.

2.35 Johnson, R. E.; Weiss, P. E.: Laser tracking system with automatic re-
      acquisition capability. Appl. Opt. 7 (1968) 1095–1102.

2.36 Atwill, W. D.: Startracker uses electronic scanning. Electronics Sept. 30
      (1960) 88–91.

2.37 Sauer, R.; Szabô, I.: Mathematische Hilfsmittel des Ingenieurs. Teil IV,
      S. 157. Berlin, Heidelberg, New York: Springer 1970.

3. Messungen an bewegten Objekten

3.1. Geschwindigkeitsmessung mittels Doppler-Effekt

3.1.1. Einleitung

Optische Verfahren zur Bestimmung der Geschwindigkeit von festen Körpern, Flüssigkeiten oder Gasen haben gegenüber anderen Methoden zwei entscheidende Vorteile: Das Meßobjekt wird nicht gestört und das räumliche Auflösungsvermögen ist hoch. Ein gewisser Nachteil liegt darin, daß Flüssigkeiten und Gase streuende Teilchen enthalten müssen. Die notwendigen Teilchendichten und Teilchengrößen sind aber so gering, daß häufig die natürlich vorhandenen Verunreinigungen genügen, um ausreichende Signale zu erhalten.

Die Ausnützung des Doppler-Effekts des Lichts für die Messung kleiner Geschwindigkeiten[1] wurde erst möglich, als mit dem Laser eine leistungsfähige kohärente Lichtquelle zur Verfügung stand. Das erste System wurde 1964 bekannt [3.1]. Seitdem haben viele Arbeitsgruppen die Entwicklung fortgesetzt, so daß heute Anordnungen für viele Meßaufgaben bekannt sind, wobei der Meßbereich von Mikrometern je Sekunde, bis zu Überschallgeschwindigkeiten ($1000\ \mathrm{ms^{-1}}$) reicht. Das Verfahren ist auch für große Meßentfernungen geeignet, z. B. zur Bestimmung von Windgeschwindigkeiten in großen Höhen. Die ersten industriell hergestellten Meßgeräte sind inzwischen auf dem Markt. Sicher wird dieses Meßverfahren in Zukunft noch an Bedeutung gewinnen.

3.1.2. Grundlagen

Die Streuung des Lichtes an Inhomogenitäten, die sich mit der zu messenden Geschwindigkeit bewegen, ist Voraussetzung für die Ausnützung des Doppler-Effekts. Experimente zeigten, daß in Flüssigkeiten und Gasen streuende Fremdteilchen enthalten sein müssen, um Doppler-Signale zu erhalten [3.2]. Die Teilchengröße muß innerhalb geeigneter Grenzen liegen, weil einerseits sehr kleine Teilchen Brownsche Bewegung

---

[1] In der Astronomie wird der Doppler-Effekt seit langem zur Messung großer Geschwindigkeiten (Rotverschiebung) benützt.

zeigen, die eine unerwünschte Verbreiterung des Doppler-Signals bewirkt, große Teilchen dagegen träge sind und der zu messenden Strömung nicht folgen. Die Verbreiterung durch Brownsche Bewegung macht sich z. B. bei sehr kleinen Strömungsgeschwindigkeiten bemerkbar ($v < 0{,}001$ cm s^{-1} [3.3]). Teilchen zwischen 0,1 und 1 µm Durchmesser folgen starken Beschleunigungen innerhalb von Mikrosekunden [3.4, 3.5]. Teilchen dieser Größe sind normalerweise immer in der Atmosphäre enthalten, so daß eine zusätzliche Impfung bei Messungen an Luftströmungen überflüssig ist. In Flüssigkeiten werden häufig Kunststoffkügelchen mit Durchmessern unter 1 µm verwendet. Weitere Einzelheiten über die Streuung von Licht folgen in Abschnitt 8.

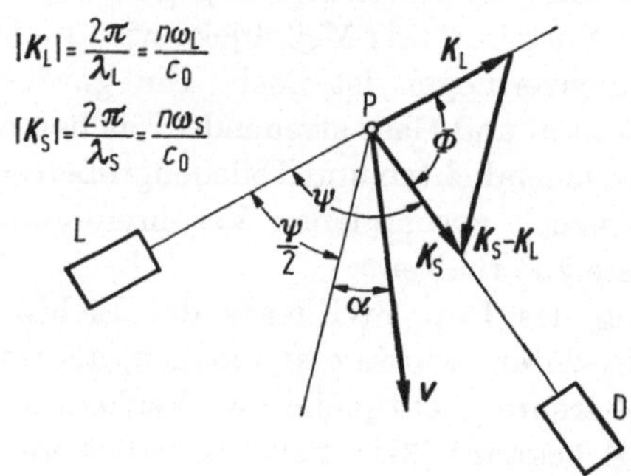

Bild 3.1. Lichtstreuung an einem bewegten Teilchen. P Streuzentrum, L Laser, D Detektor, Φ Streuwinkel, n Brechungsindex, c_0 Vakuumlichtgeschwindigkeit, v Geschwindigkeitsvektor, K_L Wellenvektor des Laserlichts, K_S Wellenvektor des Streulichts. Alle Vektoren liegen in der Zeichenebene.

In Bild 3.1 betrachten wir ein Streuzentrum P, das sich mit der Geschwindigkeit v bewegt und mit Licht der Kreisfrequenz ω_L bestrahlt wird. Die Wellenvektoren des ausgesandten Lichtes und des Streulichtes sind K_L und K_S.

Für die Differenzfrequenz v_D zwischen dem einfallenden und dem gestreuten Licht gilt:

$$v_\mathrm{D} = \frac{1}{2\pi}\,(K_\mathrm{S} - K_\mathrm{L})\,v\,. \tag{3.1}$$

Wenn die Geschwindigkeit v klein gegen die Lichtgeschwindigkeit ist, sind die Beträge der beiden Wellenvektoren K_L und K_S nahezu gleich. Daher gilt für den Betrag von $(K_\mathrm{S} - K_\mathrm{L})$:

$$|K_\mathrm{S} - K_\mathrm{L}| = 2\,|K_\mathrm{L}|\,\sin\frac{\Phi}{2}\,, \tag{3.2}$$

wobei Φ der Streuwinkel ist. Damit ergibt sich für die Differenzfrequenz zwischen einfallendem und gestreutem Licht:

$$v_\mathrm{D} = \frac{2nv}{\lambda} \sin \frac{\Phi}{2} \cos\alpha. \tag{3.3}$$

λ ist die Vakuumwellenlänge des Laserlichtes, n der Brechungsindex des Mediums, v der Betrag der Geschwindigkeitskomponente in der von $\boldsymbol{K}_\mathrm{L}$ und $\boldsymbol{K}_\mathrm{S}$ bestimmten Ebene und α der Winkel zwischen v und $(\boldsymbol{K}_\mathrm{S} - \boldsymbol{K}_\mathrm{L})$.

Durch geeignete Wahl von Einstrahl- und Beobachtungsrichtung, d. h. durch geeignete Wahl von α und Φ, kann die Doppler-Frequenz v_D auf einen meßtechnisch günstigen Betrag gebracht werden. Da Lichtbündel stets einen endlichen Öffnungswinkel haben, bilden $\boldsymbol{K}_\mathrm{S}$ und $\boldsymbol{K}_\mathrm{L}$ jeweils einen Kegel und ihre Differenz ist mit einer entsprechenden Unschärfe behaftet. Die Öffnungswinkel der Lichtbündel müssen also klein bleiben, damit die Unschärfe der Doppler-Frequenz nicht zu groß wird (Einzelheiten in Abschnitt 3.1.5.).

Die Messung der Doppler-Frequenz v_D geschieht meistens durch Mischen von zwei Lichtbündeln auf einem Empfänger (Abschnitt 1.5.). Hier sind zwei Verfahren zu unterscheiden: Die Referenzstrahlmethode, bei der Streulicht, das nach der in Bild 3.1 gezeigten Weise erzeugt wird, mit dem Licht der Quelle gemischt wird, und das Differenz-Doppler-Verfahren [3.6], bei dem zwei Streulichtbündel gemischt werden.

Das Prinzip des Differenz-Doppler-Verfahrens zeigt Bild 3.2: Zwei

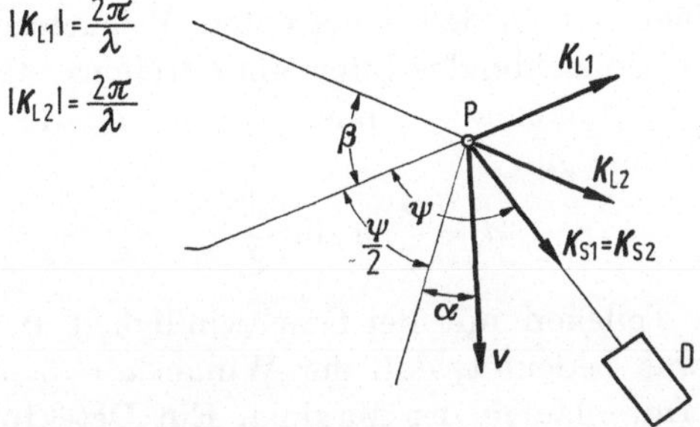

Bild 3.2. Streuung von zwei Lichtbündeln an einem bewegten Teilchen (Differenz-Doppler). D Detektor, v Geschwindigkeitsvektor, $\boldsymbol{K}_{\mathrm{L}1}$, $\boldsymbol{K}_{\mathrm{L}2}$ Wellenvektoren des Laserlichts, $\boldsymbol{K}_{\mathrm{S}1} = \boldsymbol{K}_{\mathrm{S}2}$ Wellenvektoren des Streulichts.

kohärente Lichtbündel, die sich unter dem Winkel β schneiden, beleuchten das Streuzentrum P. Für die Frequenzverschiebung der beiden Streulichtanteile in Richtung $\boldsymbol{K}_{\mathrm{S}1}$ bzw. $\boldsymbol{K}_{\mathrm{S}2}$ gilt nach (3.1):

$$v_{\mathrm{D}1} = \frac{1}{2\pi}(\boldsymbol{K}_{\mathrm{S}1} - \boldsymbol{K}_{\mathrm{L}1})\boldsymbol{v}, \qquad v_{\mathrm{D}2} = \frac{1}{2\pi}(\boldsymbol{K}_{\mathrm{S}2} - \boldsymbol{K}_{\mathrm{L}2})\boldsymbol{v}. \tag{3.4}$$

Beide Streulichtanteile werden auf dem Detektor gemischt, deshalb gilt $K_{S1} = K_{S2}$. Das Mischungssignal hat also die Frequenz

$$\nu_D = \nu_{D1} - \nu_{D2} = \frac{1}{2\pi}(K_{L2} - K_{L1})\,v, \tag{3.5}$$

oder mit einer Umrechnung entsprechend (3.2):

$$\nu_D = \frac{2\,n\,v}{\lambda}\sin\frac{\beta}{2}\cos\alpha. \tag{3.6}$$

In dieser Gleichung kommt der Streuwinkel nicht mehr vor. Unabhängig von der Beobachtungsrichtung wird also stets die gleiche Frequenz gemessen. Der Kegel des Streuvektors K_S darf deshalb sehr groß sein, und der vom Empfänger aufgenommene Streulichtanteil wird erheblich größer als bei einer Anordnung nach Bild 3.1. Ein weiterer Vorzug ist die Tatsache, daß sich die Wellenfronten der beiden Streulichtanteile ohne Justierung immer auf dem Detektor überlagern, solange die Teilchen klein sind. Durch geeignete Wahl des Winkels β zwischen den beiden Bündeln kann die Doppler-Frequenz auf einen günstigen Wert gebracht werden.

Bisher haben wir die Frequenz des Detektorsignals als Folge der Frequenzänderung des Streulichts dargestellt. Es gibt jedoch noch eine, der ersten Interpretation völlig äquivalente Deutung, nach der das Detektorsignal eine Folge der Interferenz zweier Lichtbündel ist. Diese Deutung ist für das Differenz-Doppler-Verfahren unmittelbar klar: Im Überlappungsgebiet der beiden kohärenten Beleuchtungsbündel entsteht ein leicht zu beobachtendes Interferenzstreifensystem. Die Streifen liegen parallel zur Winkelhalbierenden von β und für den Abstand d zwischen zwei Maxima gilt

$$d = \frac{\lambda}{2}\,n\sin\frac{\beta}{2}. \tag{3.7}$$

Bewegt sich ein Teilchen mit der Geschwindigkeit v senkrecht zum Streifensystem, was bedeutet, daß der Winkel $\alpha = 0$ ist, so streut es Licht nur beim Durchlaufen der Maxima. Ein Detektor an beliebiger Stelle im Raum empfängt also Licht mit der Frequenz

$$\nu = \frac{v}{d} = \frac{2\,n\,v}{\lambda}\sin\frac{\beta}{2}. \tag{3.8}$$

Diese Frequenz ist identisch mit der nach (3.6).

Auch bei Referenzstrahlsystemen kann die Entstehung der Doppler-Frequenz als Folge einer Interferenz erklärt werden: Einen Spezialfall eines Referenzstrahlverfahrens stellt das Michelson-Interferometer dar, bei dem sich ein Spiegel mit der Geschwindigkeit v bewegt (Abschnitt 4.2.3.).

3.1.3. Meßanordnungen

Die wichtigsten Meßanordnungen lassen sich nach den äußeren Merkmalen ihres Aufbaues in zwei Klassen unterteilen: Referenzstrahlverfahren und Verfahren mit Zweifachstreuung.

Referenzstrahlverfahren. Die ersten Aufbauten waren Referenzstrahlsysteme, bei denen das Streulicht mit dem Laserlicht auf dem Detektor gemischt wurde. Das in Bild 3.3 gezeigte Beispiel verlangt sehr sorgfältige Justierung und erschütterungsfreien Aufbau, um Störungen des

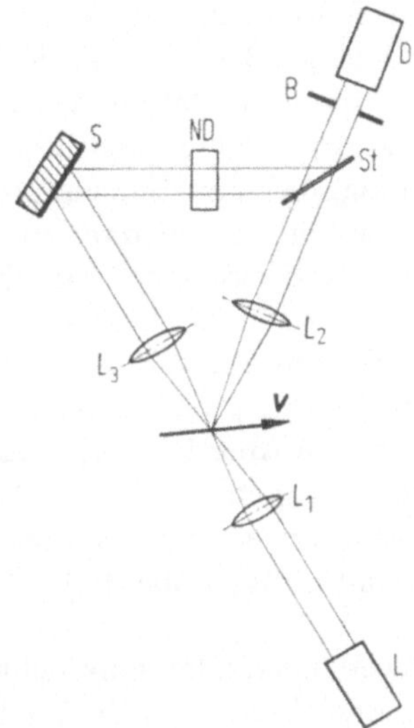

Bild 3.3. Referenzstrahlsystem Typ 1. Die Linse L_1 fokussiert das Licht des Lasers L auf das Meßvolumen. Das Referenzlicht gelangt über L_3, den Spiegel S, das Filter ND (zur Leistungsanpassung) und den Strahlteiler ST auf den Detektor D. Durch L_2 und B (zur Begrenzung des Gesichtsfelds) fällt das Streulicht auf D. An die Justierung und die Stabilität sind hohe Anforderungen zu stellen.

Signals durch schlechte Überlagerung der Wellenfronten am Detektor zu vermeiden. Günstiger ist die Anordnung nach Bild 3.4. Das Laserlichtbündel wird in 2 Teilbündel gespalten[1] deren Intensität durch Filter auf ein geeignetes Verhältnis gebracht wird. Die Linse 1 fokussiert sie automatisch auf ein gemeinsames Volumen. Beide Systeme können auch für Messungen mit Rückstreuung verwendet werden. In diesem Fall ist eine Linse für die Beleuchtung und das Sammeln des Streulichts ausreichend. Die Rückstreuung wird bei der Geschwindigkeitsmessung undurchsichtiger Oberflächen ausgenützt. Bei der Messung an Flüssigkeiten und Gasen sind die Signale bei Rückstreuung wegen der Kleinheit der Streuzentren nur schwach (Bild 8.1). Deshalb wird hier die Rückstreuung nur in besonderen Fällen, wie z.B. bei großen Meßentfernungen, verwendet.

---

[1] Methoden zur Strahlteilung sind in [3.7 bis 3.12] beschrieben.

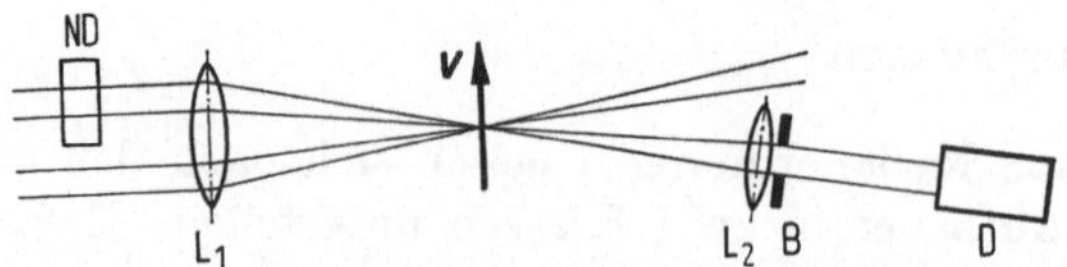

Bild 3.4. Referenzstrahlsystem Typ 2. Ein Teiler spaltet das Laserlicht in zwei Teilbündel auf, die die Linse L_1 ohne weitere Justierung auf das Meßvolumen fokussiert. Durch die Linse L_2, die nicht unbedingt erforderlich ist, fällt das Referenz- und das Streulicht auf den Detektor D. Die Blende B begrenzt das Gesichtsfeld. Das Filter ND paßt die Leistung des Referenzstrahls an den Detektor an.

Verfahren mit Zweifachstreuung. Wegen ihrer in Abschnitt 3.1.2. erwähnten, großen Vorteile finden vorwiegend Systeme nach dem Differenz-Doppler-Verfahren Verwendung, dessen Prinzip Bild 3.5 zeigt.

Die Anordnung nach Bild 3.6 [3.13] benützt zwar auch die Zweifachstreuung, bei der Berechnung der Doppler-Frequenz geht jedoch der Streuwinkel ein, so daß nur kleine Öffnungswinkel zulässig sind. Es handelt sich also nicht um ein Differenz-Doppler-Verfahren nach [3.6]. Beide Systeme können auch mit Rückstreuung arbeiten, wobei eine Linse für die Beleuchtung und das Sammeln des Streulichtes genügt.

Bestimmung mehrerer Geschwindigkeitskomponenten. Die bisher beschriebenen Anordnungen erlauben nur die Bestimmung einer Geschwindigkeitskomponente. Um z. B. in turbulenten Strömungen mehrere Komponenten an einer Stelle messen zu können, ist immer ein erheblicher Aufwand nötig, wobei hohe Anforderungen an die Justierung zu stellen sind.

Zwei zueinander senkrechte Komponenten können relativ einfach in einer Anordnung mit Zweifachstreuung nach Bild 3.6 bestimmt werden, die zwei zueinander senkrechte Empfangseinrichtungen enthält [3.10]. Alle anderen Anordnungen mit Zweifachstreuung sind nur brauchbar, wenn entweder für jede Komponente eine eigene Polarisationsrichtung

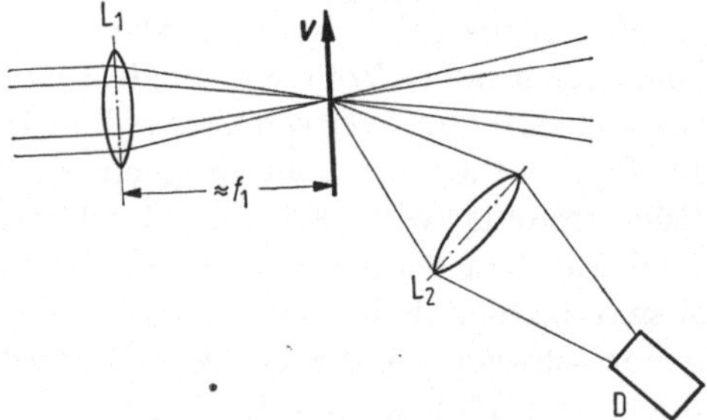

Bild 3.5. Differenz-Doppler-System. Die Linse L_1 fokussiert die beiden Teilbündel auf das Meßvolumen. Das Streulicht fällt durch die Linse L_2 auf den Detektor D. Der Öffnungswinkel des Streulichtbündels senkrecht zur Zeichenebene kann groß sein, in der Zeichenebene beliebig.

verwendet wird, damit mit Hilfe eines Analysators vor jedem Detektor das entsprechende Signal herausgefiltert werden kann [3.14], oder wenn für die verschiedenen Geschwindigkeitskomponenten verschiedene Wellenlängen verwendet werden, deren Trennung durch Filter vor den Detektoren erfolgt.

Die Referenzstrahlmethoden eignen sich gut für die Messung von drei Komponenten mit einem Laser. Zwei Anordnungen nach dem System von Bild 3.3 sind in [3.15] und [3.4] beschrieben. Die erste zeichnet sich durch einfache Signalauswertung aus, weil aufeinander senkrecht stehende Komponenten gemessen werden, hat aber einen komplizierten Aufbau. Die zweite hat einen einfacheren Aufbau, benötigt aber einigen Rechenaufwand für die Signalauswertung, weil Komponenten gemessen werden, die nicht orthogonal sind.[1]

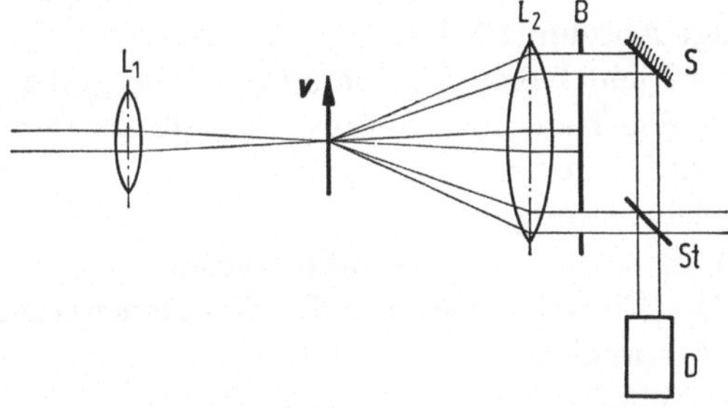

Bild 3.6. System mit Zweifachstreuung. Die Linse L_1 fokussiert das Laserlicht auf das Meßvolumen, L_2 sammelt das Streulicht, das über den Spiegel S und den Strahlteiler ST auf den Detektor D fällt. Die Blende B begrenzt die Öffnungswinkel der Streulichtbündel. Umlenkspiegel und Strahlteiler sind nicht unbedingt notwendig. L_2 kann die beiden Streulichtbündel direkt auf den Detektor fokussieren.

Bestimmung der Bewegungsrichtung. (3.3) und (3.6) geben die Doppler-Verschiebung mit dem richtigen Vorzeichen an. Diese Information geht aber am Detektor verloren[2], so daß die Strömungsrichtung unbestimmt bleibt. Diese Zweideutigkeit entfällt, wenn ein Teilbündel (entweder das Referenzbündel oder eines der beiden Beleuchtungsbündel) in seiner Frequenz um einen bekannten Betrag v_0 verändert wird. Dann entspricht der Geschwindigkeit $v = 0$ eine Differenzfrequenz v_0, die je nach Richtung der Geschwindigkeit um v_D erhöht oder erniedrigt wird (Abschnitt 4.2.3.).

Die Frequenzmodulation kann mit Hilfe eines rotierenden Gitters [3.16, 3.17], eines elektrooptischen Kristalls oder eines akustooptischen

---

[1] Eine andere auf dem in Bild 3.6 erläuterten Prinzip beruhende Methode zur Messung mehrerer Geschwindigkeitskomponenten findet sich in [3.71].

[2] Nur wenn bei der Messung hoher Strömungsgeschwindigkeiten ein Interferometer zur Frequenzbestimmung verwendet wird (Abschnitt 3.1.4.), ergibt sich auch die Richtung der Doppler-Verschiebung.

Modulators geschehen (Abschnitt 1.3.). Auf die schwierige Frequenzverschiebung kann verzichtet werden, wenn man nach [3.72] in einem System nach Bild 3.5 polarisierte Beleuchtungsbündel und zwei Detektoren mit geeigneten Polarisatoren verwendet. Die beiden Detektorsignale haben eine Phasenverschiebung von 90°, deren Vorzeichen von der Bewegungsrichtung abhängt.

Bauelemente. Die Meßanordnung besteht aus Laser, Optik, Detektor und einer Einrichtung zur Signalauswertung.

Anfangs dienten HeNe-Laser als Lichtquellen. Seit technisch ausgereifte Ar-Ionen-Laser zur Verfügung stehen, werden sie wegen ihrer hohen Leistung bevorzugt. Der CO_2-Laser wird zur Zeit in einem System erprobt, das bei einer Wellenlänge für die die Atmosphäre gute Transmission hat, hohe Laserleistung verlangt. Den Zusammenhang zwischen Laserleistung, Dichte der Streuteilchen, Länge des Lichtweges und Signalgröße bringt Abschnitt 3.1.4.

Für sichtbares Licht haben Photomultiplier die größte Empfindlichkeit bei sehr geringem Rauschen. Sie sind deshalb als Detektoren besonders geeignet. Photodioden finden wegen ihrer relativ geringen Detektivität nur selten Anwendung.

Die optischen Bauteile sollen vor allem gegen sphärische Aberration korrigiert sein. Die Einrichtungen für die Signalauswertung werden im Abschnitt 3.1.4. besprochen.

3.1.4. Signalanalyse

Ziel der Analyse des Doppler-Signals ist die Ermittlung der Geschwindigkeit aus seiner Frequenz, die also möglichst genau bekannt sein muß. Um dieses Ziel zu erreichen, muß einmal ein geeigneter Kompromiß zwischen verschiedenen Parametern des optischen Systems gefunden werden (Abschnitt 3.1.5.), zum anderen muß ein geeignetes Meßsystem zur Messung der Frequenz bzw. zur Umwandlung der Frequenz in eine der Geschwindigkeit proportionale Meßgröße gewählt werden. Die Signalanalyse ist die schwierigste Aufgabe bei der Anwendung des Doppler-Verfahrens.

Signalform. Der Photostrom $I(t)$ am Detektor zeigt folgenden zeitlichen Verlauf:

$$I(t) = a\left[\frac{1}{2}(E_1^2 + E_2^2) + E_1 E_2 \cos(\omega_1 - \omega_2)t\right] \qquad (3.9)$$

Bei Referenzstrahlverfahren sind E_1 und E_2 die Amplituden von Referenz- und Streulicht, bei Verfahren mit Zweifachstreuung sind E_1 und E_2 Streulichtamplituden. Diese Amplituden zeigen eine Zeitabhängigkeit, die durch die Ortsabhängigkeit der Lichtamplitude in den Beleuchtungsbündeln gegeben ist, die von den Streuzentren nahezu senkrecht zu den Achsen durchquert werden.

Für den Zusammenhang zwischen Lichtamplitude E und Leistungsdichte S des Lichts gilt:

$$E = \sqrt{2 Z_0 S}. \tag{3.10}$$

Z_0 ist der Wellenwiderstand des Vakuums. Wir schreiben (3.9) für die zwei möglichen Fälle um:

a) Für Referenzstrahlverfahren gilt:

$$I(t) = a \left[\frac{1}{2} E_R^2 + \frac{1}{2} E_S(t)^2 + E_R E_S \cos \omega_D t \right]. \tag{3.11}$$

E_R ist die Amplitude des Referenzstrahls, E_S die des Streulichts. Der Term $1/2\, E_S(t)^2$ kann vernachlässigt werden, weil $E_R \gg E_S$ ist. Dabei ist vorausgesetzt worden, daß Streulicht- und Referenzlichtwellenfronten auf der ganzen Detektorfläche genau zusammenfallen (Abschnitt 1.5.).

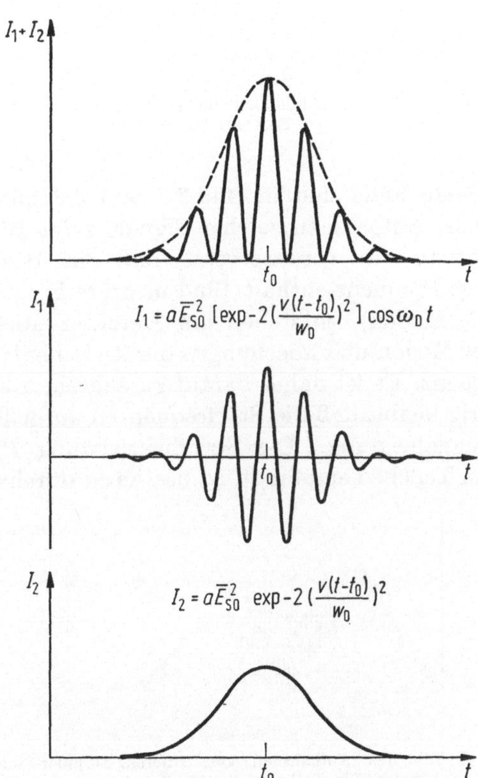

Bild 3.7. Berechneter Verlauf des Doppler-Signals für ein Differenz-Doppler-System.

b) Bei Zweifachstreuung gilt unter der Voraussetzung, daß die beiden Streulichtamplituden gleich sind (was nur unter bestimmten Bedingungen erfüllt ist):

$$I(t) = a[E_{\mathrm{S}}(t)^2 + E_{\mathrm{S}}(t)^2 \cos \omega_{\mathrm{D}} t].\qquad (3.12)$$

Die Wellenfronten der beiden Streulichtanteile kommen immer zur Deckung.

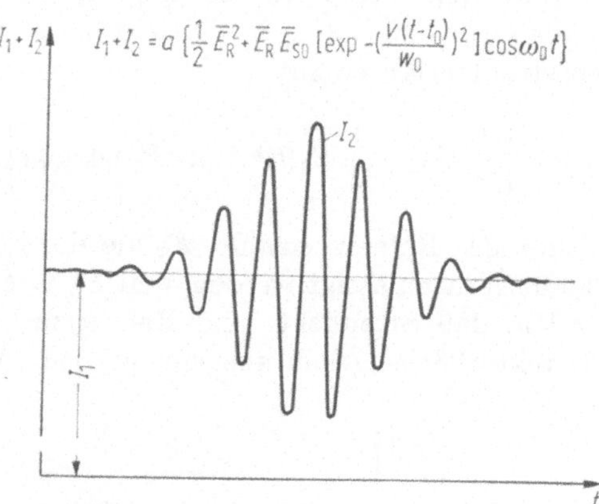

Bild 3.8. Berechneter Verlauf des Doppler-Signals für ein Referenzstrahlsystem.

Beide Fälle sind in Bild 3.7 und 3.8 mit ihren Komponenten dargestellt. Aufnahmen solcher Signale zeigt Bild 3.9. Bei der obigen Betrachtung war vorausgesetzt, daß das Beleuchtungsbündel nur eine einzige Frequenz enthält. Sind mehrere Frequenzen vorhanden (mehrere axiale Moden), entstehen am Detektor auch die Zwischenfrequenzen dieser Moden und Mischungen der Zwischenfrequenzen mit der Doppler-Frequenz. Es ist daher darauf zu achten, daß die Doppler-Frequenz so niedrig bleibt, daß die Störfrequenzen ausgefiltert werden können.

Signalleistung. Die Streulichtleistung $P_{\mathrm{S}}^{(1)}$, die der Detektor von einem Teilchen empfängt, ist bestimmt durch die Intensität des Beleuch-

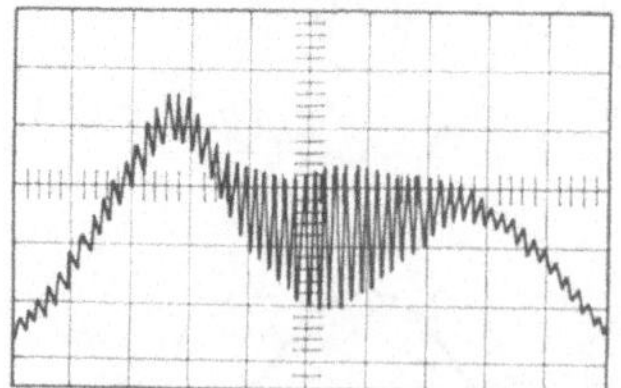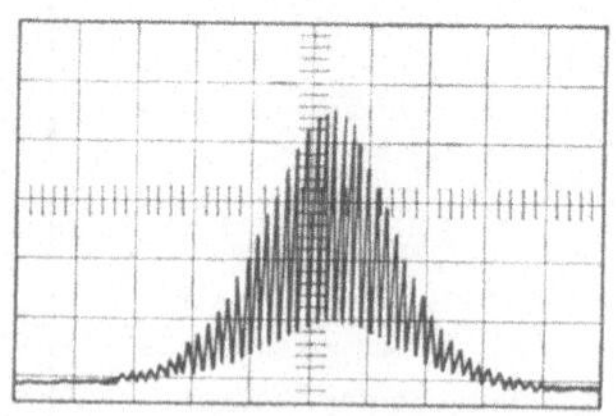

Bild 3.9. Aufnahmen von Differenz-Doppler-Signalen („burst") einzelner Streuer. Die Teilchen durchlaufen verschiedene Wege im Meßvolumen.

tungsbündels S im Meßvolumen, die Transmission T des Mediums, den Streuquerschnitt $\Gamma\sigma$ des Teilchens[1] und den Raumwinkel Ω der Empfangsoptik. Es ist

$$P_S^{(1)} = S\,\Gamma\sigma\,T\,\Omega. \tag{3.13}$$

Für die Transmission T des nicht absorbierenden Mediums gilt

$$T = \exp(-\sigma n r_S). \tag{3.14}$$

Hier ist n die Teilchendichte, die als homogen angenommen wird, und r_S der Weg des Streulichtes im streuenden Medium. S ergibt sich aus der Leistung des Lasers, dem Querschnitt des Meßvolumens und der Transmission des streuenden Mediums. Für die Intensität des Laserlichts wird zur Vereinfachung ein ortsunabhängiger Mittelwert S' eingesetzt, so daß gilt

$$S = S' \exp(-\sigma n r_L). \tag{3.15}$$

Hier ist r_L der Weg des Beleuchtungsbündels im streuenden Medium. Es gilt also für den zeitlichen Mittelwert der von einem Teilchen gestreuten Leistung

$$P_S^{(1)} = \Gamma\sigma S'\Omega \exp[-(r_L + r_S)\sigma n] = \sigma S'\Omega \exp(-l\sigma n). \tag{3.16}$$

Die Doppler-Signale vieler Teilchen haben statistische Phasenbeziehungen. Bei $N = nV$ Teilchen im Meßvolumen V nimmt der Mittelwert des Detektorstroms $\bar{I}^{(n)}$ deshalb nur mit $\sqrt{N}$ zu [3.18].

Es ist also

$$\bar{I}_R^{(n)} = \sqrt{N}\,\bar{I}_R^{(1)} = \sqrt{N}\,A_R \exp\left(-\frac{1}{2}\,Bn\right) \tag{3.17}$$

und

$$\bar{I}_S^{(n)} = \sqrt{N}\,I_S^{(1)} = \sqrt{N}\,A_S \exp(-Br) \tag{3.18}$$

mit

$$A_R < A_S$$

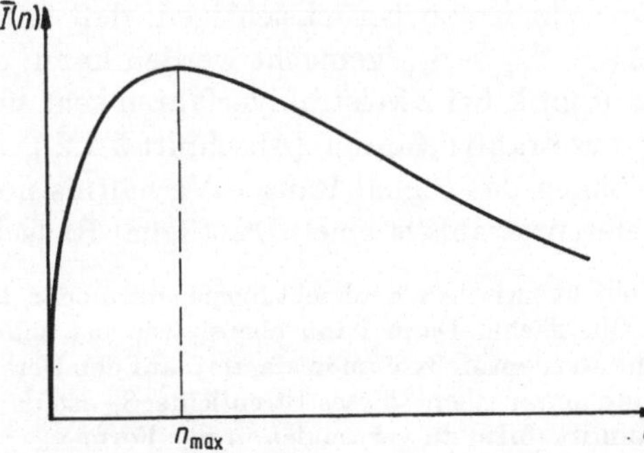

Bild 3.10. Abhängigkeit der Signalamplitude von der Dichte der Streuteilchen.

---

[1] Der Faktor Γ gibt den Bruchteil des zum Detektor gestreuten Lichts an.

für Referenzstrahlverfahren bzw. Zweifachstreuverfahren. Der mittlere Detektorstrom $\bar{I}^{(n)}$ nimmt bei festem V mit n zu bis auf einen Maximalwert und nimmt dann wieder langsam ab, wie Bild 3.10 schematisch zeigt. Im allgemeinen arbeitet man bei sehr viel kleineren Dichten als n_{max} und erhöht die Signalamplitude durch genügend hohe Laserleistung.

Signal-Rausch-Verhältnis. Die Rauschquellen, die berücksichtigt werden müssen, sind Hintergrundstrahlung, thermisches Rauschen des Detektors und Schrotrauschen des Signals und des Referenzstrahls, hervorgerufen durch das Photonenrauschen der Laserstrahlung.

Die beiden ersten Rauschquellen können durch ein optisches Schmalbandfilter, durch Kühlung des Detektors oder ausreichende Signalhöhe unterdrückt werden. Die wesentliche Rauschquelle ist das Rauschen der Laserstrahlung.

Für das Verhältnis zwischen Signalleistung und Rauschleistung SRV am Arbeitswiderstand eines Photomultipliers gilt unter diesen Voraussetzungen

$$(\text{SRV}) = (\lambda \eta A / h c \, \Delta f) \, [S_1 S_2 / (S_1 + S_2)], \qquad (3.19)$$

η ist der Quantenwirkungsgrad der Photokathode (für eine Kathode vom Typ S 20 und $\lambda = 0{,}633 \, \mu\text{m}$ ist $\eta = 0{,}05$, bei $\lambda = 0{,}488 \, \mu\text{m}$ ist $\eta = 0{,}2$), A die bestrahlte Fläche der Kathode, c die Lichtgeschwindigkeit, Δf die Bandbreite des elektronischen Systems (Abschnitt 1.5.3.).

Für Referenzstrahlverfahren vereinfacht sich (3.19), weil die Intensität S_R des Referenzstrahles viel größer ist als die des Signals S_{SR} ($S_R \approx 10^{-8} \, \text{W cm}^{-2}$ ist bestimmt durch die Sättigung des Multipliers). Es ergibt sich:

$$(\text{SRV})_R = (\lambda \eta A / h c \, \Delta f) S_{SR}. \qquad (3.20)$$

Bei Zweifachstreuung mit den Streulichtintensitäten S_{S1} und S_{S2} gilt

$$(\text{SRV})_S = (\lambda \eta A / h c \, \Delta f) \, [S_{S1} S_{S2} / (S_{S1} + S_{S2})]. \qquad (3.21)$$

Beim Vergleich der beiden Formeln ist zu berücksichtigen, daß unter sonst gleichen Bedingungen $S_{S1} \approx S_{S2} \gg S_{SR}$ gemacht werden kann, da der Öffnungswinkel der Detektoroptik bei Zweistrahlverfahren sehr viel größer sein darf als bei Referenzstrahlverfahren (Abschnitt 3.1.2.), so daß bei Differenz-Doppler-Systemen das Signal-Rausch-Verhältnis normalerweise höher ist als für Referenzstrahlsysteme[1]. Das Signal-Rausch-

---

[1] Häufig befindet sich das Meßobjekt zwischen Beobachtungsfenstern oder das Meßvolumen liegt nahe an einer Oberfläche. Dann kann ebenso wie bei hohen Teilchendichten Streulicht, das nicht aus dem Meßvolumen stammt, auf den Detektor gelangen. Der Beitrag des Photonenrauschens dieses Streulichts S_H ist dann nicht mehr zu vernachlässigen. Dann ist (3.19) zu verwenden in der Form

$$(\text{SRV}) = (\lambda \eta A / h c \, \Delta f) \, [S_1 S_2 / (S_1 + S_2 + S_H)].$$

Verhältnis muß dem auf den Detektor folgenden elektronischen System angepaßt sein.

Signalauswertung. Für die Messung der Doppler-Frequenz haben sich folgende Geräte als geeignet erwiesen: Spektrumanalysator, Frequenzdiskriminator, Frequenzzähler, Korrelator, Interferometer.

Im folgenden werden die Eigenschaften der wichtigsten heute gebräuchlichen Systeme zur Messung der Doppler-Frequenz kurz beschrieben. Ein universell einsetzbares Gerät gibt es bisher nicht, die Auswahl richtet sich nach dem erzielbaren Signal-Rausch-Verhältnis, der Breite des Frequenzbereiches in dem das Signal liegen kann und der Geschwindigkeit, mit der Frequenzänderungen auftreten. Die Auswahl hängt auch davon ab, ob die Meßdaten fortlaufend registriert werden müssen oder nicht.

Der Spektrumanalysator erlaubt die einfachste und übersichtlichste Auswertung des Doppler-Signals. Die Wahrscheinlichkeit für das Auftreten einer Frequenz wird als Funktion der Frequenz auf einem Oszillographen oder Schreiber aufgezeichnet. Die Vorteile dieses Systems sind: Das Signal-Rausch-Verhältnis kann durch Einstellen einer genügend langen Beobachtungszeit verbessert werden. Man erhält einen Überblick über das gesamte Frequenzspektrum, was vor allem bei turbulenten Strömungen wichtig ist. Das Frequenzspektrum enthält allerdings auch Seitenbänder, z.B. die Zwischenfrequenzen axialer Moden. Dem stehen folgende Nachteile gegenüber: Voraussetzung für die Verwendung eines Spektrumanalysators ist eine genügend hohe Dichte von Streuteilchen, damit ein nahezu kontinuierliches Signal vorhanden ist. Das System ist langsam. Rasche Geschwindigkeitsänderungen werden nicht registriert. Der Abstimmbereich ist begrenzt, so daß nur ein bestimmter Geschwindigkeitsbereich mit ausreichender Genauigkeit ausgemessen werden kann. Das Auflösungsvermögen ist relativ gering. Die mittlere Geschwindigkeit kann auf etwa $\pm 1\%$ bestimmt werden. In turbulenten Strömungen kann die Korrelation der Geschwindigkeitsschwankungen nur auf $\pm 5\%$ erhalten werden.

Der Frequenzdiskriminator liefert eine Ausgangsspannung, die der Frequenz am Eingang proportional ist. Die Vorteile der Frequenzdiskriminatoren sind: Gutes Auflösungsvermögen (etwa 0,1%), auch bei veränderlichen Geschwindigkeiten (z.B. turbulente Strömungen). Registrierung der Signale einzelner Streuteilchen. Kontinuierliche Aufzeichnung. Die Nachteile sind: Das SRV muß groß sein (10 dB bis 20 dB). Eine lineare Frequenz-Spannungs-Charakteristik über große Frequenzbereiche ist erwünscht, aber schwer zu verwirklichen. Der Frequenzbereich ist durch den Schmitt-Trigger nach oben begrenzt und reicht bis etwa 20 MHz. Eine Verbesserung des SRV läßt sich erzielen, wenn anstelle des festen Bandfilters vor dem Verstärker ein abstimmbares Filter verwendet wird. Die Filter müssen sehr sorgfältig dimensioniert sein, um unerwünschte Effekte zu vermeiden [3.19].

Frequenzzähler erlauben eine rasche und genaue Frequenzmessung bei sehr geringer Teilchendichte, die zum Auftreten sogenannter „bursts" führt (Bild 3.9). Es ergibt sich damit ein Mittelwert der Geschwindigkeit für jedes einzelne Streuzentrum. Voraussetzung für hohe Meßgenauigkeit ist das Vorliegen einer hohen Zahl von Perioden und ein gutes Signal-Rausch-Verhältnis. Störungen entstehen vor allem durch Interferenz zwischen den Signalen mehrerer, dicht aufeinander folgender Teilchen. Bisher sind zwei Verfahren beschrieben worden, die diese Störungen ausschalten können [3.20, 3.21]. Beim ersten Beispiel dient eine aufwendige Signalformung und eine komplizierte Logik, auf die hier nicht eingegangen werden kann, zur Vermeidung von Meßfehlern. Dafür können auch Signale mit wenig Perioden (8) und relativ geringem Signal-Rausch-Verhältnis ausgewertet werden. Beim zweiten Beispiel, das mit zwei Zählern arbeitet, ist der apparative Aufwand geringer, dafür sind die Anforderungen an das Signal-Rausch-Verhältnis groß (etwa 25 dB) und die Signale müssen eine vorgegebene Zahl von Perioden haben (in diesem Fall mindestens 20). Das Prinzip beruht darauf, jeden Zähler eine vorgegebene Zahl von Perioden N_1, N_2 zählen zu lassen. Die zugehörigen Meßzeiten sind T_1 und T_2. Nur die Signale werden gewertet, für die die Ungleichung

$$|N_1/T_1 - N_2/T_2| < \varepsilon \tag{3.22}$$

erfüllt ist. Wegen der stets vorhandenen kleinen Unterschiede zwischen den beiden Zählern darf ε nicht Null gesetzt werden. Es kann jedoch sehr klein sein, z. B. 10^{-3}.

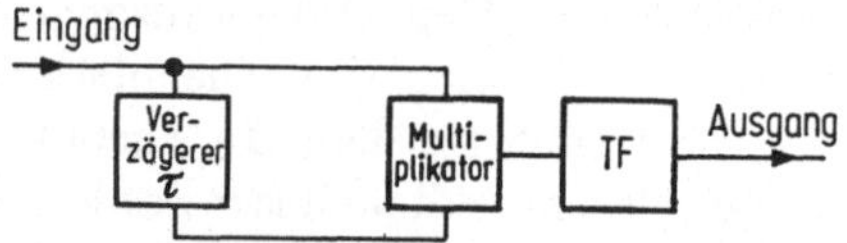

Bild 3.11. Autokorrelator. TF Tiefpaßfilter.

Der Autokorrelator (Prinzipschaltbild in Bild 3.11) kann sehr schwache Signale analysieren. Er bildet die Autokorrelationsfunktion $C_{V,V}(\tau)$ zweier Signale $V(t)$, $V(t-\tau)$:

$$C_{V,V}(\tau) = \lim_{T \to \infty} \frac{1}{2T} \int_{T}^{-T} V(t)\, V(t-\tau)\, \mathrm{d}t. \tag{3.23}$$

Für jeden Wert τ liefert der Korrelator nach Bild 3.11 eine bestimmte Ausgangsspannung. Durch Aufnahme vieler Punkte ergibt sich das

Autokorrelogramm. Die Verwendung von Korrelatoren ist nur bei sehr schwachen Signalen oder Signalen mit ungünstigem Signal-Rausch-Verhältnis sinnvoll, denn wegen der zahlreichen Mittelwertbildungen erfordert die Aufnahme eines Autokorrelogramms eine lange Beobachtungszeit, in der die Geschwindigkeit konstant bleiben muß. Ein Beispiel für die Verwendung eines Korrelators für die Signalanalyse bringt [3.22].

Bei großen Geschwindigkeiten (z. B. Überschallströmungen) werden die Doppler-Frequenzen so hoch, daß sie mit Photomultipliern nicht mehr aufgelöst werden können (Grenze etwa 200 MHz). Auch die Schnittwinkel der Bündel können zum Herabsetzen der Frequenz nicht beliebig verkleinert werden, da dadurch das Meßvolumen vergrößert wird und der Fehler der Frequenzbestimmung zunimmt. Mit Photodioden erreicht man zwar Frequenzgrenzen von 2 GHz, doch ist die Empfindlichkeit um 2 Zehnerpotenzen geringer als bei Multipliern, weshalb sie selten eingesetzt werden.

Die Frequenzgrenze von Photomultipliern kann bis in den Gigahertzbereich durch Mischen der Signalfrequenz mit einem Lokaloszillator in der Röhre erhöht werden [3.29].

Eine andere Möglichkeit, große Signalfrequenzen zu analysieren, stellt die Signalauswertung mit Hilfe von Interferometern dar. Besonders geeignet ist ein konfokales Interferometer, da es gegen mechanische Störungen relativ unempfindlich ist. Das Interferometer muß an den speziellen Verwendungszweck genau angepaßt werden. Geeignete Interferometer sind heute handelsüblich. Die Einzelheiten für die Dimensionierung finden sich in [3.24]. Die wesentlichen Größen, die geeignet gewählt werden müssen, sind:

a) Der nutzbare Frequenzbereich $\Delta\nu_\mathrm{f}$, in dem eine eindeutige Zuordnung der Frequenzen möglich ist. Es ist

$$\Delta\nu_\mathrm{f} = c/4L, \tag{3.24}$$

(c Lichtgeschwindigkeit, L Spiegelabstand). Die auftretenden Doppler-Frequenzen müssen kleiner als $\Delta\nu_\mathrm{f}$ bleiben ($\Delta\nu_\mathrm{f}$ wird $c/2L$ wenn das Licht parallel zur optischen Achse eingestrahlt wird!).

b) Die Finess F, die durch das Reflexionsvermögen R der Spiegel bestimmt wird, ist:

$$F = \Delta\nu_\mathrm{f}/\Delta\nu_\mathrm{m} \quad \text{mit} \quad \Delta\nu_\mathrm{m} = c(1 - R^2)/4\pi LR. \tag{3.25}$$

$\Delta\nu_\mathrm{m}$, die Halbwertsbreite der Durchlaßkurve, bestimmt die kleinste auflösbare Frequenz. Es hat jedoch keinen Sinn, die Finess zu weit zu steigern, weil aus technischen Gründen der Durchlaßgrad des Interferometers mit steigendem Reflexionsvermögen der Spiegel abnimmt. Im allgemeinen begnügt man sich mit F zwischen 100 und 300.

c) Die Etendu U, das Produkt aus Apertur A des Interferometers und Raumwinkel Ω, bestimmt den räumlichen Öffnungswinkel Ω, den das einfallende Licht haben darf und damit die Leistung des durchgelassenen Streulichtes. Die durchgelassene Leistung ist proportional zu U. Durch Steigern von U nimmt das Auflösungsvermögen des Interferometers ab.

Die Signalauswertung ist bei der Verwendung eines abstimmbaren Interferometers besonders einfach [3.25]. Beim Verändern des Spiegelabstandes um $\lambda/4$ mit Hilfe einer Piezokeramik wird ein nutzbarer Wellenlängenbereich durchfahren. Fällt außer dem Streulicht auch noch Referenzlicht in das Interferometer, so registriert ein Photomultiplier zwei Intensitätsmaxima. Die Spannungsdifferenz an der Piezokeramik zwischen den beiden Maxima gibt den Frequenzabstand an (Bild 3.12).

Bei der Verwendung eines Interferometers darf der Laser (wegen der notwendigen Lichtintensität sind nur Ar^+-Laser geeignet) nur in einem einzigen Modus frequenzstabil emittieren.

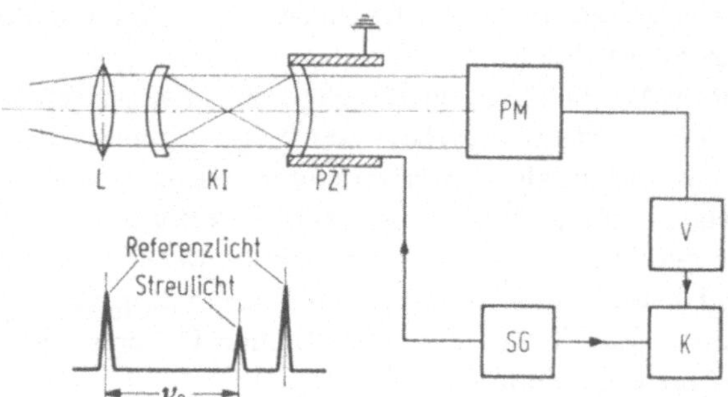

Bild 3.12. Messung der Doppler-Frequenz mit einem abstimmbaren Interferometer. KI Konfokales Interferometer, PZT Piezokeramik, PM Photomultiplier, V Verstärker, SG Sägezahngenerator, K Kathodenstrahloszillograph.

3.1.5. Meßfehler und Auflösungsvermögen

Die Kenntnis des räumlichen Auflösungsvermögens ist aus drei Gründen von Bedeutung: Es bestimmt den Bereich, über den Geschwindigkeitsfluktuationen und Gradienten gemittelt werden, die Teilchendichte, die notwendig ist, um ein kontinuierliches Signal zu erhalten und die Bandbreite des Doppler-Signals. Der erste Fehler wird durch Verkleinern des Meßvolumens vermindert, der andere durch Vergrößern. Zwischen diesen beiden Forderungen ist ein Kompromiß zu schließen, der vom speziellen Meßproblem abhängt. Das räumliche Auflösungsvermögen ist durch das Meßvolumen bestimmt, dessen Größe nun abgeschätzt werden soll, weil eine genaue Bestimmung nur experimentell und mit erheblichem Aufwand möglich ist.

Nach Bild 3.13 ist das Meßvolumen durch die Durchdringung von zwei Lichtbündeln mit Gaußscher Intensitätsverteilung bestimmt. Zur Abschätzung wird angenommen, daß das Signal nicht mehr meßbar ist, wenn die Streulichtintensität auf e^{-2} abgenommen hat. Das Meßvolumen

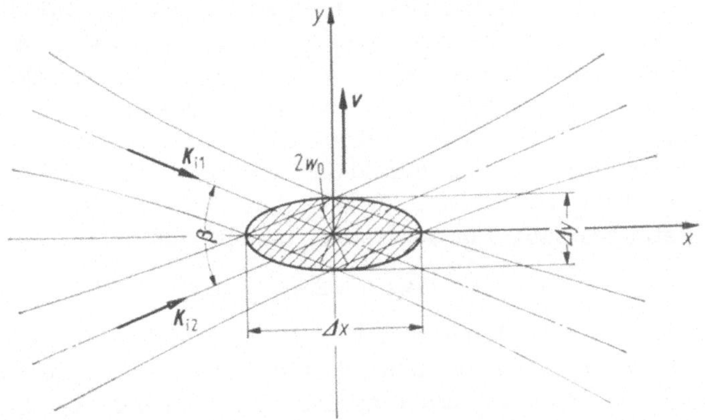

Bild 3.13. Meßvolumen. Auf der Ellipse liegen die Punkte, an denen die Intensität auf e^{-2} abgenommen hat.

ist in diesem Fall ein Rotationsellipsoid, wobei zur weiteren Vereinfachung angenommen wurde, daß die Strahltaillen in der Brennebene der Linse liegen[1]. Dann gilt nach Abschnitt 1.3.3. für den Radius w_0 der Strahltaillen

$$w_0 = f\lambda/\pi w_0' \tag{3.26}$$

(f Brennweite der Beleuchtungslinse, w_0' Radius der Strahltaille vor der Linse).

Für die Achsen Δx, Δy, Δz des Ellipsoids ergibt sich

$$\left.\begin{aligned} \Delta x &= \frac{2w_0}{\sin(\beta/2)} \Delta x = 2w_0/\sin(\beta/2), \\ \Delta y &= \frac{2w_0}{\cos(\beta/2)} \Delta y = 2w_0/\cos(\beta/2), \\ \Delta z &= 2w_0. \end{aligned}\right\} \tag{3.27}$$

Der Winkel β ist im allgemeinen nicht groß ($\beta < 20°$), so daß die Ausdehnung in der x-Richtung groß wird gegen die in y-Richtung. Über

---

[1] Überlappen sich die Bündel nicht in der Strahltaille, ist eine weitere Frequenzverbreiterung möglich [3.31].

diese Ausdehnung erfolgt die Mittelung von Geschwindigkeitsgradienten. Der Radius w_0 darf nicht zu klein werden, weil durch die begrenzte Flugzeit des Teilchens das Spektrum der Doppler-Frequenz verbreitert wird, so daß also die räumliche Auflösung nicht beliebig verbessert werden kann. Ein Meßvolumen von etwa 10^{-3} mm³ ist aber bei Geschwindigkeiten unter 500 ms⁻¹ erreichbar.

In [3.3] ist die Messung der Geschwindigkeit in einer laminaren Strömung in einem Rohr angegeben. Die parabolische Geschwindigkeitsverteilung führt wegen des endlichen Meßvolumens zu einer asymmetrischen Verteilung der Doppler-Frequenz, so daß die mittlere Geschwindigkeit nicht mehr ohne weiteres bestimmt werden kann.

Die begrenzte Verweilzeit des Streuteilchens im Meßvolumen führt zu einer Signalform, wie sie in Bild 3.9 gezeigt ist. Ein solches Signal hat eine endliche Bandbreite, die sich aus der Fourier-Analyse des Signals bestimmen läßt. Für die Halbwertsbreite gilt

$$\Delta \nu_\mathrm{D} = v/\Delta y. \tag{3.28}$$

Weil mit zunehmender Bandbreite $\Delta \nu_\mathrm{D}$ die Unsicherheit in der Bestimmung der Mittenfrequenz zunimmt, darf also die Ausdehnung des Meßvolumens in der Strömungsrichtung nicht zu klein sein. Die zulässige Größe von Δy ergibt sich aus (3.3) bzw. (3.6) und (3.28).

Bei Referenzstrahlverfahren tritt eine Frequenzunschärfe durch den endlichen Öffnungswinkel der Empfangsoptik auf, für die gilt

$$\frac{\Delta \nu_\mathrm{D}}{\nu_\mathrm{D}} = 2\,\frac{\nu_\mathrm{D}(\Phi_0 + \Delta\Phi_0) - \nu_\mathrm{D}(\Phi_0)}{\nu_\mathrm{D}(\Phi_0)} = 2\,\frac{\cos\left(\Phi_0 - \dfrac{1}{2}\Delta\Phi_0\right) - \cos\Phi_0}{\cos\Phi_0}$$

$$= \frac{\sin\Phi_0\,\Delta\Phi_0}{\cos\Phi_0} = \tan\Phi_0\,\Delta\Phi_0. \tag{3.29}$$

$$\Delta\Phi_0 = D/f.$$

(D Linsendurchmesser, f Brennweite, Φ_0 Streuwinkel).

Der Öffnungswinkel der Empfangsoptik in der Ebene senkrecht zu der von K_L und K_S gebildeten Ebene verursacht nur eine geringe Frequenzunschärfe, die bei einem Öffnungswinkel von 20° erst 2 % beträgt. Diese Unschärfe tritt auch bei Systemen mit Zweifachstreuung auf. Der Öffnungswinkel der Beleuchtungsbündel wirkt sich nur wenig aus, da die Wellenfronten in der Nähe der Strahltaille als eben angesehen werden dürfen (Fußnote S. 113).

Die Trägheit der Streuteilchen verursacht Meßfehler bei der Bestimmung von Geschwindigkeitsänderungen (Abschnitt 3.1.2.).

3.1.6. Anwendungsbeispiele

Die Bestimmung von Geschwindigkeiten mit Hilfe des Doppler-Effektes
von Licht ist bisher vorwiegend bei Strömungen in Flüssigkeiten und
Gasen angewendet worden. Außer der mittleren Geschwindigkeit [3.4,
3.19, 3.32] und der Verteilung von Geschwindigkeiten über einen Querschnitt [3.8, 3.10] sind auch Turbulenzen [3.3, 3.26, 3.27] und Stoß-
wellen [3.8] vermessen worden. Als Beispiele für Messungen an festen
Körpern sollen die Schwingungsanalyse von Turbinenschaufeln [3.28],
Untersuchungen der Bewegung der Kugeln in Kugellagern [3.12], die
Messung der Geschwindigkeit von Flugkörpern [3.29] und die Ermittlung
der Geschwindigkeit von Papierbändern [3.30] erwähnt werden. Diese
Übersicht ist unvollständig und soll nur einige typische Anwendungsfälle zeigen. Eine wesentlich umfangreichere Zusammenstellung findet
sich in [3.33].

Die zahlreichen Anwendungsfälle und die Notwendigkeit, die System-
parameter den Meßbedingungen anzupassen, haben zur Entwicklung
zahlreicher kommerzieller Geräte[1] geführt.

3.2. Kurzzeit- und Hochgeschwindigkeitsphotographie

3.2.1. Einleitung

Bereits im Jahr 1877, als die Photographie noch am Anfang ihrer glänzenden Entwicklung stand, beantwortete die erste Anwendung der
Hochgeschwindigkeitsphotographie mit einer Serie von 24 Bildern die
bis dahin sehr umstrittene Frage, ob ein galoppierendes Pferd immer
mit einem Huf den Boden berührt, mit einem eindeutigen „nein".

Seitdem bildet die Hochgeschwindigkeitsphotographie als „Mikroskopie der Zeit" in Technik und Wissenschaft ein unentbehrliches Hilfsmittel bei der Untersuchung schneller Bewegungsabläufe.

[1] Sonderforschungsbereich 80, Universität Karlsruhe, Deutschland.
DISA, Herlev, Dänemark.
Cambridge Consultants Ltd., Bar Hill, Cambridge, England.
Decca Radar Ltd., Walton on Thames, Surrey, England.
Precision Devices & Systems Ltd., Malvern, Worcester, England.
Goerz-Electro GmbH, Wien, Österreich.
Institut of Applied Physics, Technisch Physischer Dienst, Delft, Niederlande.
General Electric Co., Schenectady, New York, USA.
Raytheon, Waltham, Massachusets, USA.
Science Application Inc., Tollahoma, Tennessee, USA.
Sycamore Systems Inc., West Lafayette, Indiana, USA.
Thermo Systems Inc., Minneapolis, Minnesota, USA.
TRW Systems Inc., Redondo Beach, California, USA.

Ganz neue Anwendungsgebiete erschloß in jüngster Zeit die Anwendung von Bildverstärkern und die Einführung neuer Beleuchtungsquellen. Neben gepulsten Elektronen- und Röntgenstrahlen ist dabei hauptsächlich der Laser zu nennen. Seine Bedeutung wird unterstrichen durch die rasch zunehmende Zahl von Hochgeschwindigkeitsuntersuchungen, über die in der Fachliteratur berichtet wird [3.35 bis 3.39].

3.2.2. Laserlichtquellen

Mit Strahlungsdichten bis zu 10^{16} W cm^{-2} sr^{-1} übertrifft der Laser konventionelle Lichtquellen um viele Größenordnungen. Die Bedeutung dieser Tatsache für die Hochgeschwindigkeitsphotographie wird sofort klar, wenn man sich an eine Grundregel der Photographie und an einen fundamentalen Satz der Optik erinnert. Danach muß die Belichtungszeit um so kürzer sein, je schneller die Bewegung des Aufnahmeobjekts ist, und andererseits beim Übergang zu kürzeren Belichtungszeiten die Strahlungsdichte des Objekts entsprechend zunehmen. Sie ist jedoch im günstigsten Fall gleich der Strahlungsdichte der Beleuchtungslichtquelle [3.40], so daß auch diese gesteigert werden muß.

Eine Lichtquelle mit einer strahlenden Fläche ΔF, die unter einem Winkel Θ zur Flächennormalen je Raumwinkeleinheit eine Leistung P abstrahlt, besitzt eine Strahlungsdichte [3.40]

$$S = \frac{P}{\Delta F \, \Delta \Omega \, \cos \Theta}. \tag{3.30}$$

Da Laserlichtquellen Strahlung mit geringer Winkeldivergenz ϑ aussenden, gilt für den Raumwinkel näherungsweise $\Delta \Omega \approx \pi \vartheta^2$. Wird als Emissionsfläche ein Kreis mit dem Durchmesser D angenommen, so erhält man als axiale Strahlungsdichte eines Lasers

$$S = \frac{4P}{\pi^2 D^2 \vartheta^2}. \tag{3.31}$$

Neben ihrer hohen Strahlungsdichte haben Laser noch eine Reihe weiterer Eigenschaften, die sie für die Kurzzeit- und Hochgeschwindigkeitsphotographie interessant machen:

a) Mit Lasern lassen sich sehr kurze Blitzzeiten von der Größenordnung einer Pikosekunde (10^{-12} s) erreichen, so daß auch die schnellsten Objekte scharf abgebildet werden können.

b) Dank seiner hohen Pulsfolgefrequenzen können Bilder im Abstand von Nanosekunden aufgenommen werden. Dann erscheinen auch sehr schnelle Vorgänge zeitlich aufgelöst.

c) Durch Fokussieren der Laserstrahlen mit ihrer häufig nur durch die Beugung begrenzten Strahldivergenz lassen sich Punktlichtquellen herstellen, die zur Registrierung hochaufgelöster Schlieren- und Schattenbilder gut geeignet sind.

d) Für interferometrische Aufnahmen bieten sich Laserlichtquellen wegen ihrer geringen spektralen Breite an. Sie ermöglicht außerdem, die bei Untersuchungen selbstleuchtender Objekte störende Untergrundstrahlung durch schmalbandige Interferenzfilter abzublocken.

e) Mit Hilfe holographischer Techniken (siehe Abschnitt 4.3.) können mit Lasern auch dreidimensionale Kurzzeitphotographien und Bilderserien aufgenommen werden.

Selbst einfache HeNe-Laser mit einer Dauerstrichleistung von einigen Milliwatt stellen bereits brauchbare Lichtquellen für die Kurzzeitphotographie dar. Ihre Strahlungsdichten von $10^5\,\mathrm{W\,cm^{-2}\,sr^{-1}}$ erlauben nämlich Belichtungszeiten von 10^{-6} s.

Wenn höhere Dauerstrichleistungen bis zu einigen Watt benötigt werden, bieten sich Ionenlaser an. Eine noch wesentlich höhere Leistung bis zu einigen Kilowatt gibt der CO_2-Laser ab. Obwohl seine große Wellenlänge ($\lambda = 10{,}6\,\mu\mathrm{m}$) bei Plasmauntersuchungen vorteilhaft ist[1], leidet die Anwendbarkeit dieses Lasers noch sehr am Fehlen eines geeigneten Aufnahmematerials. Zur Zeit wird mit Flüssigkristallschichten und Bildwandlern experimentiert [3.42, 3.43], bzw. das Bild direkt in eine Photoemulsion eingebrannt [3.44].

Wie in den Abschnitten 1.2. und 1.4. gezeigt wird, können Dauerstrichlaser aufgrund externer oder interner Modulation auch kurze Lichtpulse abgeben. Besonders bei Ionenlasern empfiehlt sich dabei eine neuartige Auskopplung der Laserenergie aus dem Resonator, bei der mit einem akustischen Lichtablenker in Form kurzer Pulse eine wesentlich höhere Leistung entnommen werden kann, als mit einem teildurchlässigen Spiegel [3.45]. Typisch für einen Argonlaser sind dabei Pulsdauern von 15 ns und darüber, Pulsfolgefrequenzen bis zu 20 MHz und Pulsenergien im Mikrojoule-Bereich [3.46].

Bei den meisten Untersuchungen werden jedoch gütegeschaltete Rubinlaser verwendet. Das Prinzip der Güteschaltung wurde bereits in Abschnitt 1.2. beschrieben. Es liefert 10 ns bis 50 ns lange Pulse mit Energien von einigen Millijoule bis zu mehreren Joule bei Einzelblitzen (Bild 3.14). Alle Güteschalter kommen in Frage, jedoch lassen sich die Lichtpulse mit schnellen elektrooptischen Modulatoren vom Typ der Pockels- und Kerr-Zellen mit zeitlichen Unbestimmtheiten von wenigen

---

[1] Der Brechungsindex eines Gases freier Elektronen $n = \sqrt{1 - n_e/n_c}$ hängt von der Elektronendichte n_e und einer kritischen Dichte n_c ab. Letztere ist proportional zu λ^{-2}, so daß mit größeren Wellenlängen noch geringere Elektronendichten meßbar sind. Über IR-Messungen an Plasmen mit CO_2-Lasern siehe z. B. [3.41].

Nanosekunden wesentlich präziser auslösen, als mit billigeren Dreh-spiegel- und Farbstoffschaltern, bei denen ein „Jitter" von 50 μs vor-kommt.

Für viele Anwendungen sind diese Pulse immer noch zu lang. Sie können dann durch eine zusätzliche Kerrzelle außerhalb des Laser-resonators auf einige 10^{-10} s verkürzt werden. Wesentlich einfacher, wenn

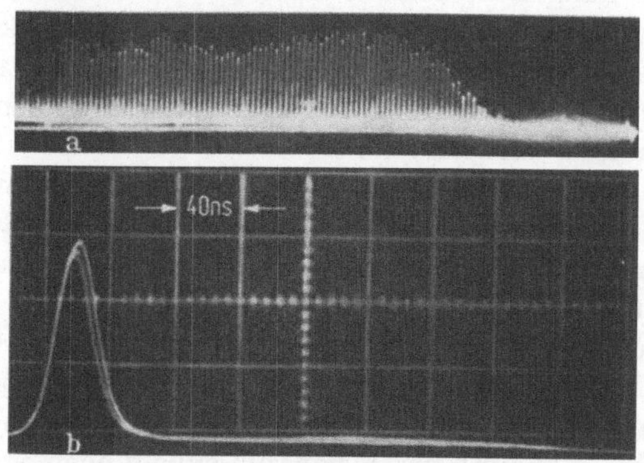

Bild 3.14. a) Pulsfolge eines mit einer Pockelzelle gütegeschalteten Rubinlasers. Die Energie der Pulse beträgt im Mittel 0,04 J, die Pulsfolgefrequenz 125 kHz; b) Das Oszillogramm zweier Einzel-pulse zeigt die Gleichförmigkeit der Einzelpulse [3.47].

auch schlechter reproduzierbar, ist es dagegen, durch Fokussierung des Laserstrahls ein Plasma zu erzeugen, das bereits unmittelbar nach seiner Entstehung die erzeugende Strahlung absorbiert, so daß die durch-gehende Lichtintensität sehr steil abfällt (Bild 3.15). Noch kürzere Pulse liefern modengekoppelte Laser (Abschnitt 1.2.), die eine Folge von Pikosekundenpulsen liefern, deren zeitlicher Abstand gleich der Umlauf-zeit eines Photons im Resonator ist.

Für die Kurzzeitholographie werden Pulslaser benötigt, die im TEM_{00}-Betrieb in einer festen longitudinalen Mode schwingen. Auch solche Laser sind inzwischen erhältlich. Meistens handelt es sich um gütegeschaltete Rubinlaser, bei denen die transversale Modenselektion innerhalb des Resonators durch eine justierbare Blende und die longitudinale Selektion durch ein zusätzliches Etalon oder den Farbstoffgüteschalter erfolgt [3.49].

Halbleiterlaser werden bis jetzt nur vereinzelt in der Hochgeschwin-digkeitsphotographie eingesetzt. Dasselbe gilt für Farbstofflaser, doch werden sich diese vermutlich schon in naher Zukunft stärker durch-setzen. Eine besondere Erwähnung verdient der Superstrahler. Bei ihm trifft ein wenige Nanosekunden langer, starker Elektronenpuls auf ein dünnes Halbleiterplättchen und erzeugt dort eine so hohe Besetzungs-inversion, daß sich ein kurzer, intensiver Superstrahlungsimpuls ausbildet (Abschnitt 1.2.). Ein Vorteil des Superstrahlers ist, daß mit einem Gerät, nämlich mit einer leistungsfähigen Elektronenkanone, Kurzzeit-photographien·mit Elektronen, Röntgenstrahlen und sichtbarem Licht unter Umständen sogar gleichzeitig gemacht werden können [3.50].

Wird die Strahlung eines leistungsfähigen Pulslasers in ein Gas oder auf einen Festkörper fokussiert, so werden diese durch die hohen elektrischen Feldstärken der Lichtwellen ionisiert und es entsteht ein hell leuchtendes Laserplasma, das eine für die Zwecke der Hochgeschwindigkeitsphotographie gut geeignete Lichtquelle abgibt. Mit Laserpulsen von 10 MW und 40 ns Dauer wurden im Spektralbereich von 220 nm bis 500 nm Strahlungsdichten von $10^6\,\mathrm{W\,cm^{-2}\,sr^{-1}}$ erreicht; der Laserstrahl wurde dabei durch eine Linse von 20 mm Brennweite auf eine Glasplatte fokussiert, die sich in Luft befand [3.38]. Andererseits erhält man intensive, weiche Röntgenstrahlung, wenn der Laserpuls im Vakuum auf einen Festkörper fokussiert wird. Laserplasmalichtquellen haben den Vorteil, daß sie ohne elektrische Anschlüsse und ohne mechanische Aufbauten in praktisch beliebiger Entfernung vom Laser zur Verfügung stehen.

In Tabelle 3.1 sind die wichtigsten Eigenschaften der in der Hochgeschwindigkeitsphotographie gebräuchlichen Laser zusammengestellt. Zum Vergleich sind auch Daten konventioneller Lichtquellen aufgeführt.

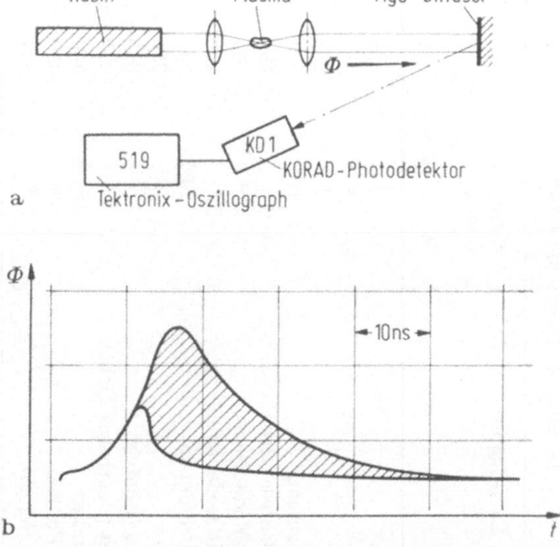

Bild 3.15. a) Anordnung zur Verkürzung von Laserpulsen durch Absorption der Laserstrahlung in dem von ihr erzeugten Plasma; b) Verkürzung des 15 ns langen Pulses eines gütegeschalteten Rubin-Lasers. Der Laser erzeugt mit nachfolgendem Verstärker eine Spitzenleistung von etwa 60 MW [3.48].

Tabelle 3.1. Daten von Lasern und Lichtquellen der Hochgeschwindigkeitsphotographie [3.38, 3.39]

Laser- bzw. Lichtquelle	Strahlungs-dichte	Wellenlänge	Linienbreite	Pulsdauer	Lichtquellen	
					Durchmesser	Divergenz
	$W\ cm^{-2}\ sr^{-1}$	nm	nm	s	cm	rad
HeNe	10^5	633	$< 10^{-3}$	∞	0,3	10^{-3}
Ar-Ionen	$4 \cdot 10^6$	488; 514	$< 10^{-3}$	∞	0,3	10^{-3}
CO_2	$4 \cdot 10^8$	$10,6 \cdot 10^3$		∞	1	10^{-3}
Rubin, freilaufend	$1,5 \cdot 10^8$	694	$< 0,1$	10^{-3}	1	$5 \cdot 10^{-3}$
Rubin mit Güteschaltung	10^{12}	694	$< 0,1$	$(1 \cdots 50) \cdot 10^{-9}$	1	$2,5 \cdot 10^{-3}$
Rubin, Ein-Mode-Betrieb	$2 \cdot 10^{14}$	694	$< 10^{-3}$	10^{-8}	0,4	$2 \cdot 10^{-4}$
Neodym mit Modenkopplung	$4 \cdot 10^{15}$	$1,06 \cdot 10^3$	~ 20	10^{-11}	0,3	10^{-3}
Neodym mit Frequenzverdopplung	$6,5 \cdot 10^{13}$	530	~ 10	$5 \cdot 10^{-12}$	0,5	10^{-3}
Superstrahler	$2,5 \cdot 10^6$	$350 \cdots 750$	5	$2 \cdot 10^{-9}$	0,7	1,5
Laserplasma (Röntgen)	10^4	$0,3 \cdots 1,1$	–	10^{-8}	0,07	2π
Laserplasma (sichtbares Licht)	10^6	$220 \cdots 500$	–	10^{-7}	0,07	2π
Strobokinfunken	$\geqq 10^6$	450	200	10^{-6}	$\lesssim 0,5$	2π
Nanolite-8-Funken	$3 \cdot 10^6$	400	200	$18 \cdot 10^{-9}$	$\sim 0,06$	2π
Röntgen, Strobokin	$7 \cdot 10^5$	$0,005 \cdots 0,1$	$0,01 \cdots 0,2$	$0,2 \cdot 10^{-6}$	0,2	~ 2

3.2.3. Aufnahmeanordnungen und Anwendungsbeispiele

3.2.3.1. Kurzzeitphotographie. In vielen Anwendungsfällen, wie z. B. bei der Darstellung der Verformung einer Geschoßspitze als Folge der aerodynamischen Reibung (Bild 3.16), genügt es, mit kurzer Belichtungszeit ein einziges Bild aufzunehmen. Mit Pulslasern lassen sich solche Aufnahmen besonders leicht herstellen. Neben dem Laser wird lediglich eine einfache Kamera benötigt, die auf das Meßobjekt eingestellt wird. Bei geöffnetem Verschluß wird dann zu einem geeigneten Zeitpunkt ein einzelner kurzer Laserpuls ausgelöst.

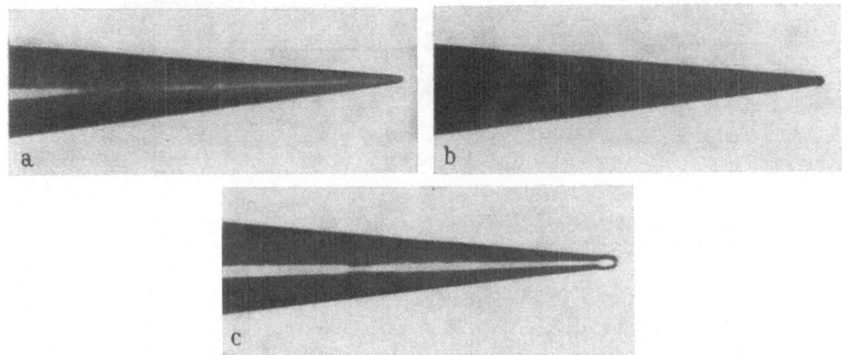

Bild 3.16. Auflicht- und Schattenaufnahmen eines schnell fliegenden Titangeschosses ($v = 3500\,\mathrm{ms}^{-1}$, Basisdurchmesser 25 mm) mit einem gütegeschalteten 80-MW-Rubin-Laser. Bei einem Luftdruck von 10^4 Pa ($\triangleq 75$ Torr) zeigt die halbkugelförmige Spitze nach einer Flugstrecke von 40 m noch keine nachweisbare Verformung (a). Nach einer weiteren Flugstrecke von 25 m hat sich durch die aerodynamische Aufheizung eine Schmelzperle ausgebildet (b), wie man sie auch beim Erhitzen der Spitze des ruhenden Geschosses erhält. Die letzte Aufnahme wurde in 115 m Entfernung vom Abschußort gemacht (c) [3.51].

Zwischen der Geschwindigkeit v des bewegten Objekts und der Pulsdauer τ besteht dabei ein fester Zusammenhang. Wenn mit einem Abbildungsmaßstab m im Bild eine Auflösung von N Linien je Millimeter erreicht werden soll, gilt

$$\tau \leq \frac{1}{N\,m\,v}. \tag{3.32}$$

Das heißt, daß zur Aufnahme eines schnellfliegenden Geschosses ($v = 5 \cdot 10^3$ m s^{-1}) mit einer Auflösung $N = 10$ mm^{-1} im Maßstab 1:1 die Pulsdauer kürzer als 20 ns sein muß.

    Wenn die Photoplatte in definierten Zeitabständen durch mehrere Pulse belichtet wird, können auch Angaben über Geschwindigkeit und Beschleunigung des Meßobjekts gemacht werden (Bild 3.17).

Entsprechend können von transparenten Objekten Kurzzeitschlierenaufnahmen angefertigt werden, die bei vielen Untersuchungen auf den Gebieten der Gasdynamik und Plasmadiagnostik unentbehrliche Hilfsmittel sind. Man bringt bei solchen Aufnahmen zwischen dem Laserbeleuchtungssystem und der Kamera eine Schlierenanordnung an (Bild 3.18). Sie besteht aus einer gut korrigierten Linse, die einen vom Laser beleuchteten Spalt auf die Schlierenblende abbildet. Im einfachsten

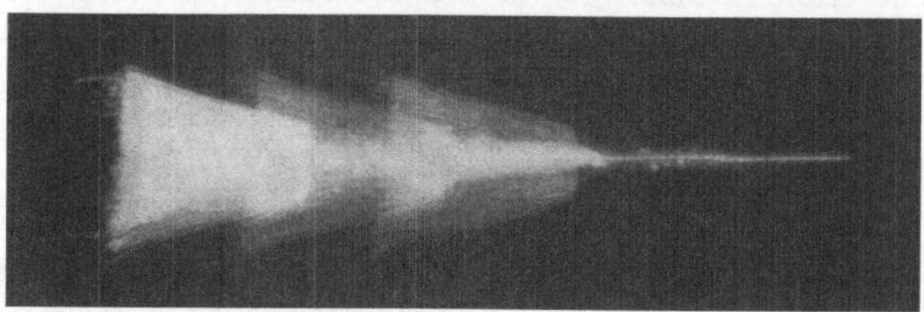

Bild 3.17. Aufnahme eines Luftgewehrgeschosses mit drei Pulsen eines mechanisch gütegeschalteten Rubin-Lasers, Pulsdauer 30 ns, Pulsabstand 130 µs [3.52].

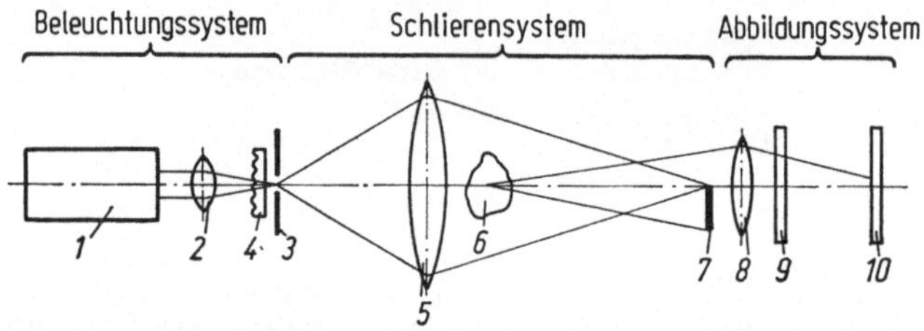

Bild 3.18. Schematische Anordnung zur Aufnahme von Schlierenbildern (nach [3.48]). *1* Laser, *2* Optik zur Ausleuchtung des Spalts *3*, *4* Mattscheibe, *5* Kondensor, *6* Objekt, *7* Schlierenblende, *8* Abbildungslinse, *9* Interferenzfilter zur Unterdrückung des Eigenlichts des Phasenobjekts, *10* Photoplatte.

Fall ist dies eine lichtundurchlässige Schneide. Dann trifft bei Abwesenheit eines Phasenobjekts kein Licht auf den Film, und nur solche Gebiete eines Phasenobjekts werden hell abgebildet, die das Licht so ablenken, daß es die Schlierenblende passieren kann.

Die am Phasenobjekt unter verschiedenen Winkeln abgelenkten Strahlen treten in Abständen von der optischen Achse durch die Ebene des Spaltbilds bzw. der Schlierenblende, die den Ablenkwinkeln proportional sind. Man kann deshalb durch geeignete Blendenkonfigurationen erreichen, daß nur solche Strahlen zum Bild des Phasenobjekts beitragen, die um bestimmte Winkel abgelenkt wurden.

Als Schlierenblenden wurden schon Schneiden, Scheiben, Spalte, Amplituden- und Phasengitter, Phasenplatten und Farbfilteranordnungen verwendet. Bild 3.19 zeigt als Anwendungsbeispiel ein mit einer Schneidenblende aufgenommenes Schlierenbild eines Funkenkanals.

Wird mit einem polarisierten Laserstrahl gearbeitet und die Schlierenblende durch einen Polarisator ersetzt, so können mit derselben Anordnung spannungsoptische Kurzzeitphotographien aufgenommen werden [3.50].

Man kann aber noch einen Schritt weitergehen und statt des Schlieren- bzw. Spannungsoptiksystems ein Interferometer in den Strahlengang bringen; wenn ein Teil der Laserstrahlung frequenzverdoppelt wird

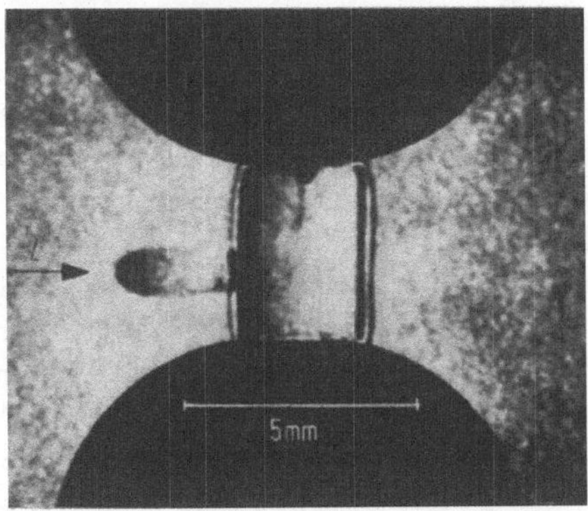

Bild 3.19. Schlierenaufnahme eines zwischen zwei kugelförmigen Elektroden ausgebildeten Funkenkanals. Etwa 200 ns nach der Auslösung des Funkens und 20 ns vor der Belichtung der Schlierenaufnahme wurde die Strahlung eines zweiten gütegeschalteten Lasers in Pfeilrichtung auf die dem Laser zugewandte Seite fokussiert. Als Folge schießt der Laserstrahlung mit hoher Geschwindigkeit ein Plasmaschlauch entgegen ($v = 10^5$ ms^{-1}) [3.48].

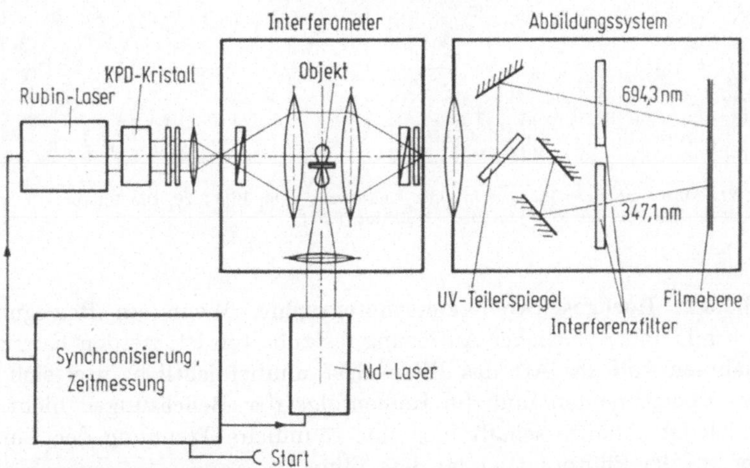

Bild 3.20. Schematischer Aufbau eines Differentialinterferometers zur gleichzeitigen Aufnahme von Kurzzeitinterferogrammen in zwei Wellenlängen [3.54].
Objekt ist ein Plasma, das durch den auf eine 100 µm dicke Aluminiumfolie fokussierten Strahl eines 40-MW-Neodym-Lasers erzeugt wird.

(Abschnitt 1.2.), entstehen dabei sogar gleichzeitig zwei parallaxenfreie, getrennte Interferogramme, die zusätzliche Hinweise auf die Dispersion des Phasenobjekts geben.

Neben üblichen Mach-Zehnder-Interferometern [3.53] läßt sich auch eine besonders einfache Anordnung nach Bild 3.20 anwenden, bei der ein Wollaston Prisma jeden Strahl in zwei Teilstrahlen aufspaltet, die das Phasenobjekt in geringem Abstand durchsetzen. Ein weiteres Wollaston Prisma vereinigt beide Strahlen wieder, so daß auf dem Film Interferenzen entstehen, die ein Maß für die Differenz der optischen Weglängen beider Teilstrahlen sind. Solange das Phasenobjekt größer ist als der Abstand zwischen den beiden Teilstrahlen, arbeitet das Gerät als Differentialinterferometer, wenn aber, wie im vorliegenden Fall, das Phasenobjekt kleiner ist, als dieser Abstand, entstehen zwei Bilder (Bild 3.21). In diesem Fall kann man durch eine geeignete Wahl des Abstands des Objekts von der optischen Achse erreichen, daß ein Interferogramm und ein normales Bild entsteht. Wird in der Brennebene der zweiten Interferometerlinse eine Schlierenblende angebracht, so entsteht ein Interferogramm und zusätzlich ein Schlierenbild. Dann erhält man aus dem Interferogramm Informationen über die optische Dichte des Phasenobjekts und gleichzeitig aus dem Schlierenbild Hinweise auf den Gradienten des Brechungsindex.

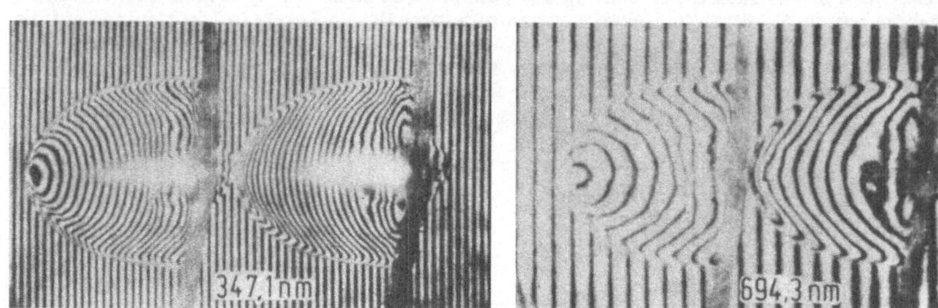

Bild 3.21. Aufnahme eines Plasmas in einer Anordnung nach Bild 3.20. Die Photoplatte wurde 1,2 µs nach dem Puls des Neodym-Lasers belichtet [3.54].

3.2.3.2. Hochgeschwindigkeitsphotographie.

Wenn ein Bewegungsablauf mit hoher zeitlicher Auflösung festzuhalten ist, werden Kurzzeitaufnahmen von der Art des Bildes 3.17 unübersichtlich, weil sich die Bilder überschneiden und die Reihenfolge der Belichtungen nicht ersichtlich ist. Abhilfe schafft hier eine räumliche Trennung der Einzelbilder auf der Photoplatte oder dem Film.

In vielen Fällen genügt eine eindimensionale Abbildung des Meßobjekts. Dann steht die zweite Dimension des Films für die Zeitkoordinate zur Verfügung. Auf diesem Prinzip beruhen die Schmierkameras, bei denen ein spaltförmiger Ausschnitt des Meßobjekts auf einen senkrecht zum Spaltbild gleichförmig bewegten Film abgebildet oder – bei höheren Anforderungen an die Zeitauflösung – mit Hilfe eines Drehspiegels über einen ruhenden Film geführt wird (Bild 3.22). Ein zusätzlicher Verschluß wird für die Dauer eines Trommel- bzw. Spiegelumlaufs geöffnet, so daß der Film nur einmal belichtet wird.

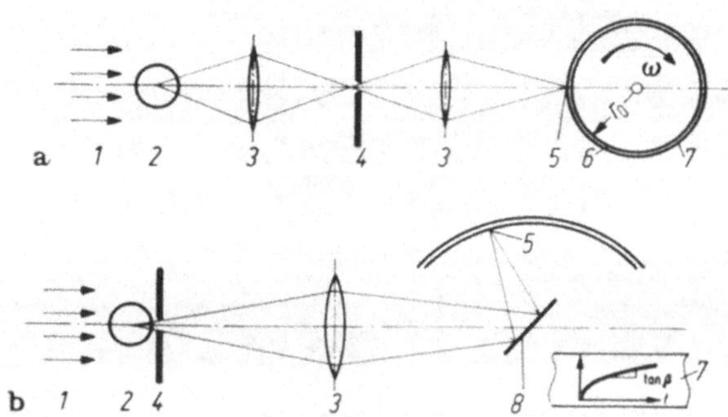

Bild 3.22. Schematischer Aufbau von Schmierkameras. Bei der Trommelkamera (a) ist der Spalt in einer Zwischenbildebene, bei der Drehspiegelkamera (b) direkt am Objekt angebracht. *1* Objektbeleuchtung durch Laserlicht, *2* Objekt, *3* Abbildungslinsen, *4* Spalt, *5* Spaltbild, *6* Trommel, *7* Film, *8* Drehspiegel.

Man kann sich leicht vorstellen, daß bei der Aufnahme eines senkrecht zur Zeichenebene in Spaltrichtung bewegten Objekts, beispielsweise bei der Registrierung einer Druckwelle, der in einer solchen Schmierkamera belichtete Film direkt ein Weg-Zeit-Diagramm liefert, aus dessen Steigung $\tan\beta$ die Geschwindigkeit berechnet werden kann. Es ist

$$v = \frac{k\omega r_0}{m}\tan\beta. \qquad (3.33)$$

Bei Trommelkameras ist $k = 1$ und bei Drehspiegelanordnungen $k = 2$; ω ist die Winkelgeschwindigkeit der Trommel bzw. des Spiegels und r_0 der Trommelradius bzw. der Abstand zwischen Spiegel und Film.

Die Zeitauflösung einer solchen Kamera hängt von der Breite des Spaltbilds auf dem Film und der Relativgeschwindigkeit zwischen Film und Spaltbild ab. Näherungsweise ergibt sich

$$t_{\min} = \frac{mb}{k\omega r_0}. \qquad (3.34)$$

Unter der Annahme einer Spaltbreite $b = 10\ \mu$m kann man für Trommelkameras mit $\omega r_0 \approx 200$ m s^{-1} eine Zeitauflösung von etwa 10^{-8} s erwarten. Bei Drehspiegelkameras liegt dieser Wert etwa eine Größenordnung niedriger.

Eine mit einer Schmiertrommelkamera hergestellte Schlierenaufnahme eines Hochstrombogens zeigt Bild 3.23.

Mit einer modifizierten Schmierkamera kann man Zeitabläufe auch in zweidimensionalen Bildern aufnehmen. Man teilt das Bild dazu in parallele Elemente auf, die dann mit Hilfe von bandförmigen Glasfaserbild-

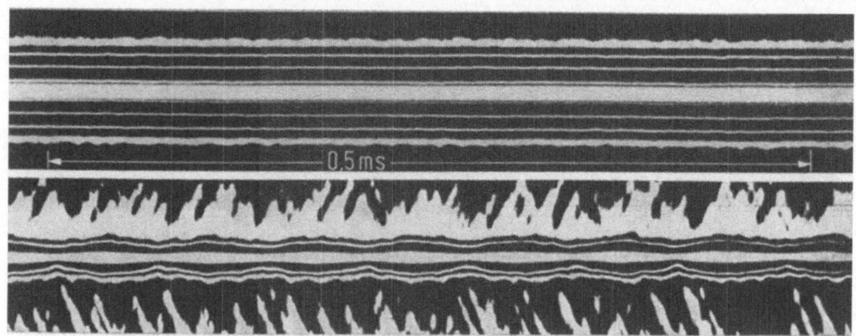

Bild 3.23. Schlierenaufnahme eines stabilen und eines pulsierenden 2000-A-Hochstrombogens mit einer Schmierkamera. Als Schlierenblende diente ein parallel zur Bogenachse ausgerichtetes Amplitudengitter; entsprechend zeigt das Schlierenbild mehrere Maxima. Als Lichtquelle diente ein Ar-Ionenlaser, der 10 ms lange Pulse mit einer Leistung von 10 W erzeugt [3.55].

leitern linear angeordnet werden (Bild 3.24). Bei der Wiedergabe werden die spaltförmigen Bildausschnitte in umgekehrter Richtung durch die Glasfaseroptik projiziert. Eine nach diesem Prinzip arbeitende Kamera ist in [3.56] beschrieben.

Wesentlich einfacher ist dagegen die Aufnahme zweidimensionaler Bilder mit Trommel- und Drehspiegelkameras, wenn das Objekt statt mit einem Dauerstrichlaser mit einem Pulslaser beleuchtet und als ganzes ohne Spalt auf den Film abgebildet wird. Selbstverständlich müssen dabei die durch die Pulsfolgefrequenz ν_P des Lasers gegebene Bildfolgefrequenz, die der Pulsdauer entsprechende Belichtungszeit, sowie Objektgröße D und Abbildungsmaßstab m passend gewählt werden. Die Einzelbilder überschneiden sich nicht und das vorgegebene Auflösungsvermögen N wird erreicht, wenn

$$\nu_\mathrm{P} \le \frac{k\omega r_0}{mD} \quad \text{und} \quad \tau \le \frac{1}{k\omega r_0 N} \tag{3.35}$$

ist. Die obere Grenze der Bildfolgefrequenz läßt sich bei einer Trommelkamera leicht abschätzen. Mit $v_\mathrm{max} = 200\ \mathrm{ms^{-1}}$ und einer Bildgröße von 5 mm erhält man 40 000 Bilder je Sekunde. Entsprechend liegt sie bei Drehspiegelanordnungen mit einigen hundert Kilohertz in einer Größenordnung, die zur Untersuchung vieler technisch wichtiger Vorgänge voll ausreicht. Als Beispiele seien Verbrennungen, Detonationen, Schockwellen und dynamische Spannungsabläufe genannt, die durch Zeitkonstanten von einigen 10^{-5} s beschrieben werden.

Diese Bildfolgefrequenz genügt jedoch nicht zur Darstellung des Zeitablaufs solcher Phänomene der Plasma- und Gasentladungsphysik, bei denen Temperaturen von mehreren Millionen Grad Kelvin und Geschwindigkeiten von über 10^5 ms^{-1} weit höhere Bildfrequenzen bis zu 1 GHz erfordern. Man kann diese hohen Anforderungen erfüllen, indem man einen kurzen Laserpuls mit einer Dauer von 10^{-9} s bis 10^{-12} s durch ein System von Strahlteilern in Einzelpulse aufteilt und diese über verschieden lange Wege leitet [3.47, 3.56]. Da ein zusätzlicher Laufweg von 30 cm eine Verzögerung um 10^{-9} s bewirkt, wird das Objekt auf diese Weise durch eine Folge von Laserblitzen beleuchtet, deren zeitlicher Abstand überdies sehr genau definiert ist. Die Trennung der Einzelbilder ist ebenfalls sehr einfach, wenn man das seit langem von den Cranz-Schardinschen Funkenzeitlupen her bekannte Prinzip übernimmt und das Objekt mit jedem Einzelpuls unter einem etwas verschiedenen Winkel durchstrahlt (Bild 3.25 sowie [3.58, 3.59]). Als Anwendungsbeispiel zeigt Bild 3.26 eine mit einer solchen Kamera aufgenommene Funkenentladung.

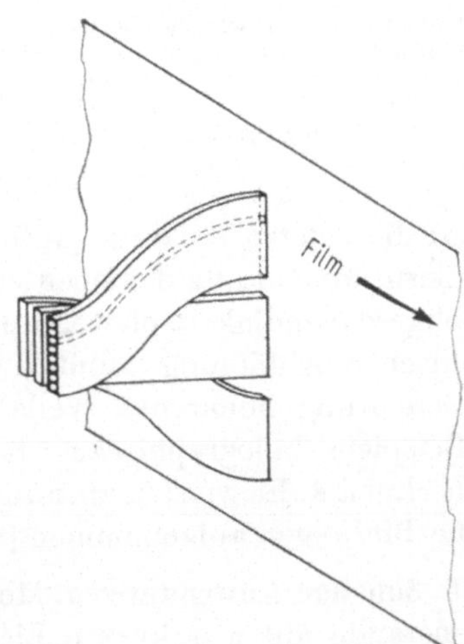

Bild 3.24. Lineare Anordnung der Elemente eines zweidimensionalen Bildes mit Hilfe von Glasfaserbildleitbändern.

Durch gefaltete Strahlengänge [3.60] müßte es möglich sein, solche Aufnahmeanordnungen wesentlich kompakter aufzubauen und den großen Vorteil der sehr genauen Pulsfolgezeiten auch bei niederen Bildfrequenzen auszunützen, bei denen Verzögerungswege im Kilometerbereich notwendig sind.

Elektrooptische Bildwandlerkameras bieten eine weitere Möglichkeit, Schmier- und Einzelbilder mit höchsten Zeitauflösungen aufzunehmen.

Bei ihnen erfolgt die Bildtrennung nicht durch mechanische Film- oder Spiegelbewegungen, sondern durch eine praktisch trägheitslose Steuerung der elektronenoptischen Abbildung. Selbst kommerzielle Geräte erreichen dabei Bildfrequenzen von 10^7 s^{-1} und im Schmierbetrieb Zeitauflösungen von 50 ps [3.61]. Allerdings besitzen solche Bildwandlerkameras im Vergleich zum Film nur eine sehr kleine Aufnahmefläche, da ihre Kathodenflächen höchstens 10 cm^2 groß sind.

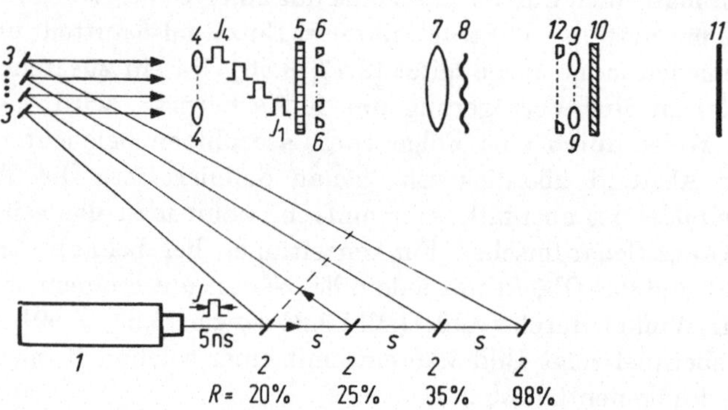

Bild 3.25. Aufbau einer ultraschnellen Kamera (nach [3.48]). *1* Laser mit Verstärker und Pulsformstufe, *2* Strahlteiler mit Angabe des Reflexionsgrads, *3* Spiegel, *4* Linsen zur Spaltbeleuchtung, *5* Mattscheibe, *6* Spalte, *7* Kondensor (f = 30 cm), *8* Objekt, *9* Abbildungslinsen (f = 30 cm), *10* Interferenzfilter, *11* Film. Zur Aufnahme von Schlierenbildern werden Schlierenblenden (*12*) vor die Abbildungslinsen gebracht.

Bis auf die zuletzt genannte Aufnahmetechnik mit elektrooptischen Bildwandlern können alle der oben erwähnten Verfahren der Kurzzeit- und Hochgeschwindigkeitsphotographie auch zur dreidimensionalen holographischen Abbildung benützt werden, wenn zusätzlich eine zur Objektbeleuchtung kohärente Welle auf den Film eingestrahlt wird. Einige Beispiele holographischer Kurzzeitaufnahmen mit Pulslasern bringt Abschnitt 4. Es wurden aber auch schon holographische kinematographische Bildfolgen aufgenommen [3.62 bis 3.64].

3.2.3.3. Sonstige Anwendungen. Modengekoppelte Laser können nicht nur Gegenstände mit ultrakurzen Lichtpulsen beleuchten, sondern mit diesen Pulsen auch optische Verschlüsse steuern, die mit Öffnungszeiten von wenigen Pikosekunden die mit optischen Bildwandlern erreichbaren Zeiten von 300 ps [3.65] weit unterbieten. Diese ultraschnellen Verschlüsse sind im Grund Kerrzellen (Abschnitt 1.4.), bei denen das äußere elektrische Feld durch das elektrische Wechselfeld der Laserwelle ersetzt wird.

Kerraktive Flüssigkeiten werden in einem äußeren elektrischen Feld doppelbrechend, d.h. ihr Brechungsindex für parallel zum elektrischen

Feld polarisierte Strahlung ändert sich um [3.66]

$$\Delta n = K\lambda E^2, \tag{3.36}$$

während er für die dazu senkrechte Polarisationsrichtung unverändert bleibt. Wenn man eine mit CS_2 gefüllte Kerrzelle der Länge $L = 1\,\text{cm}$ als Beispiel betrachtet, so erhält man mit einer Kerrkonstanten $K = 2 \cdot 10^{-12}\,\text{cm V}^{-2}$ und mit $E = 4 \cdot 10^5\,\text{V cm}^{-1}$, der elektrischen Feldstärke der Lichtwelle, die einer Leistungsdichte von $400\,\text{MW cm}^{-2}$ entspricht, eine Phasenverschiebung zwischen beiden Polarisationsrichtungen von

$$\Delta\beta = \frac{2\pi}{\lambda}\Delta nL = 2\pi K E^2 L \approx 2\,\text{rad}. \tag{3.37}$$

Dieser Näherungswert liegt bereits in der erwünschten Größenordnung, so daß man tatsächlich erwarten kann, daß eine solche Kerrzelle zwischen gekreuzten Polarisatoren nur dann Licht durchläßt, wenn sie durch einen Laserpuls „geöffnet" wird.

Ein nach diesem Prinzip arbeitender Verschluß, der durch einen 8 ps langen Puls eines Neodymglaslaser ($\lambda = 1{,}06\,\mu\text{m}$) gesteuert wurde, hatte

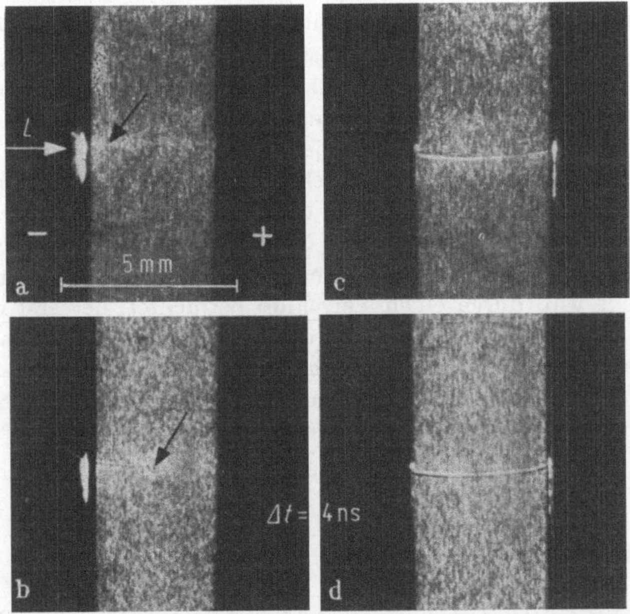

Bild 3.26. Zeitlicher Verlauf einer durch Laserstrahlung eingeleiteten Funkenentladung, aufgenommen mit einer Anordnung nach Bild 3.25 mit einer Bildfrequenz von 250 MHz. Auf dem ersten Bild kann man einen beginnenden Kanal erkennen, der nach 4 ns bis in die Mitte des Entladungsraums vorgewachsen ist. Im dritten Bild hat er die Anode erreicht. Im letzten Bild ist er bereits merklich aufgeweitet [3.48].

bei einer Winkelapertur von 15 Grad eine Öffnungszeit von 10 ps und eine Durchlässigkeit von 5 % bis 10 % im geöffneten und von 0,01 % im geschlossenen Zustand [3.67]. In einer ersten Anwendung wurde das schnellste in der Natur vorkommende Objekt, ein Lichtpuls, beim Flug durch eine streuende Flüssigkeit photographiert. Der annähernd 6 ps lange Lichtpuls wurde synchron zum Steuerpuls durch Frequenzverdopplung der 1,06-μm-Strahlung erzeugt. Er wurde als ein etwa 5 mm langes Lichtband abgebildet, dessen Intensitätsverteilung eine komplizierte Funktion von Pulsform, Pulsdauer und Belichtungszeit ist.

Bei einer weiteren Laseranwendung in der Hochgeschwindigkeitsphotographie wird mit gepulsten Diodenlasern die Zeitauflösung von Trommel-, Drehspiegel- und Bildwandlerschmierkameras experimentell bestimmt [3.68]. Entsprechend kann auch die Schreibgeschwindigkeit solcher Kameras geeicht werden.

Die hohen Schreibgeschwindigkeiten elektrooptischer Bildwandlerkameras lassen sich nur mit Hilfe höchst leistungsfähiger Pulsschaltungen verwirklichen, die 2,5 kV-Pulse mit 3-ns-Anstiegszeiten bei einem Lastwiderstand von 75 Ω liefern. Da diese Spannungspulse außerdem mit kleinstmöglicher Verzögerung und geringster zeitlicher Unbestimmtheit („Jitter") an die Ablenkplatten gelangen müssen, werden solche Schaltungen mit aufwendigen Hochleistungsmikrowellenröhren gebaut. Hier bringt eine lasergezündete Funkenstrecke eine wesentliche apparative Vereinfachung. Es konnten so 15-kV-Pulse von variabler Länge mit Anstiegszeiten unter einer Nanosekunde erzeugt werden [3.69]. Gezündet wurde mit Hilfe eines modengekoppelten Neodymlasers.

Eine nützliche Verbindung zwischen Pulslaser und elektrooptischem Verschluß verspricht das „photographische Radar" zu werden [3.70]. Man beleuchtet dabei das entfernte Objekt mit einem Laserpuls, dessen Dauer wesentlich kürzer ist, als die Laufzeit zum Objekt und zurück. Das Objekt wird durch einen Verschluß betrachtet, der erst dann geöffnet wird, wenn der am Objekt reflektierte Puls zurückkommt. Das längs des Hinwegs in der Atmosphäre gestreute Licht wird so nicht registriert, und man erhält auch unter ungünstigen atmosphärischen Bedingungen, bei Nebel und starkem Dunst, deutliche Bilder.

3.3. Literatur

3.1 Yeh, Y.; Cummins, H. Z.: Localized fluid flow measurements with a HeNe laser spectrometer. Appl. Phys. Letters 4 (1964) 176–178.

3.2 Foreman, J. W.; George, E. W.; Letton, J. L.; Lewis, R. D.; Thorton, J. R.; Watson, H. J.: Fluid flow measurement with a laser Doppler velocimeter. IEEE J. Quant. Electron. QE-2 (1966) 260–266.

3.3 Edwards, R. V.; Angus, J. C.; French, M. J.: Spectral analysis of the signal from the laser Doppler flowmeter: Time independent systems. J. Appl. Phys. 42 (1971) 837–850.

3.4 Huffaker, R. M.: Laser Doppler detection systems for gas velocity measurement. Appl. Opt. 9 (1970) 1026–1039.

3.5 v. Stein, H. D.; Pfeifer, H. J.: Investigation of the velocity relaxation of micronsized particles in shock waves using laser radiation. Appl. Opt. 11 (1972) 305–307.

3.6 v. Stein, H. D.; Pfeifer, H. J.: A Doppler difference method for velocity measurements. Metrologia 5 (1969) 59–61.

3.7 Mayo, Jr., W. T.: Simplified laser Doppler velocimeter optics. J. Phys. E: Sci. Instr. 3 (1970) 235–237.

3.8 Brayton, D. B.; Goethert, W. H.: A new dual-scatter laser Doppler-shift velocity measuring technique. ISA Trans. 10 (1971) 40–50.

3.9 Durst, F.; Whitelaw, J. H.: Optische Anemometer für lokale störungsfreie Geschwindigkeitsmessungen. Laser u. angew. Strahlentechn. (1971) Nr. 3, 15–21.

3.10 Durst, F.; Whitelaw, J. H.: Integrated optical units for laser anemometry. J. Phys. E: Sci. Instr. 4 (1971) 804–808.

3.11 Blake, K. A.; Jesperson, K. I.; Lynch, D.: A traversing laser velocimeter. Optics a. Laser Technol., Nov. 1971, 208–210.

3.12 Bremble, G. R.; Lalor, M. J.; Cleaver, J. W.: An experimental technique for the measurement of the speed of the rolling elements in a roller bearing using a laser anemometer. Optics a. Laser Technol. Nov. 1971, 211–214.

3.13 Mazumder, M. K.; Wankum, D. L.: SNR and spectral broadening in turbulence structure measurement using a cw laser. Appl. Opt. 9 (1970) 633–637.

3.14 Blake, K. A.: Simple two-dimensional laser velocimeter optics. J. Phys. E: Sci. Instr. 5 (1972) 623–624.

3.15 Lennert, A. E.; Brayton, B. D.; Goethert, W. H.; Smith, F. H.: Laser applications for flow field diagnostics. Laser J., März/April (1970) 19–27.

3.16 Stevenson, W. H.: Optical frequency shifting by means of a rotating diffraction grating. Appl. Opt. 9 (1970) 649–652.

3.17 Mazumder, M. K.: Laser Doppler velocity measurement without directional amibiguity by using frequency shifted incident beams. Appl. Phys. Letters 16 (1970) 462–464.

3.18 Farmer, W. M.; Brayton, D. B.: Analysis of atmospheric laser Doppler velocimeters. Appl. Opt. 10 (1971) 2319–2324.

3.19 Wilmshurst, T. H.; Greated, C. A.; Manning, R.: A laser fluid-flow velocimeter of wide dynamic range. J. Phys. E: Sci. Instr. 4 (1971) 81–85.

3.20 Lennert, A. E.; Brayton, D. B.; Crosswy, F. L.; Goethert, W. H.; Kalb, H. T.: Laser Metrology. AGARD Lecture Series 49 (1971).

3.21 Pfeifer, H. J.; v. Stein, H. D.: An automatic data processing system for laser anemometers. IEEE Trans. Aerospace a. Electron. Syst. AES-8 (1972) 345–349.

3.22 Pike, E. R.: The application of photon correlation spectroscopy to laser Doppler measurements. J. Phys. D: Appl. Phys. 5 (1972) L 23–L 25.

3.23 Pietri, G.; Nussli, J.: Entwurf und Eigenschaften moderner Photovervielfacher. Philips Techn. Rdsch. 29 (1968) 228–249.

3.24 Hercher, M.: The spherical mirror Fabry-Perot interferometer. Appl. Opt. 7 (1968) 951–966.

3.25 Jackson, D. A.; Paul, D. M.: Measurement of supersonic velocity and turbulence by laser anemometry. J. Phys. E: Sci. Instr. 4 (1971) 173–177.

3.26 Pfeifer, H. J.; v. Stein, H. D.: A measuring technique to determine the turbulence degree in gas flows with a cw-laser. Opt. Commun. 3 (1971) 387–390.

3.27 Morton, J. B.; Clark, W. H.: Measurements of two-point velocity correlations in a pipe flow using laser anemometers. J. Phys. E: Sci. Instr. 4 (1971) 809–814.

3.28 Kulczyk, W. K.; Davis, Q. V.: Laser Doppler instrument for measurement of vibration of moving turbine blades. Proc. IEE 120 (1973) 1017–1023.

3.29 v. Stein, H. D.; Rateau, P.; Schultze, G.; Koch, B.: New laser interferometry methods of measuring the velocity of high-speed model missiles. Radio and Electron. Engr. 40 (1970) 45–48.

3.30 Penney, C. M.: Differential Doppler velocity measurements. Appl. Phys. Letters 16 (1970) 167–169.

3.31 Hansen, S.: Broadening of the measured frequency spectrum in a differential laser anemometer due to interference plane gradients. J. Phys. D: Appl. Phys. 6 (1973) 164–171.

3.32 Eggins, P. L.; Jackson, D. A.: Laser Doppler velocity measurements in a supersonic flow without artificial seeding. Phys. Letters 42 A (1972) 122–124.

3.33 Bibliography of laser Doppler anemometry literature. Information Dep. DISA ELEKTRONIK A/S, DK-2730 Herlev, Dänemark.

3.34 Drain, L. E.; Mors, B. C.: The frequency shifting of laser light by electro-optic techniques. Opto Electr. 4 (1972) 429–439.

3.35 Nilsson, N. R.; Högberg, L. (Hrsg.): High-Speed Photography. Proc. of the 8th Internat. Congress, Stockholm. New York: Wiley 1968.

3.36 Hyzer, W. G.; Chace, W. G. (Hrsg.): Proc. of the 9th Internat. Congress on High-Speed Photography, Denver 1970. New York: SMPTE 1970.

3.37 10ième Congrès International de Cinématographie Ultra-Rapide, Résumés. Nizza, Sept. 1972.

3.38 Sklizkov, G. V.: Laser applications for high-speed investigations of fast processes. AEC-tr-7166. Englische Übersetzung des Reports Nr. FIPNL-29, Akademiya Nauk SSSR, Moscow Institut Fiziki 1970.

3.39 Büchl, K.: Der Laser – eine Lichtquelle für die Kurzzeitphotographie. Laser u. Elektro-Optik 4 (1972) Nr. 2, 17–26.

3.40 Pohl, R. W.: Optik und Atomphysik. 12. Aufl. Berlin, Heidelberg, New York: Springer 1967.

3.41 Keilmann, F.: An infrared schlieren interferometer for measuring electron density profiles. Plasma Phys. 14 (1972) 111–122.

3.42 Keilmann, F.; Renk, K. F.: Visual observation of submillimeter wave laser beams. Appl. Phys. Letters 18 (1971) 452–454.

3.43 Hugenschmidt, M.; Vollrath, K.: Etude des phenomènes transitoires par un laser TEA-CO_2 associé à un detecteur à cristal liquide. Comptes Rendues Acad. Sci. Paris 274 (1972) 1221–1224.

3.44 Büchl, K.: Production of plasmas with a CO_2 TEA laser from solid hydrogen targets. Inst. f. Plasmaphysik, Garching IPP IV/16 (1971).

3.45 Maydan, D.: A fast modulator for extraction of internal laser power. J. Appl. Phys. 41 (1970) 1552–1559.

3.46 Datenblatt Modell 365 „Acousto-Optic Output Coupler" der Firma Spectra Physics, Mountain View, USA.

3.47 Rowlands, R. E.; Wentz, J. L.: A low-voltage Pockels cell having high-repetition rates and short exposure durations. In [3.36] 51–57.

3.48 Vollrath, K.; Hugenschmidt, M.: Photographische Untersuchung von Höchstgeschwindigkeitsprozessen im mehrfach reflektierten Laserlicht. Siehe [3.35] 284–288.

3.49 Gregor, E.; Davies, J. H.: Überlegungen zum Entwurf einer Holographieanlage im Nanosekundenbereich. Laser u. angew. Strahlentechn. 2 (1970) H. 3, 73.

3.50 Brewster, J. L.; Charbonnier, F. M.; Barbour, J. P.; Grundhauser, F. J.: A new technique for ultra-bright nanosecond flash light generation. In [3.36] 303–309.

3.51 Lankford, J. L.: Application of laser and flash X-ray techniques in hypervelocity ablation/erosion investigations in a hyperballistic range. In [3.36] 97–103.

3.52 Gates, J. W. C.; Hall, R. G. N.; Ross, I. N.: Repetitive Q-switched laser light source for interferometry and holography. In [3.35] 299–303.

3.53 Alcock, A. J.; Ramsden, S. A.: Two wavelength interferometry of a laser-induced spark in air. Appl. Phys. Letters 8 (1966) 187–188.

3.54 Hugenschmidt, M.; Vollrath, K.: Interferometry of rapidly varying phase objects using the fundamental and the harmonic wavelengths of a ruby laser. In [3.36] 86–92.

3.55 Kogelschatz, U.; Schneider, W. R.: Quantitative schlieren techniques applied to high current arc investigations. Appl. Opt. 11 (1972) 1822–1832.

3.56 Hertz, W.: Eine Mehrspurtrommelkamera mit Lichtleitbändern. Optik 29 (1969) 491–497.

3.57 Basov, N. G.; Krokhin, O. N.; Sklizkov, G. V.: Laser beam usage for high-speed photography. In [3.35] 272–274.

3.58 Stenzel, A.: Zwei Funkenzeitlupen für extreme Anforderungen. In [3.35] 153–156.

3.59 Automatische „high-speed" Photographie. Firmenschrift Impulsphysik GmbH.

3.60 Herriott, D. R.; Schulte, H. J.: Folded optical delay lines. Appl. Opt. 4 (1965) 883–889.

3.61 Huston, A. E.: The Imacon image converter camera system. Proc. of the Electro-Optics '71 Internat. Conf. Brighton 1971, und Laser u. Elektro-Optik 5 (1972) Nr. 3, S. 70.

3.62 Hall, R. G. N.; Gates, J. W. C.; Ross, I. N.: Recording rapid sequences of holograms. J. Phys. E: Sci. Instr. 3 (1970) 789–791.

3.63 Lowe, M. A.: A rotating mirror hologram camera. In [3.36] 25–29.

3.64 Novaro, M.; Isambert, J.-M.: Eine ultraschnelle holographische Kamera. Laser u. angew. Strahlentechn. 3 (1971) Nr. 4, S. 35–38.

3.65 Laviron, E.; Delmare, C.: Realization of an image converter with a 300 ps exposure time. In [3.36] 198–201.

3.66 Najim, M.; Matheau, J. C.; Lefeuvre, S.: Effet Kerr ultra-hertzien du sulfure de carbone. Opt. Commun. 5 (1972) 416–418.

3.67 Duguay, M. A.; Hansen, J. W.: Ultrahigh-speed photography of picosecond light pulses. IEEE J. Quant. Electron. QE-7 (1971) 37–39.

3.68 Chabannes, F.: Mesure de la resolution temporelle des cameras a fente à l'aide de diodes laser pulsées. In [3.35] 104–107.

3.69 Alcock, A. J.; Richardson, M. C.; Schelev, M. Ya.: The application of laser-triggered spark gaps to electrooptical image-converter cameras. In [3.36] 192–196.

3.70 Christie, R. H.: Photographic radar. J. Sci. Instr. 43 (1966) 524–527.

3.71 Bossel, H. H.; Hiller, W. J.; Meier, G. E. A.: Self-aligning comparison beam methods for one-, two- and three-dimensional optical velocity measurements. J. Phys. E. Sci. Instr. 5 (1972) 893–896.

3.72 Dändliker, R.; Iten, P. D.: Direction sensitive laser Doppler velocimeter with polarized beams. Appl. Opt. 13 (1974) 286–289.

4. Interferometrische Meßtechnik

4.1. Einleitung

Bei allen optischen interferometrischen Meßverfahren bildet die Lichtwellenlänge die Maßeinheit. Bruchteile dieser Einheit sind in digitalen Schritten meßbar, und durch Interpolation ist eine noch wesentlich höhere Auflösung möglich. Deshalb gehören interferometrische Messungen zu den genauesten der Meßtechnik. Das wurde 1960 eindrucksvoll dokumentiert, als die Vakuumwellenlänge der orangeroten Spektrallinie des Isotops Krypton-86 zu $\lambda = 1/1650\,763{,}73$ m $= 605{,}780\,211$ nm festgesetzt und anstelle des in Sèvres bei Paris aufbewahrten Urmeters zum neuen Längennormal erklärt wurde. Seitdem werden alle Längenmessungen letztlich interferometrisch an dieses Normal angeschlossen.

Dagegen blieben interferometrische Anwendungen in der Praxis, außerdem des Laboratoriums, auf Einzelfälle beschränkt. Zu den in den Lehrbüchern der Optik behandelten Beispielen gehört die Ebenheitsprüfung fein bearbeiteter Oberflächen mit dem Fizeau-Interferometer, die Eichung von Endmaßen mit dem Kösters-Interferometer, die Bestimmung kleiner Verrückungen mit dem Michelson-Interferometer, die Beobachtung örtlicher Brechzahlunterschiede mit dem Mach-Zehnder-Interferometer, sowie die Prüfung optischer Bauelemente (Spiegel, Prismen usw.) mit Twyman-Green-Interferometern [4.1].

Einer weiten Verbreitung der Interferometrie stand hauptsächlich die Unvollkommenheit der konventionellen Lichtquellen im Wege. Die zur Erzeugung kontrastreicher Interferenzen erforderliche hohe räumliche Kohärenz war nur auf Kosten der Lichtintensität zu erreichen, so daß die lichtschwachen Interferenzen in abgedunkelten Räumen beobachtet werden mußten. Auch die mangelnde zeitliche Kohärenz behinderte die Anwendung von Interferometern, weil sie ihre Justierung schwierig und umständlich machte.

Dazu kam noch, daß die hohe Meßgenauigkeit die Anforderungen der industriellen Fertigung meistens weit übertraf, da früher Toleranzen im Mikrometerbereich zu den großen Ausnahmen gehörten. Heute jedoch arbeiten z. B. selbst große, numerisch gesteuerte Werkzeugmaschinen mit Maßstabssystemen, deren Genauigkeit in Mikrometern angegeben wird. Zur Einstellung und Überprüfung solcher Maschinen und zur Vermessung der auf ihnen gefertigten Produkte sind interferometrische Meßmethoden besonders geeignet.

So gesehen kam die Erfindung des Lasers gerade zur rechten Zeit, um diese Nachfrage zu befriedigen. Denn die hohe Kohärenz des Laserlichts behob die oben genannten Schwierigkeiten mit einem Schlag und erleichterte die klassischen interferometrischen Untersuchungen ganz wesentlich; Justierungs- und Intensitätsprobleme waren praktisch bedeutungslos geworden.

Der Laser vereinfachte jedoch nicht nur die interferometrischen Messungen, sondern er erschloß auch ganz neue Anwendungsgebiete. So sind bei Strömungsmessungen mit Mach-Zehnder-Interferometern mit Hilfe von Lasern Zeitauflösungen von Bruchteilen von Mikrosekunden erreicht worden. Längenmessungen mit dem Michelson-Interferometer sind mit technisch ausgereiften Laserinterferometern selbst über hundert Meter möglich.

Daneben hat der Laser zur Entwicklung und praktischen Anwendung neuartiger interferometrischer Techniken angeregt. Als Beispiel sei nur die holographische Interferometrie genannt, für die es kein klassisches interferometrisches Vorbild gibt. Mit ihr können Verformungs- und Schwingungsmessungen an beliebig geformten Meßobjekten, bei praktisch beliebiger Oberflächenbeschaffenheit mit interferometrischer Genauigkeit ebenso durchgeführt werden, wie Strömungsmessungen und Formerfassungen.

Die Erklärung von Verfahren und Techniken der holographischen Interferometrie wird den größten Teil dieses Abschnitts einnehmen. Zuvor werden Längenmessungen mit dem Laserinterferometer beschrieben und zum Abschluß kohärent-optische Methoden erläutert, die in Anlehnung an die Holographie entwickelt wurden.

4.2. Längenmessung mit dem Laserinterferometer

Die in Abschnitt 1. beschriebenen frequenzstabilisierten HeNe-Laser stellen ausgezeichnete Längennormale dar. Sie erzeugen die rote Neonspektrallinie ($\lambda = 633$ nm) mit einer Frequenzkonstanz von 10^{-7} bis 10^{-10} und einer Leistung von etwa 100 µW. Bei praktischen Anwendungen sind diese zuverlässigen und leicht bedienbaren Laser dem lichtschwachen, unhandlichen Krypton-86-Normal weit überlegen. Vergleichsmessungen zwischen beiden Normalen stimmen bis auf einige 10^{-8} überein [4.2].

4.2.1. Michelson-Interferometer

In der Längenmeßtechnik werden heute fast ausnahmslos Laserinterferometer gebraucht, die in ihrem Aufbau dem von Michelson bereits 1882 angegebenen Typ entsprechen (Bild 4.1).

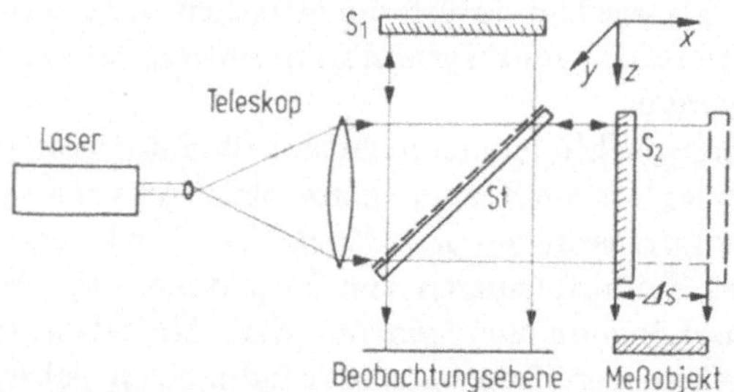

Bild 4.1. Schematischer Aufbau eines Michelson-Interferometers. Der durch ein Teleskop aufgeweitete Parallelstrahl eines Lasers fällt unter 45° auf einen Strahlteiler St; die am festen Spiegel S_1 reflektierte Bezugswelle und die über den entlang der Meßstrecke in x-Richtung verschiebbaren Reflektor S_2 geführte Signalwelle vereinigen sich wieder am Strahlteiler und interferieren in der Beobachtungsebene.

Die Berechnung eines solchen Michelson-Interferometers ist am einfachsten, wenn die Lichtwellen mit Hilfe der Exponentialfunktion beschrieben werden. Der räumliche und zeitliche Verlauf der elektrischen Feldstärke $E(r, t)$ einer in Richtung des Wellenvektors k ($|k| = 2\pi/\lambda$) fortschreitenden ebenen Welle ist dann durch die Amplitude E_0, den zeitlichen Phasenanteil ωt, die periodische ortsabhängige Phase $\beta(r)$ und die Anfangsphase β_0 gegeben zu

$$E(r, t) = E_0(r) \exp[-j(\omega t - \beta(r))] = E_0 \exp[-j(\omega t - kr - \beta_0)] \quad (4.1)$$

und die kohärente Überlagerung von Signalwelle E_S und Bezugswelle E_B, die sich beide in z-Richtung [$k = 2\pi/\lambda\,(0, 0, 1)$] ausbreiten mögen, erzeugt in der Beobachtungsebene ($z = $ const) die Intensitätsverteilung

$$S(r) = \varepsilon_0 c \left\langle (E_S + E_B)(E_S^* + E_B^*) \right\rangle$$

$$= \varepsilon_0 c \{ E_{So}^2 + E_{Bo}^2 - 2E_{So}E_{Bo} + 2E_{So}E_{Bo}[1 + \cos(\beta_{So} - \beta_{Bo})] \}. \quad (4.2)$$

Wenn beide Teilwellen gleiche Amplitude und Polarisationsrichtung besitzen, tritt beim Verschieben des Signalspiegels um $\pm\Delta s$ in Richtung der x-Achse eine periodische, hundertprozentige Intensitätsmodulation

$$S(r) = 2\varepsilon_0 c E_{So}E_{Bo}[1 + \cos(2k\Delta s)] = S_0\left[1 + \cos\left(\frac{4\pi}{\lambda}\Delta s\right)\right] \quad (4.3)$$

auf und der Betrag der Verschiebung folgt direkt aus der Zahl m der von einem Photodetektor registrierten Nulldurchgänge

$$\Delta s = m \lambda / 2 \, . \tag{4.4}$$

Wird ein Spiegel (z. B. S_1 in Bild 4.1) um den kleinen Winkel ϑ um die y-Achse gekippt, so interferieren zwei ebene Wellen, deren Ausbreitungsrichtungen den Winkel 2ϑ einschließen. Nach (4.1) und (4.2) liefert die gekippte Bezugswelle

$$\boldsymbol{E}_{\mathrm{B}}(\boldsymbol{r}, t) = \boldsymbol{E}_{\mathrm{Bo}} \exp\left[-\mathrm{j}\left(\omega t - kx \sin 2\vartheta - kz \cos 2\vartheta - \beta_{\mathrm{Bo}}\right)\right] \tag{4.5}$$

in der Beobachtungsebene die Intensitätsverteilung

$$S(\boldsymbol{r}) = S_0\{1 + \cos[kx \sin 2\vartheta - kz(1 - \cos 2\vartheta) + (\beta_{\mathrm{Bo}} - \beta_{\mathrm{So}})]\} \, . \tag{4.6}$$

Dem entspricht eine Schar zur y-Achse paralleler Interferenzen mit dem Streifenabstand

$$\Delta x = \lambda \sin^{-1} 2\vartheta \approx \lambda / (2\vartheta) \, . \tag{4.7}$$

Da nach (4.6) sowohl Spiegelverschiebungen als auch Kippungen das Streifenmuster beeinflussen, ist eine exakte Längenmessung nur möglich, wenn die durch Spiegelkippungen hervorgerufene Änderung des Streifenabstands, multipliziert mit der Zahl der Streifen im Strahldurchmesser D, klein gegen den Streifenabstand bleibt, d. h. wenn

$$\left| \frac{\mathrm{d}(\Delta x)}{\mathrm{d}\vartheta} \frac{2\vartheta D}{\Delta x} \right| \ll \Delta x \quad \text{bzw.} \quad \vartheta \ll \lambda / 2D \tag{4.8}$$

ist. Um diese Ungleichung zu erfüllen, müssen die Toleranzen der Führungsbahnen für die Spiegelverschiebung im Bogensekundenbereich liegen!

Glücklicherweise entfallen die praktisch unerfüllbaren Forderungen an die Führungen, wenn der ebene Signalspiegel durch einen kippungsunempfindlichen Reflektor ersetzt wird, der einfallende Strahlen unabhängig vom Einfallswinkel um 180° umlenkt (Bild 4.2).

Zwei Interferometeranordnungen mit Tripelspiegeln zeigt Bild 4.3 [4.3]. Dabei hat der erste Typ wegen der zweimaligen Reflexion am be-

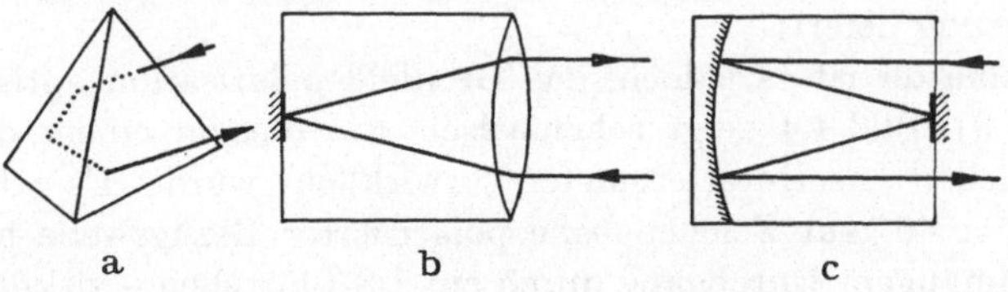

Bild 4.2. Beispiele kippungsunempfindlicher Reflektoren. Der Tripelspiegel (a) besteht aus einer „abgeschnittenen" Würfelecke, deren Seitenflächen häufig verspiegelt sind. Bei den Katzenaugen (b, c) wirft ein Spiegel in der Brennebene der Linse bzw. des Hohlspiegels das Licht zurück.

wegten Spiegel die doppelte Empfindlichkeit. Dafür ist bei der zweiten
Ausführung vorteilhaft, daß kein Licht in den Laser reflektiert wird.
Dadurch werden Schwierigkeiten bei der Frequenzregelung des Lasers
vermieden, die durch eine Rückkopplung zwischen Michelson-Interferometer und Laser entstehen.

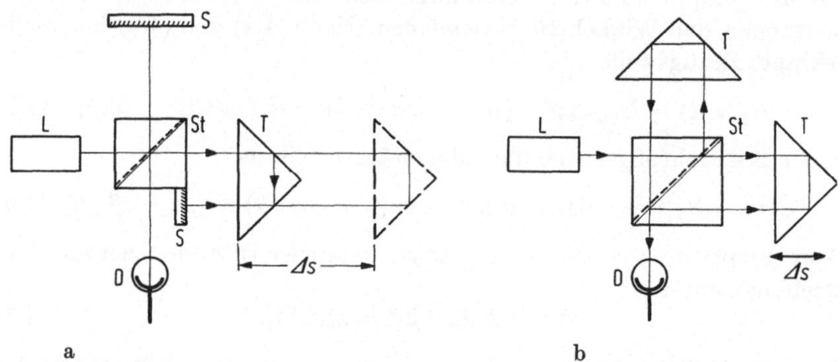

Bild 4.3. Interferometer mit Tripelspiegeln. L Laser mit Strahlaufweitungsoptik, St Strahlteiler-
würfel, S Spiegel, T Tripelspiegel, D Photodetektor.

4.2.2. Polarisationsinterferometer

Ein Interferometer nach Bild 4.3 stellt noch kein einsatzfähiges Längen-
meßsystem dar, weil die Bewegungsrichtung des Signalspiegels nicht
bestimmt werden kann und deshalb in der Praxis unvermeidbare Schwingungen des Signalspiegels zu Nulldurchgängen führen, die – aufaddiert –
das Meßergebnis verfälschen.

Eine Anordnung mit gekipptem Bezugsspiegel ermöglicht im Prinzip
bereits eine „Vorwärts-Rückwärts"-Zählung; denn aus (4.6) läßt sich
leicht ableiten, daß z. B. bei einer Bewegung des Signalspiegels in $+ x$-
Richtung die Interferenzen in der Beobachtungsebene in $- x$-Richtung
wandern. Zwei Photodetektoren im Abstand $\Delta x/4$ liefern deshalb je
nach Bewegungsrichtung um $\pm 90°$ phasenverschobene Signale, die sich
zu einem Drehfeld überlagern lassen, dessen Drehrichtung die Bewegungsrichtung liefert.

Vorteilhafter ist es jedoch, das Drehfeld polarisationsoptisch zu erzeugen [4.3]. Bild 4.4 zeigt schematisch, wie dies in einem der ersten
kommerziellen Laserinterferometer verwirklicht wurde. Es arbeitet mit
linear unter 45° zur Zeichenebene polarisierter Bezugswelle und mit –
nach zweimaligem Durchgang durch ein $\lambda/8$-Blättchen – zirkular polarisierter Signalwelle. Da die parallel (∥) und die senkrecht (•) zur Zeichenebene schwingenden Komponenten der Bezugswelle in Phase und die

der Signalwelle mit einer Phasenverschiebung von $\pi/2$ schwingen, gilt

$$E_{\mathrm{B}|} = 1/\sqrt{2}\, E_{\mathrm{Bo}} \exp[-\mathrm{j}(\omega t - kz - \beta_{\mathrm{Bo}})] = E_{\mathrm{B}\bullet}, \tag{4.9a}$$

$$E_{\mathrm{S}|} = 1/\sqrt{2}\, E_{\mathrm{So}} \exp[-\mathrm{j}(\omega t) - kz - \beta_{\mathrm{So}})] = E_{\mathrm{S}\bullet} \exp(-\mathrm{j}\pi/2). \tag{4.9b}$$

Ein Wollaston-Prisma trennt die Komponenten räumlich, und die beiden Photodetektoren registrieren die Intensitäten

$$S_| = \varepsilon_0 c \langle (E_{\mathrm{B}|} + E_{\mathrm{S}|})(E_{\mathrm{B}|}^* + E_{\mathrm{S}|}^*) \rangle = 1/2\, S_0[1 + \cos(\beta_{\mathrm{So}} - \beta_{\mathrm{Bo}})], \tag{4.10a}$$

$$S_\bullet = 1/2\, S_0[1 + \sin(\beta_{\mathrm{So}} - \beta_{\mathrm{Bo}})], \tag{4.10b}$$

die als Funktion von β_{So} bzw. Δs ein Drehfeld liefern (Bild 4.5).

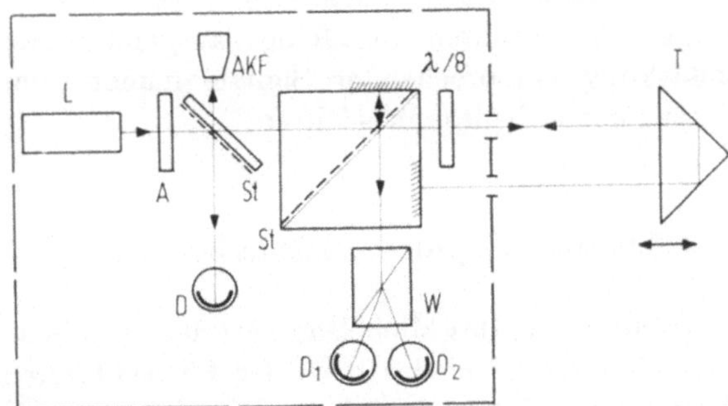

Bild 4.4. Polarisationslaserinterferometer. A Abschwächer zur Entkopplung von Laser und Interferometer, AKF Autokollimationsfernrohr zur Justierung, $\lambda/8$ Achtelwellenlängenplatte, W Wollaston-Prisma, $D_1\,D_2$ Photodetektoren zum Registrieren des Drehfeldes, D Photodetektor zur Einstellung des „Lamb-dip"; die umrandeten Teile sind in einem Gehäuse zusammengefaßt. Nach Cutler Hammer, Airborne Instruments Laboratory.

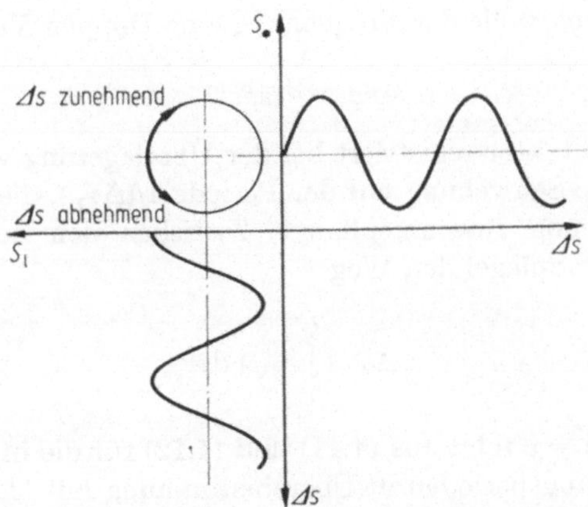

Bild 4.5. Drehfeld, erzeugt durch Überlagerung phasenverschobener Signale eines Polarisationslaserinterferometers.

Dabei wurde vorausgesetzt, daß sich der Polarisationszustand des Lichts bei Reflexionen an Tripelspiegeln und Strahlteilern nicht ändert. Dies läßt sich jedoch nur in Sonderfällen erreichen. In der Regel müssen zusätzliche Kompensatoren, z. B. vom Babinet-Soleilschen Typ verwendet werden.

Verringert sich die Lichtintensität in der Beobachtungsebene als Folge von Laseralterung, schlechter Ausrichtung des Signalreflektors oder Luftschlieren im Signalstrahl, so bleibt das Drehfeld kreisförmig. Nach Bild 4.5 verlagert sich jedoch sein Mittelpunkt bei u. U. abnehmendem Kontrast der Interferenzen. Dadurch wird die analoge Unterteilung der digitalen Schritte ungenau.

Ein Interferometer nach Bild 4.3b ist in dieser Hinsicht günstiger. Da kein Strahl in Laserrichtung zurückläuft, kann die Laserleistung voll zur Bildung eines zweiten Drehfeldes ausgenützt werden [4.4]. Gegentaktverstärkung entsprechender Signale macht dann die Auswertung unabhängig von Nullpunktsdriften.

4.2.3. Doppler-Effekt und Doppelfrequenzinterferometer

Die bisherige Beschreibung des Michelson-Interferometers arbeitete mit dem Begriff des Gangunterschiedes bzw. der Phasendifferenz zwischen Signal- und Bezugswelle. Eine äquivalente Betrachtungsweise mit Hilfe des Doppler-Effektes vermittelt einen tieferen Einblick in das physikalische Geschehen und liefert eine elegante Möglichkeit, die Richtung einer Spiegelverschiebung festzustellen.

Bewegt sich der Signalspiegel mit der Geschwindigkeit v_S in $\pm\,x$-Richtung (Bild 4.1), so erleidet – wie bereits in Abschnitt 3.1.2. gezeigt wurde – die Signalwelle der Frequenz v_S eine Doppler-Verschiebung

$$\Delta v_\mathrm{D} = 2 v_\mathrm{S} v_\mathrm{S}/c \tag{4.11}$$

und der Photodetektor registriert bei der Überlagerung von Signal- und Bezugswelle eine Schwebung mit der Periode $1/(\Delta v_\mathrm{D})$, die direkt mit der Spiegelverschiebung zusammenhängt. Zwischen den Zeiten t_1 und t_2 legt der bewegte Spiegel den Weg

$$\Delta s = \int_{t_1}^{t_2} v_\mathrm{S}(t)\,\mathrm{d}t \tag{4.12}$$

zurück. Mit $v \cdot \lambda = c$ folgt aus (4.11) und (4.12) für die in dieser Zeit gezählten Schwebungsperioden in Übereinstimmung mit (4.4)

$$m = \int |\Delta v_\mathrm{D}|\,\mathrm{d}t = 2 v_\mathrm{S}/c \int |v_\mathrm{S}(t)|\,\mathrm{d}t = 2\,|\Delta s|/\lambda_\mathrm{S}. \tag{4.13}$$

Die schon aus dem vorhergegangenen Abschnitt bekannte Tatsache, daß mit einem Photodetektor die Bewegungsrichtung nicht bestimmt werden kann, läßt sich im „Doppler-Bild" durch das Fehlen negativer Schwebungsfrequenzen erklären. Außerdem ergibt sich zwangslos, daß Photodetektoren und nachfolgende Signalelektronik gleichspannungsgekoppelt sein müssen und eine Bandbreite benötigen, die gleich der maximal auftretenden Doppler-Frequenz ist.

Das Vorzeichen der Doppler-Frequenzverschiebung läßt sich jedoch feststellen, wenn die frequenzverschobene Signalwelle der Frequenz $\nu_S \pm \Delta\nu_D$ mit einer Bezugswelle gemischt wird, die eine von ν_S verschiedene Frequenz ν_B besitzt. Eine solche Frequenzmischung wird in der Rundfunktechnik seit langem in jedem Heterodynempfänger durchgeführt; in der Optik wurde sie jedoch erst durch die kohärente Laserstrahlung ermöglicht. Die Anwendung dieses Prinzips in der Laserinterferometrie ist noch jüngeren Datums und führte zu einem überaus leistungsfähigen Längenmeßgerät [4.5] (Bild 4.6).

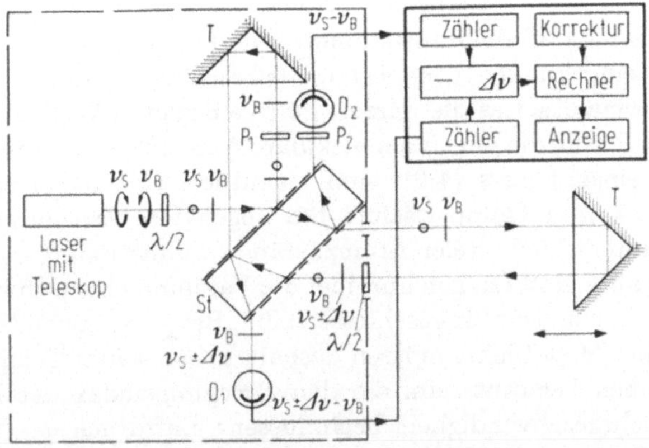

Bild 4.6. Schematischer Aufbau des Doppelfrequenzinterferometers von Hewlett-Packard [4.5]. ◯ bedeutet zirkular polarisiertes Licht, bei | liegt die Polarisationsrichtung parallel und bei ● senkrecht zur Zeichenebene, P_1 Polarisator mit Durchlaßrichtung parallel zur Zeichenebene, P_2 Polarisator unter 45°.

Die beiden Frequenzen ν_S und ν_B entstehen dabei durch die Zeeman-Aufspaltung der Linie eines HeNe-Lasers (Abschnitt 1.1.) mit einem Frequenzabstand $\nu_B - \nu_S = 2\,\text{MHz}$ entgegengesetzt zirkular polarisiert. Durch ein $\lambda/4$-Blättchen (in Bild 4.6 versehentlich als $\lambda/2$ bezeichnet) werden sie senkrecht zueinander linear polarisiert, so daß z.B. ν_S mit einem einfachen Polarisator ausgefiltert werden kann. Die Schwingungsrichtung der dopplerverschobenen Signalwelle $\nu_S \pm \Delta\nu_D$ wird durch eine $\lambda/2$-Platte um 90° gedreht. Die Überlagerung beider Komponenten liefert dann auf dem Photodetektor D_1 die Differenzfrequenz $\nu_B - (\nu_S \pm \Delta\nu_D)$, die elektronisch gezählt wird[1]. Der zweite Zähler registriert die von dem Photodetektor D_2 abgegebene Schwebungsfrequenz $\nu_B - \nu_S$. Dazu müssen die senkrecht zueinander polarisierten Komponenten ν_S und ν_B durch einen Polarisator (unter 45°) interferenzfähig gemacht werden. Die Differenz beider Zählerstände liefert schließlich $\Delta\nu_D$ nach Betrag und Vorzeichen und damit die Verschiebung des Signalreflektors.

Der große Vorteil des Doppelfrequenzinterferometers liegt in der Verarbeitung von hochfrequenten Trägerfrequenzsignalen. Man kann deshalb mit Wechselspannungsverstärkern arbeiten und damit auf die pegelabhängige, driftempfindliche Gleichspannungskopplung verzichten. Erkauft wird dieser Vorteil durch ein etwas größeres Rauschen, da die Verstärker bei gleicher Maximalgeschwindigkeit der Spiegelverschiebung die doppelte Bandbreite verarbeiten müssen.

4.2.4. Kompensation von Umwelteinflüssen

Es ist kein Zufall, daß die interferometrische Längenmessung neben der Frequenzmessung zu den genauesten Meßverfahren zählt; denn auch die Längennormale, sei es die derzeit gültige Krypton-Wellenlänge oder in Zukunft vielleicht die auf eine molekulare Absorptionslinie stabilisierte Wellenlänge eines Lasers [4.6], sind eigentlich Frequenznormale, die ebenso wie das vom Isotop Cäsium-133 abgeleitete Zeitnormal, durch den Energieunterschied zweier Atomzustände definiert sind.

Das heißt aber, daß Längen nur über die Vakuumlichtgeschwindigkeit an dieses Frequenznormal angeschlossen sind. Bei praktischen Messungen der Länge eines Meßobjekts müssen deshalb neben seiner Temperatur T auch die Größen bekannt sein, die den Brechungsindex der Luft und damit die Lichtgeschwindigkeit beeinflussen: Luftdruck p, -Temperatur T_L und -Zusammensetzung.

Bei den meisten modernen Laserinterferometern werden während der Messung mit Meßfühlern laufend T, T_L und p registriert und mit manuell eingegebenen Korrekturwerten (z.B. für die Luftfeuchte) in einem eingebauten Rechner berücksichtigt.

Für die auf Normalbedingungen umgerechnete Länge gilt dann

$$L = \frac{m\lambda_0}{qn}\left\{1 - \left[\frac{\mathrm{d}n}{\mathrm{d}T_L}(T_L - 20\ °\mathrm{C}) + \frac{\mathrm{d}n}{\mathrm{d}p}(p - 101\,200\ \mathrm{Pa})\right]\frac{L'}{L_0 + L'}\right\}$$
$$\times\{1 - \alpha(T - 20\ °\mathrm{C})\} \qquad\qquad (4.14)$$

mit

---

[1] Selbstverständlich tritt auch die Summenfrequenz auf. Frequenzen von mehreren 10^{14} Hz können jedoch nicht direkt gezählt werden.

$$\left.\begin{aligned}
\lambda_0 &= 632{,}991\,415 \text{ nm} \;(= \text{Vakuumwellenlänge des Lasers} \\
&\qquad\qquad\qquad\text{,,Spectra Physics 119`` } [4.2]^1), \\[4pt]
n &= 1{,}000\,271\,214 \quad (T_{\mathrm{L}} = 20\ ^\circ\mathrm{C},\ p = 101\,200 \text{ Pa} \\
&\qquad\qquad\qquad (= 760 \text{ Torr}),\ \text{Luftfeuchtigkeit } 59\,\% \\
&\qquad\qquad\qquad \triangleq 1330 \text{ Pa Wasserdampfdruck } [4.2]), \\[6pt]
\frac{\mathrm{d}n}{\mathrm{d}T_{\mathrm{L}}} &= -930 \cdot 10^{-9}\ \mathrm{K}^{-1}, \\[6pt]
\frac{\mathrm{d}n}{\mathrm{d}p} &= +2{,}5 \cdot 10^{-9}\ \mathrm{Pa}^{-1}\,(= 360 \cdot 10^{-9}\ \mathrm{Torr}^{-1}), \\[6pt]
\frac{\mathrm{d}n}{\mathrm{d}p_{\mathrm{H_2O}}} &= 0{,}5 \cdot 10^{-9}\ \mathrm{Pa}^{-1}\,(= 60 \cdot 10^{-9}\ \mathrm{Torr}^{-1})\ [4.7].
\end{aligned}\right\} \qquad (4.15)$$

m ist die Zahl der registrierten Interferenzen, von denen jede je nach Interferometertyp einer Verschiebung um λ/q ($q = 2$ bzw. 4) entspricht. α ist der thermische Ausdehnungskoeffizient des Materials, L' ein grober Näherungswert von L, und L_0 die Strecke zwischen dem Laser und dem Anfang der Meßstrecke.

4.2.5. Meßgenauigkeit und Meßbereich

Die Meßgenauigkeit eines Laserinterferometers hängt ab von der Frequenzstabilität des Lasers, von der mechanischen und thermischen Stabilität des Aufbaus, von der elektronischen Interpolation der durch $\lambda/2$ bzw. $\lambda/4$ gegebenen digitalen Schrittweite und schließlich von der Beherrschung der Umwelteinflüsse.

„Lamb dip`` geregelte Laser (Abschnitt 1.2.) arbeiten mit Genauigkeiten von 10^{-7}, Doppelfrequenzlaser mit Zeeman-Aufspaltung erreichen Frequenzstabilitäten von 10^{-9} bis 10^{-10}. Bei einem im thermischen Gleichgewicht befindlichen Interferometer kann man davon ausgehen, daß während Meßzeiten von etwa 10 min thermische Lageänderungen des Bezugsstrahls kleiner als $0{,}01\ \mu\mathrm{m}$ bleiben [4.8]. Die Interpolation führt mit erträglichem elektronischem Aufwand ebenfalls zu Fehlern dieser Größenordnung. Deshalb werden in der Praxis die Umwelteinflüsse für den vorherrschenden Fehleranteil verantwortlich sein. Dieser Fehler kann nicht allgemein angegeben werden. Eine Abschätzung mit Hilfe von (4.14) und (4.15) zeigt jedoch, daß beispielsweise die Längenmessung einer 1 m langen Eisenstange ($\alpha \approx 10^{-5}\ \mathrm{K}^{-1}$) auf $0{,}1\ \mu\mathrm{m}$ nur möglich ist, wenn ihre Temperatur auf $0{,}01\ ^\circ\mathrm{C}$ bekannt ist und wenn der Luftdruck auf 45 Pa ($\approx 0{,}3$ Torr) und die Lufttemperatur auf 0,1 K

---

[1] Bei verschiedenen HeNe-Lasern muß mit Wellenlängenunterschieden von 10^{-7} gerechnet werden.

gemessen werden. In diesem Zusammenhang ist es auch interessant, sich zu erinnern, daß die 1 m lange Eisenstange bereits vom atmosphärischen Luftdruck um etwa 0,2 μm verkürzt wird.

In der Praxis ist der Meßbereich auf etwa 50 m beschränkt, weil Luftturbulenzen und die Aufweitung des Laserstrahles Intensität und Kontrast der Interferenzen verringern. In Sonderfällen kann jedoch über wesentlich längere Strecken gemessen werden. So ermöglichte in einem stillgelegten Eisenbahntunnel ein über 1000 m langes Perot-Fabry-Interferometer die Messung tektonischer Verschiebungen der Erdrinde [4.9].

4.2.6. Anwendung von Laserinterferometern

Laserinterferometer werden bereits als Maßstabsysteme in hochgenauen Meßmaschinen eingesetzt [4.10]. Auf diesen werden in thermostatisierten Meßräumen sekundäre Längennormale geeicht (etwa Endmaße, Strichmaßstäbe, Zahnstangen, Induktosynskalen).

Von besonderer Bedeutung sind dabei die Zusatzgeräte, mechanische Tastsysteme, Perflektometer und photoelektrische Mikroskope, die erforderlich sind, um Kanten oder Marken auf den Meßobjekten mit Genauigkeiten im nm-Bereich einzufangen.

Ein großes Anwendungsgebiet bilden seit einigen Jahren auch Vermessungen und routinemäßige Überprüfungen von Meßmaschinen und NC-gesteuerten Werkzeugmaschinen. Dabei wird zum Teil in der „Werkstatt" unter Fertigungsverhältnissen gemessen. Vorteilhaft ist dabei eine Trennung des Lasers (mit den Photodetektoren) vom eigentlichen

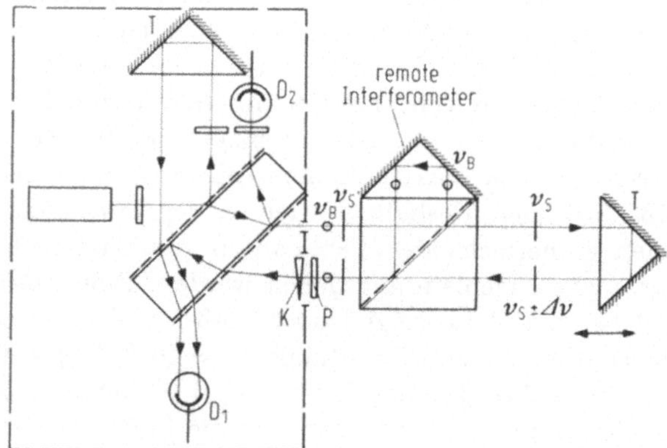

Bild 4.7. Doppelfrequenzinterferometer mit zusätzlichem „remote"-Interferometer [4.8]. Der interferometrisch wirksame Strahlteiler ist dabei aus dem umrandet eingezeichneten Gehäuse herausgenommen. Das Gerät kann auch ohne remote-Interferometer benützt werden, wenn Polarisator P und Keil K gegen die in Bild 4.6 eingezeichnete λ/2-Platte ausgetauscht werden.

Interferometer (Strahlteiler und Bezugsreflektor), wie sie zuerst beim Doppelfrequenzinterferometer gelang [4.8]. Interferometrisch wirksamer Strahlteiler ist dabei ein Polarisationsteilerwürfel (Bild 4.7), der die senkrecht zur Zeichenebene schwingende Komponente reflektiert, die parallel schwingende dagegen durchläßt. Bezugswelle und senkrecht dazu polarisierte Signalwelle werden durch einen unter 45° orientierten Polarisator interferenzfähig und durch einen flachen Keil etwas gekippt. Dadurch wird verhindert, daß der Photodetektor zusätzlich Schwebungen zwischen der Signalwelle und der am internen Tripelspiegel reflektierten Bezugswelle registriert.

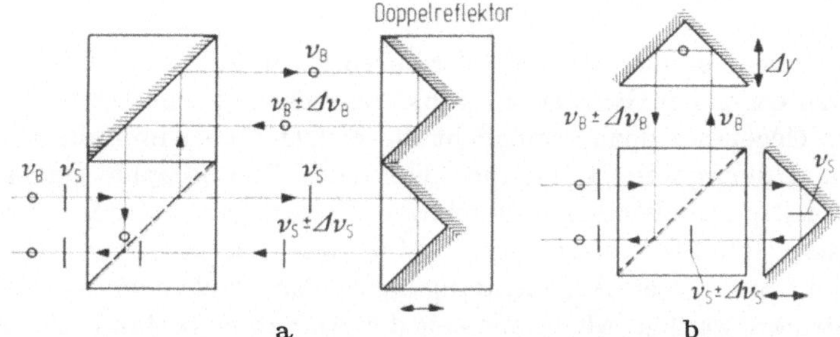

Bild 4.8. Messung von Kippungen (a) und Messung in zwei Achsen (b) mit dem remote-Interferometer. In der Anordnung (a) treten bei Verschiebungen des Doppelreflektors zwischen Bezugs- und Signalwelle keine Wegunterschiede auf. Anders ist es bei Kippungen um eine zur Zeichenebene senkrechte Achse; bei passend gewähltem Tripelprismenabstand entspricht dann eine Kippung um eine Bogensekunde gerade einer Wegdifferenz zwischen beiden Wellen von 10 μinch.

Wenn statt des schweren Lasers nur noch das leichte „remote"-Interferometer direkt am Meßobjekt angeflanscht wird, entfällt die L_0-Korrektur nach (4.14), und die Wärmeentwicklung des Lasers beeinflußt nicht mehr das Interferometer und das Meßobjekt. Der Laser selbst kann entfernt aufgebaut werden; Relativbewegungen zwischen Laser und „remote"-Interferometer stören nicht, da sie auf beide Frequenzkomponenten gleich einwirken.

Das „remote"-Interferometer ermöglicht auch Autokollimationsmessungen (Bild 4.8), so daß mit einem solchen Lasermeßsystem auch bei Verletzung des Abbéschen Prinzips Maßstabs- und Führungsfehler getrennt bestimmt werden können[1].

Wird zusätzlich der Tripelspiegel des „remote"-Interferometers bewegt, so kann nacheinander in zwei orthogonalen Achsen gemessen werden. Bei einer weiteren Aufteilung des Signalstrahls sind sogar gleichzeitige Messungen in mehreren Achsen möglich [4.8].

---

[1] Bei Verschiebungsmessungen ist die Abbésche Bedingung erfüllt, wenn Prüfling und Maßstab, d.h. im vorliegenden Fall der Laserstrahl, in einer Geraden fluchten.

Neben diesen statischen Messungen sind mit entsprechender Auswertelektronik auch dynamische Untersuchungen möglich [4.8], etwa über
das Einfahr- und Schwingverhalten von Werkzeugmaschinen. Ein weites
Anwendungsfeld auf dem Gebiet der Maschinensteuerungen dürfte sich
in naher Zukunft ergeben, wenn der Preis von Laserinterferometern mit
dem konventioneller Maßstabsysteme vergleichbar wird.

4.3. Holographische Interferometrie

4.3.1. Entstehung holographischer Bilder

Herkömmliche photographische Verfahren geben in jedem Bildpunkt die
am entsprechenden Gegenstandspunkt herrschende Lichtintensität wieder. Im Gegensatz dazu ermöglicht die von D. Gabor im Jahr 1947 er-
fundene Holographie [4.11], die „linsenlose Photographie mit Laserlicht" [4.12], Amplituden und relative Phasen der von den einzelnen
Gegenstandspunkten ausgehenden Huygensschen Kugelwellen aufzu-
zeichnen. Aus dieser Aufzeichnung kann das Wellenfeld jederzeit so
rekonstruiert werden, wie es zur Zeit der Aufnahme bestand. Das heißt,
daß ein holographisches Bild, bzw. die Rekonstruktion der holographisch
gespeicherten Objektwelle, das Objekt mit allen perspektivischen und
parallaktischen Eigenschaften so naturgetreu zeigt, daß ein Betrachter
nicht feststellen kann, ob er das Original oder das virtuelle Bild sieht.

Die Aufzeichnung der Phase mit der nur intensitätsempfindlichen
Photoplatte gelingt mit Hilfe eines Kunstgriffes; man überlagert der
Objektwelle eine Bezugswelle als „kohärenten Hintergrund" (Bild 4.9)
und erreicht damit, daß bei Einstrahlung der Bezugswelle durch Beugung
an der im Hologramm gespeicherten Interferenzstruktur die Objektwelle
entsteht.

Diese erstaunliche Tatsache läßt sich mit einfachen mathematischen
Mitteln ableiten. Es seien $E_S(r, t)$ und $E_B(r, t)$ die Amplituden von
Objekt (= Signal-)Welle bzw. Bezugswelle. Die während der Belichtungs-
zeit τ auf ein Flächenelement ΔA im Punkt (r) der Photoplatte fallende
Lichtenergie $\Delta W(r)$ ergibt sich dann mit dem Poynting Vektor zu

$$\Delta W(r) = S(r)\tau = \varepsilon_0 c\tau \langle (E_S + E_B)(E_S^* + E_B^*)\rangle \Delta A$$

$$= [S_S + S_B + \varepsilon_0 c(E_S E_B^* + E_B E_S^*)]\tau \Delta A. \tag{4.16}$$

Wenn die Intensität der Bezugswelle groß gegen die der Signalwelle ist
und die Belichtungszeit so gewählt wird, daß am Arbeitspunkt T_0 auf
der Schwärzungskurve zwischen Amplitudentransparenz der entwickelten Photoplatte $T(r)$ und der Lichtenergie ein linearer Zusammenhang

besteht, so gilt

$$T(\mathbf{r}) = T_0 - \gamma\tau(\mathbf{E}_\mathrm{S}\mathbf{E}_\mathrm{B}^* + \mathbf{E}_\mathrm{B}\mathbf{E}_\mathrm{S}^*) \qquad (4.17)$$

(dabei ist γ eine Konstante des Photomaterials).

Strahlt man die Bezugswelle ein, so entsteht auf der Rückseite des Hologrammes die Amplitudenverteilung

$$E(\mathbf{r}) = T(\mathbf{r})\,\mathbf{E}_\mathrm{B} = T_0\,\mathbf{E}_\mathrm{B} - \gamma\tau\,\mathbf{E}_\mathrm{B}\mathbf{E}_\mathrm{B}^*\mathbf{E}_\mathrm{S} - \gamma\tau\,\mathbf{E}_\mathrm{B}\mathbf{E}_\mathrm{S}^*\mathbf{E}_\mathrm{B}. \qquad (4.18)$$

Der erste Term entspricht der geschwächten Bezugswelle. Der zweite Term

$$E_\mathrm{R}(\mathbf{r}) = -\gamma\tau S_\mathrm{B}\mathbf{E}_\mathrm{S}, \qquad (4.19)$$

ist jedoch bis auf einen konstanten Faktor mit der Objektwelle identisch und liefert das virtuelle Bild. Wird statt $\mathbf{E}_\mathrm{B}$ die konjugierte Welle $\mathbf{E}_B^*$ eingestrahlt, so ergibt der dritte Term ein reelles Bild des Objektes.

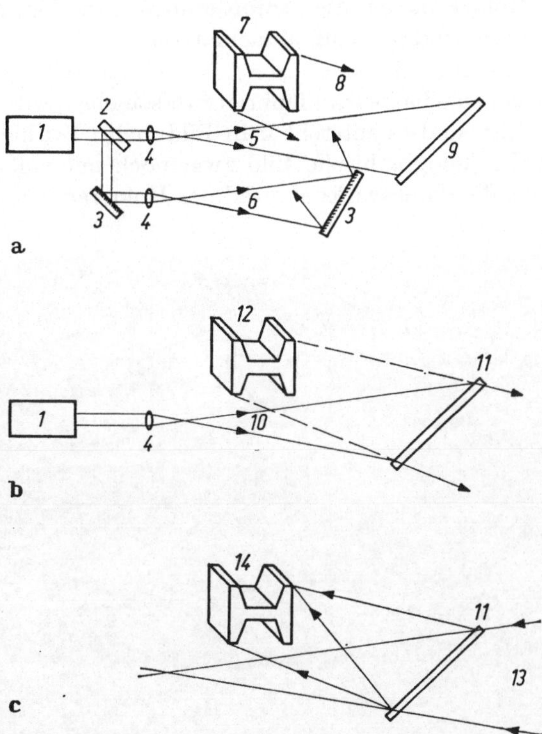

Bild 4.9. a) Anordnung zur Aufnahme von Hologrammen; b) Wiedergabe des virtuellen und c) des reellen Bilds. *1* Laser, *2* Strahlteiler, *3* Spiegel, *4* Linsen zur Strahlaufweitung, *5* Bezugswelle, *6* Objektbeleuchtungswelle, *7* Objekt, *8* Objektwelle, *9* Photoplatte, *10* Wiedergabewelle, *11* entwickelte Photoplatte (Hologramm), *12* virtuelles holographisches Bild, *13* konvergente Wiedergabewelle, *14* reelles holographisches Bild.

E_B, E_S und E_R sind Lösungen der Wellengleichung, einer partiellen Differentialgleichung. Dabei gilt der Satz, daß zwei Lösungen, die auf einer Fläche die gleichen Werte annehmen, im ganzen Raum übereinstimmen. Das heißt, daß die holographisch rekonstruierte Objektwelle nicht nur nach (4.19) auf der Hologrammfläche, sondern im ganzen Bildraum der ursprünglichen Objektwelle proportional ist.

Nähere Einzelheiten der holographischen Bildentstehung finden sich in verschiedenen Monographien [4.13, 4.14] und Tagungsberichten [4.15, 4.16].

4.3.2. Holographische Versuchstechnik

Ein Hologramm besteht aus der Aufzeichnung eines komplizierten Systems von Interferenzen. Diese Eigenschaft bestimmt bei der Aufnahme von Hologrammen die Anforderungen an den mechanischen Aufbau, den Laser und das Aufnahmematerial.

Selbst wenn sich die Interferenzen während der Belichtung des Hologrammes nur um eine halbe Streifenbreite verschieben, wird das Streifenmuster verwischt, und es entsteht kein Bild mehr. Bei kleineren Bewegungen wird das holographische Bild zwar noch mit voller Schärfe rekonstruiert, der Beugungswirkungsgrad des Hologramms und damit die

Bild 4.10. Beispiel eines kommerziellen Geräts für holographische Auflichtinterferometrie (Typ HIK 1000, Labor für kohärente Optik). *1* Ionenlaser, *2* Spiegel, *3* Strahlteiler, *4* Mikroskopobjektive zur Strahlaufweitung, *5* Bezugswelle, *6* Objektbeleuchtung, *7* Objekt, *8* Photoplatte, *9* Tisch zum Aufspannen der Meßobjekte, *10* Schwingungsdämpfer.

Bildhelligkeit nehmen jedoch stark ab; bei statistischen Bewegungen der Interferenzen mit einer mittleren Amplitude von einem Achtel des Streifenabstands beispielsweise um 50% [4.14]. Deshalb müssen holographische Interferometer stabil und schwingungsfrei aufgebaut werden. Für Laboruntersuchungen sind verschiedene Baukastensysteme erhältlich. Aus den einzelnen Komponenten (Strahlteiler, Spiegel, Plattenhalter usw.) lassen sich an die Meßaufgaben angepaßte Anordnungen auf Tischplatten zusammenstellen. Diese verwindungsfreien Platten sind aus Granit, Beton, Stahl oder Aluminium gefertigt und durch Gummipuffer oder besser Luftlager gegen Gebäudeschwingungen isoliert. Selbstverständlich müssen auch thermische und akustische Störungen vermieden werden.

Tabelle 4.1. Holographische Aufnahmematerialien

	Auflösungsvermögen Linienpaare in mm	Belichtung in $\mu Ws/cm^2$	Wellenlänge in nm
Agfa-Gevaert			
Scientia 10 E 75	2800	2	633
10 E 56	2800	2	514
8 E 75	3000	7,5	633
8 E 56	3000	15	514
Pan 300	>3000	300	514
Copex Mikrofilm (früher Agepan FF)	500	0,03	514
Kodak 649 F	>3000	100	633
Photolack	2500	10^4	441
		10^7	488
Thermoplast	Bereich um 1000	100	633

Für spezielle Anwendungen etwa auf den Gebieten der Werkstoffprüfung, der Auflicht- oder Durchlichtholographie werden bereits kommerzielle Geräte angeboten (Bild 4.10).

Die meisten Hologramme werden mit HeNe-Lasern hergestellt. Bei Laserleistungen von einigen Milliwatt und Kohärenzlängen von 0,5 m können damit flächenhafte Objekte von 0,5 m × 0,5 m in einigen Sekunden aufgenommen werden. Für größere Gegenstände bis zu einigen Quadratmetern ist der Argonionenlaser brauchbar, der mit eingebautem Etalon bei Kohärenzlängen von mehreren Metern etwa ein Watt abgibt. Bei der Auswahl des Lasers muß beachtet werden, daß – bei gleicher Belichtungszeit und Bildhelligkeit – die Laserleistung bei der Aufnahme und Wiedergabe mit dem Quadrat der Objektdimension zunehmen muß.

Mit Pulslasern können bei Pulsdauern im Nanosekundenbereich auch bewegte Objekte holographisch aufgenommen werden. Der experimentelle

Aufwand ist dabei allerdings wesentlich höher als bei der Holographie mit Dauerstrichlasern. In diesem Abschnitt werden deshalb hauptsächlich Untersuchungen mit Dauerstrichlasern beschrieben[1].

In der Regel werden holographische Interferogramme auf Photoemulsionen registriert, die dann auf dem üblichen photochemischen Weg entwickelt und fixiert werden. Zur Erhöhung der Bildhelligkeit kann das Amplitudenhologramm nach verschiedenen Bleichverfahren in ein Phasenhologramm umgewandelt werden [4.18, 4.19]. Löschbare Aufnahmematerialien für die holographische Interferometrie sind noch nicht auf dem Markt erhältlich. Möglicherweise werden sich in Zukunft Thermoplaste [4.20] durchsetzen. Tabelle 4.1 enthält eine Zusammenstellung verschiedener holographischer Aufnahmematerialien.

4.3.3. Verfahren der holographischen Interferometrie

Bei Längenmessungen mit einem Michelson-Interferometer wird der Gangunterschied zweier Wellen registriert. Dabei ist die Gestalt beider Wellenfronten bekannt; in der Regel wird mit ebenen Wellen gearbeitet. Man kann mit einem Michelson-Interferometer aber auch die unbekannte Form einer Wellenfront bestimmen. Bringt man beispielsweise eine Kerzenflamme in den Signalstrahl, so interferiert die verformte Signalwelle mit der ebenen Bezugswelle, und das entstehende Interferogramm spiegelt die Dichte- und Temperaturverteilung in der Flamme wider.

Wie alle anderen konventionellen interferometrischen Methoden hat dieses Verfahren drei wesentliche Nachteile, die die Anwendungsmöglichkeiten stark einschränken:

a) Als Bezugswellen kommen nur einfache, reproduzierbare Wellenfronten in Frage, etwa Kugelwellen oder ebene Wellen;

b) Signal- und Bezugswelle müssen gleichzeitig vorhanden sein;

c) Mit vertretbarem Aufwand können nur kleine Objekte mit einem Durchmesser bis zu etwa 20 cm untersucht werden.

Die große Bedeutung der Holographie für die Interferometrie liegt darin, daß mit einer holographisch rekonstruierten Wellenfront im Prinzip Bezugswellen von jeder gewünschten Form, zu jedem beliebigen Zeitpunkt und in praktisch beliebiger Größe zur Verfügung stehen.

Im folgenden werden verschiedene interferometrische Verfahren behandelt, die mit holographisch rekonstruierten Bezugswellen arbeiten.

4.3.3.1. Echtzeitholographie.
Wenn das entwickelte Hologramm wieder genau in seine ursprüngliche Lage zurückjustiert wird, so deckt sich das virtuelle, holographische Bild vollkommen mit dem Original,

---

[1] Eine eingehende Beschreibung der Holographie mit Pulslasern findet sich z.B. in [4.13, 4.17].

und beide Wellenfronten fallen zusammen. Werden dann kleine Eingriffe am Objekt vorgenommen, wird es etwa durch Belastung oder Erwärmung verformt, so treten Abweichungen von der im Hologramm „eingefrorenen" Wellenfront auf, und es erscheint ein System von Interferenzen. Verformungen von der Größenordnung der Lichtwellenlänge können so direkt beobachtet werden.

Die vollständige Übereinstimmung des holographischen Bildes mit dem Objekt ist experimentell nicht ganz einfach zu erreichen, da die Photoplatte auf Bruchteile der Wellenlänge rückjustiert werden muß, und die als Folge des Entwicklungsprozesses stets auftretende Schrumpfung der Emulsion stört. Die Platten werden deshalb heute meistens in einer Flüssigkeitsküvette belichtet und anschließend an Ort und Stelle entwickelt, fixiert und u. U. gebleicht.

Interferenzen erscheinen am kontrastreichsten, wenn der Beobachter das rekonstruierte Bild und das Objekt gleich hell sieht. Dies läßt sich mit einem variablen Strahlteiler erreichen, mit dem das für die Aufnahme günstigste Intensitätsverhältnis zwischen Objekt- und Bezugswelle bei der Rekonstruktion entsprechend verändert wird [4.21].

Ein Vorteil der Echtzeitholographie ist die Möglichkeit, die Geometrie der Objektbeleuchtung während der Rekonstruktion so nachzustellen, daß globale Verlagerungen des Objekts, die zu einem sehr kleinen und oft nicht mehr auflösbaren Streifenabstand führen, zumindest örtlich kompensiert werden können [4.22]. Auf diese Weise werden kleine Verformungen des Objekts noch sichtbar (Bild 4.11).

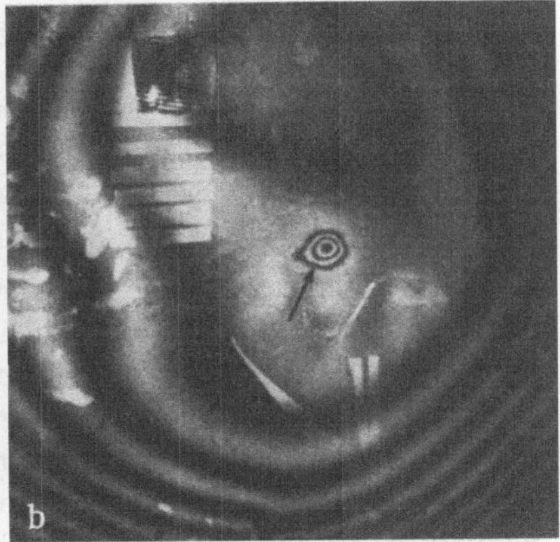

Bild 4.11. Holographische Echtzeitaufnahme einer Verformung. Verlagerungen und Durchbiegungen des Meßobjekts erzeugen dabei häufig Interferenzliniendichten, die nicht mehr aufgelöst werden können (a). Feinheiten der Verformung werden jedoch unter Umständen sichtbar, wenn globale Bewegungen durch Nachjustierung der Objektbeleuchtung kompensiert werden (b). Bei dem Meßobjekt handelt es sich um eine Honigwabenstruktur, die leicht erwärmt wurde (Aufnahme GCO).

Schnell ablaufende Veränderungen am Meßobjekt, wie Einschwing-
oder Strömungsvorgänge, lassen sich mit einer Hochgeschwindigkeits-
kamera auflösen und zeitlich gedehnt betrachten und auswerten [4.23,
4.24].

4.3.3.2. Doppelbelichtungsholographie. Auf einem Hologramm lassen
sich mehrere Wellenfronten registrieren, die bei der Rekonstruktion miteinander interferieren. So kann ein Meßobjekt zunächst im unbelasteten
Zustand holographisch aufgenommen werden; dann wird die Aufnahme
nach der halben Belichtungszeit unterbrochen, das Meßobjekt verformt,
und während der zweiten Hälfte der Belichtungszeit die deformierte
Objektwelle registriert. Die Bilder 4.12 und 4.13 zeigen als Beispiele
Photographien virtueller Bilder, die von Doppelbelichtungshologrammen
rekonstruiert wurden.

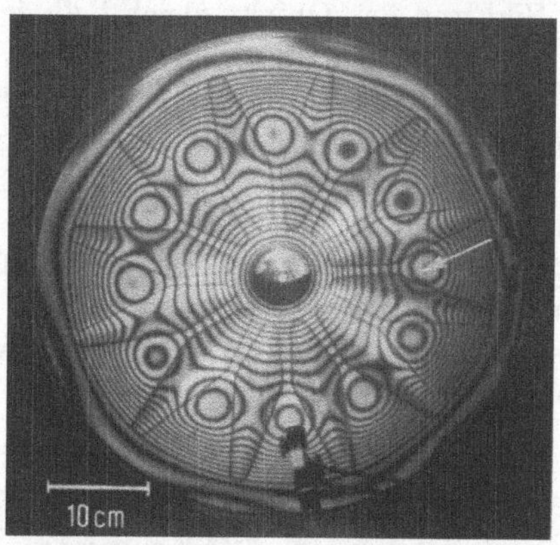

Bild 4.12. Holographisches Doppelbelichtungs-Interferogramm der Durchbiegung eines in der Mitte
gehaltenen Metallgefäßes unter einem Überdruck von 2000 Pa. Die Interferenzen sind Linien
gleicher Verlagerung in Blickrichtung. Die Wirkung der eingeprägten Versteifungen ist deutlich
sichtbar. Die maximale Durchbiegung (Pfeil) beträgt etwa 3 μm.

Während der Belichtungspause kann man nicht nur Eingriffe am
Objekt vornehmen, sondern auch den holographischen Aufbau verändern [4.25]. So erzeugt eine geringfügige Kippung der Objektbeleuchtungswelle auf dem holographischen Bild Schichtlinien, deren Abstand
in weiten Grenzen frei gewählt werden kann. Wenn das Meßobjekt mit
einer ebenen Welle beleuchtet wird, sind die Schichtlinien durch die
Schnittlinien einer Ebenenschar mit dem Objekt bestimmt.

Neben der Geometrie kann man auch die Wellenlänge des Laserlichtes ändern. Im einfachsten Fall bringt man dabei das Meßobjekt in
Immersionsflüssigkeiten mit den Brechungsindices n und $n + \Delta n$, die
zwischen den Belichtungen ausgewechselt werden [4.26]. Dadurch er-

geben sich Phasenunterschiede der beiden rekonstruierten Wellen, und es entstehen Höhenschichtlinien im Abstand

$$\Delta h = \lambda_0 (2n\,\Delta n)^{-1}. \qquad (4.20)$$

Bei einer anderen Methode wird direkt die Laserwellenlänge geändert [4.25]. Dadurch entstehen ebenfalls Höhenlinien.

Früher war man dabei auf einige feste Höhenlinienabstände beschränkt, die von den Wellenlängen des Argonionenlasers oder den Wellenlängenabständen der longitudinalen Moden von Pulslasern abhingen [4.27]. Inzwischen sind solche Messungen jedoch bereits mit kontinuierlich durchstimmbaren Farbstofflasern durchgeführt worden [4.28].

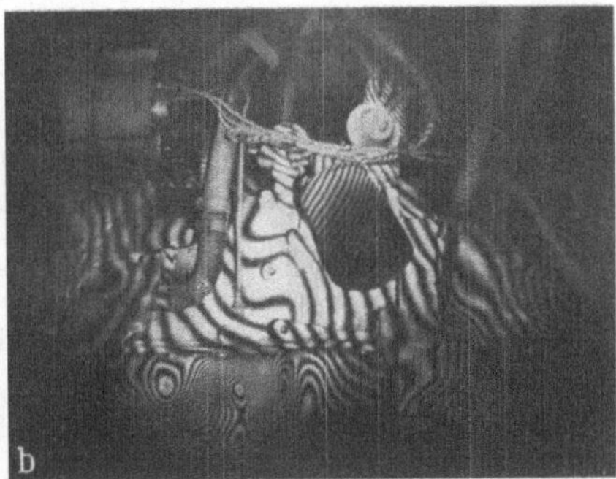

Bild 4.13. a) Photographie eines schwingungsentkoppelt frei hängenden Kfz-Motors; b) Holographisches Doppelbelichtungsinterferogramm des mit 4300 U/min laufenden Motors, aufgenommen mit zwei 25 ns langen Lichtblitzen eines Rubinpulslasers im Abstand von 200 µs bei einer Laserleistung von 2 · 100 mJ. Die Interferenzen rühren von Schwingungen des Motorgehäuses her. Man kann mit Hilfe solcher Aufnahmen die Schwingungsknoten ermitteln, die die günstigsten Punkte für die Motoraufhängung sind (Aufnahme A. Felske und A. Happe, Volkswagenwerk AG, Forschung und Entwicklung).

Es sei noch angemerkt, daß Überlagerungen von Höhenschichtliniendarstellungen mit Hilfe des Moiré-Effektes einen Formvergleich bzw. die Bestimmung von Verformungen ermöglichen [4.29]. Die Empfindlichkeit ist dabei verringert, kann jedoch bei Verwendung eines Farbstofflasers dem jeweiligen Meßproblem angepaßt werden.

4.3.3.3. Charakteristische Funktion und Zeitmittelholographie.

Alle auf einem Hologramm gespeicherten Wellenfronten überlagern sich bei der Rekonstruktion und bestimmen die Intensität mit der ein Bildpunkt wiedergegeben wird.

Wenn die Wellenfronten verschiedenen Verformungszuständen eines Objektes entsprechen, besitzen sie auf der Hologrammplatte praktisch dieselbe Amplitudenverteilung und unterscheiden sich nur in ihrer Phase. Wird die Wellenfront

$$E_{\mathrm{Si}} = E_{\mathrm{So}}(r)\,\exp[-\mathrm{j}(\beta_{\mathrm{Si}}(r) - \omega t)]$$

während der Zeit t_i aufgenommen, so gilt bei N Belichtungen für die holographisch rekonstruierte Welle nach (4.19) mit $\tau = \sum t_i$

$$E_\mathrm{R}(\boldsymbol{r}) = -\gamma \tau S_\mathrm{B} E_\mathrm{So}(\boldsymbol{r}) \left\{ \frac{1}{\tau} \sum_{i=1}^{N} t_i \exp[-\mathrm{j}(\beta_\mathrm{Si}(\boldsymbol{r}) - \omega t)] \right\}. \quad (4.21)$$

Die Verallgemeinerung auf beliebige Phasenänderungen ergibt

$$E_\mathrm{R}(\boldsymbol{r}) = -\gamma \tau S_\mathrm{B} E_\mathrm{So}(\boldsymbol{r}) \left\{ \frac{1}{\tau} \int_0^\tau \exp[-\mathrm{j}(\beta_\mathrm{S}(\boldsymbol{r}, t) - \omega t)] \, \mathrm{d}t \right\}. \quad (4.22)$$

Der Klammerausdruck wird „charakteristische Funktion" genannt [4.30].

Es sollen nun einige Sonderfälle betrachtet werden. Bei der Doppelbelichtungsmethode wird nach der halben Belichtungszeit z. B. als Folge einer Verformung die Phase an einem Objektpunkt um $\Delta\beta_\mathrm{S}(\boldsymbol{r})$ geändert. In (4.21) eingesetzt, ergibt dies die Intensität

$$S(\boldsymbol{r}) = \varepsilon_0 c \langle E_\mathrm{R}(\boldsymbol{r}) E_\mathrm{R}^*(\boldsymbol{r}) \rangle = S_0(\boldsymbol{r})[1 + \cos\Delta\beta_\mathrm{S}(\boldsymbol{r})]. \quad (4.23)$$

Sie zeigt den von der Zweistrahlinterferenz bekannten Verlauf (4.3). Der Kontrast ist maximal.

Bei sinusförmigen Schwingungen kommt es zu Phasenschwankungen $\Delta\beta_\mathrm{S}(\boldsymbol{r}, t) = \Delta\beta_\mathrm{So}(\boldsymbol{r}) \sin \omega t$ und damit zu einer Intensitätsverteilung

$$S(\boldsymbol{r}) = S_0(\boldsymbol{r}) \left\{ \frac{1}{\tau} \int_0^\tau \exp[-\mathrm{j}\Delta\beta_\mathrm{So}(\boldsymbol{r}) \sin\omega_\mathrm{S} t] \, \mathrm{d}t \right\}^2. \quad (4.24)$$

Dieses Integral läßt sich unter der Annahme $\tau \to \infty$ bzw. $\tau \gg 1/\omega_\mathrm{S}$ berechnen. Dann gilt

$$S(\boldsymbol{r}) = S_0(\boldsymbol{r}) \, J_0^2(\Delta\beta_\mathrm{So}). \quad (4.25)$$

Dabei ist J_0 die Bessel-Funktion nullter Ordnung. Bild 4.14. bringt ein Beispiel hierfür.

Entsprechend läßt sich auch die Intensität bei linearen Bewegungen berechnen. Mit

$$\Delta\beta_\mathrm{S}(\boldsymbol{r}, t) = \Delta\beta_\mathrm{So}(\boldsymbol{r})t \quad (0 < t < \tau)$$

folgt

$$S(\boldsymbol{r}) = S_0(\boldsymbol{r}) \left\{ \frac{1}{\tau} \int_0^\tau \exp[-\mathrm{j}\Delta\beta_\mathrm{So}(\boldsymbol{r})t] \, \mathrm{d}t \right\}^2 = S_0(\boldsymbol{r}) \frac{\sin^2(\Delta\beta_\mathrm{So}/2)}{(\Delta\beta_\mathrm{So}/2)^2}. \quad (4.26)$$

Auf diese Weise kann die Geschwindigkeit bei bekannter Belichtungszeit gemessen werden.

Zum Schluß soll noch die Intensität für die Echtzeitbeobachtung von Schwingungen berechnet werden. Wenn das Objekt und sein in Ruhe aufgenommenes holographisches Bild mit gleicher Intensitätsverteilung $S_0(\boldsymbol{r})$ erscheinen, gibt ihre kohärente Überlagerung

$$S(\boldsymbol{r}) = S_0(\boldsymbol{r}) \left\{ 1 - \frac{1}{\tau} \int\limits_0^\tau \exp\left[-\mathrm{j}\Delta\beta_{\mathrm{So}}(\boldsymbol{r})\sin\omega_{\mathrm{S}}t\right]\mathrm{d}t \right\} \{\mathrm{c.c.}\}$$

$$= 2S_0(\boldsymbol{r})\left[1 - J_0(\Delta\beta_{\mathrm{So}}(\boldsymbol{r}))\right]. \tag{4.27}$$

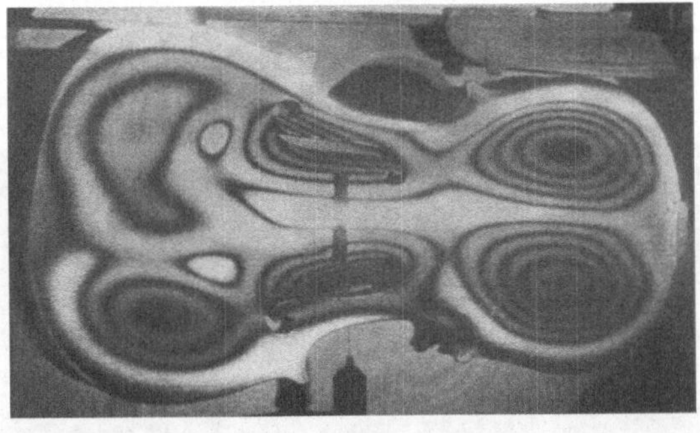

Bild 4.14. Holographische Zeitmittelaufnahme einer schwingenden Geigendecke. Die Anregung erfolgte am Ort des Stegs über einen Stahldraht in Streichrichtung mit 1260 Hz (Aufnahme W. Reinicke, Institut für technische Akustik, Technische Universität Berlin).

4.3.3.4. Computerholographie. Hologramme diffus reflektierender Gegenstände bestehen wegen der statistischen Mikrostruktur der Objektoberfläche aus einem überaus komplizierten Interferenzstreifenmuster. Anders ist dies bei Hologrammen einfacher, regelmäßiger Objekte. In diesen Fällen kann man die Intensitätsverteilung auf der Hologrammfläche mit elektronischen Rechenanlagen direkt berechnen und auf einer vom Rechner gesteuerten Zeichenmaschine darstellen. Die photographische Verkleinerung ergibt ein rekonstruktionsfähiges Hologramm. Die aus solchen synthetischen Hologrammen rekonstruierten, oder besser gesagt „konstruierten" Wellenfronten können in der Interferometrie als Bezugswellen dienen. Nähere Einzelheiten müssen der Literatur entnommen werden [4.31].

4.3.4. Auswertung holographischer Interferogramme

4.3.4.1. Einfache Beispiele. Die quantitative Bestimmung kleinster Verformungen ist eine der bestechendsten Möglichkeiten, die die holographische Interferometrie bietet. Leider ist dies, von Sonderfällen abgesehen, eine schwierige Aufgabe, die umfangreiche und langwierige Rechenarbeit erfordert.

Bild 4.15 zeigt an einfachen Beispielen den Grund für diese Schwierigkeiten. Er liegt darin, daß ein Betrachter holographischer Doppelbelichtungsaufnahmen wegen der großen Tiefenschärfe des menschlichen Auges bei vollkommen verschiedenen Bewegungen des Meßobjekts identische Streifenmuster sieht. Sie unterscheiden sich erst, wenn man die Blickrichtung ändert oder das virtuelle Bild mit großer Blendenöffnung, d.h. geringer Tiefenschärfe photographiert. Man erkennt dann, daß die Interferenzen bei der vorliegenden Rotation auf der Objektoberfläche und bei der Translation hinter ihr liegen. Die Lokalisierungsebene läßt sich jedoch nur ungenau bestimmen.

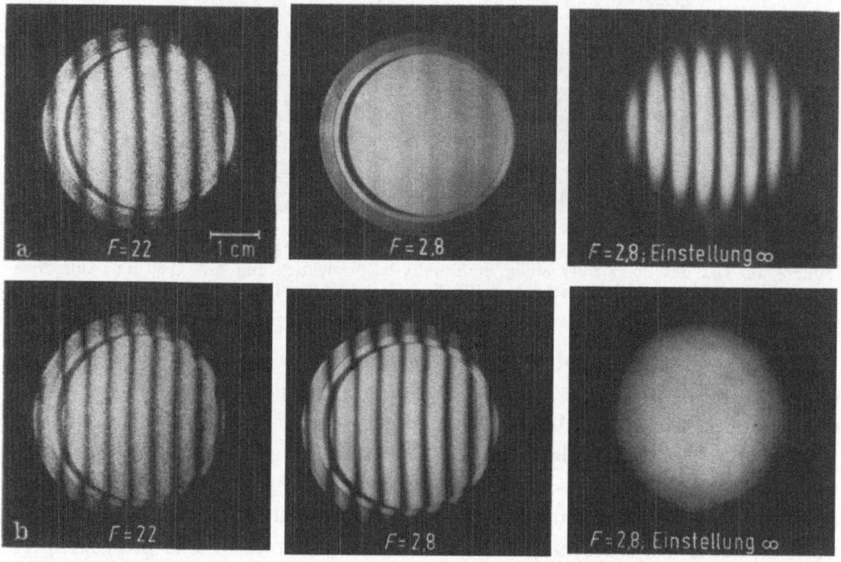

Bild 4.15. Streifenmuster auf holographischen Doppelbelichtungsaufnahmen. Zwischen den Belichtungen wurde das Meßobjekt um 18 µm senkrecht zur Blickrichtung verschoben (a), bzw. um $5 \cdot 10^{-5}$ rad um eine zur Blickrichtung senkrechte Achse gedreht (b). Betrachtung mit großer Tiefenschärfe bzw. großer Blendenzahl (linke Spalte) zeigt in beiden Fällen dasselbe Streifenmuster. Erst Aufnahmen mit geringer Tiefenschärfe (mittlere und rechte Spalte) zeigen, daß die Streifen bei a) im Unendlichen und bei b) auf der Objektoberfläche lokalisiert sind.

Aus Bild 4.15 ist auch bereits zu entnehmen, daß Bewegungen, die zu Verschiebungen in Beobachtungsrichtung führen, in der Regel mit wesentlich höherer Empfindlichkeit nachgewiesen werden können.

4.3.4.2. Auswertung von Auflichthologrammen. Die Berechnung der charakteristischen Funktion (4.22) zeigte, daß die Intensität eines holographisch rekonstruierten Bildpunkts – zumindest bei Betrachtung mit sehr kleiner Apertur – von der Phasenverschiebung abhängt, die die Lichtwelle als Folge der Verformung erleidet. Dies soll jetzt quantitativ untersucht werden. Die Berechnung von Betrag und Richtung der einzelnen Verschiebungsvektoren folgt dabei einem von J. Sollid angegebenen Verfahren [4.32, 4.33].

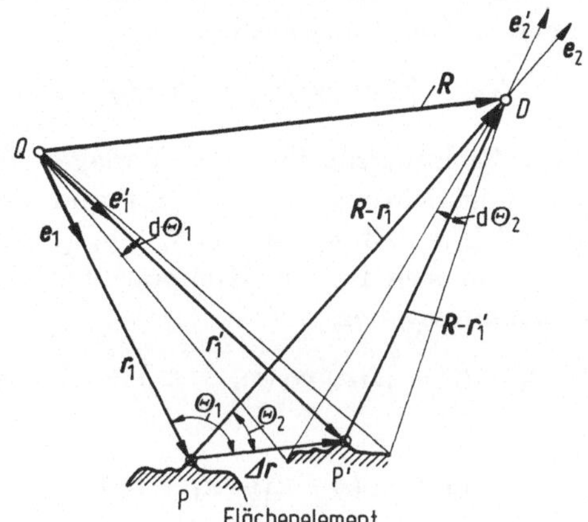

Bild 4.16. Definition der Vektoren bei der Hologrammaufnahme und Wiedergabe.

Gemäß Bild 4.16 trifft das Licht einer von Q ausgehenden Kugelwelle unter der Richtung des Einheitsvektors e_1 auf den Punkt P der Objektoberfläche. Das in Richtung e_2 gestreute Licht wird im Punkt D beobachtet. Entweder registriert in D ein Photodetektor die Lichtintensität oder ein Beobachter fokussiert sein Auge auf D. $\Delta\Theta_2/2$ ist dabei der Öffnungswinkel des Auges bzw. Detektors.

Durch eine Verformung des Meßobjekts wird P nach P' verlagert. Für die Differenz der optischen Weglängen $\Delta s = QPD - QP'D$ gilt dann nach Bild 4.16

$$\Delta s = (e_1 - e_2)\,(r_1 - r_1') - (e_1' - e_1)\,r_1' - (e_2' - e_2)\,(R - r_1'). \tag{4.28}$$

In allen Holographieanordnungen ist $|r_1|$, $|R| \gg \Delta s$ und $e_1 \approx e_1'$, $e_2 \approx e_2'$ und damit in guter Näherung

$$\Delta s = (e_2 - e_1)\,\Delta r \quad \text{bzw.} \quad \Delta\beta_\mathrm{S} = (2\pi/\lambda)\,(e_2 - e_1)\,\Delta r. \tag{4.29}$$

In vielen Fällen, z. B. bei der Messung der Biegung und Torsion eines Stabes oder der Durchbiegung einer Membran, ist die Richtung der Verlagerung im voraus bekannt. Dann läßt sich (4.29) sehr leicht anwenden. Wenn e_2 und e_1 so gewählt sind, daß sie mit Δr in einer Ebene liegen, gilt

$$\Delta s = |\Delta r|\,(\cos\Theta_1 + \cos\Theta_2) = N\lambda. \tag{4.30}$$

Dabei ist N die Interferenzordnung am Punkt P, die man durch Abzählen der Interferenzen und Interpolation erhält (näheres zum Problem der Bestimmung von N folgt unten).

Im allgemeinen Fall ist die Verschiebungsrichtung nicht bekannt. Dann betrachtet man das Objekt unter verschiedenen Blickwinkeln, entweder durch drei Punkte eines Hologrammes oder – zur Steigerung der Genauigkeit – durch drei verschiedene Hologramme[1]. Dies führt zu dem linearen Gleichungssystem

$$\Delta s_i = |\Delta r| \, (\cos\Theta_1 + \cos\Theta_i) = N_i\lambda \quad (i = 2, 3, 4, \ldots). \tag{4.31}$$

Mit dem Richtungskosinus des Verlagerungsvektors (l_0, m_0, n_0), der Einstrahlungsrichtung (l_1, m_1, n_1) und der Beobachtungsrichtungen (l_i, m_i, n_i) $(i = 2, 3, 4)$ ist $\cos\Theta_k = l_0 l_k + m_0 m_k + n_0 n_k$ $(k = 1, \ldots, 4)$. Damit ergibt sich für die Komponenten des Verschiebungsvektors Δr das Gleichungssystem

$$|\Delta r| \, l_0(l_1 + l_i) + |\Delta r| \, m_0(m_1 + m_i) + |\Delta r| \, n_0(n_1 + n_i) = N_i\lambda \tag{4.32}$$

bzw.

$$\Delta x(l_1 + l_i) + \Delta y(m_1 + m_i) + \Delta z(n_1 + n_i) = N_i\lambda. \tag{4.33}$$

Die Lösung dieses linearen, inhomogenen Gleichungssystems lautet in Determinantenschreibweise

$$\left.\begin{aligned}
\Delta x &= [N_i\lambda \quad m_1 + m_i \quad n_1 + n_i]/D, \\
\Delta y &= [l_1 + l_i \quad N_i\lambda \quad n_1 + n_i]/D, \\
\Delta z &= [l_1 + l_i \quad m_1 + m_i \quad N_i\lambda]/D.
\end{aligned}\right\} \tag{4.34}$$

Dabei ist

$$D = [l_1 + l_i \quad m_1 + m_i \quad n_1 + n_i] = \begin{vmatrix} l_1 + l_2 & m_1 + m_2 & n_1 + n_2 \\ l_1 + l_3 & m_1 + m_3 & n_1 + n_3 \\ l_1 + l_4 & m_1 + m_4 & n_1 + n_4 \end{vmatrix}. \tag{4.35}$$

Δr kann aus (4.30) bzw. (4.34) nur berechnet werden, wenn die Interferenzordnungen N_i bekannt sind. Man erhält diese für die Auswertung wichtige Größe durch Abzählen der Interferenzen, ausgehend von dem Interferenzmaximum nullter Ordnung, das in der Regel die während der Verformung in Ruhe gebliebenen Punkte verbindet. Verschiedene Verfahren wurden angegeben, um die Interferenz nullter Ordnung zu identifizieren. So darf das Maximum nullter Ordnung bei Änderung der Blickrichtung gegenüber dem Objekt keine parallaktische Verschiebung zeigen. Die Genauigkeit des Verfahrens ist recht unbefriedigend und häufig ist

---

[1] Bei der Aufnahme mehrerer Hologramme ist der Aufwand wegen der benötigten Bezugswellenstrahlengänge recht hoch. Manchmal bringt ein diffuses Bezugswellenfeld eine experimentelle Vereinfachung [4.34].

es nicht eindeutig, da auch die Interferenzen höherer Ordnung keine
Parallaxe zeigen, wenn sie auf der Objektoberfläche lokalisiert sind. Ähnliche Nachteile hat ein Verfahren, bei dem ein zusätzliches Hologramm
mit diffuser Objektbeleuchtung aufgenommen wird [4.35]. Wenn Bewegungen senkrecht zur Beobachtungsrichtung vorkommen, zeigt ein
solches Hologramm nur Interferenzen niedriger Ordnung.

Besser ist es, während der Verformung zusätzlich ein Zeitmittelhologramm aufzunehmen, das überhaupt nur die nullte Ordnung lichtstark
rekonstruiert [4.36], oder, falls der mechanische Eingriff das Meßergebnis
nicht verfälscht, das Meßobjekt durch ein flexibles Band mit einem Fix-
punkt des Aufbaues zu verbinden.

Wenn das Meßobjekt während der Verformung als Ganzes verrückt
wird, gibt es keine Interferenz nullter Ordnung, und die oben beschriebenen Verfahren versagen. Es besteht jedoch die Möglichkeit, die Verlagerung unter gewissen Voraussetzungen trotzdem zu bestimmen [4.37,
4.38]. Dazu wird das Objekt nacheinander durch vier verschiedene
Punkte eines Hologrammes betrachtet und es werden die Interferenzen
gezählt, die bei Änderung der Blickrichtung an einem bestimmten Punkt
der Objektoberfläche infolge der Parallaxe vorbeiwandern[1]. Wenn zwischen dem i-ten und dem $(i + 1)$-ten Punkt $N_{i,\,i+1}$ Interferenzen durchlaufen, und e_i wieder die bekannten Beobachtungsrichtungen sind, gilt

$$N_{i,\,i+1}\lambda = \Delta r\,(e_i - e_{i+1}) \quad (i = 2, 3, 4).\tag{4.36}$$

Die drei unbekannten Komponenten von Δr können daraus berechnet
werden.

Es ist bemerkenswert, daß dieses Verfahren hauptsächlich zur Messung von senkrecht zur Beobachtungsrichtung orientierten Verschiebungen geeignet ist, da es auf der Parallaxe beruht; Bewegungen in
Blickrichtung führen jedoch in der Regel zu Interferenzen, die auf dem
Objekt lokalisiert sind und keine Parallaxe zeigen.

Selbstverständlich können bei beiden Verfahren mehr als drei bzw.
vier Blickrichtungen zur Auswertung benützt werden. Die Gleichungs-
systeme (4.34) und (4.36) sind dann überbestimmt und mit einem Rechner kann durch eine Ausgleichsrechnung das Ergebnis optimal an die
stets fehlerbehafteten Meßwerte angepaßt werden. Dadurch wird die
Auswertung wesentlich genauer [4.82].

In der Literatur wurden noch andere Auswerteverfahren angegeben
[4.39 bis 4.41], die hier aus Platzgründen nicht behandelt werden können.

4.3.4.3. Lokalisierung von Interferenzen. In den vorangegangenen
Abschnitten wurde bereits erwähnt, daß die Interferenzen bei Verände-

---

[1] Das Verfahren wird deshalb „dynamisch“ genannt, im Gegensatz zur oben
beschriebenen „statischen“ Methode.

rung der Blickrichtung über das holographische Bild wandern, wenn sie nicht auf der Objektoberfläche lokalisiert sind. Obwohl dies keine spezielle Eigenschaft der holographischen Interferenzen ist, sondern bei der Interferometrie mit ausgedehnten Quellen eine bekannte Erscheinung ist, soll doch im folgenden kurz erklärt werden, wo die Interferenzen lokalisiert sind.

Dazu betrachtet man die Amplitude eines an dem kleinen Flächenelement A reflektierten Wellenfelds im Punkt D (Bild 4.16). Sie ergibt sich aus der Überlagerung aller von A ausgehenden Huygensschen Elementarwellen zu

$$E(\mathbf{R}) = a' \iint_A \frac{1}{|\mathbf{R} - \mathbf{r}_1|} \exp[-\mathrm{j}\beta(\mathbf{R}, \mathbf{r}_1)]\,\mathrm{d}A = a \iint_A \exp[-\mathrm{j}\beta(\mathbf{R}, \mathbf{r}_1)]\,\mathrm{d}A. \tag{4.37}$$

Dabei wurde ausgenützt, daß $|\mathbf{R} - \mathbf{r}_1|$ groß gegen die Abmessungen von A ist und als Konstante vor das Integral gezogen werden kann.

Für die Intensität folgt dann

$$S_0(\mathbf{R}) = \varepsilon_0 c a^2 \iint \exp[\mathrm{j}\beta(\mathbf{R}, \mathbf{r}_1)]\,\mathrm{d}A \iint \exp[-\mathrm{j}\beta(\mathbf{R}, \mathbf{r}_1)]\,\mathrm{d}A$$

$$= \iint C\,\mathrm{d}A \iint C^*\,\mathrm{d}A. \tag{4.38}$$

In der Regel sind diese Integrale statistisch schnell veränderliche Funktionen der Koordinaten des Beobachtungspunkts, die zu der bekannten Erscheinung der Granulation führen.

Wird die Fläche A verschoben, ohne daß sich ihre Mikrostruktur ändert, so erfährt jede Kugelwelle eine Phasenverschiebung $\Delta\beta(\mathbf{R}, \mathbf{r}_1)$ und die holographische Überlagerung des ursprünglichen und des verschobenen Wellenfelds liefert die Intensität

$$S(\mathbf{R}) = \varepsilon_0 c a^2 \iint \{\exp[\mathrm{j}\beta(\mathbf{R}, \mathbf{r}_1)] + \exp[\mathrm{j}\beta(\mathbf{R}, \mathbf{r}_1) + \mathrm{j}\Delta\beta(\mathbf{R}, \mathbf{r}_1)]\}\,\mathrm{d}A$$

$$\times \iint \{\mathrm{c.c.}\}\,\mathrm{d}A = \iint C\,\mathrm{d}A \iint C^*\,\mathrm{d}A + \iint C\mathrm{e}^{\mathrm{j}\Delta\beta}\,\mathrm{d}A \iint C^*\,\mathrm{d}A$$

$$+ \iint C\,\mathrm{d}A \iint C^*\mathrm{e}^{-\mathrm{j}\Delta\beta}\,\mathrm{d}A + \iint C\mathrm{e}^{\mathrm{j}\Delta\beta}\,\mathrm{d}A \iint C^*\mathrm{e}^{-\mathrm{j}\Delta\beta}\,\mathrm{d}A. \tag{4.39}$$

Wenn der Beobachtungspunkt so liegt, daß im Punkt D alle Kugelwellen unabhängig von $\mathbf{r}_1$ dieselbe Phasenverschiebung $\Delta\beta(\mathbf{R}, \mathbf{r}_1) = \Delta\beta(\mathbf{R})$ erleiden, kann man die konstanten Phasenfaktoren vor die Integrale ziehen und erhält mit

$$S(\mathbf{R}) = \iint C\,\mathrm{d}A \iint C^*\,\mathrm{d}A\,[2 + \mathrm{e}^{\mathrm{j}\Delta\beta} + \mathrm{e}^{-\mathrm{j}\Delta\beta}] = 2S_0(\mathbf{R})\,[1 + \cos\Delta\beta(\mathbf{R})], \tag{4.40}$$

den für Zweistrahlinterferenzen typischen Intensitätsverlauf für die in der Umgebung von $\mathbf{R}$ lokalisierten Interferenzen. Die Interferenzen sind also dort lokalisiert, wo die Ableitungen der Phasenverschiebungen nach den Koordinaten des Beobachtungspunkts verschwinden. Insbesondere muß gelten

$$\frac{\mathrm{d}\,[\Delta\beta\,(\boldsymbol{R})]}{\mathrm{d}\Theta_2} = 0$$

oder zumindest

$$\frac{\mathrm{d}\,[\Delta\beta\,(\boldsymbol{R})]}{\mathrm{d}\Theta_2}\,\Delta\Theta_2 \ll \pi. \tag{4.41}$$

Dabei ist $\Delta\Theta_2/2$ die Beobachtungsapertur.

Als Beispiel soll die Lokalisierungsfläche bei Translationen senkrecht zur Beobachtungsrichtung ermittelt werden. Mit (4.30) und (4.41) lautet die Bedingung für die Lokalisierungsfläche

$$\mathrm{d}\,(\Delta\beta) = 0 = -\,(2\pi/\lambda)\,|\Delta\boldsymbol{r}|\,(\sin\Theta_1\,\mathrm{d}\Theta_1 + \sin\Theta_2\,\mathrm{d}\Theta_2). \tag{4.42}$$

Daraus folgt sofort, daß bei einer Objektbeleuchtung mit einer ebenen Welle (d.h. $\mathrm{d}\Theta_1 = 0$) auch $\mathrm{d}\Theta_2 = 0$ sein muß. Dies ist nur für Interferenzen erfüllt, die im Unendlichen lokalisiert sind. Allgemein gilt nach Bild 4.16

$$\mathrm{d}\Theta_1\,|\boldsymbol{r}_1|/\sin\Theta_1 = \mathrm{d}\Theta_2\,|\boldsymbol{R} - \boldsymbol{r}_1|/\sin\Theta_2. \tag{4.43}$$

In (4.42) eingesetzt, ergibt dies für den Abstand der Interferenzen vom Objekt die Bedingung

$$|\boldsymbol{R} - \boldsymbol{r}_1| = |\boldsymbol{r}_1|\,\sin^2\Theta_2/\sin^2\Theta_1. \tag{4.44}$$

4.3.4.4. Auswertung von Durchlichthologrammen. Durchlichthologramme registrieren den Gangunterschied, den eine Wellenfront beim Durchqueren eines Phasenobjekts erleidet. Sie werden entweder mit gerichteter oder diffuser Objektbeleuchtung aufgenommen (Bild 4.17).

Im ersten Fall geschieht die Auswertung wie in der konventionellen Mach-Zehnder-Interferometrie. Die Überlagerung der beiden bei An-

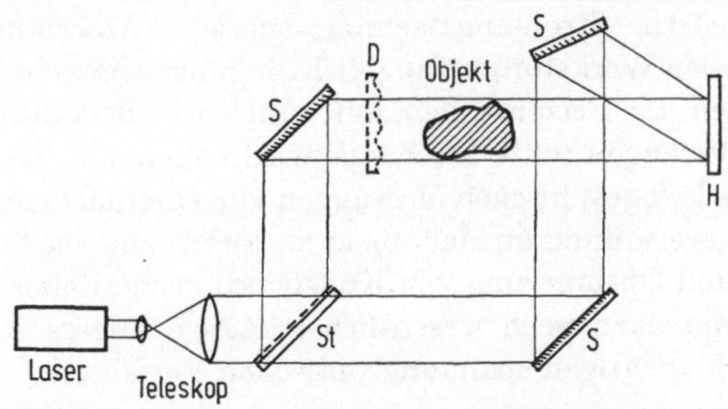

Bild 4.17. Schematische Anordnung zur Aufnahme von Durchlichthologrammen. S Spiegel, St Strahlteiler, D Diffusor (entfällt bei gerichteter Beleuchtung).

und Abwesenheit des Phasenobjekts im Hologramm gespeicherten Wellenfronten führt dann zu einer Interferenzstruktur, und die Phasendifferenz zwischen den beiden Wellen ist gegeben durch

$$\Delta\beta(x, y, z) = 2\pi/\lambda \int\limits_{-\infty}^{+\infty} [n(x, y, z) - n_0]\, \mathrm{d}x. \qquad (4.45)$$

Es ist klar, daß ein zweidimensionales Brechungsindexfeld der Dicke Δx aus der gemessenen $\Delta\beta(x, y, z)$-Verteilung nach

$$n(y, z) = n_0 + (\lambda/2\pi)\, [\Delta\beta(y, z)/\Delta x] \qquad (4.46)$$

leicht berechnet werden kann.

Auch das in der Praxis häufig vorkommende, axialsymmetrische Problem läßt sich lösen, wenn zur Auswertung ein Computer zur Verfügung steht [4.42].

Die Lösung des allgemeinen Falls ist dagegen wesentlich komplizierter, da mit diffuser Objektbeleuchtung gearbeitet werden muß. Es läßt sich zeigen, daß $n(x, y, z)$ berechnet werden kann, wenn $\Delta\beta$ für alle Durchstrahlungsrichtungen bekannt ist, die parallel zu einer vorgegebenen Ebene liegen. In [4.43] wird angegeben, daß bei Messungen unter 11 Durchstrahlungsrichtungen und bei Eingabe der Positionen von 20 Interferenzstreifen, $n(x, y, z)$ mit einer Genauigkeit von etwa 1% bestimmt werden kann.

4.3.5. Technische Anwendungen der holographischen Interferometrie

Im Jahre 1965 wurden die ersten holographischen Interferogramme aufgenommen. Seitdem hat die holographische Interferometrie schon viele technische Anwendungen gefunden und mit Sicherheit läßt sich voraussagen, daß es in Zukunft noch weit mehr sein werden. Dies gilt hauptsächlich für Messungen, bei denen konventionelle Methoden schlechte Ergebnisse liefern. Strömungstechnik, spezielle Anwendungen in der zerstörungsfreien Werkstoffprüfung, Schwingungsmeßtechnik und Formerfassung seien als Beispiele genannt. Auch die Bedeutung der Holographie für die angewandte Mechanik wird zunehmen, besonders wenn es gelingt, aus holographischen Messungen von Oberflächenverformungen die Spannungsverteilung im Meßobjekt zu berechnen. Die holographische Beurteilung und Optimierung von Konstruktionsmerkmalen bietet dann eine echte, und dazu noch wesentlich leistungsfähigere Alternative zu dem technisch wichtigen spannungsoptischen Verfahren.

4.3.5.1. Zerstörungsfreie Werkstoffprüfung. Im Gegensatz zu den bekannten zerstörungsfreien Untersuchungsmethoden mit Röntgenstrah-

lung, Ultraschallwellen und Neutronen arbeitet die optische, holographische Werkstoffprüfung mit Strahlung, die zwar nicht in den Prüfling
eindringt, dafür aber erlaubt, geringfügige Änderungen der Oberflächengestalt nachzuweisen. Im Innern des Prüflings verborgene Materialinhomogenitäten können deshalb prinzipiell nicht direkt erkannt werden,
sondern nur über Anomalien der Oberflächenverformung, die sie bei
einer leichten Belastung des Prüflings hervorrufen. Diese Anomalien
sind häufig ohne quantitative Auswertung der Interferenzen bei Echtzeitbeobachtung oder auf Doppelbelichtungsaufnahmen an Unregelmäßigkeiten im Streifenmuster zu erkennen.

Der Prüfling kann auf viele Arten belastet und verformt werden,
z.B. mechanisch durch Biegen, Drücken, Unter- oder Überdruck, durch
Anregung von Schwingungen und Rayleighschen Oberflächenwellen oder
thermisch durch einen kurzen Wärmepuls einer Infrarotlampe.

Besonders geeignet für holographische Prüfungen sind weiche Werkstoffe (Gummi, Kunststoff) oder Objekte mit dünnen Wandstärken
(etwa Waben-Sandwich-Strukturen). Gerade dabei bietet die Holographie eine Ergänzung zu den in diesen Fällen nur bedingt anwendbaren
konventionellen Methoden.

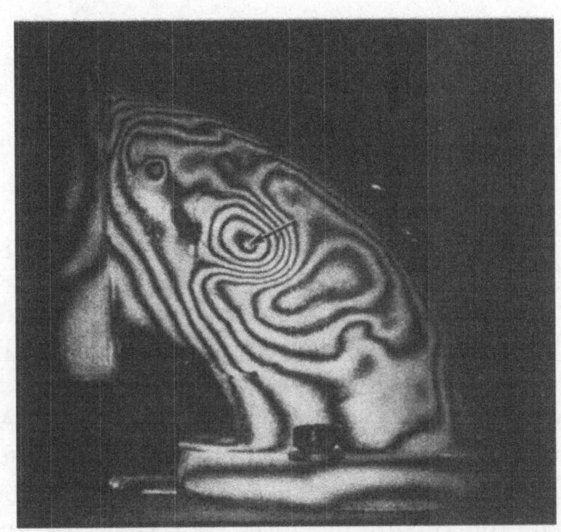

Bild 4.18. Holographische
zerstörungsfreie Prüfung eines
Rohrkrümmers aus glasfaserverstärktem Kunststoff; der
Pfeil zeigt auf eine Lagenlösung (Aufnahme Labor für
kohärente Optik).

Die kreisförmigen Interferenzen in Bild 4.11b zeigten bereits, wie
eine Ablösung zwischen Verstrebung und Außenhaut einer Wabenstruktur holographisch sichtbar gemacht werden kann [4.44]. Die Möglichkeit, solche Ablösungen mit Sicherheit aufzufinden, ist besonders
wichtig, weil Waben-Sandwich-Strukturen wegen ihres geringen Gewichts und ihrer hohen Steifigkeit bevorzugt im Flugzeugbau verwendet
werden. Es sind bereits spezielle holographische Prüfgeräte erhältlich,

die eine laufende Produktionskontrolle von bis zu 6,5 m × 1,5 m großen
Objekten mit Arbeitsgeschwindigkeiten von 7 m²/h ermöglichen [4.22].

Weit fortgeschritten ist auch die holographische Reifenprüfung [4.45].
Dabei wird entweder der Luftdruck geändert oder der aufgepumpte
Reifen leicht erwärmt. In beiden Fällen bewegt sich die ganze Oberfläche.
Diese Kriechbewegung wird durch unter der Oberfläche liegende Defekte
beeinflußt. Ablösungen der Lauffläche und andere Fehler können erkannt, lokalisiert und in ihrer Größe bestimmt werden. Entsprechend
werden auch Ablösungen an Metall-Gummi-Verbindungen und Fehler
in glasfaserverstärkten Kunststoffteilen sichtbar (Bild 4.18).

Das letzte Beispiel kommt aus dem Bereich der Qualitätskontrolle
elektrischer Widerstände mit Hilfe der holographischen Interferometrie.
Aufnahmen von der in Bild 4.19 gezeigten Art lassen erkennen, ob sich
Widerstände bei Belastung durch Stromdurchgang gleichmäßig aus-
dehnen oder ob wegen lokaler Überhitzungen mit einem vorzeitigen Ausfall zu rechnen ist.

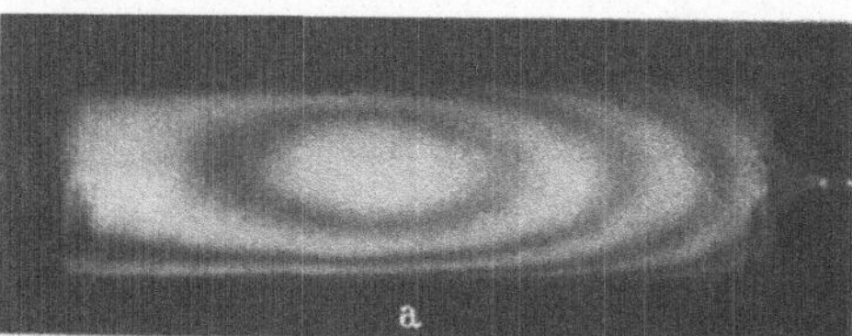

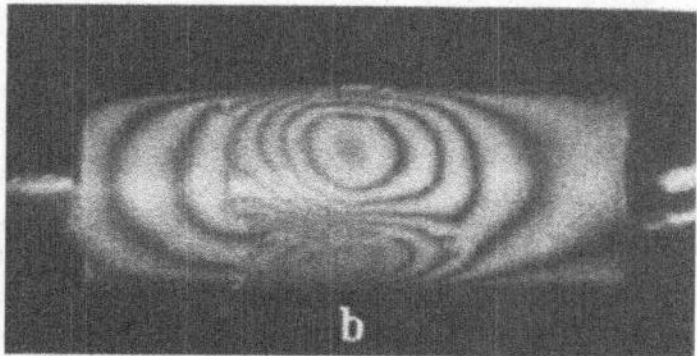

Bild 4.19. Holographische Darstellung der thermischen Ausdehnung belasteter Widerstände.
a) Gleichmäßige Erwärmung; b) lokal überhitzter ohmscher Widerstand.

4.3.5.2. Angewandte Mechanik. Die holographische Interferometrie
ist für die angewandte Mechanik von Interesse, weil sie es ermöglicht,
in Grundsatzuntersuchungen statische und dynamische Verformungen
an belasteten mechanischen Elementen (Balken, Platten, Tragwerken
usw.) mit hoher Präzision zu ermitteln und die Ergebnisse mit Modell-
rechnungen zu vergleichen. Für praktische Anwendungen bedeutender
ist die Beurteilung und Optimierung von Konstruktionsmerkmalen mit
Hilfe der Holographie, da die klassischen Verfahren zwei große Nachteile
haben: die Spannungsoptik läßt sich nur an durchsichtigen Modellen
anwenden, und Dehnungsmeßstreifen erlauben nur punktförmige Messungen. Man hoffte deshalb, mit der holographischen Interferometrie ein
Verfahren gefunden zu haben, um die Spannungen am Objekt selbst
flächenhaft und berührungslos zu bestimmen. Dies wird jedoch erst
möglich sein, wenn es gelingt, die holographischen Interferogramme
wesentlich genauer auszuwerten, d.h. Interferenzordnungen und Verlagerungen mit höherer Präzision zu ermitteln. Einen bedeutenden Schritt
in dieser Richtung bringt ein elektrooptisches Verfahren [4.83], mit dem

Verlagerungen auf $\pm\,0{,}2$ nm bestimmt werden konnten. Damit sollte es möglich werden, die inneren mechanischen Spannungen mit Hilfe einer elektronischen Rechenmaschine etwa nach einem der zahlreichen Programme der „finiten Elemente" [4.46] zu berechnen.

Andererseits genügt – ähnlich wie bei der holographischen Werkstoffprüfung – auch hier häufig eine qualitative Analyse der Interferenzstreifen, um konstruktive Merkmale zu beurteilen und Anhaltspunkte für eine Optimierung zu geben. Bild 4.12 zeigte bereits ein Beispiel, bei dem die Wirkung von eingeprägten Versteifungsrippen deutlich zu erkennen ist. Verschiedene Ausführungsformen können nach solchen Bildern verglichen werden.

4.3.5.3. Formerfassung und Formvergleich. Die in Abschnitt 4.3.3 erwähnten holographischen Methoden zur Höhenschichtliniendarstellung dreidimensionaler Körper bieten sich als elegantes Verfahren zur Formerfassung an, da sie leicht durchzuführen sind, genaue Ergebnisse liefern und verhältnismäßig leicht automatisiert werden können. Beispielsweise ist vorstellbar, daß die optoelektronische Abtastung der Höhenlinien eines Modells direkt zu einem Lochstreifen für eine NC-Werkzeugmaschine führt.

Neben der Formerfassung wird auch ein Formvergleich verschiedener Körper möglich, denn die inkohärente Überlagerung zweier Höhenliniendarstellungen liefert bei Formabweichungen charakteristische Moiré-Strukturen (Bild 4.20).

Bei hochgenau gefertigten Teilen mit optischen Oberflächen kann der Formvergleich auch direkt interferometrisch durchgeführt werden. Man

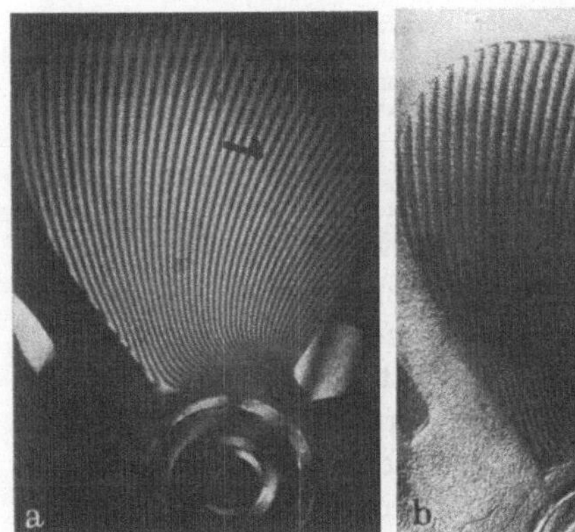
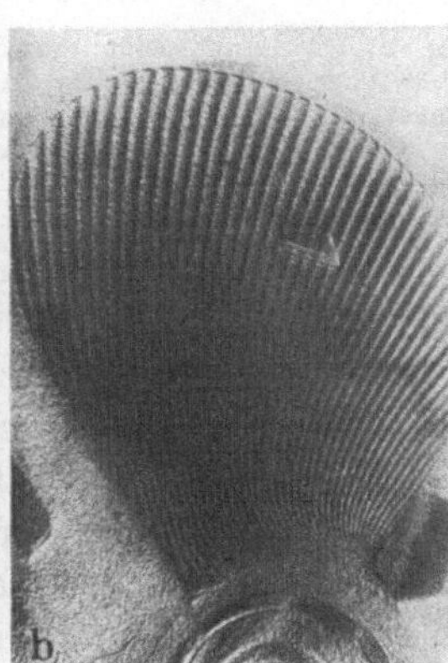

Bild 4.20. Holographischer Formvergleich von Blättern einer Schiffsschraube. a) Höhenschichtliniendarstellung eines Schraubenblatts mit Hilfe der Immersionsmethode; b) Positiv-Negativ-Überlagerung zweier identischer Höhenlinienmuster; c) Wenn etwas verschiedene Höhenlinienmuster überlagert werden, treten Moiréstreifen (Pfeil) auf, die die Formabweichung widerspiegeln. (Aufnahme Labor für kohärente Optik).

fertigt ein Hologramm eines Musters an und betrachtet damit in Echtzeit die Interferenzen, die beim Austauschen des Objekts auftreten (Bild 4.21) [4.47].

Häufig steht kein „ideales" Musterstück zur Aufnahme des Hologramms zur Verfügung. Dies ist z. B. bei der Herstellung großer asphärischer Fernrohrspiegel der Fall. Dann läßt sich mit Erfolg ein synthetisches Hologramm zur Herstellung der Vergleichswellenfront verwenden [4.49, 4.50].

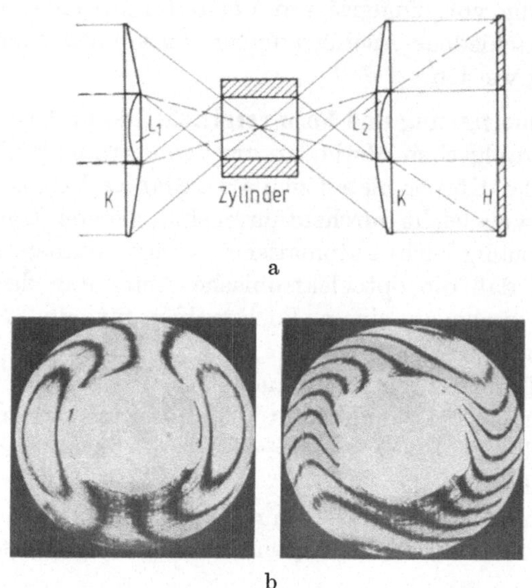

Bild 4.21. a) Optische Anordnung zum holographischen Formvergleich der Innenflächen von Hohlzylindern (K konische Ringlinse, L_1 und L_2 Sammel- bzw. Zerstreuungslinsen, H Photoplatte, ———— Objektwelle, – – – – Bezugswelle; b) Interferenzstrukturen aus denen die Formabweichung der Prüflinge vom Muster quantitativ bestimmt werden kann [4.48].

4.3.5.4. Schwingungsanalyse. Die Messung der Amplitude einer schwingenden Membran war eine der ersten Anwendungen der holographischen Interferometrie [4.51]. Es war damit zum ersten Mal möglich, das Schwingverhalten von Musikinstrumenten, Ultraschallwandlern, Schwingquarzen, Turbinenschaufeln und selbst die Schwingungsform des Trommelfells eines Heuschreckenohres berührungslos, flächenhaft und unabhängig von den Eigenschaften der Oberfläche zu untersuchen. Die Amplitude ergibt sich bei Zeitmittelaufnahmen mit Hilfe von (4.25) und bei Echtzeitbeobachtung mit (4.27).

Diese Verfahren besitzen jedoch einige Mängel, die ihren Anwendungsbereich einengen und die Auswertung erschweren; so zeigen die Interferenzen nach (4.25) und (4.27) nur geringen Kontrast, der zudem mit zunehmender Interferenzordnung abnimmt, so daß die Amplitudenverteilung in der Nähe der Schwingungsbäuche schlecht erkennbar ist. Außerdem gibt das Interferogramm keine Auskunft über die Phase, und schließlich ist eine eindeutige Amplitudenbestimmung selbst bei bekannter Schwingungsrichtung sehr umständlich, wenn Knotenlinien nicht vorhanden oder aus konstruktiven Gründen nicht sichtbar sind.

Durch Anwendung von Modulationsverfahren lassen sich diese Mängel beheben. In Frage kommt dabei zunächst eine 100 %ige Amplitudenmodulation des Laserstrahls im Rhythmus der Schwingung nach einem der in Abschnitt 1.4. beschriebenen Verfahren [4.52]. Auf diese Weise erhält man mit stroboskopischer Echtzeitholographie praktisch den bei der Doppelbelichtungstechnik üblichen Kontrast.

Schließlich kann durch Reflexion an einem schwingenden Spiegel oder beim Durchgang durch einen elektrooptischen Kristall die Phase der Bezugswelle moduliert werden; dann heben sich nicht mehr die Schwingungsknoten deutlich hervor, sondern die Stellen der Objektfläche, die mit einer der Phasenmodulation entsprechenden Phase und Amplitude schwingen (Bild 4.22).

In der Literatur wurden noch kompliziertere Modulationsverfahren angegeben [4.53 bis 4.55].

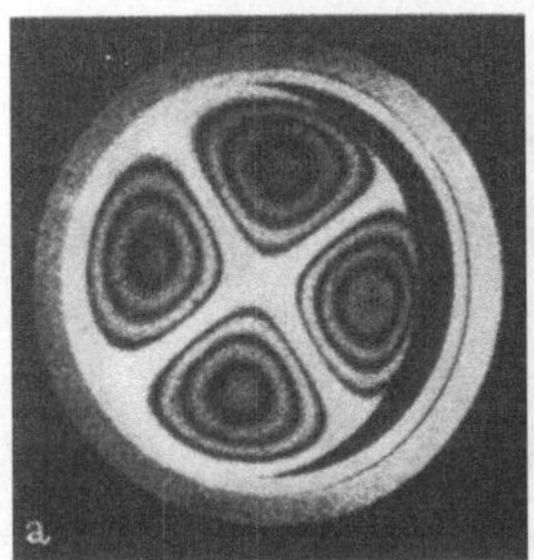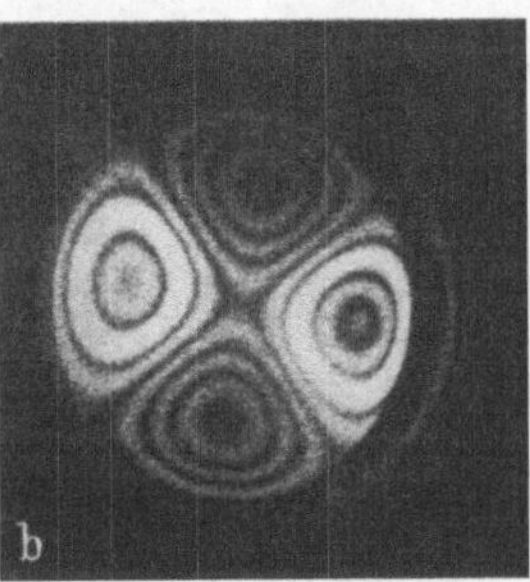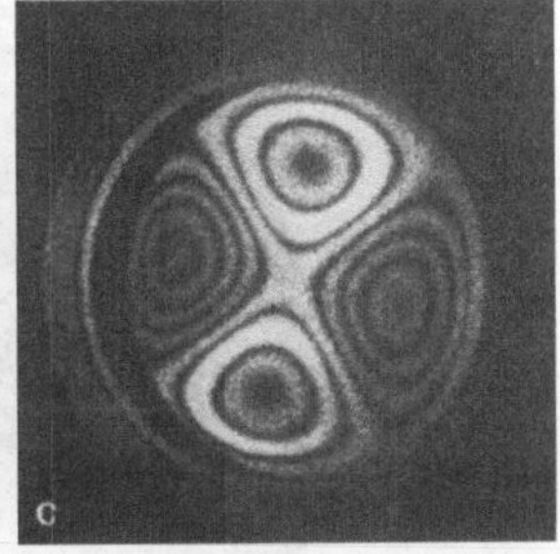

Bild 4.22. Zeitmittelhologramm einer schwingenden Membran. a) Ohne Phasenmodulation der Objektbeleuchtungswelle; b) mit Phasenmodulation; c) wie b), jedoch mit um π verschobener Phasenmodulation.

Bild 4.23 zeigt als Beispiel einer technischen Anwendung den holographisch ermittelten Zusammenhang zwischen Schwingungsform und Frequenzkurve eines piezokeramischen Wandlers. Dieser besteht aus einer piezokeramischen Platte mit aufgedampften Elektroden und soll in einem zukünftigen Telephon Kohlemikrophon, Hörer und Klingel ersetzen [4.57]. Bei der Entwicklung solcher Membranen ist es sehr vorteilhaft, Überhöhungen oder Einbrüche im Frequenzgang bestimmten Resonanzen zuzuordnen und durch gezielte Ankopplung akustischer Resonatoren zu verhindern. Außerdem werden störende Einflüsse sicht-

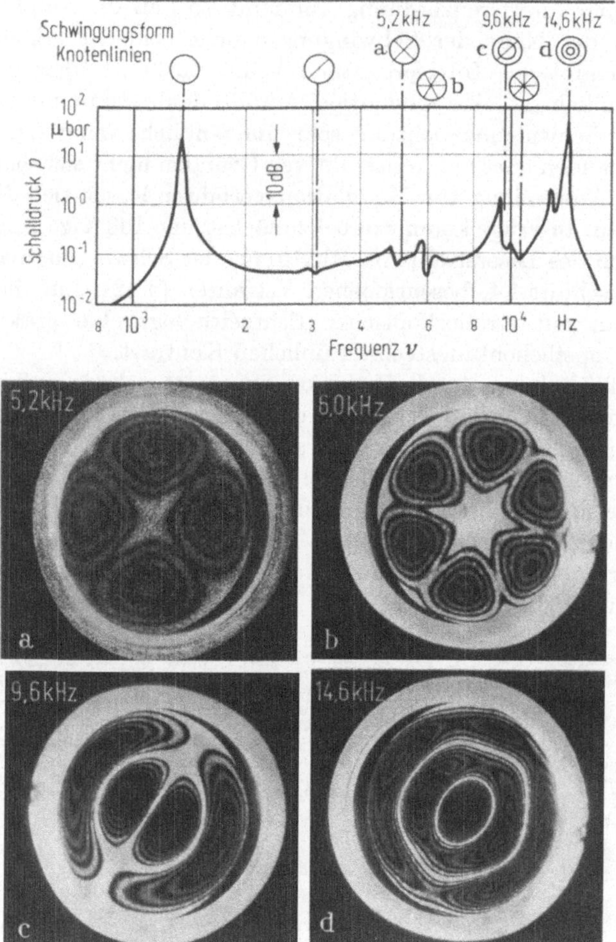

Bild 4.23. Zusammenhang zwischen Schwingungsform und Schalldruckverlauf bei einer elektrisch angeregten, am Rand fest eingespannten piezokeramischen Wandlermembran. Auffallend ist, daß Schwingungsformen mit Knotenlinien den Minima und solche mit Knotenkreisen den Maxima der Schalldruckkurve zugeordnet werden können. Das Hologramm der 5,2-kHz-Resonanz wurde auf gewöhnlichem Mikrofilm registriert, die anderen, ebenso wie die Mehrzahl der in diesem Abschnitt gezeigten Bilder, auf Scientia-10-E-Emulsionen.

bar, wie Unsymmetrien in der Halterung der Membran oder schlechte Ankontaktierungen.

Entsprechend lassen sich Schwingungsformen von Turbinenschaufeln [4.56], Musikinstrumenten (Bild 4.14) usw. darstellen.

4.3.5.5. Untersuchung von Phasenobjekten. Phasenobjekte sind transparente Festkörper, Flüssigkeiten, Gase und Plasmen, bei denen der Brechungsindex räumliche und zeitliche Schwankungen zeigt, die durch mechanische Spannungen, durch Strömungen, Stoff- und Wärmeaustauschvorgänge oder durch freie Ladungsträger verursacht werden. Die Untersuchung solcher Objekte ist von großem technischem Interesse für die Strömungstechnik, Verfahrenstechnik, Ballistik, Plasmaphysik und sogar für Gebiete wie die konventionelle Spannungsoptik.

Lassen wir die Festkörper außer Acht, so handelt es sich in allen Fällen darum, Temperatur-, Konzentrations- und Druckfelder auszumessen. Die klassischen Meßmittel, Sonden, Thermoelemente, Prandtlsche Staurohre usw. sind dazu oft wenig geeignet, weil sie das zu messende Feld verändern. Bei vielen bedeutenden Anwendungen wie Messungen an Überschallströmungen oder Hochtemperaturplasmen können sie überhaupt nicht eingesetzt werden.

Es wurden deshalb schon früh eine Vielzahl optischer Methoden entwickelt. Schlieren-, Phasenkontrast-, Schatten- und interferometrische Verfahren ermöglichten rückwirkungsfreie und sogar flächenhafte Messungen.

Die holographische Durchlichtinterferometrie vereinigt nun die Vorteile aller genannten optischen Verfahren. So werden Mach-Zehnder-Untersuchungen besonders bei hohen Temperaturen und Drücken wesentlich vereinfacht, weil keine Fenster von optischer Qualität benötigt werden. Dazu können an der von einem (einfach belichteten) Hologramm rekonstruierten Wellenfront alle vorher genannten Verfahren nacheinander ausgeführt werden. Dies ist besonders wichtig bei einmaligen, schnell ablaufenden Vorgängen.

Es sollen nun einige praktische Beispiele aus den genannten Gebieten vorgestellt werden.

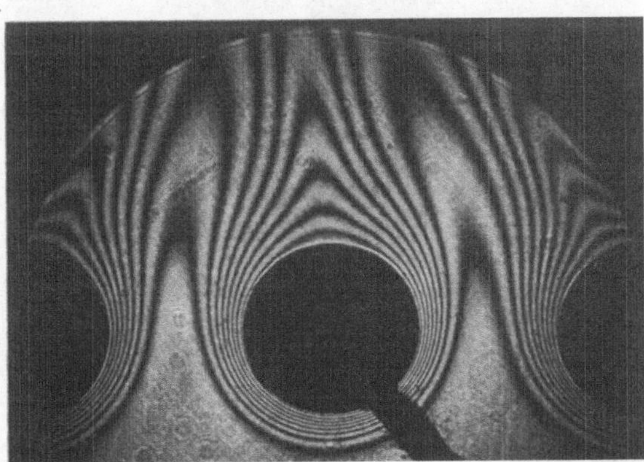

Bild 4.24. Holographische Aufnahme des Temperaturfeldes in der Umgebung einer beheizten Rohrreihe bei laminarer Luftanströmung. Zwischen benachbarten Interferenzen ändert sich die Temperatur um 3 °C (Aufnahme W. Panknin, Institut für Verfahrenstechnik der Technischen Universität Hannover).

Die Aufgabe Temperaturfelder auszumessen, stellt sich besonders in der Verfahrenstechnik, etwa bei der Bestimmung von Wärmeübergangszahlen. Bei zweidimensionalen Anordnungen entsprechen die Interferenzen direkt Isothermen; die ihnen zuzuordnende Temperaturdifferenz läßt sich aus der Geometrie und der Temperaturabhängigkeit des Brechungsindex berechnen (Bild 4.24).

Besonders schöne Bilder liefern holographische Interferogramme von Druckwellen, die sich als Machsche Kegel bei Überschallbewegungen ausbilden (Bild 4.25). Aber auch Strömungen im Unterschallbereich

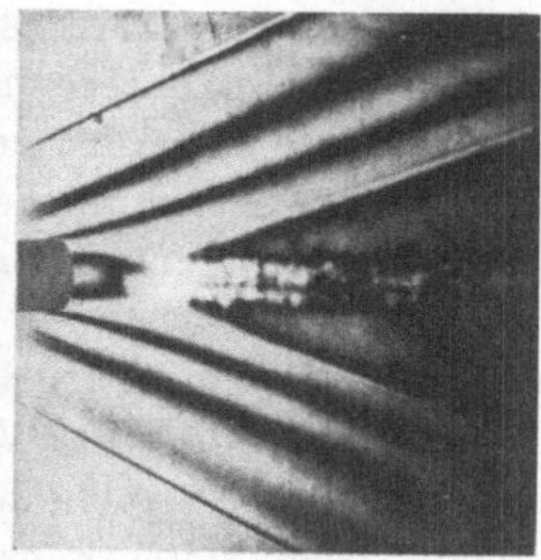

Bild 4.25. Holographische Aufnahme eines mit 950 m/s durch das Gesichtsfeld fliegenden 5,5-mm-Geschosses, als Beispiel für die holographische Kurzzeitphotographie (Abschnitt 3.2). Die Doppelbelichtungshologramme wurden mit einem Rubin-Laser hergestellt [4.59].

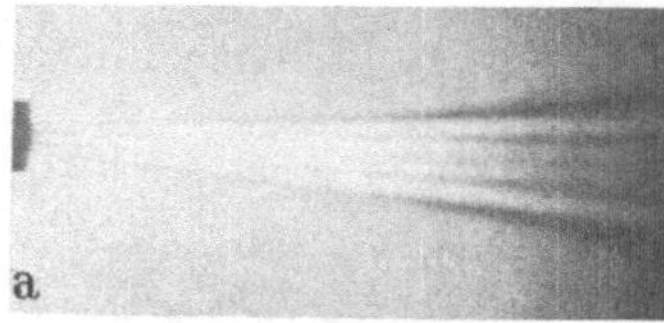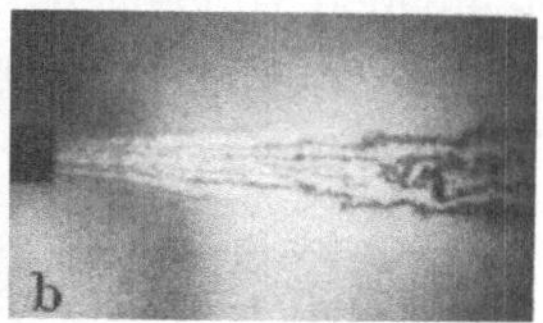

Bild 4.26. Holographische Darstellung eines Freon-Stroms in Luft. Belichtungszeit: a) 1/60 s mit einem HeNe-Laser; b) 10^{-8} s mit einem Pulslaser [4.60].

werden mit Holographie sichtbar, wenn man das strömende Medium beispielsweise vor dem Eintritt in den Windkanal leicht erwärmt oder ihm ein Gas mit verschiedenem Brechungsindex (z. B. Freon) zusetzt[1] (Bild 4.26).

Holographische Plasmauntersuchungen sind besonders lohnend. Die Brechzahl eines Plasmas kommt durch die freien und die an Atome

---

[1] Dies ist nötig, da die Druckgradienten bei Unterschalleinphasenströmungen meistens zu klein sind, um Interferenzen zu erzeugen. Auf die Möglichkeiten die Empfindlichkeit der holographischen Interferometrie zu steigern, soll hier nicht eingegangen werden. In der Literatur wurden verschiedene Verfahren angegeben (siehe z. B. [4.61]).

und Ionen gebundenen Elektronen zustande. Dabei gilt

$$n_{\text{Plasma}} - 1 = c_0 N_0 + c_+ N_+ - c_- N_- + \cdots . \qquad (4.47)$$

Die Größen c_i sind die bekannten Teilchenrefraktionen, N_i die Zahl der Atome, Ionen bzw. Elektronen je Kubikzentimeter. Sie können als Funktionen der Zustandsgrößen Druck und Temperatur mit Hilfe der Saha-Gleichung berechnet werden [4.62].

Bild 4.27 zeigt das Eigenlicht und ein Interferogramm eines in Luft brennenden Kohlebogens. Man sieht, daß die Temperatur spektroskopisch nur in dem kleinen Gebiet des Eigenlichts gemessen werden

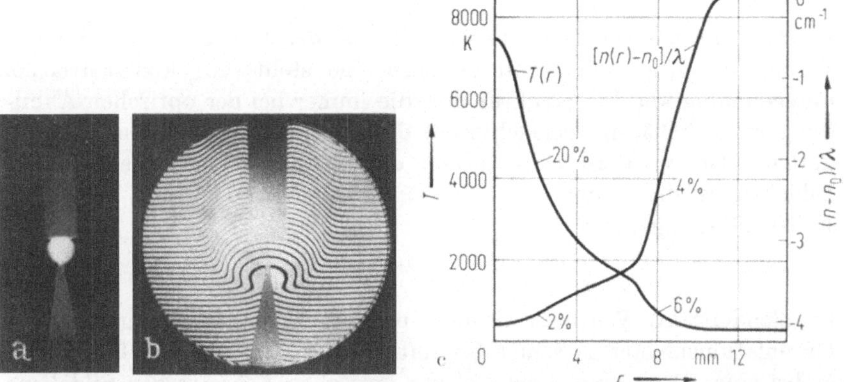

Bild 4.27. a) Photographie eines mit 6 A in Luft brennenden Kohlebogens im Eigenlicht (Elektrodenabstand 3 mm); b) Holographisches Doppelbelichtungsinterferogramm desselben Bogens. Zur Erleichterung der Auswertung wurde ein Spiegel zwischen den beiden Teilbelichtungen verkippt; c) Brechungsindex- und Temperaturverlauf längs einer horizontal verlaufenden Schnittlinie. Die Prozentangaben beziehen sich auf den abgeschätzten Fehler des Auswerteverfahrens für axialsymmetrische Fälle [4.63].

kann. Dagegen ermöglicht das in Abschnitt 4.3.4.4. erwähnte Rechenverfahren die Temperaturverteilung des axialsymmetrischen Bogens gerade in der Randzone zu bestimmen.

Abschließend sei noch die holographische Messung mechanischer Spannungen in einem Festkörper erwähnt. Die holographische Interferometrie liefert dabei zusätzlich zur herkömmlichen Spannungsoptik noch die „Isopachen", die Linien gleicher Hauptspannungssumme [4.64].

4.4. Neuere kohärent-optische Verfahren

Beim gegenwärtigen Stand der Technik stehen einer weiten, praktischen Anwendung der holographischen Interferometrie noch einige Hindernisse entgegen: die Abhängigkeit von der hochauflösenden photographischen

Emulsion mit ihrer umständlichen Naßentwicklung, die hohen Anforderungen an die Schwingungsfreiheit des Aufbaus, und die Schwierigkeiten bei der quantitativen Auswertung der Interferenzen.

Es wurden deshalb in den letzten Jahren verschiedene Verfahren entwickelt, bei denen versuchstechnische Erleichterungen gegenüber der Holographie bewußt durch eine Preisgabe von Information erkauft werden. Dies ist häufig vertretbar, da der hohe Informationsgehalt eines Hologramms in der Praxis nur selten ausgeschöpft werden kann.

4.4.1. Messungen mit Hilfe der Granulation

Die Granulation begegnete uns bereits bei der Diskussion der Lokalisierung holographischer Interferenzen. Sie stellt eine kontrastreiche, unregelmäßig körnige Struktur dar, die immer bei der optischen Abbildung eines kohärent beleuchteten, diffus reflektierenden Gegenstands auftritt. Der mittlere Durchmesser eines Granulationskorns d in der Bildebene ist dabei durch das Auflösungsvermögen der Optik bestimmt. Es ist näherungsweise

$$d \approx F \cdot \lambda \tag{4.48}$$

(F Blendenzahl). Wird der Gegenstand verschoben, so bewegt sich das Granulationsmuster in seiner Gesamtheit mit. Das hat zur Folge, daß es bei einer Bewegung senkrecht zur optischen Achse in der Bildebene entsprechend dem Abbildungsmaßstab mitwandert. Wird der Gegenstand verformt, so entsprechen die Verschiebungen des Granulationsmusters an den einzelnen Bildpunkten den Verlagerungen der entsprechenden Gegenstandspunkte.

Dieser Effekt erlaubt es, Verschiebungen, Verformungen, Kippungen und Schwingungen photographisch zu messen [4.65 bis 4.67]. Dazu werden bei einer Doppelbelichtung vor und nach der Verformung bzw. bei einer über viele Schwingungsperioden andauernden Belichtung, identische, gegeneinander etwas verschobene Granulationsmuster registriert.

Die gegenseitige Verschiebung der Granulationskörner auf der entwickelten Photoplatte läßt sich sehr leicht bestimmen; denn beim Durchstrahlen der Platte mit parallelem, monochromatischem Licht (z.B. einem unaufgeweiteten Laserstrahl) beobachtet man in der Brennebene einer Linse Youngsche Interferenzen. Das Beugungsbild entspricht somit dem zweier punktförmiger kohärenter Lichtquellen [4.68] und die Rechnung zeigt, daß ihr Abstand der Verschiebung am gerade beleuchteten Bildpunkt entspricht. Bild 4.28 zeigt ein Anwendungsbeispiel. Quantitativ gilt bei Aufnahmen mit kleinem Bildwinkel für die zur optischen Achse senkrechten Komponenten der Verschiebung

$$|\Delta \boldsymbol{r}_\perp| = \frac{f\lambda}{\delta m} \tag{4.49}$$

(f Brennweite der Transformationslinse; δ Streifenabstand, m Abbildungsmaßstab). $\Delta \boldsymbol{r}_\perp$ ist senkrecht zur Streifenrichtung orientiert[1].

Bei der Aufnahme eines harmonisch schwingenden Objekts entstehen keine äquidistanten Interferenzen, sondern es ergibt sich – wie bei der holographischen Schwingungsanalyse – eine durch das Quadrat der

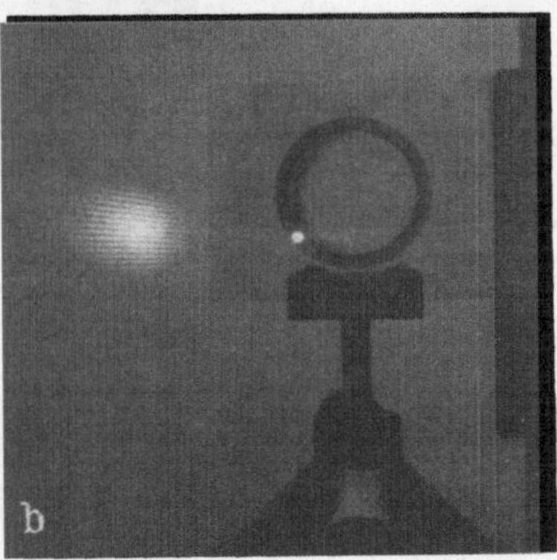

Bild 4.28. a) Aufbau zur Messung der Vorformung eines in einer Dehnmaschine belasteten Kreisrings; b) Photographisches Negativ des Kreisrings mit dem beim Durchstrahlen des doppelt belichteten Negativs mit einem dünnen Laserstrahl im Fernfeld sichtbaren Beugungsmuster. *1* Laser, *2* Spiegel, *3* Strahlaufweitungsoptik, *4* Objekt, *5* Kamera.

---

[1] Granulationsphotographien können darüber hinaus auch mit kohärent-optischer Filterung ausgewertet werden. Einzelheiten dazu finden sich in [4.69, 4.70].

Bessel-Funktion nullter Ordnung bestimmte Intensitätsverteilung. Aus dem Abstand δ_{11} der ersten zu beiden Seiten des Hauptmaximums liegenden Minima erhält man die Komponente der Amplitude in einer senkrecht zur optischen Achse liegenden Ebene [4.65, 4.67]

$$|\Delta \boldsymbol{r}_\perp| = 0{,}77 \, \frac{f\lambda}{\delta_{11} \, m} \,. \tag{4.50}$$

Die untere Grenze des Meßbereichs liegt in der Größenordnung des Durchmessers eines Granulationskorns. Sie kann durch die Blendeneinstellung nach (4.48) an das Auflösungsvermögen des Aufnahmematerials und an die Erfordernisse der Messung angepaßt werden. Die obere Grenze hängt vom Durchmesser des Abtaststrahls ab. Er muß groß gegen die Verschiebung sein; andererseits darf sich der Streifenabstand über den durchstrahlten Bildbereich nicht wesentlich ändern. In der Regel kann man bei 1 : 1 Abbildungen mit einem Meßbereich von wenigen µm bis zu einigen Zehnteln eines Millimeters rechnen.

Schwingungen zwischen Meßobjekt, Kamera und Laser stören bei der Messung nicht, solange die Amplituden kleiner als $F \cdot \lambda/(2m)$ sind.

Andere auf der Granulation beruhende Verfahren ermöglichen es, Verschiebungen senkrecht zur Beobachtungsrichtung mit interferometrischer Genauigkeit zu bestimmen [4.71, 4.72]. Dabei genügt ebenfalls Filmmaterial von geringem Auflösungsvermögen.

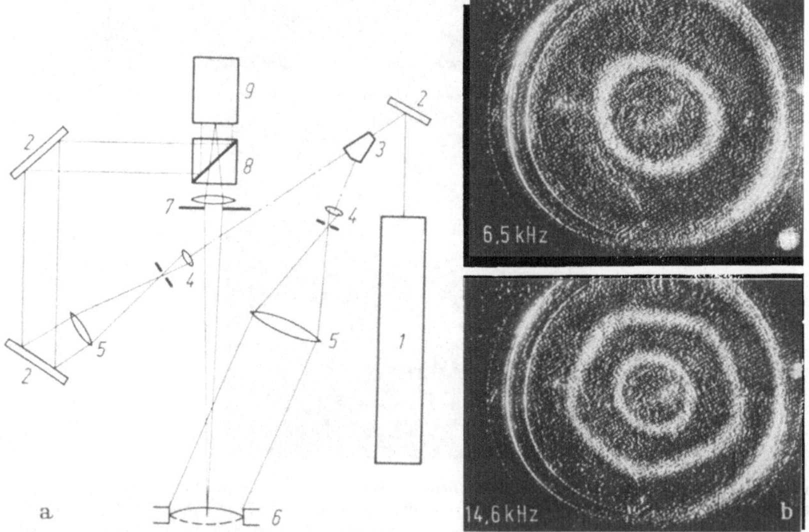

Bild 4.29. a) Anordnung zur Schwingungsanalyse mit Hilfe einer Fernsehkette. *1* Laser, *2* Spiegel, *3* variabler Strahlteiler, *4* Mikroskopobjektiv mit Modenblende, *5* Linse, *6* Membran, *7* Abbildungsoptik mit Blende, *8* Strahlteiler, *9* Vidikon; b) Schwingungsform einer Telephonmembran. Die Bilder wurden direkt vom Fernsehmonitor photographiert. Es handelt sich um die schon in Bild 4.23 gezeigte Membran [4.73].

Man kann in einem weiteren Schritt die Photoplatte durch einen elektrooptischen Wandler ersetzen und bei der Aufnahme so stark abblenden, daß das Granulationsmuster, z.B. von einem Fernsehvidikon aufgelöst wird. So können mit der in Bild 4.29 gezeigten Anordnung Schwingungsformen direkt in Echtzeit beobachtet werden. Da die Schwingung zu periodischen Intensitätsschwankungen der einzelnen Granulationskörner auf der Vidikonfläche führt und deren Kontrast verringert, verdunkelt sich das Bild auf dem Fernsehsichtgerät, wenn im Videoverstärker ein Hochpaßfilter eingebaut ist. Dann bleiben nur die Knotenlinien hell [4.74].

Mit höherem elektronischem Aufwand können auf dieselbe Weise auch Verformungen gemessen werden. Man speichert dazu die Granulationsmuster vor und nach der Belastung auf Magnetband und vergleicht sie elektronisch [4.74 bis 4.76]. Selbstverständlich muß das Ablenksystem der Fernsehkamera dabei äußerst stabil arbeiten. Besser dürfte es sein, mit einem Speichervidikon und wie bei der Schwingungsanalyse mit einem Hochpaßfilter zu arbeiten [4.77].

4.4.2. Kohärent-optische Moiré-Verfahren

In der Literatur werden viele Methoden beschrieben, mit Moiré-Verfahren Dehnungen zu messen oder Höhenschichtliniendarstellungen zu erzeugen [4.78]. In der Regel arbeitet man dabei mit mechanischen Gittern, die fest mit dem Meßobjekt verbunden sind. Sie werden zusammen mit dem Meßobjekt vor und nach der Belastung photographiert, und die Überlagerung der beiden als Folge der Verformung etwas verschiedenen Gitter zeigt das für die Dehnung charakteristische Moiré-Muster. Solche Gitter haben bis zu 50 Striche/mm und ihre Handhabung ist nicht einfach.

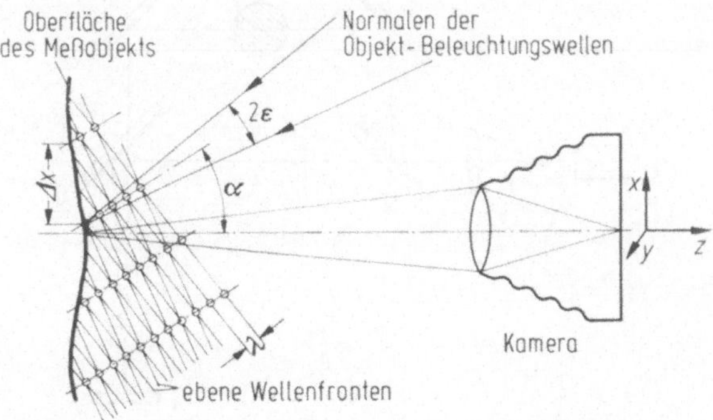

Bild 4.30. Schematische Anordnung zur Messung von Verlagerungen mit Hilfe der kohärent-optischen Moiré-Technik.

Wenn das Gitter auf dem Meßobjekt kohärent-optisch durch Interferenz zweier Wellen erzeugt wird, hat man den großen Vorteil berührungslos zu messen. Außerdem können Gitterkonstante und Meßempfindlichkeit in weiten Grenzen leicht durch geeignete Wahl der Aufnahmegeometrie an das spezielle Meßproblem angepaßt werden.

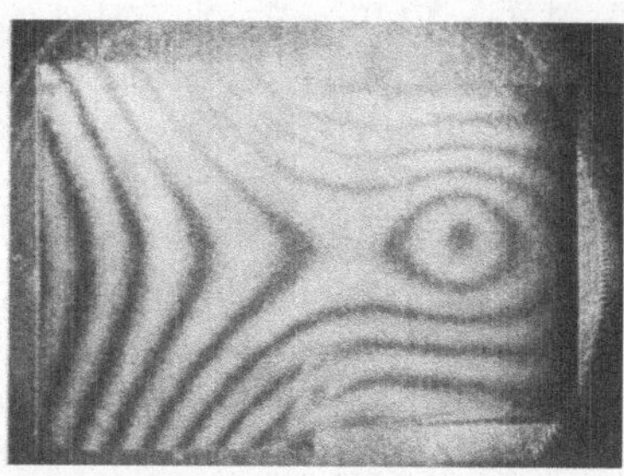

Bild 4.31. Moiré-Aufnahme auf Polaroidfilm PN 55. Zwischen den Belichtungen wurde das 10×15 cm² große, ebene Objekt durchgebogen. Einer Moiré-Periode entspricht eine Verlagerung $\Delta z = 60$ µm. Der Kontrast der Moiré-Streifen wurde durch kohärent-optische Filterung wesentlich erhöht (Abschnitt 7.22) [4.79].

Bild 4.30 zeigt eine typische Meßanordnung. Der Einfachheit halber werden ebene Wellen eingestrahlt, so daß sich auf dem Meßobjekt entsprechend (4.7) eine Gitterkonstante

$$\Delta x = \lambda (2\vartheta \cos\alpha)^{-1}, \qquad (4.51)$$

ergibt und eine Verlagerung in z-Richtung um

$$\Delta z = \lambda (2\vartheta \sin\alpha)^{-1} = \Delta x \cot\alpha \qquad (4.52)$$

einer Moiré-Periode entspricht (Bild 4.31).

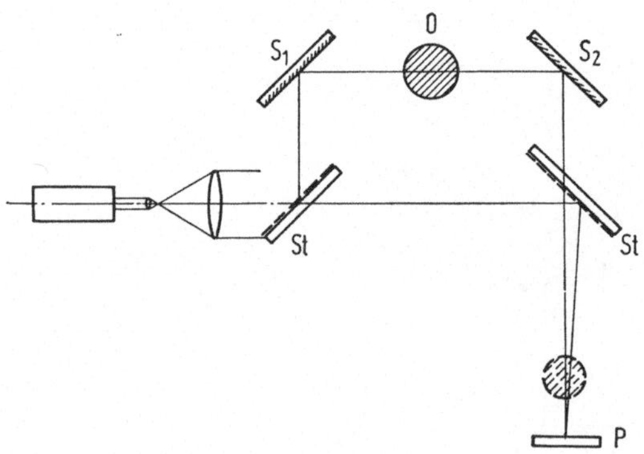

Bild 4.32. Anordnung zur Untersuchung von Phasenobjekten. St Strahlteiler, S Spiegel O Phasenobjekt, P Photoplatte. Das Phasenobjekt kann auch zwischen St und P gebracht werden. Man erhält dann differentielle Interferenzen [4.81].

Besonders vorteilhaft ist es, Phasenobjekte mit der Moiré-Technik zu untersuchen [4.80]. Man nimmt dazu eine Zweistrahlinterferenz auf Film auf und beobachtet das Moiré-Muster, das beim Einbringen eines Phasenobjekts entsteht (Bilder 4.32 und 4.33). Das Verfahren ähnelt sehr der holographischen Interferometrie; es ist ebenfalls weitgehend unempfindlich gegen Fehler in den optischen Bauteilen, verzichtet jedoch auf die dreidimensionale Information und ist deshalb unempfindlicher gegen Störungen.

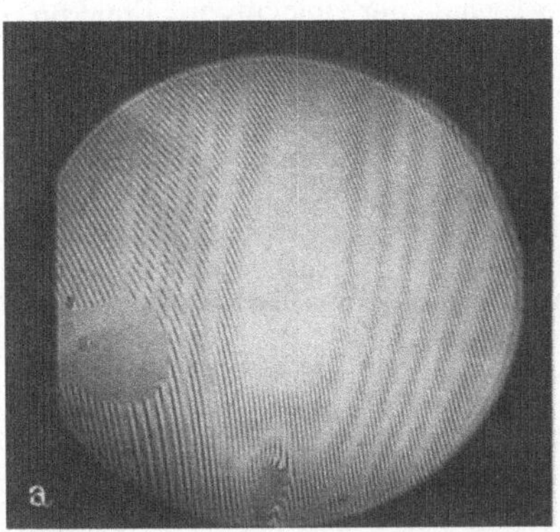

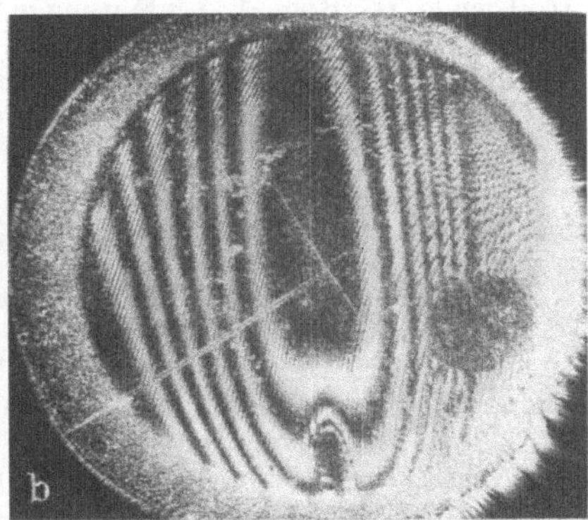

Bild 4.33. a) Ungefiltertes und b) kohärent-optisch gefiltertes Moiré-Muster einer Kerzenflamme [4.80].

4.5. Literatur

4.1 Born, M.; Wolf, E.: Principles of optics. 4. Aufl. Oxford: Pergamon Press 1970.

4.2 Giacomo, P.; Hamon, J.; Hostache, J.; Carré, P.: Utilisation du comptage de franges d'interférences pour des mesures de longueur de haute précision. Metrologia 8 (1972) Nr. 2, S. 72–82.

4.3 Literatur über Interferometer mit Tripelspiegeln und Vorwärts-Rückwärts-Zählung, vgl. Kohlrausch, F.: Praktische Physik, Bd. 1, 22. Aufl. S. 100. Stuttgart: Teubner 1968.

4.4 Hock, F.; Kindl, H.; Latzin, W.; Sautter, G.: Laser-Interferometer, ein Gerät zum Ausmessen und Justieren von Werkzeugmaschinen. Siemens-Z. 44 (1970) 549–555.

4.5 Dukes, J. N.; Gordon, G. B.: A two-hundred-foot yardstick with graduations every microinch. Hewlett-Packard J. 21 (1970) Nr. 12, S. 2–8.

4.6 Bloom, A. L.: Lasers and their application to precision length measurements. In „Progress in Optics", Bd. IX, hrsg. v. E. Wolf. Amsterdam: North-Holland 1971.

4.7 Coleman, C. D.; Bozman, W. R.; Meggers, W. F.: Tables of wavenumbers. Nat. Bureau of Standards Monogr. Nr. 3, Bd. I. Washington D. C.: US Gov. Print. Office 1960.

4.8   Baldwin, R. R.; Gordon, G. B.; Rudé, A. F.: Remote laser interferometry. Hewlett Packard, J. 23 (1971) Nr. 4, S. 14–19.

4.9   Vali, V.: Measuring earth strains by laser. Sci. Amer. 221 (1969) Nr. 6, S. 88 bis 95.

4.10 Hock, F.: Photoelektrisches Laser-Interferometer. Laser u. Elektrooptik 1 (1969) Nr. 3, S. 39–43.

4.11 Gabor, D.: A new microscopic principle. Nature 161 (1948) 777–778.

4.12 Leith, E. N.; Upatnieks, J.: Photography by laser. Sci. Amer. 212 (1965) Nr. 6, S. 24–35.

4.13 Collier, R. J.; Burckhardt, C. B.; Lin, L. H.: Optical holography. New York, London: Academic Press 1971.

4.14 Kiemle, H.; Röß, D.: Einführung in die Technik der Holographie. Frankfurt: Akad. Verlagsges. 1969.

4.15 Robertson, E. R.; Harvey, J. M. (Hrsg.): The engineering uses of holography. London: Cambridge Univ. Press 1970.

4.16 Viénot, J.-Ch.; Bulabois, J.; Pasteur, J. (Hrsg.): Applications of holography. Besançon: Laboratoire de Physique Générale et Optique 1970.

4.17 Wuerker, R. F.; Heflinger, L. O.: Pulsed laser holography II. Techn. Rep. AFAL-TR-71-323, Dez. 1971.

4.18 Buschmann, H. T.: Bleichprozesse zur Erzeugung rauscharmer, lichtstarker Phasenhologramme. Optik 34 (1971) 240–253.

4.19 Pennington, K. S.; Harper, J. S.: Techniques for producing low-noise improved efficiency holograms. Appl. Opt. 9 (1970) 1643–1650.

4.20 Lin, L. H.; Beauchamp, H. L.: Write-read-erase in situ optical memory using thermoplastic holograms. Appl. Opt. 9 (1970) 2088.

4.21 Caulfield, H. J.; Beyen, W. J.: Birefringent beam splitting for holography. Rev. Sci. Instr. 38 (1967) 977.

4.22 Champagne, E. B.: Quantitative data reduction with the use of fringe control techniques in conjunction with holographic interferometry. In „Proc. of the Symposium Engng. Appl. of Holography“, Los Angeles, Feb. 1972, S. 133–145. Hrsg. v. Soc. of Photooptical Instrument. Eng. 1973.

4.23 Funkhouser, A. T.; Mielenz, K. D.: High-speed holographic interferometry. Appl. Opt. 9 (1970) 1215–1216.

4.24 Ragent, B.; Brown, R. M. (Hrsg.): Holographic instrumentation applications. NASA Rep. SP-248 (1970) S. 41–45, 89–101.

4.25 Hildebrand, B. P.; Haines, K. A.: Multiple-wavelength and multiple-source holography applied to contour generation. J. Opt. Soc. Amer. 57 (1967) 155–162.

4.26 Tsuruta, T.; Shiotake, N.: Holographic generation of contour map of diffusely reflecting surface by using immersion method. Japan. J. Appl. Phys. 6 (1967) 661–662.

4.27 Heflinger, L. O.; Wuerker, R. F.: Holographic contouring via multifrequency lasers. Appl. Phys. Letters 15 (1969) 28–30.

4.28 Schmidt, W.; Vogel, A.; Preußler, D.: Holographic contour mapping using a dye laser. Appl. Phys. 1 (1973) 103–109.

4.29 Varner, J. R.: Desensitized hologram interferometry. Appl. Opt. 9 (1970) 2098–2100.

4.30 Brown, G. M.; Grant, R. M.; Stroke, G. W.: Theory of holographic interferometry. J. Acoust. Soc. Amer. 45 (1969) 1166–1179.

4.31 Huang, T. S.: Digital holography. Proc. IEEE 59 (1971) 1355–1346.

4.32 Sollid, J. E.: Holographic interferometry applied to measurements of small static displacements of diffusely reflecting surfaces. Appl. Opt. 8 (1969) 1587–1595.

4.33 Shibayama, K.; Uchiyama, H.: Measurement of three-dimensional displacements by holographic interferometry. Appl. Opt. 10 (1971) 2150–2154.

4.34 Waters, J. P.: Object motion compensation by speckle reference beam holography. Appl. Opt. 11 (1972) 630–636.

4.35 Wall, M. R.: Zero-motion fringe detection. In [4.16] Abschnitt 4.9.

4.36 Köpf, U.: Fringe order determination and zero motion fringe identification. Opt. Laser Techn. 5 (1973) 111–113.

4.37 Aleksandrov, E. B.; Bonch-Bruevich, A. M.: Investigation of surface strains by the hologram technique. Sov. Phys.-Techn. Phys. 12 (1967) 258–265.

4.38 Abramson, N.: The holo-diagram V: A device for practical interpreting of hologram interference fringes. Appl. Opt. 11 (1972) 1143–1147.

4.39 Froehly, C.; Monneret, J.; Pasteur, J.; Vienot, J.-Ch.: Etude des faibles déplacements d'objets opaques et de la distorsion optique dans les lasers à solide par interférométrie holographique. Opt. Acta 16 (1969) 343–362.

4.40 Stetson, K. A.: A rigorous treatment of the fringes of hologram interferometry. Optik 29 (1969) 386–400.

4.41 Tsujiuchi, J.; Takeya, N.; Matsuda, K.: Mesure de la déformation d'un objet par interférométrie holographique. Opt. Acta 16 (1969) 709–722.

4.42 Trolinger, J. D.; O'Hare, J. E.: Aerodynamic holography. US Dep. of Commerce AECD-TR-70-44.

4.43 Junginger, H.-G.; van Haeringen, W.: Calculations of three-dimensional refractive-index field using phase integrals. Opt. Commun. 5 (1972) 1.

4.44 Wells, D.: NDT of sandwich structures by holographic interferometry. Mat. eval. 27 (1969) 225–231.

4.45 Grant, R. M.; Brown, G. M.: Holographic nondestructive testing (HNDT). Mat. eval. 27 (1969) 79.

4.46 Zienkewicz, O. C.: The finite element method in engineering science. New York: McGraw-Hill 1971.

4.47 Archbold, E.; Burch, J. M.; Ennos, A. E.: The application of holography to the comparison of cylinder bores. J. Sci. Instr. 44 (1967) 489–494.

4.48 Ennos, A. E.: Vergleichsmessungen zylindrischer Bohrungen mit Hilfe der Holographie. Laser u. Elektrooptik 1 (1969) Nr. 3, S. 12–13.

4.49 MacGovern, A. J.; Wyant, J. C.: Computer generated holograms for testing optical elements. Appl. Opt. 10 (1971) 619–624.

4.50 Fercher, A. F.; Kriese, M.: Binäre synthetische Hologramme zur Prüfung asphärischer optischer Elemente. Optik 35 (1972) 168–179.

4.51 Powell, L. P.; Stetson, K. A.: Interferometric vibration analysis by wavefront reconstruction. J. Opt. Soc. Amer. 55 (1965) 1593–1598.

4.52 Ennos, A. E.; Archbold, E.: Vibrating surface viewed in real time by interference holography. Laser-Focus, Okt. 1968, 58–59.

4.53 Aleksoff, C. C.: Temporally modulated holography. Appl. Opt. 10 (1971) 1329–1341.

4.54 Mottier, F. M.: Time-average holography with triangular phase modulation of the reference wave. Appl. Phys. Letters 15 (1969) 285–287.

4.55 Mottier, F. M.: Holographic vibration analysis by generalized stroboscopy. In [4.16] Abschnitt 6.5.

4.56 Alwang, W.; Cavanaugh, L.; Burr, R.; Sammartino, E.: Analyse der Verhaltensweise von Turbinenteilen mittels holographischer Interferometrie. Laser u. Elektrooptik 2 (1970) Nr. 3, S. 33.

4.57 Martin, E.; Müller, E.: Fernsprech-Piezomikrofon Ts 71. Siemens-Z. 46 (1972) 207–209.

4.58 Rottenkolber, H.: Holographie als Meßmethode und praktisch angewandte Holographie. Werkstatt u. Betrieb 103 (1970) 189–193, 245–246.

4.59 Smigielski, P.; Hirth, A.: New holographic studies of high speed phenomena. In „Proc. of the 9th Internat. Congress on High-Speed Photography". New York: SMPTE 1970.

4.60 Reinheimer, C. J.; Wiswall, C. E.; Schmiege, R. A.; Harris, R. J.; Dueker, J. E.: Holographic subsonic flow visualization. Appl. Opt. 9 (1970) 1–4.

4.61 Velzel, C. H. F.: Small phase differences in holographic interferometry. Opt. Commun. 2 (1970) 289.

4.62 In [4.3] 264 ff.

4.63 Tiemann, W.: Interferometrie an Kohlelichtbögen. Verh. DPG (VI) 7 (1972) 118.

4.64 Hosp, E.: Spannungsoptik und Holographie. Techn. Überw. 12 (1971) Nr. 3, S. 89–94.

4.65 Köpf, U.: Ein kohärent-optisches Verfahren zur berührungslosen Messung mechanischer Verformungen und Schwingungen. Optik 35 (1972) 144–151.

4.66 Tiziani, H. J.: A study of the use of laser speckle to accurately measure small tilts of optically rough surfaces. Opt. Commun. 5 (1972) 272.

4.67 Tiziani, H. J.: Application of speckling for in-plane vibration analysis. Opt. Acta 18 (1971) 891–902.

4.68 Burch, J. M.; Tokarski, J. M. J.: Production of multiple beam fringes from photographic scatterers. Opt. Acta 15 (1968) 101–111.

4.69 Archbold, E.; Ennos, A. E.: Displacement measurement from double-exposure laser photographs. Opt. Acta 19 (1972) 253–271.

4.70 Köpf, U.: Darstellung von Phasenobjekten durch kohärent-optische Filterung von Laser-Granulationsphotographien. Optik 36 (1972) 592–595.

4.71 Leendertz, J. A.: Interferometric displacement measurement on scattering surfaces using speckle effect. J. Phys. E: Sci. Instr. 3 (1970) 214–218.

4.72 Duffy, D. E.: Moiré gauging of in-plane displacements using double aperture imaging. Appl. Opt. 11 (1972) 1778–1781.

4.73 Köpf, U.: Der Einsatz von Fernsehanlagen bei der kohärent-optischen Messung mechanischer Schwingungen im μm-Bereich. Meßtechnik 80 (1972) Nr. 4, S. 105–108.

4.74 Butters, J. N.; Leendertz, J. A.: Application of coherent light techniques to engineering measurement. Appl. Opt. 11 (1972) 1436–1437.

4.75 Butters, J. N.; Leendertz, J. A.: Holographic and video techniques applied to engineering measurement and control. Measurement a. Control 4 (1971) 349–354.

4.76 Macovski, A.; Ramsey, S. D.; Schaefer, L. E.: Time-lapse interferometry and contouring using television systems. Appl. Opt. 10 (1971) 2722–2727.

4.77 Biedermann, K.: persönliche Mitteilung.

4.78 Durelli, A. J.; Parks, V. F.: Moiré analysis of strain. Eaglewood Cliffs: Prentice Hall 1970.

4.79 Shamir, J.: Moiré gauging by projected interference fringes. Opt. Laser Technol. 5 (1973) 78–86.

4.80 Shamir, J.: Visualization of phase-objects by the use of moiré patterns. Opt. Commun. 5 (1972) 226.

4.81 Vest, C. M.; Sweeney, D. W.: Holographic interferometry with both beams traversing the object. Appl. Opt. 9 (1970) 2810–2813.

4.82 Dhir, S. K.; Sikora, J. P.: Holographische Analyse eines allgemeinen Versetzungsfeldes. Laser u. Elektrooptik 4 (1972) 58, und in [4.22] 147–157.

4.83 Dändliker, R.; Ineichen, B.; Mottier, F. M.: High resolution hologram interferometry by electronic phase measurement. Opt. Commun. 9 (1973) 412–416.

5. Materialbearbeitung mit Laser

5.1. Allgemeine Grundlagen

5.1.1. Einleitung

Die bei der Bündelung von natürlichem Licht erzielbaren Leistungsdichten reichen für eine thermische Bearbeitung von Werkstoffen in der
Regel nicht aus. Dagegen können durch die große Kohärenz von Laserlicht bei dessen Bündelung so hohe Leistungsdichten und damit Temperaturen erzielt werden, daß alle bekannten Stoffe explosionsartig verdampfen. Durch die gleichzeitige Möglichkeit, das Laserlicht auf kleine und
kleinste Durchmesser zu fokussieren, eröffnete der Laser neue und rationellere Bearbeitungsmethoden in der Fertigungstechnik. Laserlicht ist ein
Werkzeug für vielfältige Einsatzmöglichkeiten geworden. Der wesentliche
Vorteil der kohärenten Laserstrahlungsquellen gegenüber natürlichen
inkohärenten Strahlungsquellen für die Materialbearbeitung liegt in den
großen Leucht- und Leistungsflußdichten (Tabellen 5.1 und 5.2).

Mit herkömmlichen Bearbeitungsverfahren, wie beispielsweise Bohren
mit Spiralbohrern oder elektrisches Punktschweißen, können die Laserverfahren normalerweise kostenmäßig nicht konkurrieren. Wenn jedoch
die hohe Produktivität der Laserverfahren, die durch ihre kurze Taktzeit
bestimmt ist, voll ausgenützt werden kann, können auch die konventionellen Verfahren durch Laserverfahren ersetzt werden. Der Einsatz des
Lasers eröffnet auch neue und rationellere Bearbeitungsverfahren. Als
Beispiele seien das Abgleichen von mechanischen und elektronischen
Systemen, Schweißen unter Schutzgasatmosphäre, Beschriften durch

Tabelle 5.1. Leuchtdichten von Strahlungsquellen [5.6]

Quelle	Leistung in W	Strahl-divergenz	Strahlende Fläche in cm^2	Leuchtdichte in $W\ cm^{-2}\ sr^{-1}$
Hg-Lichtbogen	10^4	$4\,\pi$ sr	1	≈ 1000
Sonne	$4 \cdot 10^{26}$	$4\,\pi$ sr	$2,5 \cdot 10^{23}$	≈ 130
HeNe-Laser	10^{-2}	$3 \cdot 10^{-4}$ rad	0,1	$\approx 10^6$
Rubinlaser	10^7	$5 \cdot 10^{-3}$ rad	0,5	$\approx 8 \cdot 10^{11}$
Hochleistungs-Nd:Glaslaser	$4 \cdot 10^9$	$4 \cdot 10^{-5}$ rad	10	$\approx 2 \cdot 10^{17}$

Tabelle 5.2. Mit verschiedenen Strahlungsquellen erreichbare
maximale Leistungsflußdichten

Strahlungsquelle	Leistungsflußdichte in W/cm^2
Brennglas (Sonnenlicht)	10^2
Schweißflamme	10^4
Lichtbogen (WIG-Brenner)	$1 \cdot 10^5$
Plasmabrenner	$\approx 5 \cdot 10^5$
Elektronenstrahl (Dauerstrahl)	$\leq 10^7$
Elektronenstrahl (gepulst)	$\leq 10^8$
Laser (Dauerstrich)	$\leq 10^8$
(Normalpuls)	$\leq 10^9$
(Riesenimpuls)	$\leq 10^{14}$

Glasplatten hindurch, Bohren von Uhrenlagersteinen und Schneiden von
Textilien erwähnt.

Die heute handelsüblichen Lasergeräte sind wegen ihrer relativ kleinen
Leistungen (zeitlicher Mittelwert) nur in der Feinwerktechnik einsetzbar.
Aufgrund der derzeitigen Entwicklungen auf dem Gebiet der Leistungs-
laser ist mit einer wesentlichen Erhöhung der Laserleistung zu rechnen.
Mit zunehmender Laserleistung wird sich der technische Einsatz der
Laser in der Materialbearbeitung in Richtung größerer Dimensionen
der Werkstücke verschieben.

5.1.2. Absorption von Laserstrahlung

Die Kenntnis der Absorptionstiefen der Strahlung im Material ist neben
der Kenntnis der Wärmeleitungsprozesse wichtig für die Materialbearbeitung. Prinzipiell sind zwei Möglichkeiten zu unterscheiden: die Erwärmung ohne Phasenänderung und die Erwärmung mit Phasenänderung.
Technisch wird erstere beim Schneiden von Glas, beim Härten und
beim thermomagnetischen Schreiben verwendet. Bei allen anderen Aufgaben, wie Bohren, Schweißen und Trennen, ist die Erwärmung mit
einer Phasenänderung gekoppelt.
Die Absorption von energiereicher Strahlung bewirkt in der Regel eine
Oberflächenveränderung. Deshalb sind bei Absorptionsberechnungen
selten die Fresnel-Reflexionskoeffizienten, die bei kleinen Leistungsdichten gemessen wurden, zu verwenden. Basov und Mitarbeiter [5.1]
bestimmten experimentell die Abhängigkeit des Reflexionskoeffizienten
von der Energiedichte im Bereich von $3 \cdot 10^7$ J cm^{-2} bis $3 \cdot 10^{10}$ J cm^{-2};
als Laser wurde ein Nd-Glas-Riesenimpulslaser (Pulsbreite 15 ns,
maximale Pulsleistung 200 MW) verwendet. Es ergibt sich, wie Bild 5.1

zeigt, eine starke Abhängigkeit des Reflexionskoeffizienten von der Energiedichte w; die Änderung geht über eine Zehnerpotenz hinaus.

Außerdem besteht eine Abhängigkeit der Reflexion von der Temperatur der Probe [5.2]. Wichtig ist dies besonders für langwellige Strahlung, z. B. für die Strahlung der CO_2-Laser ($\lambda = 10,6$ μm). Bild 5.2 zeigt, daß oberhalb einer gewissen Temperatur die Absorption stark ansteigt.

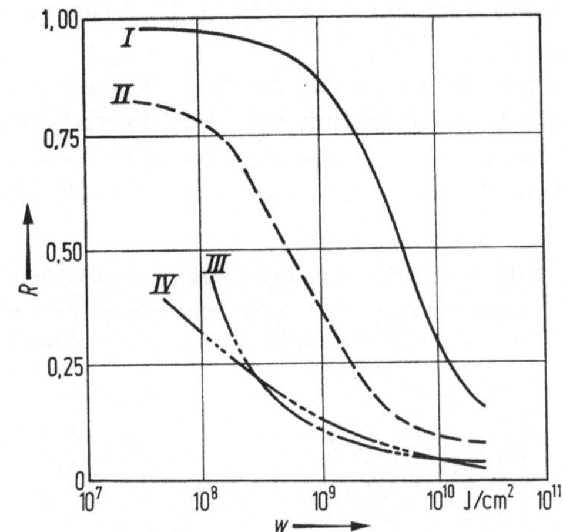

Bild 5.1. Abhängigkeit des Reflexionskoeffizienten von der Energiedichte w [5.1]. I Teflon, II Aluminium, III Zinn, IV Kupfer.

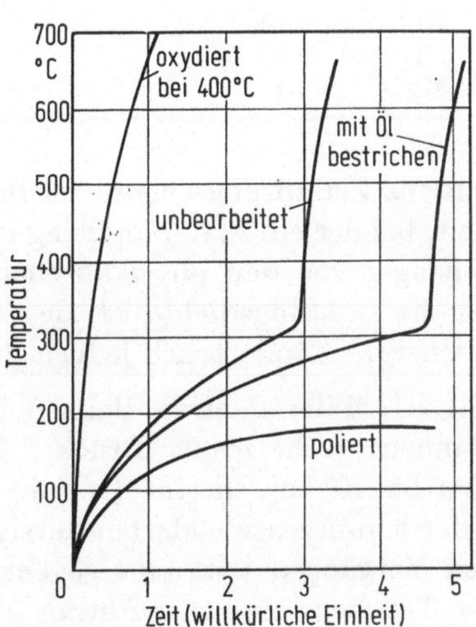

Bild 5.2. Zeitliche Temperaturerhöhung von Stahlblech in Abhängigkeit von der Vorbehandlung der Oberfläche [5.2].

Die Zeit, die bis zum Erreichen dieser Temperatur verstreicht, hängt jedoch vom Oberflächenzustand der Probe ab. Dies legt die Vermutung nahe, daß die Änderung der Reflexion nicht nur eine Funktion der Temperatur ist, sondern ebenso von der Oxidationsschichtdicke abhängt.

Die Absorption von Licht und Strahlung im nahen Infrarot erfolgt in einer Schichtdicke von 10^{-6} cm bis 10^{-5} cm bei undurchsichtigen Materialien. Sie bewirkt eine Erhöhung der Temperatur des Valenzelektronengases [5.3]. Der darauffolgende Energieaustausch zwischen Elektronen und Gitter ist ein im Vergleich dazu relativ langsamer Prozeß infolge der sehr verschiedenen Massen. Die Relaxationszeiten des Energieaustausches zwischen Elektronengas und Gitter liegen bei 10^{-11} s. Damit sind Aufheizungen von Metallen in der Größenordnung von 10^{10} °C s^{-1} möglich.

Nach [5.3] tritt bei Bestrahlung mit normalen Laserimpulsen keine merkliche Sublimation ein; dem Verdampfen gehen also ein Schmelzen und Sieden voraus. Der Vergleich der Sublimationsenergie und der spezifischen Zerstörungsenergie deutet auch darauf hin (Tabelle 5.3). Die

Tabelle 5.3. Sublimationsenergie und spezifische Zerstörungsenergie [5.3]

	Sublimationsenergie in J/mg	Spezifische Zerstörungsenergie in J/mg
Al	8,5	5,3
Fe	7,05	6,6
Cd	1,0	1,41
Cu	5,3	3,9
Mo	6,9	6,5
Ni	6,04	6,6
Sn	2,7	1,1
Mg	7,1	7,4

spezifische Zerstörungsenergie ist definiert als die Energie je Volumeneinheit, bei der ein Materialabtrag einsetzt. Sie ist zwar prinzipiell nicht unabhängig von den physikalischen Impulsdaten des Lasers – z.B. je höher die Leistungsdichte ist, desto geringer ist die spezifische Zerstörungsenergie – ändert sich jedoch praktisch nur in geringem Maße.

5.1.2.1. Materialabtrag. Beim Bohren von Löchern entwickeln sich im Lochinnern recht große Drücke. Überlegungen ergaben Drücke von 10^1 bar bis 10^3 bar, die für die hohe Geschwindigkeit der Plasmafackeln und der herausgeschleuderten flüssigen Tropfen maßgebend sind. Neben diesen Vorgängen tritt eine sogenannte Wanderosion, ein Abbröckeln fester Teilchen, ein. Der Abtrag in fester und flüssiger Phase ist die Hauptursache, warum Theorie und Experiment in diesem Gebiet wenig übereinstimmen. Tabelle 5.4 gibt für verschiedene Metalle die Dampfgeschwindigkeit (Geschwindigkeit der Plasmafackeln), die Bohrgeschwindigkeit, die abgetragene Masse und den aus der Dampfgeschwindigkeit errechneten Dampfdruck an.

Tabelle 5.4. Dampfgeschwindigkeiten und Lochdurchmesser in Abhängigkeit
von der Pulsenergie [5.3]

Material	Impuls-energie	Loch-durch-messer	Loch-tiefe	Dampf-geschw.	Bohr-geschw.	Abgetr. Masse	Dampf-druck
	in J	in mm	in mm	in cm/s	in cm/s	in mg	in bar
Messing	110	0,5	2,1	$1,5 \cdot 10^4$	$5,0 \cdot 10^2$	22	35
Duralumin	150	0,6	6,0	$2,0 \cdot 10^4$	$8,0 \cdot 10^2$	37	30
Duralumin	150	1,3	2,5	$1,3 \cdot 10^4$	$2,0 \cdot 10^2$	35	8
Magnesium	130	0,5	5,6	$2,8 \cdot 10^4$	$13,0 \cdot 10^2$	–	–
Stahl	130	–	–	$1,6 \cdot 10^4$	–	15	35
Zinn	108	–	–	$0,5 \cdot 10^4$	–	104	73

Die Lochtiefe kann nicht durch Erhöhung der Impulsenergie beliebig
gesteigert werden. Mit zunehmender Energie bzw. Energiedichte strebt
die Lochtiefe einem Grenzwert zu. Man ersieht aus Bild 5.3, daß bei
Zunahme der Impulsenergie von 100 J auf 300 J die Tiefe des Loches
nur von 6 mm auf 8 mm zunimmt. Dies liegt im wesentlichen daran,

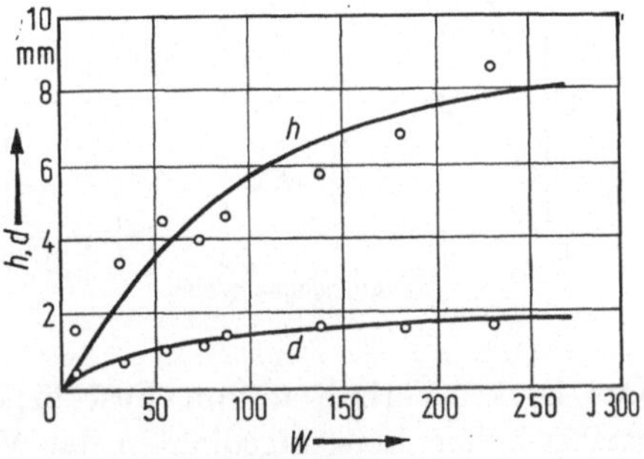

Bild 5.3. Lochdurchmesser d und
Lochtiefe h in Abhängigkeit von
der Impulsenergie W [5.3].

daß einmal der Einfallwinkel des Lichtes im Grunde des Loches immer
steiler wird, die Leistungsdichte also abnimmt, zum anderen der obere
Rand und das entstehende Plasma Licht abschatten und schließlich das
im Lochende verdampfte Material sich wieder weiter oben an der Loch-
wand absetzt. Bei geringeren Energien ist der Einfluß der Impulsenergie
auf die Lochtiefe wesentlich stärker (Bild 5.4).

Bei Messungen der abgetragenen Masse ergibt sich kein eindeutiger
Zusammenhang mit der Dichte [5.4]. Zum Verdampfen von Material
muß die Leistungsdichte der Laserstrahlung eine gewisse Grenze überschreiten; je höher sie über dieser Schwelle liegt, desto schneller und
rascher setzt der Verdampfprozeß und damit der Bohrprozeß ein.
Afanasev und Krokhin [5.5] berechneten die für das Verdampfen not-

wendigen Energien nach den Gesetzen der Gasdynamik. Die Rechnungen
ergaben, daß die Verdampfung praktisch aller Materialien bei Leistungsflußdichten von 10^6 W cm^{-2} bis 10^9 W cm^{-2} beginnt. Es wurden zwei
Modelle entwickelt. Das eine gilt für kleinere Leistungsflußdichten, wenn
also die Temperatur der strahlungsabsorbierenden Schicht stets unter
der kritischen Temperatur liegt und eine Phasenänderung vom festen
über den flüssigen zum gasförmigen Zustand erfolgt. Das zweite Modell
gilt für Leistungsflußdichten, die die Umwandlung der festen Materie
in den gasförmigen Zustand über den sogenannten thermischen Druck
ermöglichen. Für beide Modelle werden die Lösungen aus den Gesetzen
der Gasdynamik abgeleitet [5.5].

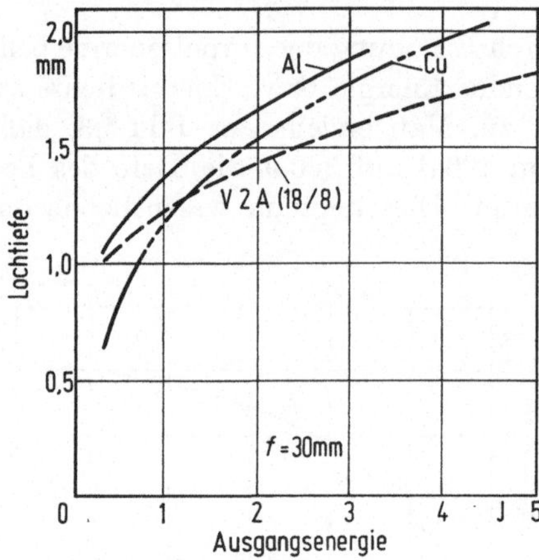

Bild 5.4. Lochtiefe als Funktion
der Impulsenergie [5.3].

Das Spikes-Verhalten von Festkörperlasern begünstigt durch die
kurzzeitig hohen Leistungsdichten das Verdampfen sehr. Untersuchungen an den sich ausbildenden Plasmafackeln ergaben, daß keine zeitliche
Mittelung auftritt, sondern daß jeder Spike eine Plasmafackel verursacht
und daß die Folge der Plasmafackeln somit der Spikesfolge zugeordnet
werden kann.

Beim Abtragen ist auch die Wärmeleitfähigkeit und die Verdampfungswärme der Stoffe zu berücksichtigen. Bei geringen Leistungsdichten
überwiegt der Einfluß der Wärmeleitfähigkeit, bei großen der Einfluß der
Verdampfungswärme. Nach Ready [5.6] kann für Normalpulse folgende
Abschätzung gemacht werden: Die bestrahlte Oberfläche wird in einer
sehr kurzen Zeit t_v auf die Verdampfungstemperatur erhitzt. Sie beträgt

$$t_v = \frac{\pi}{4} \frac{\varkappa \varrho\, c_p}{S^2} (T_v - T_0)^2. \tag{5.1}$$

Dabei ist $\varkappa$ die Temperaturleitfähigkeit, c_p die spezifische Wärme, ϱ die

Dichte, S die Leistungsdichte, T_v die Temperatur des Siedepunktes und T_0 die Anfangstemperatur.

In Tabelle 5.5 sind Werte von t_v für einige Metalle und verschiedene Leistungsdichten angegeben. Die Zeit t_v ist im allgemeinen um Größenordnungen kürzer als die Zeit eines typischen Normallaserpulses von 1 ms. Auch bei höchsten Leistungsdichten ist t_v noch wesentlich kürzer als die Dauer eines Spikes. Nach Tabelle 5.5 beginnt bei Wismut, Cad-

Tabelle 5.5. Zeit t_v zwischen Auftreffen des Laserpulses und Beginn der Verdampfung für verschiedene Metalle [5.6]

Metall	t_v für Laserleistungsdichten von			
	10^4 W/cm²	10^5 W/cm²	10^6 W/cm²	10^7 W/cm²
Bi	2,5 ms	25 µs	0,2 µs	
Cd	9,0 ms	90 µs	0,9 µs	
Pb	11,8 ms	118 µs	1,2 µs	
Zn	12,8 ms	128 µs	1,3 µs	
Mg		245 µs	2,5 µs	
Sn		600 µs	6,0 µs	0,06 µs
Ni		1,8 ms	18,4 µs	0,18 µs
Fe		1,9 ms	18,6 µs	0,19 µs
Al		2,7 ms	26,7 µs	0,27 µs
Mo		5,6 ms	55,6 µs	0,56 µs
Cu		8,3 ms	82,6 µs	0,83 µs
W		10,5 ms	104,6 µs	1,05 µs

mium und Blei die Verdampfung an der Oberfläche sehr rasch nach Auftreffen des Laserpulses auch bei kleineren Leistungsflußdichten, während für Wolfram, Kupfer oder Molybdän schon wesentlich höhere Leistungsflußdichten notwendig sind, um gleiche Verhältnisse zu erreichen. Die verdampfte Masse ist aus der Verdampfungsgeschwindigkeit v, der Impulsdauer t und dem Fokusdurchmesser d abschätzbar. Die Verdampfungsgeschwindigkeit v ist nach Ready [5.6] im Gleichgewichtszustand, also nach Erreichen der Verdampfungstemperatur T_v

$$v = S\varrho^{-1}[r + c_p(T_v - T_0)]^{-1},\tag{5.2}$$

wobei r die spezifische Verdampfungswärme ist. Damit erhält man für die verdampfte Masse m

$$m = \frac{\pi}{4}\varrho d^2 v(t - t_v).\tag{5.3}$$

In Bild 5.5 ist die abgetragene Masse als Funktion der Pulsenergie für verschiedene Metalle aufgetragen.

Beim Festkörperlaser ist es wegen der unregelmäßigen Spikesfolgen während eines Normalpulses verständlich, daß der Abtrag ebenso unregelmäßig vonstatten geht. Aber auch im Riesenimpulsbetrieb – ein Riesenimpuls entspricht einem überhöhten Spike – geschieht der Abtrag nicht gleichmäßig über die Pulslänge; die entstehende Plasmafackel kann beispielsweise die Laserstrahlung abschirmen. Riesenimpulse sind relativ ungünstig für den Materialabtrag, es sei denn, man möchte extrem dünne Schichten abtragen und das Substrat so wenig wie möglich beschädigen.

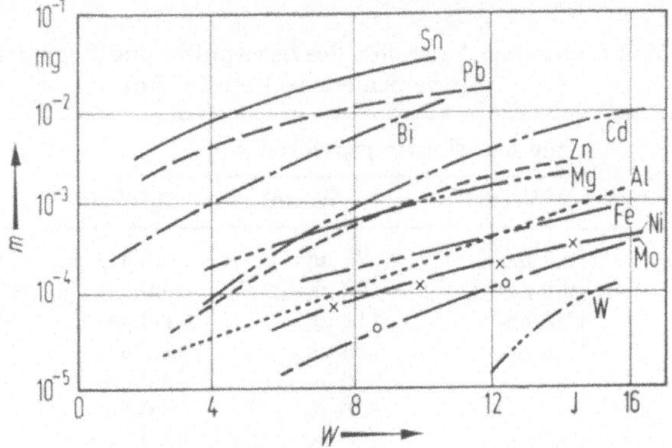

Bild 5.5. Abgetragene Masse m in Abhängigkeit von der Pulsenergie W für verschiedene Metalle [5.4]. (Nd: Glaslaser, Impulsdauer etwa 0,7 ms).

5.1.2.2. Schmelzen. Soll mit Laserstrahlung Material nur aufgeschmolzen werden, wie es beispielsweise beim Schweißen nötig ist, so ist die Einstellung der Laserdaten sehr kritisch. Bei zu geringem Leistungsfluß wird die getroffene Stelle nur erwärmt, bei zu hohem wird Material verdampft und, wie sich zeigt, sind die Werte für den Leistungsfluß in der Regel nicht sehr verschieden. Durch die Vielfalt der Parameter, die aufgrund der Laserdaten, Materialkonstanten und der Dimensionen des Werkstücks möglich sind, ist es nahezu unmöglich, für eine Verbindung die Schweißdaten exakt zu berechnen. Bei allen Überlegungen ist miteinzubeziehen, daß die Temperaturleitfähigkeit von Metallen am Schmelzpunkt einen Sprung macht. Das Verhältnis der Temperaturleitfähigkeiten der festen zur flüssigen Phase liegt im allgemeinen zwischen 1,5 und 4.

Die mit gepulsten Lasern maximal erreichbare Schmelztiefe ohne Verdampfen von Material ist auch bei guter Wärmeleitfähigkeit relativ gering; die Grenze liegt bei etwa 0,6 mm. Die „Schmelztiefe ohne Verdampfen" ist abhängig von der Leistungsdichte. Von der Schmelzschwelle ab gilt: Je größer die Leistungsdichte, desto geringer ist die Schmelztiefe bis zum Verdampfungsbeginn.

Einen Anhaltspunkt für die bei Schweißungen benötigten Impulslängen gibt die thermische Zeitkonstante. Sie ist definiert als die Zeit, nach der die Rückseite eines Werkstücks eine Temperatur der gleichen Größenordnung erreicht wie die der Frontfläche, die die Strahlung absorbiert. Für ein Plättchen der Dicke d und der thermischen Diffusionskonstanten k ist die thermische Zeitkonstante τ_{th} gegeben durch

$$\tau_{th} = \frac{d^2}{4k}.$$ (5.4)

Eine gute Schweißung ist nicht zu erwarten, wenn die Impulslänge wesentlich kürzer als die thermische Zeitkonstante ist.

In Tabelle 5.6 sind für verschiedene Metalle und Plättchendicken die thermischen Zeitkonstanten angegeben [5.6]. Man erkennt, daß für dünne Plättchen von 0,13 mm Dicke die Pulslängen der üblichen Pulslaser noch ausreichen, da die Pulslängen durch geeignete LC-Netzwerke bei noch relativ gutem Wirkungsgrad bis zu etwa 10 ms verlängert werden können. Mit Pulslängen von etwa 10 ms lassen sich in Stahl gute Schweißungen bis etwa 0,6 mm Tiefe erzielen.

Tabelle 5.6. Thermische Zeitkonstanten τ_{th} von Metallen [5.6]

Metall	τ_{th} für Dicken von		
	0,13 mm in ms	0,63 mm in ms	2,4 mm in ms
Cu	0,04	0,9	14
Be–Cu	0,17	4,2	66
Messing	0,12	3,0	48
Al	0,05	1,2	19
Al-Legierung (11 S)	0,07	1,8	28
Stahl (1 % C)	0,33	8,3	133
Stahl (rostfrei)	1,00	25,1	402
Ni	0,26	6,5	104
Inconel	0,95	23,7	379
Ti	0,59	14,8	237
W	0,06	1,5	24

5.2. Materialbearbeitung allgemein

5.2.1. Einleitung

Wenn ein Bearbeitungsschritt in der Produktion mittels Laser gelöst werden soll, empfiehlt es sich, den nachstehend aufgeführten Katalog von Entscheidungsgraphen und Entwicklungsschritten konsequent zu verfolgen [5.7]:

Ist die Aufgabe mittels herkömmlicher Methoden lösbar?

Ist die Aufgabe für einen Laser geeignet?

Durchführung einer Wirtschaftlichkeitsbetrachtung.

Auswahl des Lasers und seiner technischen Daten.

Auswahl bzw. Entwicklung einer Halterung für die herzustellenden Teile und einer der Aufgabe entsprechenden mehr oder weniger automatischen Vorrichtung (einschließlich der Zuführung der Teile).

Auswahl bzw. Entwicklung des optimalen optischen Systems (einschließlich des Schutzes der optischen Komponenten vor Verschmutzung und Bedampfen).

Tabelle 5.7. Laseranwendung

Technische Daten	Charaktereigenschaften

CO_2-Laser
Wellenlänge: $\lambda = 10{,}6\ \mu m$ (IR)
a) Dauerstrichbetrieb
   Dauerstrichleistung: max. 1 kW
b) Normalpulsbetrieb
   elektrisch gepulst
   Impulslänge: 100 µs
   Impulsleistung: max. 5 kW
   Impulsfrequenz: max. 500 Hz
c) Riesenimpuls- bzw. Superpulsbetrieb
   Impulslänge: 20 µs bis 100 µs
   Impulsleistung: 1 kW bis 100 MW
   Impulsfrequenz: $\leqq 50$ kHz
   mittlere Leistung: max. 10 W
	CO_2-Laser
	hohe Dauerstrichleistung
	große Absorption bei Nichtmetallen
	einfacher Aufbau des Laserresonators
	und des Netzgerätes

HeNe-Laser
Wellenlänge: $\lambda = 0{,}63\ \mu m$ (rot)
Dauerstrichbetrieb
Dauerstrichleistung: 10 mW
 	
HeCd-Laser
Wellenlänge: $\lambda = 0{,}44\ \mu m$ (blau)
Dauerstrichbetrieb
Dauerstrichleistung: 15 mW
 	
Ar-Laser
Wellenlänge: $\lambda = 0{,}5\ \mu m$ (grün)
a) Dauerstrichbetrieb
   Dauerstrichleistung: max. 15 W
b) Impulsbetrieb
   elektrisch gepulst
   Impulslänge: 50 µs
   Impulsleistung: 20 W
   Impulsfrequenz: 60 Hz
	HeNe/HeCd/Ar-Laser
	geringe Strahldivergenz durch Grundmodebetrieb
	geeignet für holographische Aufnahmen

Automatische Messung aller wichtigen Zustandsgrößen des Lasersystems und Zuführung der Meßgrößen einem Regelsystem zur Kon-
stanthaltung dieser Größen.

Betrachtung über die notwendigen Sicherheitseinrichtungen bzw. Vorkehrungen.

In Tabelle 5.7 sind die für die Materialbearbeitung geeigneten Laser,
deren technische Daten, charakteristische Eigenschaften und Anwendungsmöglichkeiten zusammengestellt. Die technischen Angaben über

in der Fertigung

Anwendungsmöglichkeiten allgemein	Technischer Einsatz	Weitere Einsatzmöglichkeiten
CO_2-Laser	**CO_2-Laser**	**Gaslaser**
Abtragen dünner nichtmetallischer und metallischer Schichten	Wendeln von Widerständen	a) bei höheren Dauerstrichleistungen bzw.
Bearbeiten von Nichtmetallen	Abgleich von Dickschichtwiderständen	höheren Pulsenergien:
z. B. Bohren von Keramik und Trennen von Kunststoffen	Schneiden von Plexiglas Bohren und Perforieren von Keramiksubstraten	Punkt- und Nahtschweißen von Metallen (gehärtete Stähle usw.)
Löten kleiner Bauteile Trennen, Punkt- und Nahtschweißen von Metallen im Bereich der Feinwerktechnik	Abisolieren von Kabeln Dichtschweißen von Glasgehäusen Hartlöten kleiner Teile Einlöten von Bauelementen	Trennen von dicken glasfaserverstärkten Kunststoffen und von Metallen Mehrpunktlöten
Schneiden von Folien und Papier Perforieren von Papier	Schneiden von Textilgeweben	Schneiden von Papier und Pappe
HeNe/HeCd/Ar-Laser Belichten photochemischer Schichten	**HeNe/HeCd/Ar-Laser** Interferometrische Längenmessung an Maschinen	b) bei Riesenimpulsbetrieb mit kürzeren Schaltzeiten: Abgleich von Dünnfilmschaltungen
Meßtechnik Prüfverfahren	Holographische Interferometrie zur Messung von Verformungen	Abgleich von Dickschichtwiderständen mit höheren Genauigkeiten
Abtragen dünner Schichten	Hologramme für Strahlaufspaltung Abgleich von Dünnschichtwiderständen	Abtrag von Oberflächenschichten

Tabelle 5.7

Technische Daten	Charaktereigenschaften

Rubinlaser

Wellenlänge $\lambda = 0,69\ \mu m$ (rot)

YAG-Laser

Wellenlänge: $\lambda = 1,06\ \mu m$ (IR)

a) Dauerstrichbetrieb
   (YAG)-Laser)
   Dauerstrichleistung: max. 200 W
b) Normalpulsbetrieb
   (Rubin- und YAG-Laser)
   optisch gepulst
      Impulslänge: 0,5 ms bis 10 ms
      Impulsleistung: kW
      Impulsfrequenz: max ca. 20 Hz
      Impulsenergie: max. 100 J
c) Riesenimpulsbetrieb
   (YAG-Laser)
      Impulslänge: 10 ns bis 100 μs
      Impulsleistung: 50 kW bis 500 MW
      Impulsfrequenz: max. 50 kHz
      mittlere Leistung: max. 30 W

Rubinlaser

hohe Impulsenergie
große Impulsleistungen
gute Absorption bei Metallen

YAG-Laser

Dauerstrichbetrieb
geringe Laserschwelle
höhere Impulsfrequenzen als Rubinlaser
Riesenimpulsbetrieb mit hohen Impulsfrequenzen
gute Absorption bei Metallen

Laser sind typische Daten von handelsüblichen Geräten, also nicht labormäßig erzielte Spitzenleistungen. Außerdem ist zu bemerken, daß nicht alle Daten gleichzeitig erfüllt werden können; bei maximaler Impulsfolgefrequenz kann beispielsweise nicht gleichzeitig die maximale Impulsenergie erzielt werden.

5.2.2. Aufbau technischer Laseranlagen, Vorrichtungen und allgemeine Abschätzungen

Ein wesentlicher Unterschied besteht zwischen einer Laseranlage für den Laborbetrieb und einer Anlage, die in der Fertigung eingesetzt wird. Es ist meist einfach, eine Bearbeitung nur einmal im Labor durchzuführen. Wesentlich schwieriger ist es, das gleiche Ergebnis reproduzierbar unter Fertigungsbedingungen zu erzielen.

5.2.2.1. Gaslaser. Der am häufigsten für die Materialbearbeitung eingesetzte Laser ist der CO_2-Laser. Meistens wird er wegen seiner hohen Dauerstrichleistung ausgewählt. Die konventionellen CO_2-Laser – dar-

(Fortsetzung)

Anwendungsmöglich-keiten allgemein	Technischer Einsatz	Weitere Einsatzmöglichkeiten
Festkörperlaser	**Festkörperlaser**	**Festkörperlaser**
Punkt- und Naht-schweißen von Metallen in kleinen Dimensionen, kleinste Bohrungen in Metallen, Keramik und Kristallen	Materialuntersuchung (Spektralanalyse) Abgleich mechanischer Systeme Dichtschweißen kleiner Gehäuse	a) bei höheren Dauer-strichleistungen bzw. höheren Puls-energien: Nahtschweißen von Metallen
Abtrag dünner metal-lischer Schichten ohne Beschädigung des Substrats	Abgleich von Dünn-filmschaltungen Abtrag von Lack-schichten	Bohren von Keramik Verkürzung der Taktzeiten bis-heriger Systeme
Auswuchten von Präzisionssystemen	Anschweißen elektro-nischer Bauelemente Feinstpunktschweißen Bohren von dünnen Keramiksubstraten	b) bei Riesenimpuls-betrieb mit größeren Leistungen: genauerer Abgleich von Dünnfilm-schaltungen Abtragen dünner metallischer Schichten Beschriften

unter sollen die längsgeströmten und längsangeregten CO_2-Laser ver-standen werden – sind, selbst bei gefaltetem Entladungsrohr, relativ lang. Bild 5.6 zeigt schematisch den Aufbau eines derartigen CO_2-Gaslasers. Aus Sicherheitsgründen ist der Resonator meist senkrecht aufgebaut, so daß bei unbeabsichtigter Inbetriebnahme des Lasers dessen Strahlung vom Maschinentisch oder vom Fußboden aufgefangen wird. Das Ma-schinengestell und die notwendige Hubeinrichtung sind relativ stabil aufzubauen, damit von außen einwirkende mechanische Schwingungen sich nicht auf die absolute Lage der Symmetrieachse der Laserstrahlung auswirken können. Die Hubeinrichtung, die den gesamten Resonator auf- und abbewegen kann, dient zum Grobeinrichten des Fokuspunktes auf das Werkstück; die Feineinstellung geschieht durch Verschieben der Optik.

Die Optik selbst besteht aus ein- oder zweilinsigen Systemen (Mate-rial: NaCl, Ge oder GaAs). Für den technischen Einsatz ist das relativ teure GaAs als Spiegel- und Linsenmaterial vorzuziehen, da einerseits NaCl durch sein wasserlösliches Verhalten nicht beständig ist und ande-rerseits bei Ge schon ab 40 °C die Absorption beträchtlich zunimmt, so daß Germaniumlinsen gekühlt werden müssen. Bei Kühlung der Linsen und Auskoppelspiegel ist darauf zu achten, daß der Taupunkt nicht unterschritten wird, da sonst die dielektrischen Schichten beschädigt werden können.

Die Netzgeräte konventioneller CO_2-Laser sind sehr einfach aufgebaut. Sie sind meist nur einphasig an das Netz angeschlossen, und die Hochspannung von 10 kV bis 15 kV wird über Regel-, Hochspannungstrafos und Gleichrichter erzeugt. Die Steuerung und Regelung der

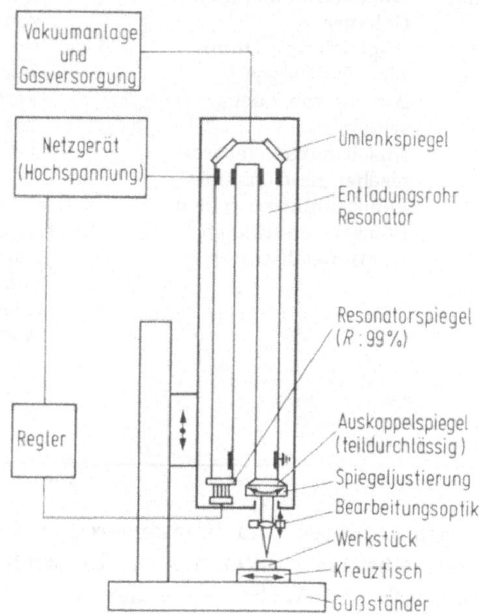

Bild 5.6. Schematischer Aufbau eines CO_2-Lasers für den Einsatz in der Fertigung.

Laserleistung erfolgen über leistungsstarke Sendetrioden, die jeweils im Kathodenkreis der Lasergasentladungsröhre liegen. An das Gitter der Röhren kann auch ein Regelkreis zur Stabilisierung der Laserausgangsleistung angeschlossen werden. Der Detektor für die Laserleistung befindet sich üblicherweise am hochreflektierenden Ende des Resonators, dessen Spiegel für diesen Fall eine Transmission von etwa 1 % hat. Eine elegante Schaltung für einen schnellen Hochspannungsstromregler für derartige Lasergasentladungsröhren gibt Posakowy [5.8] an; damit kann der Strom bzw. die Ausgangsleistung auf 0,1 % konstant gehalten werden.

Eine Weiterentwicklung auf dem Gebiet der gepulsten CO_2-Laser sind die sogenannten supergepulsten und TEA-Laser (Kap. 1). Typisch für supergepulste CO_2-Laser sind mittlere Leistungen von 100 W bei

Pulsenergien von 1 J bis 5 J und Impulslängen von 10 μs bis 100 μs. Mit CO_2-Lasern der Bauart TEA können Pulsleistungen von über 10 J bei relativ kurzen Impulsen (Nanosekunden bis Mikrosekunden) und hohen Impulsfolgefrequenzen erzielt werden.

Der Vorteil dieser kurzen Pulszeiten und hohen Pulsleistungen liegt in der Möglichkeit der Bearbeitung metallischer Stoffe. CO_2-Laser mit Leistungen bis zu einigen hundert Watt sind kaum zur Bearbeitung von Metallen brauchbar, da deren Absorption gering ist. Mit periodisch gepulsten CO_2-Lasern höchster Leistungsdichte gelingt es aber schon beim ersten Impuls, die Oberfläche soweit zu erhitzen, daß eine wesentliche Zunahme der Absorption stattfindet. Auf diese Weise ist es möglich, auch Nahtschweißungen an Metallen mit CO_2-Lasern mit einer Ausgangsleistung von nur 100 W im zeitlichen Mittel zu erzielen.

5.2.2.2. Festkörperlaser. Hinsichtlich der Sicherheitsprobleme und des mechanisch stabilen Aufbaus gilt für Festkörperlaser das gleiche wie für Gaslaser. Es sind also nach Möglichkeit ein senkrechter Aufbau und ein mechanisches stabiles Gerät vorzusehen. Bild 5.7 zeigt schematisch den Aufbau eines fertigungsgerechten Festkörperlasersystems. Ein Gußträger, der in der Regel motorisch über eine Spindel bewegt werden kann,

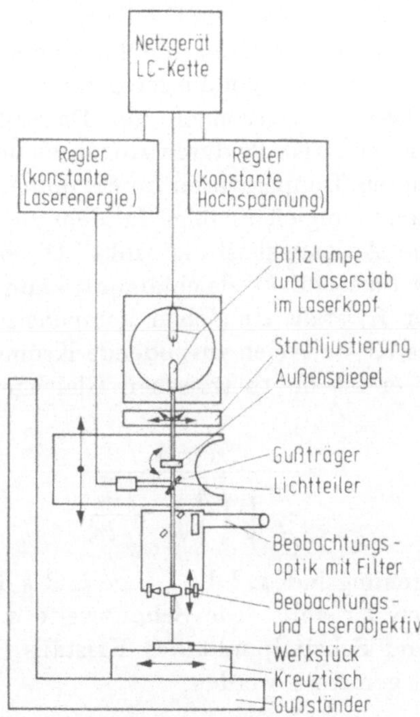

Bild 5.7. Schematischer Aufbau eines Festkörperlasers für die Fertigung.

trägt den Laserresonator, die Justiermechanik und den Außenspiegel. Spindel und Führung des Trägers sind an einem stabilen Ständer befestigt, auf dessen Grundplatte die Vorrichtung angebracht ist. Der Justierteil besteht meist aus einem Kreuztisch und einem Taumelmechanismus. Die Symmetrieachse des Laserstrahls läßt sich so mit der optischen Achse des Laserobjekts zur Decke bringen. Dies ist notwendig, um kleinste Fokusdurchmesser und runde Strahlquerschnitte zu erzielen.

Zum eigentlichen Laser gehört eine Stromversorgungseinrichtung. Für Impulslaser wird in der Regel als Energiespeicher eine Kondensatorbatterie verwendet, die in Anpassung an die benötigte Impulslänge als Laufzeitkette geschaltet ist. Die für die Dimensionierung einer Laufzeitkette wichtigen Beziehungen lauten:

$$t = 2a\,\sqrt{LC}, \tag{5.5}$$

$$R_\mathrm{i} = \sqrt{L/C}. \tag{5.6}$$

Im angepaßten Fall[1] ist nach (5.6) die mittlere Dauer t des Impulses gleich der Zeitkonstanten $R_\mathrm{i}(aC)$. Die Anzahl a der Kettenglieder bestimmt die Restwelligkeit der Impulse; meist ist $a \geq 4$ zu wählen. Mit zwei Regelsystemen des Netzgerätes kann die Schwankung der Laserimpulsenergie klein gehalten werden. Die Kurzzeitschwankungen werden durch das Konstantspannungsgerät, die Langzeitschwankungen durch ein Laserkonstant-Energie-System ausgeregelt.

Bei Festkörperlasern, insbesondere im Dauerstrichbetrieb, macht sich die Erwärmung des Kristalls durch Abnahme der Leistung bemerkbar. Durch die höheren Temperaturen im Stabinnern des Kristalls und die dadurch verursachte ungleichmäßige Ausdehnung wird der Resonator verstimmt, und die Ausgangsleistung sinkt. Diese Deformierung des Kristalls, die einem Linseneffekt gleichkommt, kann durch entsprechendes Anschleifen der Kristallstirnflächen kompensiert werden. Der auf den Stirnflächen des Kristalls sich ausbildende Krümmungsradius r kann berechnet werden; er ist im thermischen Gleichgewicht nach Levine [5.9]:

$$r = \frac{n - 1}{\dfrac{n}{l}\sqrt{\left(\dfrac{n}{l}\right)^2 + \dfrac{n}{ls}}}. \tag{5.7}$$

Dabei ist n der Brechungsindex, l die Länge und s die Schnittweite des thermisch belasteten Kristalls. Die Schnittweite s, also der Abstand zwischen Fokus- und Scheitelpunkt des Kristalls, kann mittels eines He-Ne-Lasers leicht gemessen werden.

---

[1] d.h. wenn der Widerstand der Laufzeitkette R_i gleich dem Blitzlampenwiderstand ist.

Wird ein Laserstab mit dem oben genannten Krümmungsradius auf den Stirnflächen korrigiert, so kann die Leistung des Lasers beträchtlich gesteigert werden. Zum Beispiel wurde bei einem mit 4500 W (2 Krypton-Lampen) gepumpten Nd:YAG-Laser (Kristalldurchmesser 6 mm, Länge 110 mm) auf den Stirnflächen eine Schnittweite von ≈ 30 cm gemessen. Nach (5.7) ergibt sich ein Krümmungsradius von $r \approx 50$ cm. Durch Korrektur des Stabes mit diesem Krümmungsradius konnte die Ausgangsleistung von 2 W auf 25 W erhöht werden [5.9].

Bei der Auswahl von Festkörperlasern für die Materialbearbeitung ist besonders auf die räumliche Energieverteilung zu achten. Mills und Mitarbeiter [5.10] haben Energieverteilungsmessungen an einem handelsüblichen Rubinlaser (Kristall mit 9 mm Durchmesser, 168 mm lang) mit maximal 16 J bei 1 ms Impulsdauer durchgeführt. Sie finden eine unsymmetrische Struktur, die zusätzlich von thermischen Einflüssen und der Pumpenergie abhängig ist (Bild 5.8). Für die Herstellung runder

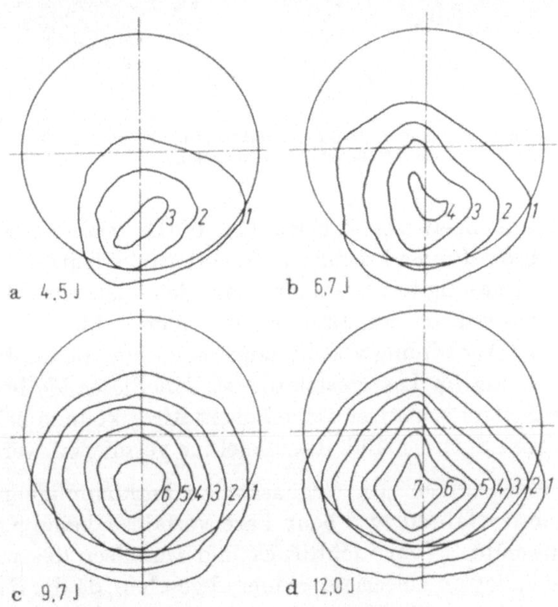

Bild 5.8. Leistungsverteilung über die Stirnfläche eines Rubinstabes [5.10].

Löcher oder für reproduzierbare Schweißungen ist ein solcher Laser nicht brauchbar. Wie die Ergebnisse zeigen [5.10], steigt die Gleichförmigkeit mit zunehmender Pumpleistung an. Für Bearbeitungen, bei denen enge Toleranzen einzuhalten sind, sollte der Laser stets weit über der Schwelle betrieben werden, u. U. durch Abschwächung des Laserstrahls mittels Graufilters. Durch sorgfältiges Justieren des Laserresonators zur Blitzlampe und zum Pumpspiegel läßt sich in der Regel erreichen, daß die Rubin- und die Strahlachse zusammenfallen; meist wird dadurch die Energieverteilung gleichmäßiger.

Eine gleichförmige Verteilung der Energie über den Strahlquerschnitt läßt sich auch durch Beugung an Ultraschallwellen erzielen (Bild 5.9). Die Ultraschallauffächervorrichtung besteht aus einer mit Wasser gefüllten Küvette, in der zwei senkrecht zueinander laufende Ultraschall-

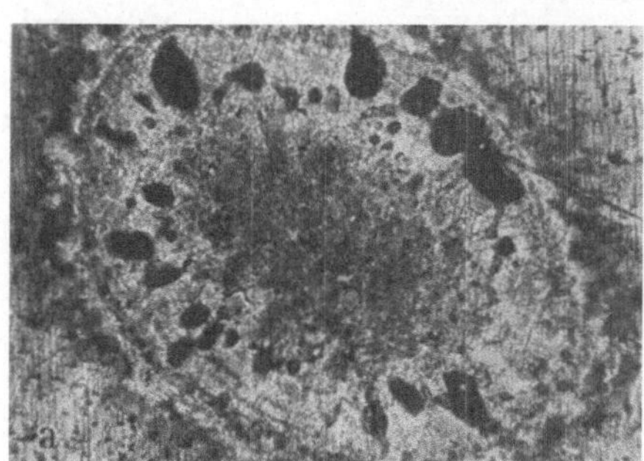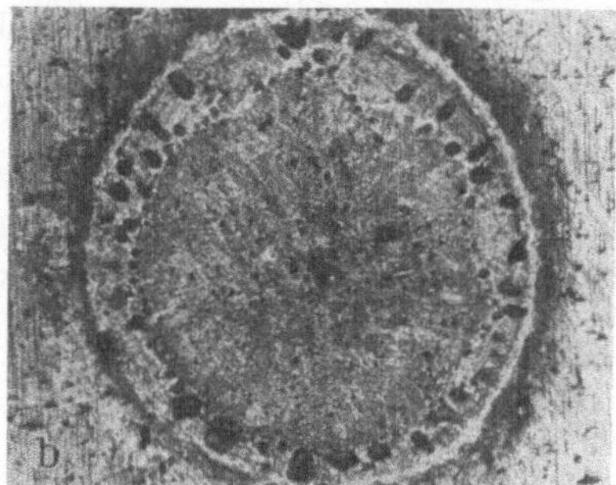

Bild 5.9. Mit Festkörperlaserimpulsen erzielte Schweißpunkte. a) Unbeeinflußter Strahl; b) durch Beugung an Ultraschallwellen gleichförmigere Strahlverteilung.

wellen mit Frequenzen von 2 MHz bis 4 MHz erzeugt werden. Die Schallwellen wirken für senkrecht zur Ausbreitungsrichtung einfallendes Licht wie ein Phasengitter. Sendet man den Laserstrahl durch die Küvette, so entsteht in der Brennebene einer dahinter aufgestellten Sammellinse eine Anordnung von Beugungsmaxima, die unabhängig von der Strahlverteilung im Laserresonator ist. Mit dieser Methode, bei der jeder einzelne Spike verlustfrei aufgefächert wird, können beispielsweise bei Schweißungen Spritzer und Risse leichter vermieden werden.

5.2.2.3. Vorrichtungen. Im Gegensatz zu herkömmlichen Schweiß-, Bohr- und Trennverfahren wird beim Laserverfahren keine Kraft auf das Werkstück ausgeübt. (Vom Lichtdruck und Impulsen des verdampften oder weggeschleuderten Materials sei hier abgesehen, da die Kräfte gering sind.) Dadurch können die Halterungen für die Werkstücke relativ einfach und leicht sein. Andererseits sind aber bei den Laserschweißvorgängen, insbesondere beim Impulsschweißen, die Schweißzeiten sehr kurz, in der Größenordnung von Millisekunden. Da in dieser relativ kurzen Zeit kein Zusatzmaterial hinzugefügt werden kann, müssen die zu verbindenden Teile nahezu spaltlos aufeinanderpassen. Der Luftspalt darf beispielsweise beim Stumpfschweißen von Blechen nicht mehr als 1/10 der Blechdicke betragen. Um diesen geringen Abstand bei längeren

Stumpfnahtschweißungen einhalten zu können, ist in der Regel eine Vorspannung der beiden Bleche gegeneinander notwendig.

Um den Luftspalt bei Überlappschweißungen klein zu halten, ist fast in jedem Fall ein Niederhalter nötig. Die Anbringung des Niederhalters kann zu erheblichen Schwierigkeiten führen, wenn die Teile so klein sind, daß der Schweißpunkt oder die Schweißnaht praktisch bis an den Rand eines Teiles reicht. Dieses Problem tritt häufig beim Anschweißen einer Feder auf, z.B. beim Relaisbau (Bild 5.10). Hier bleibt

Bild 5.10. Laserpunktschweißungen einer etwa 1 mm breiten Feder auf einen Relaisanker.

nur ein Rand von 0,2 mm für den Niederhalter übrig. Weiter ist zu beachten, daß ein Niederhalter, wenn er zu nahe am Schweißpunkt angebracht ist, Wärme aus der Schweißlinse ableitet und damit zu ihrer schnelleren Erstarrung beiträgt. Bei gewissen Materialien, wie beispielsweise hochlegierten Stählen, kann dies zu Erstarrungsrissen führen. Eine Herstellung des Niederhalters aus Kunststoff wird in der Fertigung meist wegen der starken Abnützung nicht möglich sein; ebenso verbietet sich die Verwendung durchsichtiger Materialien (Glas, Quarz, Saphir), da die Berührung mit der Metallschmelze zu Anschmelzungen führt. Der Abstand zwischen Niederhalter und Schweißung sollte möglichst größer als 0,5 mm sein. Wenn dies konstruktiv nicht möglich ist, ist der Niederhalter nadelförmig auszubilden.

Der Bau von Vorrichtungen für das Anschweißen von Drähten mit Durchmessern größer als 0,1 mm bietet normalerweise keine Schwierigkeiten. Anders ist dies jedoch bei abnehmendem Drahtdurchmesser. Bei nicht exaktem Anpressen dieser dünnen Drähtchen, bildet sich meist anstatt einer Verbindung infolge der Oberflächenspannung des schmelzflüssigen Materials eine Schmelzperle an den Drahtenden.

Beim Bohren und Trennen ist in der Unterlage ein freier Raum für den durchtretenden Strahl zu lassen. Bei Bearbeitung von Stoffen, die durch Temperaturschocks Schaden erleiden, ist die Unterlage vorteilhafterweise aus schlecht wärmeleitenden Materialien herzustellen, z.B. aus Keramik, Asbest oder Glas. Bei einer Massenproduktion treten beim Bohr- bzw. Trennprozeß gelegentlich Schwierigkeiten durch Ablagerung verdampfter Materialien im Freischnitt auf. Vor Ablagerung von dampfförmigem Material und flüssigen Tröpfchen sind auch die optischen Teile des Lasers zu schützen. Meist wird ein Schutzglas verwendet. Dies muß jedoch laufend gereinigt bzw. ausgewechselt werden. Besser sind Schutzsysteme mit durchlaufenden Folien; sie haben jedoch den Nachteil, daß sie von größeren Tröpfchen durchschlagen werden können.

5.2.2.4. Abschätzung von Energie- und Leistungsbedarf. Materialbearbeitungen mit Licht schließen immer eine Temperaturerhöhung der zu bearbeitenden Stelle ein. Ganz allgemein läßt sich sagen, daß beim Härten ein Erwärmen, beim Schweißen ein Erwärmen und ein Schmelzen und beim Bohren, Abtragen und Trennen ein Erwärmen, Schmelzen und Verdampfen stattfinden. Für diese Vorgänge kann man folgende Energiebilanz aufstellen:

$$W_A = W_1 + W_2 + W_3 + W_4. \tag{5.8}$$

Dabei ist W_A die absorbierte Energie, W_1 der Energiebedarf zum Erwärmen bis zum Schmelzpunkt, W_2 der Energiebedarf zum Erreichen des flüssigen Zustandes, W_3 der Energiebedarf zum Erreichen des dampfförmigen Zustandes und W_4 der Energieverlust durch Wärmeleitung und Strahlung.

Je nach Bearbeitungsvorgang sind gewisse Summanden gleich Null zu setzen, beispielsweise beim Härten W_2 und W_3 oder beim Schweißen W_3. Eine exakte Berechnung der einzelnen Energieposten ist theoretisch möglich, hilft aber in der Praxis wenig, da die in der vollständigen Theorie verwendeten Materialkonstanten und deren Abhängigkeit von Temperatur und Zeit in der Regel nicht bekannt sind. Außerdem wird meist auch eine überschlagsmäßige Berechnung von Bearbeitungsbeispielen dadurch ungenau, daß auch in erster Näherung sich die endliche Größe der Teile und die Wärmeübergangsgrößen der Schlitze und Spalte bemerkbar machen. So ist beispielsweise trotz der sehr geringen Spaltbreite bei zwei aneinandergesprengten und zusammengepreßten Stücken der Schweißpunkt bis zu 50% tiefer als bei gleichen Laserparametern im Vollmaterial.

Für Abschätzungen können folgende Hinweise gegeben werden:

W_A: Absorbierte Energie: Sie beträgt je nach Wellenlänge, Leistungsdichte und Materialkonstanten 10% bis 100% der Laserenergie. Für Überschlagsrechnungen zur Festlegung der notwendigen Laserenergie sollten nicht mehr als 50% Absorption angesetzt werden.

W_1: Energiebedarf zum Erwärmen bis zum Schmelzpunkt: Bei Impulslängen im Millisekundenbereich ist ein Schweißpunkt – geht man von einer punktförmigen Energiequelle im Brennpunkt aus – ebenso tief wie breit. Über das bekannte Volumen läßt sich also dieser Energieanteil berechnen.

W_2: Energiebedarf zum Erreichen des flüssigen Zustandes: Dieser Energieanteil kann ähnlich wie W_1 über das aufzuschmelzende Volumen ermittelt werden.

W_3: Energiebedarf zum Erreichen des dampfförmigen Zustandes: Beim Bohren und Abtragen ist das abzutragende Volumen bekannt und damit auch die Menge, die in den Dampfzustand übergeführt werden soll. Zu beachten ist, daß meist die spezifische Wärmekapazität im flüssigen Zustand größer als im festen ist; bei Überschlagsrechnungen kann die Abhängigkeit der Wärmekapazität von der Temperatur vernachlässigt werden.

W_4: Energieverluste durch Wärmeleitung und Abstrahlung: Diese Energieverluste hängen von den Stoffkonstanten, den geometrischen Größen des Werkstückes, von der umgebenden Atmosphäre und den Laserdaten ab. Eine qualitative Abschätzung ist nicht möglich.

Anhand zweier Beispiele soll die zum Punktschweißen bzw. zum Bohren notwendige Pulsenergie überschlagsmäßig berechnet werden; für die Energieverluste W_4 werden entsprechende Laborerfahrungswerte eingesetzt:

a) Stumpfnahtschweißpunkt: Zwei Eisenbleche der Dicke 0,5 mm sollen stumpfverschweißt werden. Bei den einzelnen Schweißpunkten soll sich eine Schmelzflußkalotte mit dem Radius von 0,5 mm ausbilden. Für die notwendige Pulsenergie ergibt sich folgender Wert:

$$W_{\text{Laser}} = 2\,W_{\text{A}} = 2\,(W_1 + W_2 + W_4) \approx 2 \cdot (1{,}4\,\text{J} + 0{,}6\,\text{J} + 1\,\text{J}) = 6\,\text{J}.$$

Um eine derartige Stumpfschweißung durchführen zu können, wird ein Impulslaser mit einer Laserimpulsenergie von etwa 6 J benötigt.

b) Bohrung: In ein Eisenblech der Dicke 1 mm soll eine Bohrung von 0,2 mm Durchmesser mit einem Impuls eingebracht werden. Die Abschätzung für die Pulsenergie W_{Laser} ergibt:

$$W_{\text{Laser}} = 2\,W_{\text{A}} = 2\,(W_1 + W_2 + W_3 + W_4)$$
$$\approx 2 \cdot (3{,}3\,\text{J} + 1{,}4\,\text{J} + 34{,}1\,\text{J} + 10\,\text{J}) = 98{,}6\,\text{J}.$$

Um diese Bohrung mit einem Laserpuls herstellen zu können, wird schon ein außerordentlich leistungsstarker Pulslaser benötigt.

5.2.2.5. Abschätzung der Impulsdauer. Neben der Kenntnis der notwendigen Energie ist auch die der Impulsdauer wichtig. Für sogenannte Normalpulse zeigt sich, daß die Bohrtiefe von der Pulslänge abhängt.

Die Geschwindigkeit v, mit der die Oberfläche abgetragen wird, ist durch (5.2) gegeben.

Die gesuchte Impulslänge ergibt sich aus

$$t = \frac{d}{v}\,, \tag{5.9}$$

wobei für d die Dicke des zu durchbohrenden Materials oder die gewünschte Bohrtiefe einzusetzen ist. Dieses einfache Modell liefert Ergebnisse, die in recht brauchbarer Übereinstimmung mit dem Experiment stehen.

Für das Punktschweißen muß zur Bestimmung der notwendigen Impulsdauer die Zeit ermittelt werden, die die Grenzfläche „fest/flüssig" aufgrund der Wärmeleitung benötigt, um die gewünschte Tiefe, meist die Materialdicke, zu erreichen. Dazu ist für einfache geometrische Anordnungen eine Differentialgleichung zweiter Ordnung zu lösen. Für die Aufstellung und die Lösung dieser Differentialgleichungen sei auf [5.11, 5.12] verwiesen.

5.2.2.6. Bearbeitbare Materialien. Prüft man verschiedene Metalle auf ihre Bearbeitbarkeit mit Laser, so erhält man nach dem phänomenologischen Befund folgendes Ergebnis:

Metalle sind um so leichter zu bearbeiten, je geringer ihre Verdampfungsenergien und je schlechter ihre Wärmeleitfähigkeiten sind; d.h. Kupfer, Quecksilber, Gold (gute Wärmeleitung) sowie Wolfram, Iridium, Molybdän (große Verdampfungsenergien) lassen sich nur schlecht bearbeiten, während Zirkon, Titan (schlechte Wärmeleitung) sowie Zink, Blei und Zinn (geringe Verdampfungsenergien) leichter zu bearbeiten sind.

Bei der Bestrahlung von Nichtmetallen sind die physikalischen Prozesse wesentlich komplizierter und die auftretenden Erscheinungen komplexer als bei den Metallen. Ein allgemeines phänomenologisches Ergebnis kann hier nicht angegeben werden.

Mißt man die Bearbeitbarkeit von Metallen an der Durchdringzeit eines 0,5 mm dicken Plättchens, so ergibt sich die in Bild 5.11 dargestellte Abhängigkeit [5.13]. Eine ebenso übersichtliche Zusammenstellung kann für die Schweißbarkeit nicht vorgenommen werden, da hier die Verhältnisse wesentlich komplizierter sind, insbesondere auch dadurch, daß meist verschiedenartige Materialien mit unterschiedlichen Dimensionen verbunden werden müssen.

Bei der Materialbearbeitung mit Laser spielt die Absorption eine entscheidende Rolle. Bei den hohen Leistungsdichten der Laserstrahlung sind jedoch Absorption und Transmission keine intensitätsabhängigen Größen mehr. So nimmt die Absorption von einer gewissen Leistungsdichte an stark zu. Die nichtlinearen Prozesse, die für die erhöhte Absorption maßgebend sind, finden sowohl in der flüssigen Schicht [5.14] als auch in der darüberliegenden dampfförmigen Schicht statt. Da die Leistungsdichte, bei der durch diese nichtlinearen Prozesse eine hohe Absorption erreicht wird, wesentlich höher ist als die zur eigentlichen Bearbeitung notwendige Intensität, ist es günstig, den Bearbeitungsprozeß mit extrem hoher Intensität zu beginnen und dann der Bearbeitung entsprechend zu verringern.

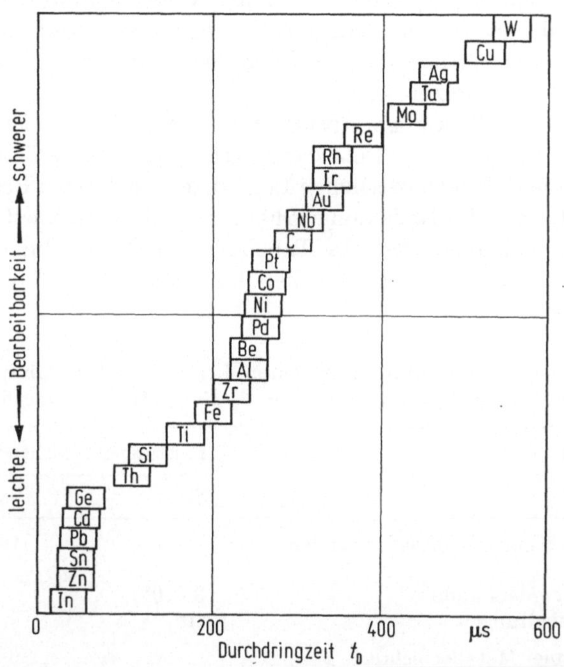

Bild 5.11. Bearbeitbarkeit verschiedener Werkstoffe, geordnet nach Durchdringzeit von Plättchen der Dicke 0,5 mm [5.13].

Am Beispiel des Bohrens von Saphirplättchen mit einem Nd:YAG-Laser wurde der Einfluß einer zeitlichen Intensitätssteuerung auf die Bohrergebnisse studiert [5.14]. Der Absorptionskoeffizient nimmt in der Startphase, deren Dauer mit etwa 0,5 μs angegeben wird, um zwei Zehnerpotenzen zu; damit ist das Saphirplättchen praktisch undurchsichtig für die Nd:YAG-Laserstrahlung geworden. Als Folge davon steigt die Temperatur auf Werte, die weit über der Verdampfungstemperatur liegen. Wie der gemessene Absorptionskoeffizient von 10^3 cm^{-1} zeigt, wird das eingestrahlte Laserlicht vollständig in einer Schicht von etwa 10 μm Dicke absorbiert. Diese Eindringtiefe von etwa 10 μm ist fast unabhängig von der Art des Materials. Die nahezu 100 %ige Absorption ergibt Bohrgeschwindigkeiten zwischen $3\ \mathrm{ms}^{-1}$ und $300\ \mathrm{ms}^{-1}$, die nahezu unabhängig von der Laserleistung sind. Eine höhere Laserintensität macht sich nur in einer höheren Temperatur der Dampfwolke und einem geringfügig größeren Durchmesser des Bohrloches bemerkbar.

Trotzdem ist für den Bohrprozeß die genaue zeitliche Anpassung der zugeführten Laserleistung von größter Bedeutung. Bei zu viel Leistung treten unkontrollierbare Zerstörungen (lokale Überhitzung, Auswurf flüssiger oder gar fester Teilchen, lokale Explosionen) auf, bei zu wenig Leistung bleibt das Volumenelement zu lange flüssig, und durch Wärmeleitung tritt eine Aufheizung der Umgebung ein, wodurch ein größeres Volumen aufgeschmolzen wird.

Die für die vollständige Absorption notwendigen Leistungsdichten werden z. Z. nur von den Pulslasern erzielt. Kontinuierliche Laser besitzen noch nicht die erforderlichen Leistungen, so daß bei Bearbeitungen mit diesen Lasern die Reflexionsverluste und die Wärmeleitung die entscheidenden Rollen spielen. In Tabelle 5.8 sind für einige technische Lasermaterialbearbeitungen die benötigten Leistungsflußdichten zusammengestellt.

Tabelle 5.8. Benötigte Leistungsflußdichten bei technischen Laseranwendungen (S_I mittlere Impulsleistungsflußdichte, S_D Dauerstrichleistungsflußdichte)

Einsatzgebiet	Leistungsflußdichte in W/cm²	
	S_I	S_D
Wendeln von Kohleschichtwiderständen		10^6
Abgleichen		
Dickschichtwiderstände	$3 \cdot 10^5$	
Dünnfilmschaltungen	10^8	
Abtragen dünner Metallschichten auf Kunststoffolien		$5 \cdot 10^5$
Schweißen		
kleiner Metallgehäuse	10^5	
von Glasgehäusen		10^3 bis 10^4
Schneiden		
Plexiglas		10^5
Keramik	10^6	
Metalle (mit Gaszufuhr)		$\approx 10^5$ bis 10^6
Bohren von Keramik		
$100\ \mu\mathrm{m} < \varnothing < 300\ \mu\mathrm{m}$	10^7	
$\varnothing < 100\ \mu\mathrm{m}$	10^6	
Abisolieren von Kabeln (Teflon)		10^4

5.3. Laserschweißen

5.3.1. Einleitung

Grundsätzlich lassen sich Schweißungen in 3 Kategorien einteilen, in
punktförmige, nahtförmige und flächenhafte Schweißungen, wobei unter
flächenhaften Schweißungen beispielsweise das Plattieren von Blechen
und das Zusammenschweißen von Bolzen oder Schienen großen Durchmessers verstanden werden sollen. Mittels Laser lassen sich nur die ersten
beiden Schweißarten durchführen. Diese Begrenzung ist ausschließlich in
der geringen zur Verfügung stehenden Leistung bzw. Energie begründet.

Für Punktschweißungen eignen sich in den meisten Fällen vorzugsweise gepulste Laser, während Nahtschweißungen mit Lasern im Puls-
oder Dauerstrichbetrieb durchgeführt werden können. Mit Dauerstrichlasern können „echte" Nahtschweißungen durchgeführt werden, also
Schweißungen, bei denen ein Schmelzbad entlang der zu verbindenden
Linie geführt wird (Bild 5.12). Mit Pulslasern lassen sich dagegen nur
sogenannte Überlappunktschweißnähte herstellen; die Schweißpunkte

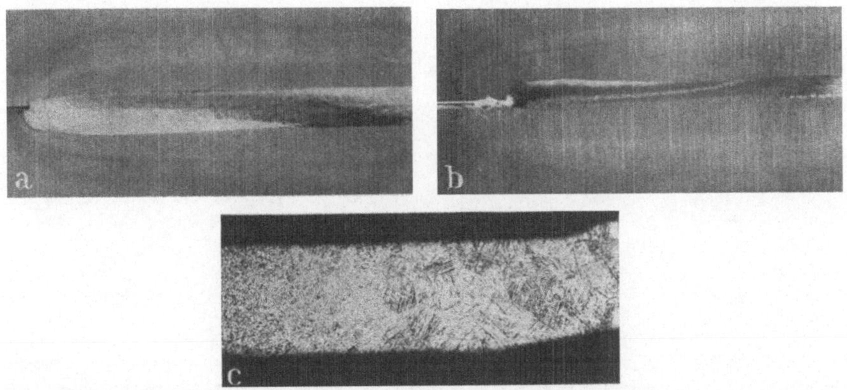

Bild 5.12. Titanblech, mit CO_2-Dauerstrichlaser geschweißt. Materialdicke 0,5 mm, Laserleistung
250 W. a) Vorderseite; b) Rückseite; c) Querschliff (Werkbild Batelle-Institut).

werden also überlappend angeordnet, wobei die Schmelze des vorher-
gehenden Schweißpunktes bereits erstarrt ist, wenn der folgende Impuls
den nächsten Schweißpunkt schweißt.

Prinzipiell läßt sich eine „echte" Naht auch mit pulsförmig zugeführ-
ter Energie herstellen. Um eine Erstarrung des Schmelzpunktes jedoch
zu verhindern, darf die Pulspause nicht wesentlich länger als 1 ms sein,
wie Untersuchungen mittels Elektronenstrahls ergeben haben. Die
maximale Pulspause hängt in erster Linie von der Wärmeleitungskon-

stante der zu verschweißenden Stoffe ab, bei Gold und Kupfer wird daher die Zeit wesentlich geringer als bei Titan oder V2A-Stahl sein. Die für „echte" Nahtschweißungen notwendigen Impulsfolgefrequenzen von der Größenordnung 1 kHz lassen sich mit den für Schweißungen notwendigen Leistungen z. Z. noch nicht mit Lasern erzielen.

Aufgrund des breiten Wellenlängespektrums der heute vorhandenen technischen Lasersysteme lassen sich Metalle und Nichtmetalle schweißen. Die Schweißbarkeit schwer oder nicht schweißbarer Stoffe kann durch das Schweißen mit Laserlicht bzw. -strahlung allerdings nur wenig verbessert werden. Die rasche Erstarrung führt bei Metallen leicht zu dendritischen Gefügestrukturen, was nicht selten zu Rissen Anlaß gibt.

5.3.2. Laserwahl und Werkstückanordnungen

Dünne Drähte und Bleche können in den verschiedensten Anordnungen zusammengefügt werden. In Bild 5.13a sind 4 Beispiele für Drähte ausgewählt. Der Überlappstoß ist schweißtechnisch am günstigsten, da

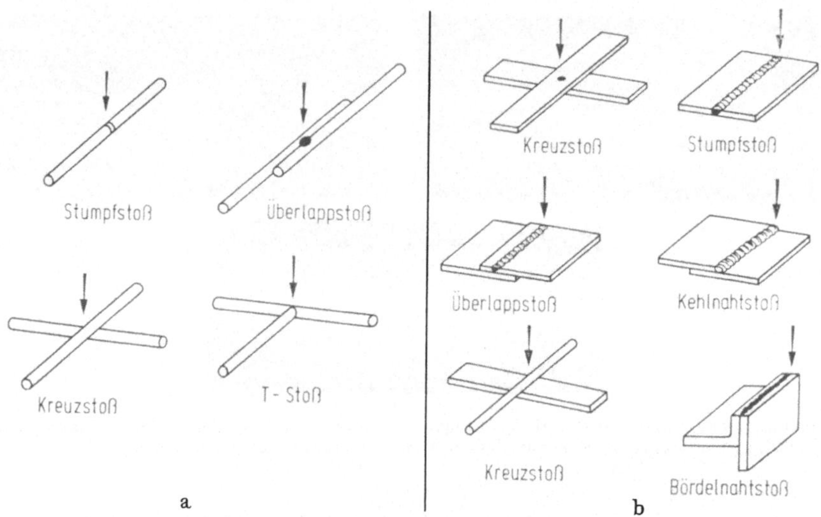

Bild 5.13. Schweißanordnungen (schematisch). a) Drähte; b) Blechstücke.

durch die stärkere Ausdehnung am Schweißpunkt die Drähte zusammengepreßt werden [5.15]. Beim Überlappstoß sind die Anforderungen an die Genauigkeit der Laserstrahlpositionierung geringer als beim Stumpf- oder T-Stoß, wo die genaue Ausrichtung einen erhöhten vorrichtungstechnischen Aufwand verlangt. Bei allen drei Verfahren lassen sich auch unterschiedliche Materialstärken verbinden, am schwierigsten jedoch bei der T-Schweißung. Bei dickeren Drähten ($>0,3$ mm Durchmesser) ist beim T-Stoß seitlich in die Kehle zu schweißen, sonst möglichst senkrecht von der Seite des dünneren Drahtes her. Bei sehr dünnen Drähten ($\leq 0,1$ mm) ist beim T-Stoß die Einstellung der Impulsenergie kritisch; bereits eine geringe Überschreitung der optimalen Leistung ($>20\%$) führt zum Durchtrennen der Drähte.

Bild 5.13b zeigt übliche Schweißanordnungen für dünne Bleche. Voraussetzung für das Gelingen dieser Punkt- oder Nahtschweißungen ist eine gute Nahtvorbereitung; der Schweißspalt soll möglichst kleiner als 1/10 der Schweißnahttiefe sein. Am leichtesten sind die Stumpfstoß-, die Kehlnahtstoß- und die Bördelnahtstoßverbindungen zu schweißen, da hier zum Verbinden nicht zuerst ein Teil von der Schmelze durchdrungen werden muß.

Für Punktschweißungen werden fast ausschließlich gepulste Festkörperlaser eingesetzt, denn nur diese Lasertypen sind in der Lage, die notwendigen Pulsenergien (1 J bis 20 J und mehr) bei relativ kurzen Impulsen (1 ms bis 10 ms) zu erzeugen. Außerdem werden Punktschweißungen fast ausschließlich bei Metallen benötigt, für die Festkörperlaser aufgrund der Absorptionsverhältnisse besser geeignet sind als die bei längeren Wellen emittierenden CO_2-Laser.

Die Herstellung von Nahtschweißungen mit gepulsten Festkörperlasern ist in der Regel unwirtschaftlich, da die Impulsfolgefrequenzen und damit die Schweißgeschwindigkeit zu niedrig sind. Für eine wirtschaftliche Herstellung von Nahtschweißungen sind Dauerstrichlaser hoher Leistungen vorzuziehen.

5.3.3. Beispiele von Schweißungen

Beim Laserschweißen ist die Ermittlung der optimalen Parameter besonders wichtig. Neben der Impulslänge bzw. Dauerleistung ist vor allem die Fokussierung, d.h. der Arbeitsabstand, entscheidend für das Schweißergebnis. Günstig ist es, die Parameter, wie in Bild 5.14, graphisch darzustellen [5.16]. Mittels solcher oder ähnlicher Darstellungen kann dann leicht der optimale Bereich festgestellt werden. Außerdem ist dann zu überblicken, wie kritisch die Einstellungen im Hinblick auf reproduzierbare Schweißergebnisse sind.

5.3.3.1. Glasschweißen. Der Schweißvorgang an Silikatglas mit einem CO_2-Dauerstrichlaser von 180 W Ausgangsleistung wurde von Siekmann und Moriju [5.17] genau untersucht. Die Ergebnisse dürften sich qualitativ jedoch auch auf das Keramik- und Metallschweißen übertragen lassen. Der Schweißvorgang ist dem beim Elektronennahtschweißen

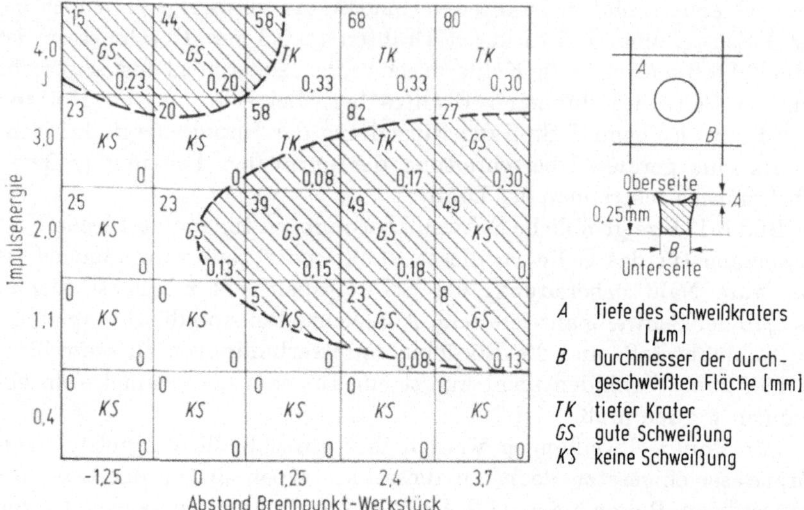

Bild 5.14. Schema zur Ermittlung optimaler Schweißbedingungen [5.16]. Abstand Brennpunkt-Werkstück in mm.

ähnlich. Zunächst wird ein enges tiefes Loch erzeugt, wobei sich durch den hohen Dampfdruck im Lochinnern eine schmelzflüssige Oberfläche der Zylinderwand ausbildet. Durch Bewegen des Werkstückes relativ zum Strahl wird nun das „Loch" entlang der gewünschten Naht geführt. An der Vorderseite schmilzt stetig neues Material auf, an der Rückseite erstarrt es. Durch die gleichförmige Vorschubbewegung können durch Reflexion des Laserlichtes an der Wand säbelförmige „Löcher" oder Erstarrungsfronten auftreten. In Bild 5.15 sind derartige „Löcher" für verschiedene Schweißgeschwindigkeiten skizziert.

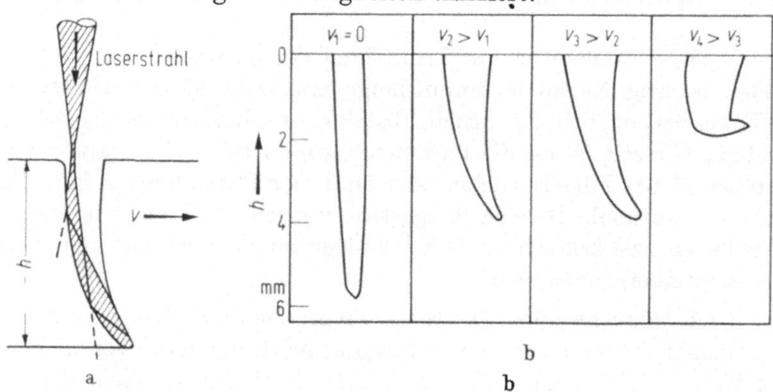

Bild 5.15. Schematische Darstellung der Ausbildung des Dampfkanals beim Nahtschweißen [5.17]. a) Prinzip (h Schweißnahttiefe, v Geschwindigkeit des Werkstücks); b) Form des Dampfkanals in Abhängigkeit von der Schweißgeschwindigkeit (nach rechts zunehmende Geschwindigkeit).

Die erreichte Schweißtiefe hängt von der Laserleistung und von der Schweißgeschwindigkeit ab (Bild 5.16). Die Konstanz der Schweißtiefe wird von der Konstanz der Laserleistung, des Vorschubs und auch von der Materialgleichmäßigkeit bestimmt.

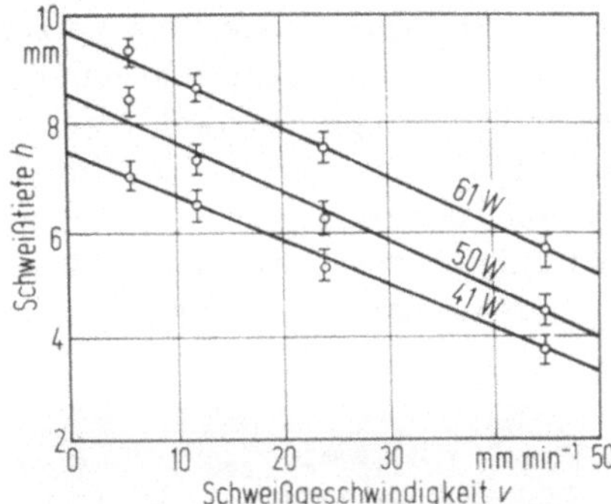

Bild 5.16. Schweißtiefe in Abhängigkeit von der Schweißgeschwindigkeit und der Laserleistung.

5.3.3.2. Punktschweißungen an gedruckten Schaltungen. Für Punktschweißungen an gedruckten Schaltungen, sei es die Reparatur von unterbrochenen Leiterbahnen oder das Anschweißen von Bauelementen bzw. Bausteinen, eröffnet sich dem Laser ein weites Anwendungsgebiet. Günstig für den Lasereinsatz sind flache, bändchenförmige Anschlußelemente, da sich mit ihnen ein sattes spaltloses Aufliegen leichter ermöglichen läßt (Bild 5.17). Als günstigste Schweißformen haben sich die

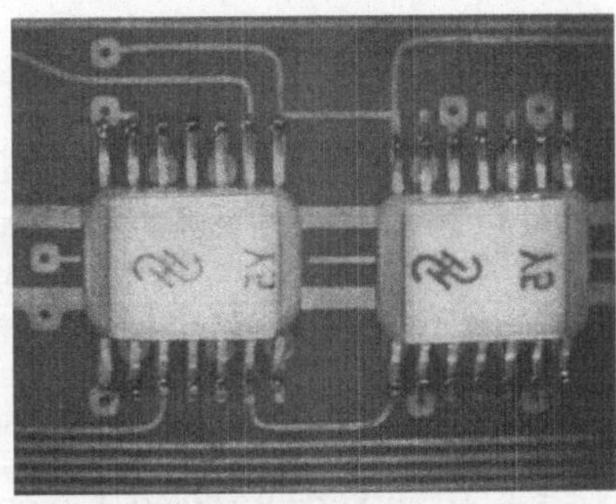

Bild 5.17. Mit Laserpulsen (Festkörperlaser) angeschweißte integrierte Schaltkreise.

Überlapp- oder Kehlnahtschweißungen bewährt. Kritisch einzustellen sind jedoch bei all diesen Schweißungen auf gedruckten Schaltungen die Leistungsdichte und die Impulslänge. Ist die Leistungsdichte zu hoch, entsteht – wie schon erwähnt – ein Dampfloch, das hindurchdringende Laserlicht verkohlt dann das Trägermaterial (z.B. glasfaserverstärktes Epoxidharz) und verhindert eine gute Schweißung. Bei zu langer Impulsdauer kann sich die Cu-Kaschierung vom Substrat ablösen; auch dies führt zu fehlerhaften Schweißungen. Normalerweise ist eine Goldauflage der Cu-Kaschierung nicht notwendig, denn das Cu der Kaschierung läßt sich bei nicht zu stark oxidierter Oberfläche gut verschweißen. Ist die Oxydation unvermeidbar, ist als Schutzoberfläche Nickel aufgrund der besseren Absorption dem Gold vorzuziehen.

Ein Vorteil der Laserschweißung ist es, daß die Anschlußelemente mit der Isolierung verschweißt werden können. Bild 5.18 zeigt lackierte Kupferdrähte, die mittels Laserimpulsen auf die Leiterbahnen einer gedruckten Schaltung geschweißt wurden. Der Durchmesser des Kupferlackdrahtes beträgt 70 µm, die Breite der Kupferleiterbahn 1 mm und der Durchmesser des Schweißpunktes 0,5 mm. Die Laserschweißung

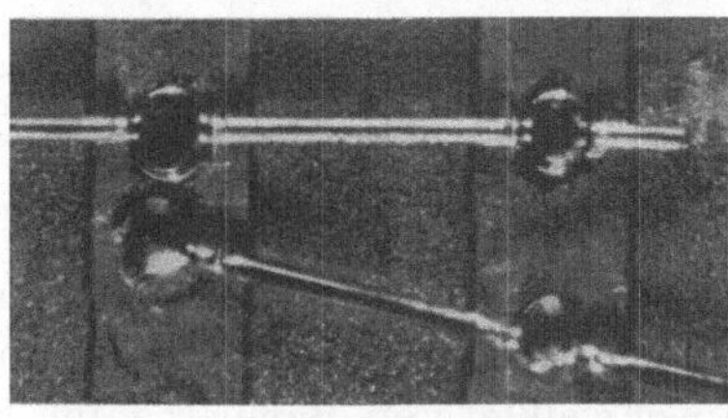

Bild 5.18. Schweißung von Cu-Lackdrähten (70 µm ∅) auf Leiterbahnen von gedruckten Schaltungen.

geschah ohne Entfernung der Isolierung. Die Voraussetzung für eine derartige Schweißung ist ein guter Kontakt zwischen Draht und Leiterbahn.

Das Hauptproblem beim Anschweißen der Kupferlackdrähte ist die Konstanz der Laserausgangsenergie. Da der Draht nur eine Berührungslinie mit der Unterlage hat, ist die Laserenergieeinstellung kritisch. Bei zu großen Energien wird der Draht abgetrennt und evtl. die Unterlage zerstört. Das Anschweißen von 70 µm dicken Kupferlackdrähten auf Leiterbahnen gedruckter Schaltungen konnte mit einer Laserimpulsenergie von 0,85 J, einer Impulslänge von 2,5 ms und einer Energieschwankung, die kleiner als 3% war, reproduzierbar durchgeführt werden. Die Reproduzierbarkeit der Schweißung hängt allerdings auch von der genauen Einhaltung des Arbeitsabstandes ab.

5.3.3.3. Drahtverschweißen. Cohen und Mitarbeiter [5.18], die vor der Aufgabe standen, die bei einem Drahtspeicher für elektronische Rechenanlagen anfallende große Anzahl von Schweißpunkten herzustellen, haben das Verschweißen von dünnen Drähten eingehend untersucht. Zu verschweißen waren 0,13 mm dicke mit Permalloy plattierte CuBe-Drähte im Abstand von nur 0,5 mm. Die enge Anordnung der Drähte bietet für das Laserpulsschweißen keine zusätzlichen Schwierigkeiten, da ja die Schweißung berührungslos erfolgt.

Einwandfreie, relativ unkritische Schweißungen ergaben sich bei
einer Halterung der Drähte in einer 60°-Überkreuzung. Für eine gute
Reproduzierbarkeit werden eine Energieschwankung von ± 15% und
eine Toleranz der Impulsdauer von ± 1 ms bei einer Dauer von 4 ms
zugelassen.

5.3.3.4. Anschweißen dünner metallischer Federn. In Bild 5.10 ist die
Schweißung einer 0,1 mm dicken Stahlfeder auf einen Relaisanker aus
Magnetweicheisen dargestellt. Das Material der Feder ist ein hoch-
legierter Federstahl, der Weicheisenanker (1 mm dick) ist mit Molybdän
plattiert und vergoldet.

Die ersten Schweißungen an dieser Materialkombination mit einem
Rubinlaser (Impulsdauer 2 ms) zeigten tiefe Risse, die von einem Loch
in der Mitte des Schweißpunktes ausgingen. Die Untersuchungen ergaben, daß der Niederhalter zu nahe am Schweißpunkt angebracht war;
die Feder riß bei der zu schnellen Abkühlung. Da neben der Schweiß-
stelle aber nur 2/10 mm Platz zur Verfügung standen, mußte der Niederhalter aus schlecht wärmeleitendem Material, aus Kunststoff, gefertigt
werden. Weiterhin zeigte sich, daß auch am Laserobjektiv Änderungen
vorgenommen werden mußten. Es erzeugte in der Mitte des Brennpunktes eine hohe Leistungsspitze, die für das oben erwähnte Loch verantwortlich war.

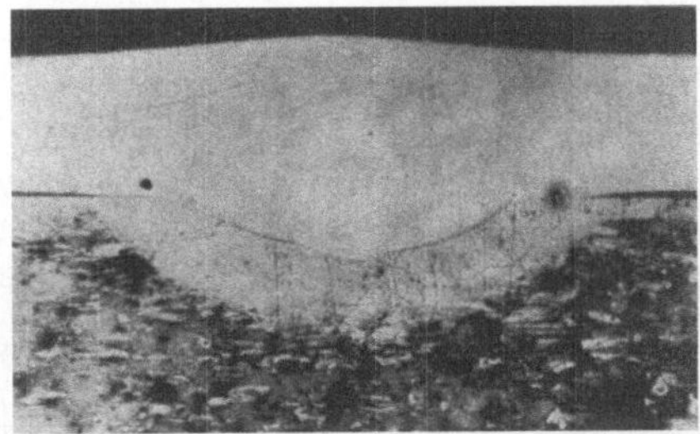

Bild 5.19. Querschliff der in
Bild 5.10 gezeigten Feder-
schweißung.

Durch Änderung des Linsensystems und Defokussierung um 20 mm –
bei einer Brennweite des Systems von 150 mm – konnte die notwendige
gleichmäßige Energieverteilung über den Schweißquerschnitt erreicht
werden. Die besten Ergebnisse wurden mit einer trapezförmigen Verteilung mit relativ steilen Kanten erzielt. Dann noch verbleibende kleine
Haarrisse konnten erst durch Verlängerung des Laserimpulses auf 6 ms
mit anschließendem abfallendem Ast von etwa 4 ms gänzlich vermieden
werden (Bild 5.19).

Bei diesem Beispiel sind die Forderungen an den Laserimpuls extrem,
da einerseits, um die Molybdänschicht aufzuschmelzen, eine relativ
große Pulsenergie benötigt wird, andererseits aber bei zu hoher Puls-

energie Schweißspritzer auftreten, die absolut vermieden werden müssen. Bei den Untersuchungen stellte es sich heraus, daß nur eine schmale Energiebreite für gute Schweißungen zulässig ist. So mußte die Laserimpulsenergie von 1,85 J auf ± 2 % konstant gehalten werden, um gleichmäßige Ergebnisse zu erzielen. Durch diese geringe Energieschwankung konnten auch verhältnismäßig geringe Festigkeitsschwankungen erreicht werden. Sie liegen in der Größenordnung von ± 5 %, also unterhalb der Schwankungen, wie sie beim Widerstandspunktschweißen üblich sind.

5.4. Trennen

5.4.1. Einleitung

Die Auswahl an leistungsstarken Lasern, wie sie zum wirtschaftlichen Trennen erforderlich sind, ist begrenzt. Es stehen nur Nd:YAG- ($\lambda = 1{,}06\,\mu$m) und CO_2-Laser ($\lambda = 10{,}6\,\mu$m) zur Verfügung. Da mit steigender Temperatur die Absorption langwelliger Strahlung stark zunimmt und außerdem bei oxydierbaren Stoffen bei Luft- oder Sauerstoffzufuhr die chemische Reaktionsenergie wesentlich zur Aufheizung beiträgt, können auch Metalle mit CO_2-Laserstrahlung geschnitten werden.

5.4.2. Trennen von Glas und Keramik

Das Trennen von Glas und Keramik mittels Laserstrahlung kann in 3 Verfahren unterteilt werden: Das erste Verfahren ist eine Art „Gasschneideverfahren". Mit Hilfe eines zusätzlichen Gasstrahls wird der vom Laserstrahl verflüssigte Werkstoff weggeblasen. Das zweite Verfahren kann mit dem Ausdruck „Thermischer Schock" beschrieben werden. Ein kurzzeitiges oberflächliches Erhitzen von plättchenförmigen Werkstoffen erzeugt hierbei so große Spannungen, daß das Material bricht. Das dritte Verfahren arbeitet nach der Art der „Perforation". Laserimpulse perforieren entlang der Trennlinie, so daß an der Perforationslinie gebrochen werden kann.

    5.4.2.1. Gasschneideverfahren. Der Laserstrahl wird auf das Werkstück fokussiert und schmilzt es an der getroffenen Stelle auf. Gleichzeitig wird mit einem Gasstrahl, der mittels einer Düse konzentrisch zum Laserstrahl auf die Laserfokusstelle gerichtet wird, das geschmolzene Material weggeblasen. Als Gas dient für Glas und Keramik meist Stickstoff. Die nicht vom Laserlicht getroffenen Kanten des Werkstücks werden vom Gas gekühlt, so daß scharfe, thermisch wenig beeinflußte Schnittkanten entstehen. Der Nachteil des Verfahrens ist, daß bei nicht optimaler Einstellung des Gasdruckes oder nicht genauer Justierung der Laserstrahlachse in die Achse der Düse Aufwurfkanten an der Ober- und Unterseite des zu schneidenden Werkstoffes entstehen.

Typische Schnittgeschwindigkeiten sind für 250-W-CO_2-Laserstrahlung für 1 mm dicke Plättchen aus Keramik (99,9 % Al_2O_3) oder Hartglas 20 mm s^{-1} bis 30 mm s^{-1}. Die Schnittbreite beträgt etwa 0,3 mm.

5.4.2.2. Thermischer Schock. Das Schneideverfahren „Thermischer Schock" ist ein Verfahren, bei dem durch engbegrenzte Bestrahlung, also durch oberflächliche Aufheizung bzw. Abkühlung, so starke Spannungsfelder erzeugt werden, daß der Werkstoff längs dieser Felder bricht. Das Trennverfahren kann in zwei Gruppen eingeteilt werden:

a) Oberflächenaufschmelzen

Durch Fokussierung von Laserlicht der Leistung von typischerweise 10 W auf 0,6 mm bis 0,2 mm Durchmesser und Bewegen des Werkstückes entsteht eine oberflächliche Schmelzspur mit in der Regel kleinen oberflächlichen Rissen. Das Werkstück reißt entweder von selbst während des Erkaltens oder kann anschließend über eine scharfe Kante entlang der Schmelzspur gebrochen werden. Die Bruchkante zeigt, besonders bei Glas, meist an der Strahlauftreffseite kleine hervorstehende Zacken, die noch nachgearbeitet werden müssen. Die mit diesem Verfahren erzielten Leistungen sind in Bild 5.20 zusammengestellt. Eine

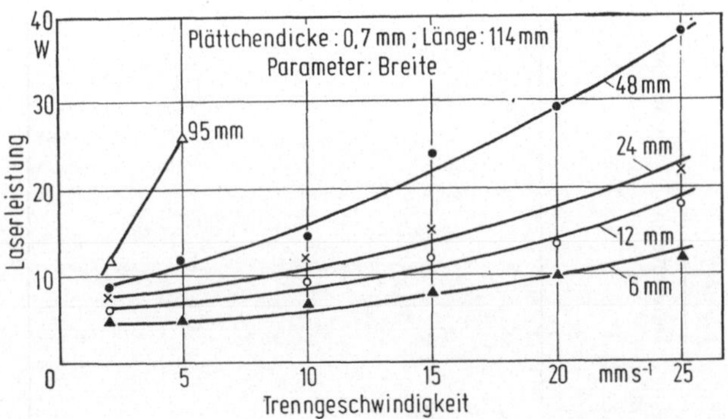

Bild 5.20. Trennen von Al_2O_3-(99 %-)Plättchen nach dem Verfahren „Thermischer Schock" [5.35].

Eigenschaft dieses Trennverfahrens ist, daß die notwendige Laserleistung bei gegebener Schneidgeschwindigkeit von der Breite des zu trennenden Werkstoffes abhängt. Je breiter er ist, desto höher ist die notwendige Laserleistung zum Aufschmelzen. Wie zu erwarten, hängt auch die Schneidgeschwindigkeit von der Laserleistung ab; sie steigt jedoch

Tabelle 5.9. Typische Schnittgeschwindigkeiten der Laserschneidverfahren Oberflächenaufschmelzen, Oberflächenerhitzen und Perforation

Werkstoff	Dicke in mm	Laser		Dauerstrich bzw. Impulsleistung in W	Fokus- durchmesser in mm	Schnittart	Geschwindig- keit in mm/s
		Dauerstrich	gepulst				
Keramik (99% Al_2O_3)	0,4	×		10	0,3	Oberflächen- aufschmelzen	5
Keramik (99% Al_2O_3)	1,0	×		30	0,3	Oberflächen- aufschmelzen	5
Keramik (99% Al_2O_3)	1,0	×		100	0,3	Oberflächen- aufschmelzen	34
Keramik (99% Al_2O_3)	0,6	×		9	1	Oberflächen- erhitzen	10
Glas (BK 7)	1,0	×		12	1	Oberflächen- erhitzen	12
Keramik (99% Al_2O_3)	0,7		×	45	0,2	Perforation	40
Corning-Glas Typ 7059	0,6		×	23	0,2	Perforation	40
Hartglas	1,2		×	30	0,2	Perforation	40

überproportional zur Leistung an. Ebenso benötigt man bei gleicher Schnittgeschwindigkeit mit zunehmender Dicke höhere Laserleistung. Typische Werte sind in Tabelle 5.9 angegeben.

b) Oberflächenerhitzen

Wird der Laserfokusdurchmesser vergrößert, beispielsweise auf 1 mm bis 2 mm, so reicht eine Laserleistung von etwa 10 W bei Vorschubgeschwindigkeiten von etwa 10 mm s^{-1} nicht mehr aus, um die Oberfläche bei Glas und Keramik aufzuschmelzen. Doch durch die beim Abkühlen entstehenden Spannungen bricht der Werkstoff, und der Schnitt erfolgt vom Strahlmittelpunkt tangential zur Vorschubrichtung. Eine Beschädigung der Oberfläche ist nicht zu erkennen; man sieht nur den Schnitt, der vom Mittelpunkt der Laserauftreffstelle ausgeht. Typische Ergebnisse für dieses Verfahren enthält Tabelle 5.9.

5.4.2.3. Perforation. Die Verfahren „Laser-Gasschneiden" und „Thermischer Schock" bedingen einen Laser im Dauerstrichbetrieb. Im Gegensatz dazu wird beim Verfahren „Perforation" ein gepulster Laser eingesetzt. Wird der CO_2-Laser elektronisch über seine Gasentladung gepulst, so steigt bei kürzeren Pulsen (z. B. bei 1 ms Pulslänge) durch den Einfluß der Gastemperatur auf die Laserleistung die Impulsleistung über die Dauerstrichleistung. Sie kann den doppelten bis vierfachen Wert erreichen; die mittlere Dauerleistung sinkt dagegen entsprechend dem Tastverhältnis ab.

Durch Fokussierung eines etwa 20 mm breiten, ungebündelten CO_2-Laserstrahls auf 0,1 mm Durchmesser erreicht man mit Impulsleistungen von beispielsweise 200 W Leistungsdichten von $3 \cdot 10^4$ W cm^{-2}. Diese Leistungsdichten reichen aus, um Glas und Keramik zu verdampfen und Löcher zu erzeugen. Bei etwas niedrigeren Leistungsdichten entsteht zunächst auch ein Dampfloch, so daß tiefer in den Werkstoff hinein aufgeschmolzen wird als von der Wärmeleitung her zu erwarten wäre. Nach Ende des Laserimpulses wird das relativ dünne Dampfloch wieder durch das es umgebende flüssige Material zugedeckt. Es entstehen also je nach Leistungsdichte Löcher oder erstarrte Kegel. Je nach der Bruchfreudigkeit des Werkstoffes müssen die Löcher oder Kegel mehr oder weniger tief in das Plättchen hineinragen. Außerdem kann über die Loch- oder Kegeldichte die Bruchfreudigkeit gesteuert werden.

Typische Ergebnisse für dieses Trennverfahren sind ebenfalls in Tabelle 5.9 zusammengestellt.

5.4.3. Trennen von Metallen

Trennen von Metallen ist nur nach der Methode „Gasschneiden" möglich.
Als Schneidgas, das durch die Düse auf die Bearbeitungsstelle geblasen
wird, wählt man vorteilhafterweise Luft oder reinen Sauerstoff, da durch
die exotherme Reaktion der Oxidation entweder die Schneidgeschwindigkeit oder die maximale Schneidtiefe wesentlich vergrößert werden
kann. Die Anordnung der Gasdüse und der Gasdruck sind entscheidend
für die Qualität der Trennfuge. Es ergeben sich optimale Bearbeitungs-
werte, wenn der Düsendurchmesser ungefähr gleich groß oder etwas
größer ist als der Abstand der Düse von der Werkstückoberfläche [5.19].
Der notwendige Gasdruck soll für Metall 2 bar bis 5 bar betragen; bei
Bohr- und Schneidvorgängen in Keramik werden bis zu 15 bar benötigt.
Bei optimaler Einstellung von Gasdruck, Laserleistung und Vorschub
sind die Trennfugenflächen nahezu parallel; sie kann jedoch bei zu
hohem Vorschub leicht konisch werden.

Die mit diesem Verfahren erzielten Trennfugen sind wesentlich
schmaler als die mit dem konventionellen Gas- oder Plasmaschneiden
hergestellten Fugen; sie sind nur etwa 50 % größer als der Strahldurchmesser auf der Werkstückoberfläche, der meist der minimale Strahldurchmesser ist. Bei CO_2-Lasern beträgt die Breite der Trennfugen
typischerweise 0,5 mm bis 1 mm.

Sullivan und Houldcraft [5.19] erreichten mit gepulsten CO_2-Lasern
(Impulsfolgefrequenz 100 Hz, zeitlich gemittelte Leistung 300 W) bei
Kohlenstoff-, Werkzeug- und Edelstählen eine Schnittbreite von nur
0,5 mm; dabei waren die Schnittgeschwindigkeit 17 mm min^{-1} und die
Schnittiefe 2,5 mm. Trotz der relativ langsamen Schnittgeschwindigkeit
war die wärmebeeinflußte Zone sehr schmal, sie betrug nur 75 µm. Die
Oberfläche der Schnitte war glatt und vollkommen rißfrei. Titan und
gewisse Legierungen, wie Nimonics, lassen sich wesentlich schneller
schneiden als Stähle; die Schnittfugen sind bei diesen Materialien wesentlich breiter [5.20]. Sehr gut reflektierende Materialien, beispielsweise
Gold oder blankes Kupfer, können bei Materialstärken von 1 mm mit
CO_2-Laserleistungen bis zu 500 W auch mit reinem Sauerstoff nicht geschnitten werden. Für diese Materialien sind Laserleistungen im Kilowattbereich notwendig.

5.4.4. Schneiden und Prägen von Papier

Bei der Papier- und Pappeherstellung ist das Schneiden des Rohprodukts
ein bis heute noch nicht ideal gelöstes Problem. Mit mechanischen
Messern werden zwar die notwendigen hohen Schnittgeschwindigkeiten

von 650 m min^{-1} bis 2000 m min^{-1} erreicht, die Standzeit der Messer ist jedoch gering.

Schneidversuche mit CO_2-Lasern zeigten, daß Laserschnitte gegenüber den mechanischen Schnitten eine höhere Qualität der Schnittkante aufweisen, da das Material „verdampft" wurde und keine Fasern gezogen werden. Bei Kunststoffpapieren kann sich sogar eine erhöhte Festigkeit des Randes ergeben, da die Fasern an der Schnittkante verschmolzen werden [5.21]. Mit einem 250-W-CO_2-Laser konnten auch bei dünnen Papieren nicht die Trenngeschwindigkeiten der mechanischen Messer erreicht werden; es wurden maximal 200 m min^{-1} erzielt.

Bei den Versuchen zeigte sich, daß der Leistungsbedarf überproportional zur Dicke des Papiers und zu der Schneidgeschwindigkeit anwächst.

Um Kartonpappe auszuschneiden und um die Falzkanten zu prägen, werden in der Kartonagenindustrie sogenannte Bandstahlschnittwerkzeuge benutzt. Diese Werkzeuge bestehen aus einem dicken Holzbrett, in welches entsprechend der benötigten Konfiguration parallelwandige Schlitze geschnitten und Bandstahlstücke gesteckt werden. Diese Schlitze im Holzbrett lassen sich leicht mit Dauerstrichlasern herstellen. In Großbetrieben mit großem Typenwechsel, also großem Werkzeugwechsel, haben sich die Laser schon durchgesetzt [5.22]. In der Regel sind die Schlitze 0,75 mm breit und etwa 50 mm tief. Der Laserschnitt erfolgt wie beim „Gasschneideverfahren" mit einer zur Strahlachse konzentrischen Düse. Als Gase sind hier nichtbrennbare Gase, z.B. Stickstoff, zu verwenden. Die Führung der Holzplatte oder evtl. des Laserstrahls geschieht meist durch numerische Steuerungen.

5.4.5. Schneiden von Kunststoffen

Eine technisch genutzte Anwendung des Lasertrennens von Kunststoffen ist das Abisolieren von Kabeln, insbesondere von Flachband- und Koaxialkabeln mit CO_2-Gaslaser. Hierbei wird die Eigenschaft ausgenützt, daß bei Zimmertemperatur Metalle die Infrarotstrahlung des CO_2-Lasers fast vollständig reflektieren, dagegen die Isolation (Kunststoffe, wie Teflon, PVC) diese Strahlung gut absorbiert. Die Kunststoffe werden durch die hohe Leistungsdichte depolymerisiert, und da diese Zersetzungsprodukte gasförmig oder flüssig sind, können sie leicht weggeblasen werden. Beim Laserabisolieren werden die metallischen Leiter nicht wie bei den konventionellen Verfahren des Abisolierens mit Messern mechanisch beschädigt.

Bei Teflonflachbandkabeln erreicht man mit 50 W Laserleistung im Dauerstrich eine Schnittgeschwindigkeit von etwa 20 mm s^{-1}. Durch geeignete Ausbildung einer metallischen Bodenplatte läßt sich erreichen, daß auch im Schatten der Drähte die Isolation verdampft, die Isolation also in einem Durchgang vollständig getrennt wird. Nur bei flachen Leitern, beispielsweise metallischen Bändern von mehreren Millimetern Breite, reicht die Intensität der Reflexionsstrahlung zur Depolymerisation nicht mehr aus. Bei diesen Kabeltypen muß dann von der Vorder- und Rückseite abisoliert werden.

5.5. Bohren und Abtragen

5.5.1. Einleitung

Bohren und Abtragen sind Laserbearbeitungen, bei denen die Leistungsdichte am Bearbeitungsort so hoch gewählt werden muß, daß das getroffene Material so rasch wie möglich verdampft. Es wird zweckmäßigerweise mit gepulsten Lasern gearbeitet, damit infolge eines großen Temperaturgradienten kein oder nur wenig schmelzflüssiges Material entsteht. Der Unterschied zwischen Bohren und Abtragen besteht darin, daß beim Bohren das Werkstück ganz durchbohrt wird, während beim Abtragen nur dünne Schichten punkt-, naht- oder flächenförmig so von einem Substrat entfernt werden, daß das Substrat nicht beschädigt wird. Beim Abtragen werden gegenüber dem Bohren entsprechend der normalerweise wesentlich geringeren Schichtdicke kürzere Impulslängen benötigt.

5.5.2. Bohren

5.5.2.1. Grundsätzliches. Beim Bohren wird das erhitzte Material in festem, flüssigem bzw. gasförmigem Zustand mit sehr hoher Geschwindigkeit aus dem Bohrkanal ausgestoßen. Vor diesen Dämpfen und Tröpfchen sind die optischen Teile des Lasersystems zu schützen. Am besten geschieht dies mit einem Schutzglas oder einer Schutzfolie. Als wirksam hat sich auch ein starker Gasstrahl erwiesen, der mittels einer konzentrisch zum Laserstrahl angeordneten Düse auf den zu bearbeitenden Punkt gerichtet wird. Insbesondere beim Bohren mit längeren Laserpulsen, z. B. beim Bohren von Keramiksubstraten mit 10 ms langen Impulsen, kann dieser Gasstrahl auch zur Qualitätsverbesserung des Loches beitragen, da durch den Gasdruck das flüssige Material weggeblasen wird. Dieser Prozeß kann durch Unterdruck an der Austrittsseite noch verstärkt werden.

Die Taktzeit bei Bohrbearbeitungsaufgaben mit einer einzelnen Bohrung je Teil wird in der Regel durch die mechanische Vorrichtung und nicht durch den Laser bestimmt, insbesondere dann, wenn eine genaue Lage der Bohrung gefordert wird. Mit handelsüblichen Lasern ist es beispielsweise möglich, in Rubinlagersteine von 0,5 mm Dicke bis zu 20 Löcher je Sekunde zu bohren; es ist jedoch außerordentlich schwierig, eine derart schnelle mechanische Vorrichtung zu bauen. Man kann aber daran denken, mehrere langsame Vorrichtungen über eine schnelle Lichtablenkeinheit mit einem Laser zu kombinieren. Sind jedoch viele Löcher je Bearbeitungsstück gefordert, wie z.B. bei Keramiksubstraten für elektronische Schaltungen, so ist weniger die mechanische Vorrichtung als die Art der Positionierung das zeitbestimmende Element. Bei numerischen Steuerungen erfolgt die genaue Positionierung immer mit verminderter Geschwindigkeit. Da aber Festkörper- und Gaslaser bei dünnen Substraten 100 und mehr Bohrungen je Sekunde herstellen können, ist eine Einzelpositionierung aufgrund der relativ langen Positionierzeit wenig vorteilhaft. Besser ist es, das System so aufzubauen, daß das Substrat zeilenweise abgerastert wird und beim Erreichen einer Sollposition für eine Bohrung der Laserimpuls ohne Anhalten der Tischbewegung ausgelöst wird. Die Substratbewegung während des Laserpulses ist meist vernachlässigbar; wenn nicht, kann sie mittels eines Drehspiegels kompensiert werden. Der Nachteil dieser Bohrmethode ist jedoch, daß ein Loch nur mit einem Laserpuls gebohrt werden kann; bei sehr engen Toleranzen kann dies gelegentlich zu Schwierigkeiten führen.

5.5.2.2. Optik. Je nach Bohrqualität sind die Anforderungen an die optischen Elemente verschieden hoch. Ist nur die Lochquerschnittsfläche von Bedeutung, wie z.B. bei Strömungsblenden für Gase in der Gaschromatographie, ist in der Regel nur das Öffnungsverhältnis der Linse so klein zu wählen, daß der gewünschte Durchmesser erreicht wird, u.U. müssen noch durch Blenden innerhalb oder außerhalb des Resonators Moden höherer Ordnung unterdrückt werden. Sollen jedoch die Bohrungen reproduzierbar genauer als ± 10 % im Durchmesser sein, keinen Aufwurf an beiden Seiten haben und möglichst zylindrisch sein, dann sind spezielle (bohroptische) Systeme notwendig.

Da eine Bohrung „so rund" werden wird, wie die Querschnittsverteilung der Energie bzw. der Leistung ist, muß vor allem der Laserresonator so einjustiert werden, daß die Energieverteilung über den Querschnitt optimal symmetrisch, möglichst kreissymmetrisch wird. Im Grundmodebetrieb ist dies der Fall. Sollte ein Grundmodebetrieb nicht möglich und die Bohrqualität und die Reproduzierbarkeit nach der Resonatorjustierung noch nicht ausreichend sein, muß zusätzlich die „mittelnde" Wirkung des Fernfeldes benutzt werden. Es ist dann im Fernfeld eine runde Blende anzubringen, die mit der Bearbeitungsoptik auf das Werkstück abgebildet wird. Auf diese Weise – evtl. mit einer weiteren vor der Optik angebrachten Blende – kann die Lochqualität erheblich verbessert werden.

Die Einstellung des Fokuspunktes relativ zur Werkstückoberfläche ist materialabhängig. Normalerweise werden optimale Ergebnisse erzielt, wenn auf die Oberseite, also die laserseitige Werkstückfläche, fokussiert wird. Gelegentlich kann aber auch ein Fokussieren auf die Unterseite oder auf eine Zwischenebene günstiger sein. Bei manchen Aufgaben empfiehlt es sich, den Fokuspunkt entsprechend dem Fortschreiten der Lochtiefe nachzustellen.

Die Zahl der notwendigen Laserimpulse für eine Bohrung hängt neben der Pulsenergie und den Materialeigenschaften von den geforderten Toleranzen der Bohrungen ab. Je enger die Toleranzen sind, desto mehr Laserimpulse werden für eine Bohrung benötigt werden.

5.5.2.3. Lochdurchmesser. Da in der Regel eine Laseranlage wesentlich teurer ist als eine Bohrmaschine, ist es sinnvoll, den Laser nur dann für Bohrvorgänge einzusetzen, wenn die herkömmlichen Bohrmethoden versagen, d.h. also in bohrbaren Stoffen bei Bohrungen $\leq 0,5$ mm. Bei schlecht oder nicht bohrbaren Materialien, wie beispielsweise Keramik oder gehärteten Stählen, können auch wesentlich größere Durchmesser fertigungstechnisch von Interesse sein. Mit handelsüblichen Lasergeräten von typischerweise maximal 10 J Impulsenergie müssen Bohrungen mit Durchmessern von mehr als 1 mm „herausgeknabbert" werden. Am Umfang der gewünschten Bohrung sind überlappend kleinere Löcher zu bohren, so daß zum Schluß das Mittelstück herausfällt. Für derartige Bohrungen eignen sich CO_2-Laser aufgrund ihrer höheren Impulsfolgefrequenzen besser als Festkörperlaser.

Die mit den Lasern erreichbare Bohrtiefe ist nicht unbegrenzt. Durch die Abschattung der Lochoberseite und die mit der Lochtiefe abnehmende Flächenleistungsdichte sinkt die Abtragsgeschwindigkeit rasch gegen Null. Bohrungen guter Qualität lassen sich höchstens mit einem Verhältnis der Tiefe zum Durchmesser von 10:1 herstellen.

5.5.2.4. Fertigungstechnische Anwendungen. Eine der ersten technischen Anwendungen des Lasers für Bohraufgaben war sein Einsatz zur Herstellung der Bohrung von Ziehsteindiamanten [5.23, 5.24]. Der wasserklare, evtl. leicht gelbliche Diamant wird bei Laserleistungsdichten um 10^6 W cm^{-2} unter Normalbedingungen in Graphit umgewandelt. Diese Graphitisierung erhöht die Absorption, und damit ist eine bessere Bohrbarkeit des „angebohrten" Diamanten verbunden. Da das spezifische Volumen des Graphits wesentlich größer ist als das des Diamanten, muß langsam in die Tiefe gebohrt werden. Die Pulsenergie sollte mittlere Größen nicht übersteigen, da sonst die Bruchgrenze des Diamanten überschritten wird (sie liegt z.B. für einen Stein von 0,12 Karat bei etwa 4 J). Bei richtiger Dosierung der Pulsenergie werden im Stein keine unerwünschten Spannungen erzeugt.

Die sich beim Laserverfahren leicht ergebende Trichterform der
Bohrung ist für die Bohrung bei Drahtziehsteindiamanten erwünscht.
Die genaue Form des Trichters kann durch entsprechende Nachführung
des Fokuspunktes erreicht werden. Dazu ist eine laufende Beobachtung
des Bohrvorganges von oben und von der Seite notwendig. Durch
diese Nachführung der Optik kann die vollständige Bohrung mit Ein-
und Austrittstrichter mittels Laserimpulsen hergestellt werden (Bild 5.21)

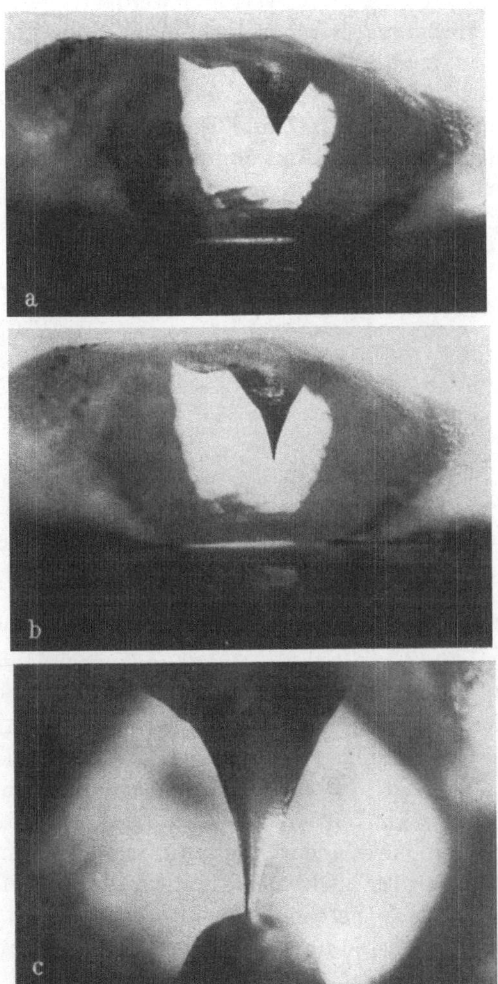

Bild 5.21. Ziehsteindiamant, mit Laser (Festkörperlaser) gebohrt (Werkbilder Osram). a) Nach
einigen wenigen Laserimpulsen; b) nach weiteren Impulsen; c) fertig bearbeiteter Stein mit
Gegenbohrung.

Zur Herstellung kleinster Bohrungen (10 µm und kleiner), ist eine genaue Justierung des Laserresonators und seiner Optik notwendig. Außerdem ist, da der Materialabtrag stark von örtlichen Einschlüssen abhängt, eine mikroskopische Untersuchung der Bohrstelle vor der Bearbeitung unumgänglich.

Der wesentliche fertigungstechnische Vorteil der Laserbearbeitung von Ziehsteindiamanten für die Drahtindustrie ist die Zeitersparnis. Mit dem Laser konnte die Bearbeitungszeit, die beim mechanischen Bohren 1 bis 2 h betrug, auf 1 bis 2 min verkürzt werden.

Eine noch größere Zeitersparnis konnte durch den Einsatz von Nd:YAG-Pulslasern zum Bohren der Uhrenlagersteine aus Rubin erzielt werden [5.25]. Gegenüber dem mechanischen Bohren der Löcher mit 50 µm Durchmesser in 0,5 mm dicke Rubinrondellen wurde die Taktzeit mit dem Laser von etwa 10 min auf 0,1 s verringert, die lasergebohrten Löcher sind auf 5 µm genau rund, völlig zylindrisch und am Umfang völlig rißfrei (Bild 5.22).

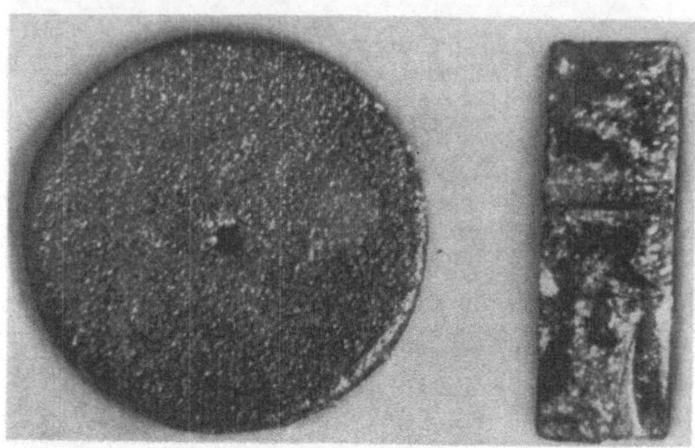

Bild 5.22. Lasergebohrte Rubinrondellen. Lochdurchmesser 50 µm, Steindicke 0,3 mm.

Ein breites Anwendungsgebiet für gepulste CO_2-Laser ist auch das Bohren von Keramik, insbesondere von gebrannter Keramik. Die grüne, d.h. ungebrannte Keramik, läßt sich zwar wesentlich leichter bohren; hier wird der CO_2-Laser jedoch nur in Ausnahmefällen eingesetzt, da Stanzen bzw. andere konventionelle Verfahren kostengünstiger sind. In gebrannter Keramik, meist hochreines Al_2O_3, sind bei seiner Verwendung als Substratmaterial für elektronische Schaltungen viele Präzisionsbohrungen herzustellen. Diese Bohrungen müssen rißfrei sein, damit ein späteres Durchkontaktieren und ein Aufbau der Substrate in Sandwichbauweise möglich sind.

Eine andersartige, vom Ideal der sofortigen Verdampfung abweichende Bohrtechnik gibt [5.26] an. Hierbei werden die Bohrungen bei dickeren Keramiksubstraten in die Keramik hineingeschmolzen, und die

Schmelze wird dann durch einen Gasstrahl herausgeblasen. Bei dieser Bohrtechnik kann der Lochdurchmesser durch die Impulslänge eingestellt werden, und zwar nimmt der Bohrdurchmesser nahezu linear von 125 µm auf 240 µm zu, wenn die Impulslänge von 5 ms auf 25 ms verlängert wird (Keramikdicke: 0,7 mm, Linsenbrennweite: 60 mm). Die Toleranz der Lochdurchmesser beträgt ± 10 %, wenn die Bohrung mit einem Puls hergestellt wird. Durch Variation der Pulslänge und der Linsenbrennweite lassen sich bei Keramiksubstraten, die nicht dicker als 1,5 mm sind, mit relativ zum Substrat ruhendem Laserstrahl Bohrungen guter Qualität nur bis zu einem Durchmesser von 0,5 mm herstellen. Bei größeren Lochdurchmessern muß der Strahl oder das Substrat bewegt werden.

5.5.3. Abtragen

5.5.3.1. Allgemeines. Eine wirtschaftliche Bedeutung hat der Einsatz des Lasers beim Abgleich mechanischer und elektrischer Systeme erlangt. Als Beispiel für mechanischen Abgleich sei das Auswuchten von Präzisionskreiseln, Uhrenunruhen und das Abgleichen von mechanischen Schwingern, wie sie in der Trägerfrequenztechnik benötigt werden, angegeben. In diesen Fällen werden Sacklöcher in die mechanischen Systeme gebohrt und dadurch Material abgetragen. Für diese Arbeiten werden hauptsächlich Festkörperpulslaser mit Pulsenergien von einigen Joule, Impulsfolgefrequenzen von max. 10 Hz und Impulsdauern von etwa 1 ms eingesetzt.

Abtragen an elektronischen Bauelementen bzw. Schaltungen ist fast immer ein Entfernen dünner Schichten. Eingesetzt wird diese Technik beim Herstellen von Dünnfilmschaltungen nach der Art eines Pattern-Generators, beim Abgleich von Widerständen und Kondensatoren, die in Dünn- und Dickfilmtechnik aufgebaut sind, beim Abgleichen von Mikrowellenschaltungen und beim Wendeln von Kohle- und Metallschichtwiderständen. Für diese Anwendungen werden Laser mit hohen Impulsfolgefrequenzen (z.Z. max. 50 kHz), geringen Impulsdauern (Mikrosekunden- bis Nanosekundenbereich) und hohen Impulsleistungen (Kilowattbereich) benötigt.

5.5.3.2. Abgleichen von Dickschichtwiderständen. Dickschichtwiderstände werden im Siebdruckverfahren auf Keramiksubstrate aufgebracht und anschließend bei höheren Temperaturen (750 °C bis 1000 °C) eingebrannt. Der Widerstandswert wird durch den spezifischen Widerstand der Paste und die Widerstandsfläche bestimmt; er kann jedoch nur auf etwa 20 % genau eingestellt werden. Für genauere Werte ist der Widerstand noch abzugleichen (Bild 5.23). Als Abgleichverfahren hat sich das

Trimmen mit Laserimpulsen gegenüber dem Airbrasive- oder Schleifscheibenverfahren durchgesetzt. Durch den Einsatz des Lasers ergeben sich folgende Vorteile: höhere Abgleichgeschwindigkeit, genauere Positionierung des Abgleichs, bessere Stabilität der abgeglichenen Widerstände, größere Betriebssicherheit des Lasersystems und niedrigere Betriebskosten [5.27].

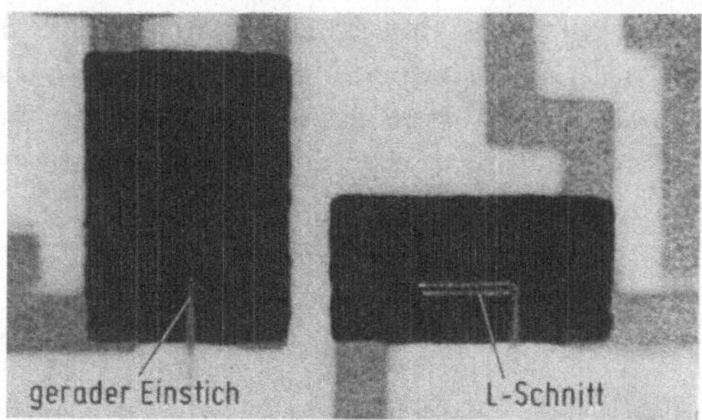

Bild 5.23. Mit CO_2-Laser (gepulst) abgeglichene Dickschichtwiderstände. Verschiedene Abgleicharten.

Da Dickschichtwiderstände einen relativ hohen Temperaturkoeffizienten (TK_R) haben, empfiehlt es sich, zum Abgleich einen gepulsten Laser einzusetzen (Bild 5.24). Um die Erwärmung des Substrats und damit des Widerstandes so gering wie möglich zu halten, sollte die Pulslänge möglichst kurz sein. Weitere Nebenbedingungen für den optimalen Laser sind eine hohe Impulsfolgefrequenz, um kurze Abgleichzeiten zu

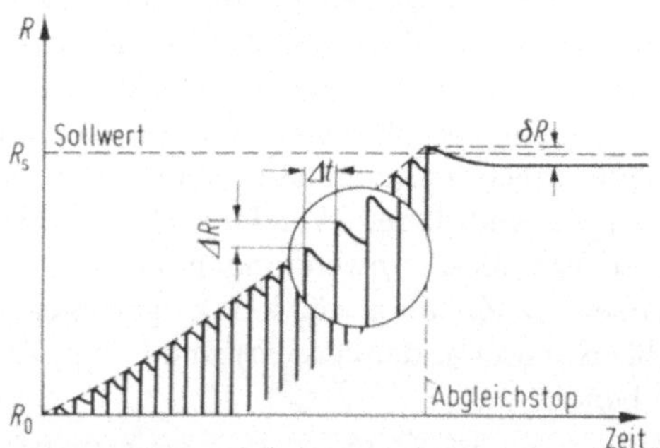

Bild 5.24. Verlauf des Widerstandswertes während des Abgleichs mit gepulstem Laser. Die nadelförmigen Einbrüche des Widerstandswertes werden durch die Impulse des Laserstrahls hervorgerufen. Es bildet sich ein Nebenschluß durch die ringförmige Schmelze und die Plasmafackel. Der vom TK_R-Wert der Widerstandsschicht herrührende Abfall des „Daches" wird jeweils vom darauffolgenden Impuls unterbrochen. In der Zeit Δt zwischen zwei Impulsen wird der Widerstand durch die Vorschubeinrichtung weitertransportiert; der nächste Impuls bringt daher eine Widerstandserhöhung ΔR_I (die Impulsdauer sei dabei gegenüber der Impulspause vernachlässigt). Das erste „Dach", das die Sollinie des Widerstandswertes erreicht oder durchbricht, führt zur Unterbrechung des Abgleichvorganges. Die Abschaltgenauigkeit ist von der Abgleichgeschwindigkeit und der Impulsfolgefrequenz abhängig (nach [5.17]).

erzielen, und schnelle digitale Schaltzeiten, um Widerstandswerte mit kleinen Streubreiten herstellen zu können. Diese Forderungen erfüllen insbesondere YAG-Laser im Riesenimpulsbetrieb.

Bei einer Serienfertigung muß zum Erreichen einer hohen Abgleichgenauigkeit bei gleichzeitig möglichst kurzen Abgleichzeiten der Abgleichvorgang für den einzelnen Widerstand genau gesteuert werden. Den wirtschaftlichsten Abgleich erreicht man in der Regel durch einen groben Vorabgleich (Abgleichgenauigkeit bis einige Prozent unterhalb des Sollwertes) mit hohen Vorschubgeschwindigkeiten ($10\ \mathrm{mm\ s^{-1}}$ bis $30\ \mathrm{mm\ s^{-1}}$) und einen sich daran anschließenden Feinabgleich mit geringerer Vorschubgeschwindigkeit ($\geq 1\ \mathrm{mm\ s^{-1}}$) und verringerter Laserpulsenergie.

Zusätzliche Abgleichfehler, die sich aufgrund des $\mathrm{TK_R}$-Einflusses ergeben und die eine Funktion der Lage und der Fläche des betreffenden Widerstandes sind, können weitgehend durch Verschiebung des Sollwertes eliminiert werden.

Beim Abgleichen von Widerständen ist zwischen digitalen und analogen Verfahren zu unterscheiden. Beim digitalen Abgleich wird der Gesamtwiderstand, der durch parallel geschaltete Einzelwiderstände aufgebaut ist, durch Auftrennen der Zuleitungen der Teilwiderstände abgeglichen. Beim analogen Abgleich wird solange in die Widerstandsschicht des Einzelwiderstandes hineingeschnitten („Auftrennen der Stromlinien"), bis der Sollwert erreicht wird. Da der Widerstand überproportional mit der Tiefe des Einschnitts zunimmt, kann der Sollwert nicht bei allen Widerstandsformen mit einem linearen Einschnitt innerhalb der vorgeschriebenen Toleranz erreicht werden. Bei erhöhten Abgleichgenauigkeiten bzw. ungünstigen Widerstandsformen muß dann ein zweimaliger Einstich oder ein sogenannter L-Abgleich erfolgen.

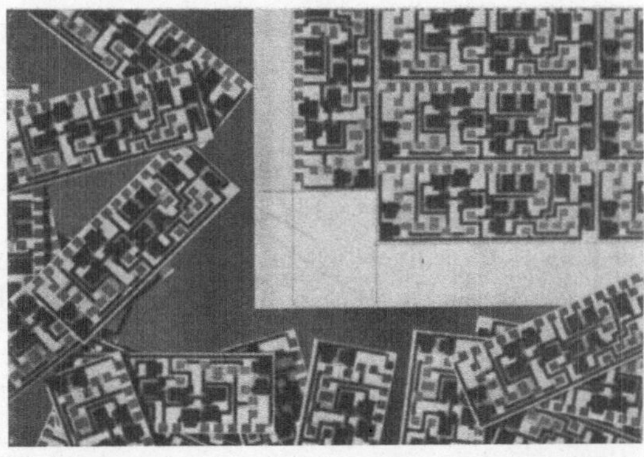

Bild 5.25. Mit CO_2-Laser perforiertes und anschließend gebrochenes Keramiksubstrat. Perforationsgeschwindigkeit etwa 50 mm/s.

Mit numerisch gesteuerten Abgleichautomaten, die nach obigem Prinzip arbeiten, lassen sich Abgleichfehler von weniger als 0,5 % für Dickschichtwiderstände erzielen. Die reinen Abgleichzeiten für Widerstände liegen bei etwa 0,2 s und geringer. Werden bei diesen Abgleichautomaten CO_2-Gaslaser verwendet, so ergibt sich der Vorteil, daß in einer Aufspannung das Substrat auch perforiert werden kann, d. h. es können dann relativ große Mehrfachsubstrate eingesetzt werden (Bilder 5.25 und 5.26). Die Produktivität von Laserabgleichautomaten ist

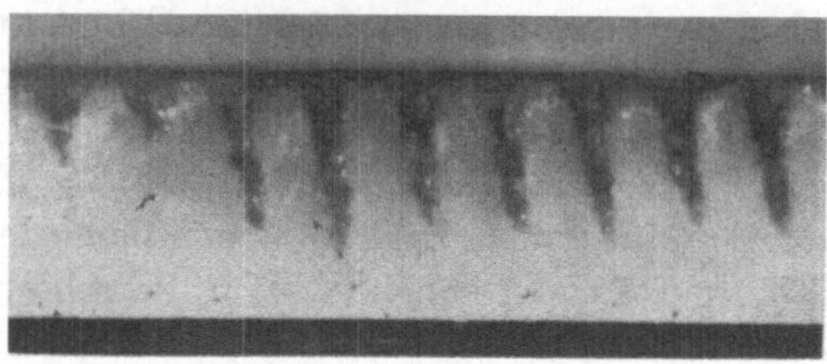

Bild 5.26. Bruchkante eines mit CO_2-Laser perforierten Keramikplättchens. Keramikdicke 1 mm.

hoch. Durch die Entwicklung schneller galvanometrischer Lichtablenker, die durch Kleinrechner gesteuert werden, ist der Bau von Abgleichautomaten möglich geworden, die mehr als 7200 Einzelwiderstände je Stunde abgleichen.

5.5.3.3. Funktionsabgleich. Funktionsabgleich wird ein Abgleichverfahren genannt, bei dem die elektronische Schaltung in Funktion abgeglichen wird, bis die gewünschten Funktionswerte erreicht sind. Voraussetzung für einen Funktionsabgleich in der Massenfertigung ist ein Abgleichsystem mit kurzen Schaltzeiten, hoher Flexibilität und Steuerbarkeit durch elektronische Rechner. Mit Lasersystemen lassen sich diese Forderungen erfüllen. Mit Funktionsabgleich sind gegenüber dem passiven Abgleichen der Einzelwiderstände höhere Genauigkeiten und wesentlich engere Toleranzen von integrierten bzw. hybriden Systemen zu erzielen [5.28, 5.29].

Ein wesentlicher Vorteil des Funktionsabgleiches ist, daß er nach allen Herstellprozessen, die u. U. bei höherer Temperatur ablaufen, wie Schweißen und Löten, durchgeführt wird. Nach passivem Vorabgleich der Einzelelemente können durch den nachfolgenden Funktionsabgleich Genauigkeiten von 10^{-4} erreicht werden.

5.5.3.4. Abtragen von dünnen metallischen Schichten. Elektronische Schaltungen in Dünnfilmbauweise ermöglichen einen hohen Grad an Miniaturisierung. Ein Abgleichen der in dieser Technik hergestellten Bauelemente bzw. Schaltungen kann nur in Ausnahmefällen (z. B. anodisches Oxidieren bei Dünnfilmschaltungen in Tantaltechnik) nicht mit Laser durchgeführt werden.

Für das Abtragen dünner metallischer Schichten ist der CO_2-Laser aufgrund seiner relativ langwelligen Strahlung wenig geeignet [5.30]. So gelingt es zwar, 0,1 μm dicke Au- oder Al-Schichten von Glassubstraten abzutragen, ohne daß Risse im Substrat auftreten, es werden dazu aber bei 30 W Laserleistung Verfahrgeschwindigkeiten von 80 mm s^{-1} benötigt. Bei der Verwendung von CO_2-Lasern findet die Absorption hauptsächlich in der Unterlage statt; deshalb muß der Trennvorgang außerhalb der zu trennenden metallischen Schicht beginnen. In der Schneidspur wird die Laserenergie nur auf dem bereits entmetallisierten Probenteil absorbiert. Wird der Strahl während des Schneidens kurz unterbrochen, dann wird auch das Schneiden unterbrochen und startet nicht erneut.

Wesentlich besser eignen sich für das Abtragen dünner metallischer Schichten Nd:YAG-, Rubin-, Argon- oder Xenonlaser, also Laser mit einer – gegenüber dem CO_2-Laser – um mindestens eine Zehnerpotenz kürzeren Wellenlänge. Um das Substrat so wenig wie möglich zu beschädigen, empfiehlt sich ein Abtragen im Normalimpuls-, besser aber im Riesenimpulsbetrieb. Möglich ist auch ein Abtragen im Dauerstrichbetrieb, allerdings nur bei hohen Leistungsdichten und gleichzeitig hohen Verfahrgeschwindigkeiten.

Cohen und Mitarbeiter [5.31] untersuchten die Einsatzmöglichkeiten von Nd:YAG-Lasern im CW- und Riesenimpulsbetrieb in der Dünnfilmtechnologie, insbesondere im Hinblick auf den Einsatz zum Abgleich von Widerständen, zum Herstellen von Spaltkondensatoren und als Pattern-Generator. Sie fanden, daß die beeinflußte Zone auf dem Targetmaterial sowohl von den thermischen Eigenschaften des Materials als auch vom Strahldurchmesser und der Energieverteilung über den Strahlquerschnitt abhängt. Die Ausbildung der Randzone am Bearbeitungspunkt hängt primär nur von den thermischen Eigenschaften des Materials und von der Dauer der Bestrahlung ab. Metalle mit großer thermischer Leitfähigkeit und großem Unterschied zwischen Schmelz- und Verdampfungstemperatur, wie Au und Cu, neigen dazu, eine Lippe von geschmolzenem und wiedererstarrtem Material um den eigentlichen Verdampfungsfleck zu bilden. Durch Riesenimpulsbetrieb kann die Größe der Lippe sehr klein gehalten werden (Bild 5.27).

Schlitze von 6 μm bis 10 μm Breite können mit kurzbrennweitigen optischen Systemen leicht hergestellt werden. Mit Linsen von 8 mm Brennweite konnten Linienbreiten bis 1 μm herab erreicht werden, allerdings bedingt durch die geringe Tiefenschärfe, nur auf sehr ebenen Substraten. Bei Schlitzen, die schmaler als die Schichtdicke sind, ist eine hohe Konstanz der Laserdaten und eine Synchronisation zwischen Pulsfrequenz und Vorschub der Substratbewegung notwendig.

Das Abgleichen von Widerständen in Tantal-Nitrid-Technik kann auf zwei Arten geschehen: zum einen durch punktweises Oxidieren mit Pulsen von 20 ms Dauer – damit können Widerstandsänderungen von 0,01 % und weniger erreicht werden – zum anderen kann die Schicht schrittweise abgetragen werden. Der Widerstandssollwert kann auf diese Weise auf 0,1 % genau erreicht werden.

Bild 5.27. Mit einem YAG-Riesenimpuls (Energie 100 mJ) abgetragene Fläche. Lochdurchmesser etwa 500 µm, Material CrNi, 0,1 µm dick, Substrat Glas. Man beachte die wiedererstarrten schmelzflüssigen Teile am Rand des Loches.

Neben dem „Schreiben" vollständiger Schaltungen, die aus einer einheitlichen Metallschicht herausgefräst werden (Pattern-Generator) und der Herstellung von Spaltkondensatoren – es wurden bis zu 66 pF je cm² Fläche bei Spaltbreiten von 12 µm erreicht – können Laser auch zur Reparatur von Dünnfilmschaltungen dienen, z. B. bei der Entfernung von Kurzschlüssen zwischen den Leiterstrukturen.

Auch Cermet-Widerstände (CrSiO-Widerstände) können mit Pulslasern auf Genauigkeiten von 0,1 % abgeglichen werden. Die genauen physikalischen Einflüsse wurden eingehend von Berg und Lood [5.32] untersucht. Bei diesen Widerständen kann der Istwert nicht nur erhöht, sondern auch herabgesetzt werden. Durch Verdampfen wird der Widerstandswert erhöht, durch lokales Erhitzen, bedingt durch Rekristallisation im Filmmaterial bei Temperaturen $\leq 400\ ^{\circ}$C, vermindert. Die Widerstände sind nach dem Lasertrimmen konstant. Innerhalb von 60 Tagen ist eine Änderung von nur 0,1 bis 0,01 % zu erwarten; in Ausnahmefällen treten allerdings Änderungen bis 3 % auf.

Neben dem Abgleichen elektronischer Bauelemente kann ein Laser auch zum Aufzeichnen von Faksimiles und Halbtonbildern, evtl. bei gleichzeitiger Verkleinerung oder Vergrößerung, verwendet werden [5.33]. Experimentelle Ergebnisse bestätigten theoretische Abschätzungen über das Abtragen von 60 nm dicken Wismutschichten auf Glas-

und Mylarunterlagen. Als Laser wurde ein Argonlaser mit Auskoppel-modulation durch akustooptische Schalter verwendet. Durch diese Betriebsweise konnten Impulsbreiten von 25 ns bis einige Millisekunden, 20 mW mittlere Ausgangsleistung und Impulsfolgefrequenzen bis 1 MHz erreicht werden. Bei einer Pulsdauer von 25 ns wird nur 0,7 W Puls-spitzenleistung benötigt, um einen Fleck mit 6 μm Durchmesser der 60 nm dicken Wismutschicht abzutragen. Die maximal erreichbare Punktdichte ist mit $4 \cdot 10^6$ cm^{-2} angegeben. Bei dieser Punktdichte wird bei einer Laserimpulsfolgefrequenz von 10^6 Hz je cm^2 Bildfläche eine Schreibzeit von 4 s benötigt.

Mit eine der ersten fertigungstechnischen Anwendung des Lasers war das Wendeln von Kohle- und Metallschichtwiderständen (Bild 5.28) [5.34]. Der CO_2-Laser im Dauerstrichbetrieb hat die mechanische Schleif-scheibe bei der Herstellung der Wendel von Schichtwiderständen ersetzt. Der Hauptvorteil des Laserstrahls ist, daß er sich nicht abnutzt, während die Scheibe nachgeschliffen werden muß. Außerdem ist die Schaltzeit des Lasers – da er elektronisch ein- und ausgeschaltet werden kann – wesent-lich kürzer als die der Scheibe, die mechanisch bewegt werden muß. Diese kürzere Schaltzeit ermöglicht die Herstellung von Widerständen mit engeren Toleranzen. Als weiterer Vorteil des Lasereinsatzes ist eine er-hebliche Qualitätsverbesserung zu nennen. Denn ein wesentlicher Para-meter für die Stabilität von Schichtwiderständen ist die Schichtdicke,

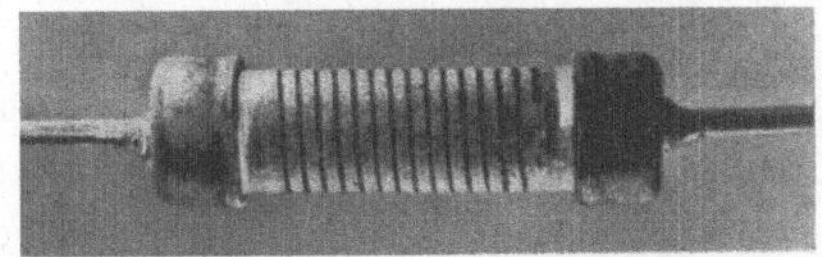

Bild 5.28. Mit CO_2-Laser gewendelter Kohleschichtwiderstand. Rillenbreite etwa 200 μm.

also der Flächenwiderstand. Bei Kohleschichtwiderständen beginnt die Inkonstanz der Widerstandsweite bei einem Flächenwiderstand von mehr als 800 Ω cm^{-2}. Durch die mit dem Laser erzielbaren engeren Steigungen können nun wesentlich höhere Endwerte erzielt werden, ohne daß der Flächenwiderstand auf einen unzulässig hohen Wert angehoben werden muß.

5.6. Plasmaerzeugung

5.6.1. Einleitung

In der Plasmaerzeugung und der Plasmadiagnostik sind Laser, insbeson-dere extrem leistungsstarke Pulslaser mit sehr kurzen Pulslängen, wichtige technische Hilfsmittel geworden. Zum einen können mit den leistungsstarken und kurzen Laserimpulsen Plasmen in bisher nicht zugänglichen Dichtebereichen erzeugt und aufgeheizt werden, zum anderen dienen Puls- und Dauerstrichlaser zur Messung der charakteristischen Größen wie Dichte und Temperatur von Elektronen und Ionen. Beide Anwendungsgebiete sind von großer Bedeutung für die gesteuerte thermonukleare Fusion.

5.6.2. Gasdurchschlag

Kohärentes Licht der Strahlungsflußdichte S erzeugt eine elektrische Feldstärke E_s, die im zeitlichen Mittel folgende Größe hat:

$$E_s^2 = \sqrt{\frac{\mu}{\varepsilon_0}}\, S. \tag{5.10}$$

Das elektrische Feld der Lichtwelle übt auf geladene Teilchen eine mit der gleichen Frequenz wechselnde Kraft aus, dadurch wird das Teilchen beschleunigt und führt eine schwingende Bewegung mit der Lichtwellenfrequenz aus. Ein zufällig im Laserstrahlenbündel vorhandenes Elektron wird also im elektrischen Feld dieses Bündels seine Energie solange erhöhen, bis es aus dem Strahlquerschnitt herausgewandert ist (Diffusion), oder über inelastische Stöße ein weiteres Anwachsen der Energie verhindert wird (Aufheizen). Ein sogenannter elektrodenloser Durchschlag – analog den bekannten elektrodenlosen Entladungsformen im Innern einer mit HF gespeisten Spule – wird dann eintreten, wenn die Elektronen die Ionisierungsenergie erreicht oder überschritten haben. Bei den mit Pulslasern erreichbaren hohen Leistungsdichten sind jedoch auch Mehrquantenprozesse (Photoionisation) wahrscheinlich.

So entspricht einer Laserleistung von 10^{15} W cm^{-2} im Photonenbild ein Photonenfluß von 10^{34} s^{-1} cm^{-2}, d.h., ein Atom mit dem Querschnitt von etwa 10^{-16} cm^2 wird innerhalb einer Laserpulsdauer von 10^{-11} s noch von 10^7 Photonen getroffen [5.36]. Um beispielsweise ein Sauerstoffmolekül (O_2) zu ionisieren, dessen Ionisierungsenergie 11,2 eV beträgt, müssen mindestens 12 Photonen eines YAG-Lasers (Photonenenergie etwa 1 eV) bei der Mehrquantenionisation beteiligt sein.

Pulse von 10^{-10} s Dauer und kürzer lassen sich mit Leistungen im Mega- und Gigawattbereich durch zwei Methoden herstellen: durch Riesenimpulsbetrieb mit nachgeschalteten Verstärkern, die gleichzeitig die Pulsdauer verkürzen und durch Mode-locking-Betrieb (Abschnitt 1.).

Im Mode-locking-Betrieb sind Impulsleistungen bis 10^{13} W bei Impulsdauern von 10^{-11} s möglich; durch Fokussierung ergeben sich damit Leistungsdichten von 10^{15} W cm^{-2}. Diese Leistungsdichten entsprechen einer elektrischen Feldstärke von 10^9 V cm^{-1} und mehr. Bei dieser Feldstärke tritt ein Gasdurchschlag ein. Dieser elektrodenlose Laserfunken ist in Luft ein bläulichweißer Blitz, der mit einem scharfen Knall verbunden ist.

Die Erscheinungsbilder der beobachteten Effekte und Phänomene ändern sich sehr stark mit der Pulsdauer, insbesondere bei Pulsen mit Pulslängen kleiner als $1\,\mu s$. Die Untersuchung physikalischer Phänomene ist noch im Fluß, es werden folgende Gesetzmäßigkeiten beobachtet:

Der Durchschlag ist druckabhängig, z.B. nimmt er bei Argon von 0,1 bar bis 100 bar von $8 \cdot 10^{12}\,\mathrm{W\,cm^{-2}}$ auf $2 \cdot 10^{10}\,\mathrm{W\,cm^{-2}}$ ab, über 100 bar steigt aber die Durchschlagschwelle wieder an [5.6].

Magnetische Felder parallel zur Laserausbreitungsrichtung reduzieren die Durchschlagschwelle [5.40]. Staubteilchen im Fokusvolumen reduzieren die Durchschlagschwelle beträchtlich, bis um den Faktor 20 [5.44].

5.6.3. Fusionsplasmen

1968 gelang es Basov und Mitarbeitern [5.37] erstmals, ein Plasma mit Laserpulsen so hoch zu erhitzen, daß Kernreaktionen möglich wurden. In einem Deuteriumplasma verschmolzen Deuteriumkerne zu Heliumkernen, den Nachweis dieser Kernreaktion lieferten die entstandenen Neutronen. Für Plasmen, in denen Fusionsreaktionen ablaufen, werden Temperaturen von $10^8\,$K benötigt. Die Abschätzungen der notwendigen Laserpulsenergien für die Erzeugung von Fusionsplasmen gehen weit auseinander, sie liegen zwischen $10^4\,$J bis $10^9\,$J. Eine Abschätzung mit vereinfachten Annahmen ergibt eine Energie von $10^7\,$J [5.39]. Derzeit sind Laser mit Pulsenergien bis $10^3\,$J bekannt geworden; sicher kann die untere Grenze der Abschätzungen ($10^4\,$J) erreicht werden, die Erreichung der oberen Grenze ist aber mehr als fraglich.

Durch zeitliche Leistungssteuerung des Hochenergielaserpulses kann nach thermo- und hydrodynamischen Berechnungen eine wesentliche Verringerung der für die Fusion notwendigen Pulsenergien erreicht werden [5.45, 5.46]. Die Impulsformung ermöglicht eine Verdichtung des Brennelementkügelchens – meist eine Mischung aus Deuterium und Tritium – auf das 10000fache der Dichte im normalen, flüssigen Zustand. Dazu ist, neben einer allseitigen gleichmäßigen Bestrahlung des Kügelchens, die Impulsleistung so zu steuern, daß zu Beginn des Impulses eine schwache Überschallschockwelle erzeugt wird, und daß daran anschließend die Verdichtung mit nahezu konstanter Entropie erfolgt. Diese Verdichtung verringert die für die Kernfusion notwendige Brennelementkugelmasse und Laserenergie.

Durch die hohe Dichte werden die energiereichen geladenen Teilchen, die bei Kernreaktionen frei werden, in Kügelchen bereits wieder absorbiert. Die daraus resultierende Selbstaufheizung reduziert die für die Kettenreaktion notwendige Laserpulsenergie.

Bei optimal leistungsprogrammierten Laserpulsen kann die Verminderung der benötigten Laserpulsenergie den Faktor 10^3 erreichen; von 10^8 J bis 10^9 J Joule mit unverdichteten Brennstoffkügelchen auf 10^5 J bis 10^6 J [5.47, 5.48].

5.6.4. Plasmadiagnostik

Für Messungen an Plasmen mit Laser verwendet man die Wechselwirkung zwischen den freien Elektronen und Ionen des Plasmas und dem elektromagnetischen Feld der Strahlungswelle.

Brechungsindexmessungen sind mit geringen Impulsenergien und Dauerstrichleistungen möglich; für interferometrische oder holographische Studien reichen Impulsenergien von weniger 10^{-2} J bei Kohärenzlängen von einigen Zentimetern und relativ großen Divergenzwinkeln der Laserstrahlung von einigen Milliradiant. Bei Untersuchungen zum Entstehen und Zerfall von Plasmen oder bei Untersuchungen über die Entwicklung von aufeinanderfolgenden Entladungen ist ein geringer Puls-zu-Puls-Jitter der Laserimpulse notwendig; er darf einige Nanosekunden nicht überschreiten. Wegen der außerordentlich feinen räumlichen Struktur des Laserplasmas ist es wenig sinnvoll, mit Laserimpulsen von über 10 ns Impulsdauer zu arbeiten, da die notwendige Zeitauflösung meist kleiner als 1 ns ist [5.38]. Mittels holographischer Methoden können relativ einfach physikalische Daten über die Plasmaexpansion und die zeitliche Elektronenraumladungsdichteverteilung ermittelt werden [5.41].

Das bei diesen Messungen angewandte holographische Verfahren ist in Abschnitt 4.4.3.5. kurz beschrieben.

Es zeigt sich, daß bei hohen Gasdrücken zu Beginn des Laserpulses beträchtliche Elektronendichtegradienten entstehen, die durch die einseitige Aufheizung des Plasmas durch den Laserpuls bedingt sind. Bei geringen Gasdrücken kann dieser Gradient nicht beobachtet werden, da in diesem Fall vermutlich ein engbegrenzter Energieabfall im Plasma fehlt.

Die interferometrischen Dichtemessungen können auf zweierlei Arten erfolgen [5.43]: Bei den sogenannten Laserinterferometern liegt das zu untersuchende Plasma innerhalb des Laserresonators, der durch die Änderung der Plasmabrechzahl in meßbarer Weite verstimmt wird. Man kann den Laser aber auch zur Ausleuchtung konventioneller Interferometer (z. B. Michelson oder Mach-Zehnder) verwenden.

Wird dem Plasma ein Magnetfeld überlagert, so kann durch die Drehung von linear-polarisiertem Licht das Produkt aus Elektronendichte und der magnetischen Induktion gemessen werden (Faraday-Drehung), bei bekanntem Magnetfeld also die Elektronendichte.

Die interferometrischen, spektroskopischen und die mittels der Faraday-Drehung arbeitenden Meßverfahren ergeben über die Beobachtungsrichtung nur gemittelte Werte. Durch Ausnutzung der Streuung von Laserstrahlung an Elektronen und Ionen können einerseits Temperatur und Dichte der Elektronen sowie die Ionentemperatur lokal gemessen werden, andererseits bietet sich damit die Möglichkeit, die Messung ohne nennenswerte Störung durchzuführen [5.42, 5.43]. Die „Laserstreuung" ist ein wichtiges Anwendungsgebiet der Laser in der Plasmaphysik geworden.

5.7. Literatur

5.1 Basov, N. G. et al.: Reduction of reflection coefficient for intense laser radiation on solid surfaces. Sov. Phys. 13 (1969) 1581–1582.

5.2 Arata, Y. et al.: Some fundamental properties of high power cw laser beam as a heat source. Dept. of Welding Engng., Osaka Univ., Osaka, Japan. IIW Document TV/4/69.

5.3 Anisimov, S. I. et al.: Effects of powerful light fluxes on metals. Sov. Phys. 11 (1967) 945–952.

5.4 Braginski, V. B.; Minakova, I. I.; Rudenko, V. N.: Mechanical effects in the interaction between pulsed electromagnetic radiation and a metal. Sov. Phys. 12 (1967) 753–757.

5.5 Afanas ev, Yu. V.; Krokhin, O. N.: Vaporization of matter exposed to laser emission. Sov. Phys. 25 (1967) 639–645.

5.6 Ready, J. F.: Effects on high-power laser radiation. New York, London: Academic Press 1971.

5.7 Ready, J. F.: Selecting a laser for material working. Laser Focus 1970, 38–41.

5.8 Posakony, M. J.: A high-voltage current regulator for laser gas discharge tubes. Rev. Sci.-Instr. 43 (1972) 270–273.

5.9 Levine, F. A.: TEM_{00} enhancement in cw Nd: YAG by thermal lensing compensation. IEEE J. Quant. Electron. QE-7 (1971) 170–172.

5.10 Mills, R. W.; Reggs, I. D.; Schulte, E. H.: Semiquantitative determination of the radial energy distribution in a pulsed laser beam. J. Sci.-Instr. 4 (1971) 700–702.

5.11 Carslaw, M. S.; Jaeger, J. C.: Conduction of heat in solids. Oxford: Clarendon Press 1959.

5.12 Tautz, H.: Wärmeleitung und Temperaturausgleich. Weinheim/Bergstraße: Verlag Chemie 1971.

5.13 Pahlitzsch, G.; Eisleben, U.: Werkstoffbearbeitung mit Laserstrahlen. Z. wirtsch. Fert. 66 (1971) 277–283.

5.14 Herziger, G.: Materialbearbeitung mit Laserstrahlung. Bull. d. schweiz. elektrotechn. Ver. 3 (1972) 174–181.

5.15 Rauscher, G.: Anwendungen des Lasers in der Materialbearbeitung und deren konstruktive Voraussetzungen. Schweiz. techn. Z. (1967) 805–812.

5.16 Schmidt, A. O. et al.: An evaluation of laser performance in microwelding. Weld. Res. Suppl. Nov. 1965, 481 s to 488 s.

5.17 Siekman, J. G.; Morijn, R. E.: The mechanism of welding with a sealed-off continuous CO_2-gas-laser. Philips Res. Repts. 23 (1968) 367–374.

5.18 Cohen, M. I.; Mainwaring, F. J.; Melone, G. G.: Laser interconnection of wires. Weld. J. März 1969, 191–197.

5.19 Sullivan, A. B. J.; Houldcroft, P. T.: Gas-jet laser cutting. Brit. Weld. J. Aug. 1967, 443–445.

5.20 Adams, M. J.: The use of the CO_2-laser for cutting and welding. The Welding Inst. Res. Bull. 9 (1968).

5.21 Miller, C. H.; Osial, T. A.: Laser als Papiermesser. Laser 3 (1970) 12–18.

5.22 Lee, J.: Schneiden mit Laserstrahlen. Industrieanzeiger 61 (1971) 1587 bis 1588.

5.23 Seiler, P.: Bohren mit Laser: Ein rationelles Verfahren bei der Herstellung von Diamantziehsteinen. Ind.-Diamanten-Rdsch. 4 (1970) 91–96.

5.24 Epperson, J. P.; Dyer, R. W.; Grzywa, J. C.: The laser now a production tool. West. Electric. Engr., April 1966, 9–17.

5.25 Brändli, H. F.; Keller, M.; Roulier, A.: Microdrilling ruby watch jewels. Laser Focus, Mai 1967, 26–32.

5.26 Longfellow, J.: High speed drilling in alumina substrates with a CO_2-laser. Ceramic Bull. 50 (1971) 251–253.

5.27 Pilz, D.; Grasmüller, H.: Abgleich von Dickschichtwiderständen mit dem Laserstrahl. Z. ind. Fert. 62 (1972) 65–70.

5.28 Scrupski, S. E.: Functional trimming gains economics for hybrid ic's. Electronics April 1972, 102–108.

5.29 Stone, G. B.: Programmable continuous laser trimming. Electronic Packaging a. Prod., Eur. Ed. Nov./Dez. 1970, 19–27.

5.30 Siekman, J. G.: Cutting of thin metal films with a CO_2-gas-laser beam. Microelectron. a. Realiability 7 (1968) 305–311.

5.31 Cohen, M. I.; Unger, B. A.; Milkosky, J. F.: Laser mechaning of thin films and integrated circuits. Bell Syst. Techn. J. 47 (1968) 385–405.

5.32 Berg, A. L.; Lood, D. E.: Effects of laser adjustment on Cr–SiO thin films. Solid State Electron. 11 (1968) 773–778.

5.33 Maydan, D.: Micromachining and image recording on thin films by laser beams. Bell Syst. Techn. J. 50 (1971) 1761–1789.

5.34 Kugelstadt, W.: Steigerung der Qualität von Schichtwiderständen. Siemens-Bauteile-Inform. 1969, 87–89.

5.35 Lumeley, R. M.: Controlled separation of brittle materials using a laser. Ceramic Bull. 48 (1969) 850–854.

5.36 Weber, H.: Kernfusion mit Laser. Bull. d. schweiz. elektrotechn. Ver. 63 (1972) 192–197.

5.37 Basov, N. G. et al.: Experiments on the observation of neutron emission at a focus of high-power laser radiation on a lithium denteride surface. IEEE J. Quant. Electron. QE-4 (1968) 864–867.

5.38 Morgan, P. D.; Peacock, N. J.: Nanosecond laser pulse generation using an electro-optic shutter external to the Q-spoiled cavity. J. Phys. Sci.-Instr. 4 (1971) 677–680.

5.39 Witkowski, S.: Erzeugung von Fusionsplasmen mit Lasern. Elektro-techn. Z. A 92 (1971) 273–277.

5.40 Halverson, W. et al.: CO_2-laser-produced plasmas in a magnetic field. VII. Internat. Quant. Electron. Conf. (1972) Montreal (Canada).

5.41 Iznatov, A. B. et al.: Holograph. studies of a laser spark, III.: spark in hydrogen and helium. Sov. Phys.-Techn. Phys. 16 (1971) 550–556.
5.42 Rusbüldt, D.: Anwendungen gepulster CO_2-Laser hoher Leistung in der Plasmaphysik. Elektro-techn. Z. A 92 (1971) 475–480.
5.43 Röhr, H.: Meßmethoden an heißen Plasmen. Phys. i. u. Zeit 3 (1972) 67–73.
5.44 Marquet, L. C.; Hull, R. I.; Sencioni, D. E.: Studies in breakdown in air induced by a pulsed CO_2-laser. VII. Internat. Quant. Electron. Conf. (1972) Montreal (Canada).
5.45 Zimmermann, G. et al.: LASNIX, a general purpose laser-fusion simulation code. VII. Internat. Quantum Electronics Conf. (1972) Montreal (Canada).
5.46 Thiessen, A. et al.: Computer calculations of laser implosion of DT to super-high densities. VII. Internat. Quant. Electron. Conf. (1972) Montreal (Canada).
5.47 Nuckolls, I. et al.: Laser compression of matter to super-high densities. VII. Internat. Quant. Electron. Conf. (1972) Montreal (Canada).
5.48 Wood, L. et al.: The super-high density approach to laser-fusion CTR. VII Internat. Quant. Electron. Conf. (1972) Montreal (Canada).

6. Optische Nachrichtenübertragung

6.1. Überblick

Die Erfindung des Lasers als eines optischen Senders hoher Kohärenz hat von Beginn an Hoffnungen auf die Verwendung des Laserlichtes als Nachrichtenträger geweckt. Einmal ließe sich wegen der hohen Trägerfrequenz von etwa 10^{14} Hz schon mit geringen relativen Bandbreiten der ständig steigende Bandbreitebedarf der Nachrichtentechnik befriedigen. Zum anderen verspricht die hohe Bündelbarkeit der relativ kurzwelligen Laserstrahlung bei optischen Richtfunkstrecken größere Entfernungen, beispielsweise im Weltraum, mit relativ geringen Sendeleistungen und mit hoher Abhörsicherheit überbrücken zu können.

Die bislang diskutierten und teilweise realisierten Lasersysteme für optische Nachrichtentechnik lassen sich von den im Prinzip möglichen Anwendungsbereichen her in vier Gruppen einteilen, einmal in Systeme, die die freie Ausbreitung eines kollimierten Laserstrahles verwenden:

terrestrische Systeme mit atmosphärischem Übertragungskanal;

Satellitenübertragungssysteme mit teilweiser Ausbreitung in der Atmosphäre (Satellit–Boden) oder Ausbreitung im Vakuum (Satellit–Satellit);

zum anderen in Systeme, die in Wellenleitern geführte Wellen vorsehen:

Linsen- oder Spiegelleitersysteme, die in unterirdischen Rohren verlegt sind;

Faserleitungssysteme, die die Wellenausbreitung in dielektrischen, dämpfungsarmen dünnen Fasern verwenden.

Die wesentlichen Bestandteile eines optischen Nachrichtensystems sind Lasersender, Modulator, Sende- und Empfangsoptik, Übertragungsmedium und Detektor. Es ist einleuchtend, daß nur eine ausgewogene Kombination unter der jeweiligen Vielfalt dieser Komponenten zu einem funktionierenden System führen kann. Als wichtige Parameter sind die physikalisch-technischen Daten zu betrachten: Frequenzbereich, Kohärenzgrad und Leistung des Senders, Modulationsart und Bandbreite, Dämpfung und Signalverzerrung im Übertragungsmedium, Empfindlichkeit, Zeitauflösung und Rauschverhalten des Detektors. Nicht weniger bedeutsam im Hinblick auf eine technische Nutzung sind daneben

Fragen nach Lebensdauer, Wartungsaufwand, Größe und Preis der Komponenten und nach der Zuverlässigkeit des Gesamtsystems.

Die Art und der detaillierte Aufbau eines optischen Nachrichtensystems werden daher in starkem Maße vom Verwendungszweck her bestimmt. So ergibt sich allein aus den Forderungen nach der Betriebssicherheit kommerzieller Systeme, daß die erstgenannten terrestrischen Strecken wegen relativ großer witterungsbedingter Ausfallzeiten nicht geeignet sind, klassische Übertragungssysteme zu ersetzen. Terrestrische Systeme könnten aber durchaus in optischen Kurzstrecken zur Übermittlung eines hohen, nicht unbedingt zeitgebundenen Informationsflusses eingesetzt werden. Die geforderte Streckensicherheit kann bei den für die führenden Industrienationen typischen Witterungsverhältnissen nur mit geschützten optischen Wellenleitern durchgeführt werden. Glasfaserstrecken erweisen sich dabei gegenüber Linsenleitern als eindeutig überlegen und haben gute Aussichten für eine kommerzielle Nutzung.

Während bei der Frei-Raum-Übertragung größere Lasergeräte wie Nd:YAG- und CO_2-Laser, nachgeschaltete Modulatoren und klassische Linsen- und Spiegeloptiken Verwendung finden, besteht bei einem Fasersystem die Tendenz, nur Bausteine kleinster Abmessung einzusetzen. Neben direkt modulierbaren Halbleiterlasern als Sender und Avalanche-Photodioden als Detektoren steht auch eine Reihe sogenannter integriert-optischer Bauteile zur Diskussion, die in miniaturisierter Bauweise beispielsweise die Funktion von Strahlteilern, Reflektoren, Filtern, Richtungskopplern oder nichtreziproken Elementen übernehmen können.

Es kann nicht die Aufgabe dieses Beitrages sein, die ganze Fülle der bisher im Labor untersuchten Lasersysteme eingehend zu würdigen, da besonders hinsichtlich der verwendeten Modulationsverfahren eine verwirrende Vielfalt vorliegt. Der interessierte Leser sei auf die in [6.1] gegebenen ausführlichen Übersichtsartikel sowie auf [6.2] und [6.3] verwiesen.

Im folgenden sollen, ausgehend von der oben gegebenen Einteilung in Frei-Raum- und Wellenleitersysteme, die physikalischen und technischen Grundlagen erläutert und Anwendungsmöglichkeiten aufgezeigt werden.

Hinsichtlich Modulation, Detektion und Bündelung sei auf Abschnitt 1. verwiesen.

6.2. Laserrichtfunk

6.2.1. Freiraumdämpfung

Laserrichtfunkstrecken benutzen als Sende- und Empfangsantennen klassische Linsen- oder Spiegelteleskope. Eine schematische Darstellung eines optischen Übertragungssystems für Geradeausempfang ist in

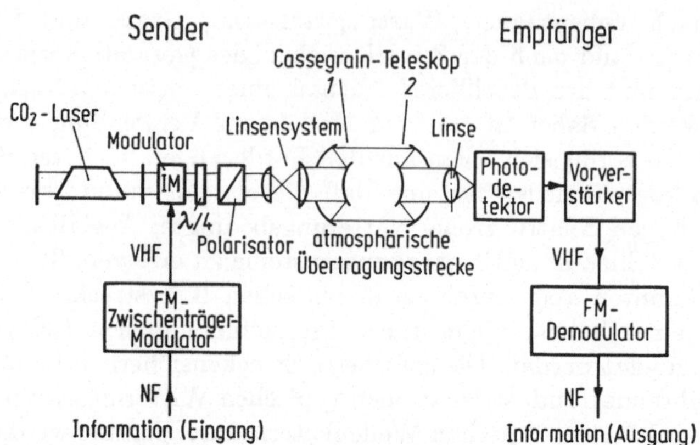

Bild 6.1. Optisches Übertragungssystem. Das im Laser erzeugte Licht durchläuft die Modulationseinrichtung. Die Information kann dabei durch innere Modulation (Abschnitt 1.4.) oder externe Modulation (im Bild) dem Licht aufgeprägt werden. Es können die klassischen Modulationsarten Amplituden-, Intensitäts-, Frequenz-, Phasen- und Polarisationsmodulation realisiert werden. Im Bild gezeigt: Externe Intensitätsmodulation.

Bild 6.1 gegeben. Sind A_S und A_E die Flächen der im Abstand r voneinander stehenden und zueinander justierten Sende- bzw. Empfangsspiegel (Antennen), so ist bei der Senderleistung P_S die mittlere Bestrahlungsstärke am Empfangsort nach (1.19) durch

$$S(r) = \frac{P_\mathrm{S} A_\mathrm{S}}{\lambda^2 r^2}\, e^{-\alpha r} \tag{6.1}$$

gegeben[1]. Der exponentielle Term berücksichtigt die durch das Übertragungsmedium hervorgerufene Dämpfung, die sich bei atmosphärischen Strecken im allgemeinen aus einem Absorptions-, einem Streu- und einem Turbulenzanteil gemäß $\alpha = \alpha_\mathrm{A} + \alpha_\mathrm{S} + \alpha_\mathrm{T}$ zusammengesetzt[2]. Bei Weltraumstrecken gilt $\alpha = 0$.

Das Signal-Rausch-Verhältnis am Detektor nimmt für große Sendeentfernungen bei quantenbegrenztem Geradeausempfang nach (1.51)

---

[1] Dabei ist angenommen, daß ein kollimiertes Bündel abgestrahlt wird, d.h., daß die Strahltaille nahe am Sendespiegel liegt, was bei größeren Sendeentfernungen die Regel ist. Wie in Abschnitt 1.2.4. gezeigt, ist es aber durchaus möglich, durch Verwendung größerer Sendespiegel über Entfernungen von einigen Kilometern zu fokussieren (1.16). In solchen Nahbereichen wäre der tatsächliche Antennenabstand r um den Fokusabstand d (1.26) zu verringern, so daß für $r < d$ die volle Senderleistung auf die Empfangsantenne gebracht werden könnte (Bild 1.14).

[2] Wie in der Physik üblich, ist α in (6.1) als Extinktionskoeffizient für die Leistung definiert. (In nachrichtentechnischer Schreibweise würde 2α verwendet werden.) In der vorliegenden Schreibweise gilt $10\lg (P_\mathrm{ein}/P_\mathrm{aus}) = \vartheta r = 4{,}343\,\alpha r$, wobei ϑr in dB angegeben wird.

und (6.1) den Wert

$$\frac{S}{N} = \frac{A_\mathrm{S} A_\mathrm{E}}{\lambda^2 r^2} \cdot \frac{\eta P_\mathrm{S} T \mathrm{e}^{-\alpha r}}{2 h \nu B} \tag{6.2}$$

an. Hierin ist P_S die Sendeleistung, T die Transmission der Optiken, B die Bandbreite, η der Quantenwirkungsgrad. (Sind andere Rauschquellen außer dem Photonenrauschen von Bedeutung, so wird S/N gemäß Abschnitt 1.4. schlechter.)

Nach (6.2) wird beispielsweise 1 kW Sendeleistung bei $\lambda = 1\,\mu\mathrm{m}$ benötigt, um die Entfernung Erde–Sonne $(1{,}5 \cdot 10^8\,\mathrm{km})$ bei einem Signal-Rausch-Verhältnis von 100 und einer Bandbreite von 5 MHz mit Spiegeldurchmessern von 50 cm zu überbrücken.

Der Versuch, terrestrische Strecken mit Hilfe von (6.2) zu dimensionieren, wird in der Regel dadurch erschwert, daß die Streckendämpfung in hohem Maße witterungsabhängig ist und sich innerhalb kurzer Zeiträume um Zehnerpotenzen verändern kann. Neben turbulenzbedingten Phasen- und Intensitätsschwankungen kann dabei auch eine Wanderung des Strahlenbündels beobachtet werden, die eine ständige Nachjustierung von Sende- und Empfangsoptik nötig macht.

Da die atmosphärische Beeinflussung nicht nur für die optische Nachrichtentechnik, sondern auch für die an anderer Stelle behandelten Justier-, Vermessungs- und Ortungsaufgaben von großer Bedeutung ist, soll sie im folgenden näher betrachtet werden.

6.2.2. Die Atmosphäre als optischer Kanal

Die atmosphärische Beeinflussung von Laserstrahlen beruht auf der molekularen Absorption der in der Luft gelösten Gase, auf der Streuung an Aerosolen und Staubteilchen sowie auf lokalen kurz- und langzeitlichen Änderungen des Brechungsindex. Neben den sichtbaren Störungen spielen daher die meteorologischen Parameter Luftdruck, Luftfeuchte, Temperatur, Temperaturgradienten und Luftgeschwindigkeit eine entscheidende Rolle.

6.2.2.1. Atmosphärische Absorption. Absorption wird im wesentlichen durch Wasserdampf, Kohlendioxid und Ozon verursacht. Während Kohlendioxid, abgesehen von Industriegebieten, gleichmäßig mit etwa $10^{-2}\,\%$ verteilt ist, nimmt der Ozongehalt mit der Höhe stark zu. Der Wassergehalt schwankt örtlich zwischen $10^{-3}\,\%$ und $1\,\%$ und ist sehr temperaturabhängig. Typische Werte der Dämpfung durch Absorption bei $0{,}6\,\mu\mathrm{m}$ liegen zwischen 1 dB/km und 10 dB/km. Die Absorption der Atmosphäre bewirkt eine homogene Dämpfung des Strahles. Ihr muß durch Wahl geeigneter, in optischen „Fenstern" gelegener Laserfrequenzen Rechnung getragen werden (Bild 6.2).

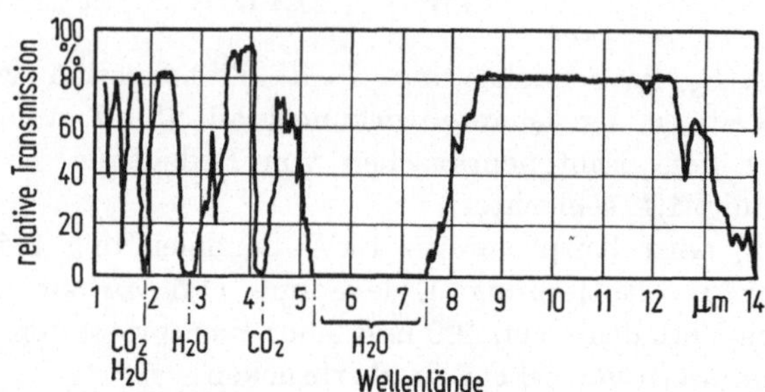

Bild 6.2. Molekulare Absorption der Atmosphäre. In den Fenstern beträgt die Leistungsdämpfung etwa 1 dB/km bis 10 dB/km.

6.2.2.2. Atmosphärische Streuung. Streuung wird durch Dunst (Teilchendurchmesser 0,01 µm bis 1 µm), Rauch- und Staubteilchen (0,1 µm bis 10 µm), Nebel und Wolken (1 µm bis 100 µm), Regen (100 µm bis 1000 µm) und Schnee (> 1 mm) verursacht. Die Rayleigh-Streuung, die an Teilchen mit einem Radius $r \ll \lambda$ erfolgt, kann dabei gegenüber der Mie-Streuung ($r \geq \lambda$) vernachlässigt werden. Bei bekannter Sichtweite V läßt sich der Streukoeffizient α_s für Mie-Streuung mit der zugeschnittenen Näherungsformel

$$(\alpha_s/\mathrm{km}^{-1})\,(V/\mathrm{km}) = 3{,}91 \quad (0{,}55\,\mu\mathrm{m}/\lambda)^{0{,}585\,(V/\mathrm{km})^{1/3}} \qquad (6.3)$$

erfassen. Für Sichtweiten im Bereich $1\,\mathrm{km} < V < 10\,\mathrm{km}$ (schwacher bis starker Dunst) lassen sich aus (6.3) Faustformeln für die Dämpfungskonstante bei vier bedeutenden Wellenlängen ableiten:

$$0{,}63\,\mu\mathrm{m}: \vartheta_\mathrm{S} \approx \frac{15}{V/\mathrm{km}}\,\mathrm{dB}; \quad 0{,}9\,\mu\mathrm{m}: \vartheta_\mathrm{S} \approx \frac{11}{V/\mathrm{km}}\,\mathrm{dB};$$

$$1{,}06\,\mu\mathrm{m}: \vartheta_\mathrm{S} \approx \frac{9{,}5}{V/\mathrm{km}}\,\mathrm{dB}; \quad 10{,}6\,\mu\mathrm{m}: \vartheta_\mathrm{S} \approx \frac{3}{V/\mathrm{km}}\,\mathrm{dB}.$$

Man sieht hieraus, daß der längerwellige CO_2-Laserstrahl erheblich geringer gedämpft wird als der rote HeNe-Laserstrahl. Eine genaue Auswertung von (6.3) zeigt, daß der Dämpfungsunterschied zwischen diesen Wellenlängen bei guter Sichtweite besser ausgeprägt ist als bei geringer Sichtweite. Typische Dämpfungswerte für Nebel, Regen und Schnee finden sich in Tabelle 6.1.

Neben der Strahldämpfung führt die Mie-Streuung auch zu einer fortschreitenden Aufweitung des Lichtbündels.

Tabelle 6.1. Dämpfung von Laserstrahlung durch atmosphärische Einflüsse [6.17]

Ursache		Wellenlänge in μm	Dämpfung in dB/km	Bemerkung
Molekulare		$0{,}4\cdots0{,}7$	$1\cdots10$	durchlässig
Absorption		$0{,}7\cdots25$	$10\cdots100$	durchlässige Fenster
		$25\cdots1000$	$100\cdots10000$	undurchlässig
Rayleigh-Streuung		$0{,}6328$	<1	klein gegenüber Mie-Streuung
Turbulente Streuung		$0{,}6328$	$\ll1$	klein gegenüber Rayleigh-Streuung
Mie-Streuung:				Sichtweite:
Dunst		$0{,}6328$	$1\cdots2$	$20\,\mathrm{km}\cdots30\,\mathrm{km}$
Nebel:	leicht	$0{,}6328$	$3\cdots5$	$\approx10\,\mathrm{km}$
	mittel		$10\cdots12$	$3\,\mathrm{km}\cdots5\,\mathrm{km}$
	stark		>20	$<1\,\mathrm{km}$
Regen:	leicht	$0{,}6328$	$2\cdots4$	$\approx10\,\mathrm{km}$
	mittel		$8\cdots10$	$3\,\mathrm{km}\cdots5\,\mathrm{km}$
	stark		>20	$<1\,\mathrm{km}$
Schnee:	leicht	$0{,}6328$	$5\cdots7$	$\approx10\,\mathrm{km}$
	mittel		$12\cdots15$	$3\,\mathrm{km}\cdots5\,\mathrm{km}$
	stark		>30	$<1\,\mathrm{km}$

6.2.2.3. Turbulenzeffekte. Die ständige Durchmischung von kalten und warmen Luftschichten führt zu lokalen Dichte- und Feuchteschwankungen, die sich optisch als zeitliche und räumliche Brechungsindexschwankungen bemerkbar machen. Ist $\overline{T}$ die mittlere Temperatur und $\overline{\Delta T}$ die mittlere Abweichung, so erhält man als mittlere Abweichung des Brechungsindex $\overline{\Delta n}$ vom Mittelwert $\bar{n}$

$$\overline{\Delta n} = -(\bar{n}-1)\,\overline{\Delta T}/\overline{T}. \tag{6.4}$$

Für $\overline{\Delta T} = 1$ K ergibt sich $|\overline{\Delta n}| = 10^{-6}$, eine Größe, die starker Turbulenz in Bodennähe entspricht [6.16]. Die Ausmaße l der Turbulenzeffekte, innerhalb derer der Brechungsindex noch als homogen angenommen werden kann, reichen von $l_{\mathrm{min}} \approx 1$ mm bis $l_{\mathrm{max}} \approx 5$ m in Bodennähe und $l_{\mathrm{min}} \approx 1$ mm bis $l_{\mathrm{max}} \approx 30$ m in einigen hundert Metern Höhe [6.5]. Je nach der Größe von l relativ zum Bündeldurchmesser d_{B} werden verschiedene Effekte beobachtet, die sich grob wie folgt skizzieren lassen (Bild 6.3): Für $d_{\mathrm{B}} \ll l$ wird das Lichtbündel als ganzes aus seiner ursprünglichen Richtung abgelenkt und wandert in der Empfangsebene zweidimensional aus. Für $d_{\mathrm{B}} \approx l$ wirken die Turbulenzzentren als Linsen, die Teile des Bündels fokussieren oder defokussieren und eine körnige Struktur mit großen räumlichen Intensitätsschwankungen über den

Bündelquerschnitt erzeugen. Für $d_B \gg l$ schließlich erfahren einzelne kleine Strahlanteile völlig regellose Phasenverschiebungen, so daß die räumliche Kohärenz weitgehend gestört und als Folge der Beugung eine Strahlaufweitung hervorgerufen wird.

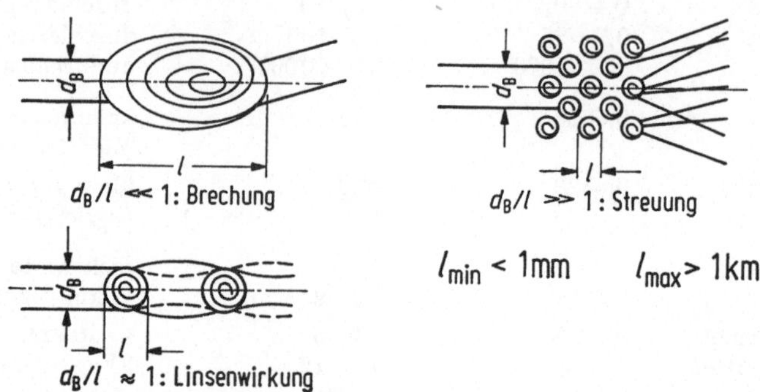

Bild 6.3. Einfluß der atmosphärischen Turbulenz auf die Ausbreitung von Laserstrahlen [6.16].

Die insgesamt zu beobachtenden Störeffekte sind zusammengefaßt mit typischen Fluktuationszeiten in Tabelle 6.2 wiedergegeben.

Durch Strahlszintillationen hervorgerufene Intensitätsfluktuationen können bei Direktempfang in gewissem Umfang durch Vergrößerung der Empfangsantenne ausgemittelt werden. Bei Heterodynempfang wächst der Einfluß der Phasenstörungen jedoch mit wachsender Fläche

Tabelle 6.2. Lang- und Kurzzeitänderungen beim atmosphärischen Empfang von Laserstrahlung; τ charakteristische Zeit für die Änderung eines Meßwertes

Effekt	τ	Typische Schwankungsbreite in %
Dämpfung durch Absorption und Streuung	einige Minuten	$30 \cdots 80$ (CO_2-Laser)
Auswandern des Strahles (Kompensation: Nachführung des Senders)	10 s	–
Änderung im Einfallswinkel (Tanzen des Bildpunktes; Kompensation: Größere Detektorfläche)	–	–
Strahlaufweitung (Intensitätsschwankung)	$0{,}1\,s \cdots 2\,s$	$15 \cdots 30$ (CO_2-Laser)
Szintillationen (Kompensation bei Direktempfang: Große Empfangsantenne)	$1\,ms \cdots 20\,ms$	$5 \cdots 15$ (CO_2-Laser) ≤ 80 (HeNe-Laser) bei mittlerer Turbulenz
Polarisationsschwankungen	–	–

der Empfangsantenne, so daß in diesem Fall ein Kompromiß bezüglich
der Größe des Empfangsspiegels getroffen werden muß [6.2].

Im ganzen gesehen liegen wenige quantitative experimentelle Daten über die
Lichtausbreitung in turbulenten Medien vor. Theoretische Arbeiten stützen sich
im wesentlichen auf ein von Tatarski [6.8] vorgeschlagenes Modell (Literaturüber-
sicht in [6.6]) und liefern die Abhängigkeit der logarithmischen Intensitätsschwankungen[1] von λ und der Länge L des Ausbreitungsweges:

$$\sigma_{\ln S}^2 = \overline{[\ln S/S_\mathrm{A}]^2} \sim \lambda^{-7/6} L^{11/6} C_\mathrm{n}^2 \tag{6.5}$$

(S momentane, S_A ursprüngliche Leistungsflußdichte, C_n Strukturparameter, der
die Stärke der Turbulenz angibt: $C_\mathrm{n} = 8 \cdot 10^{-9}\,\mathrm{m}^{-1/3}$ bei schwacher, $C_\mathrm{n} = 4 \cdot 10^{-8}\,\mathrm{m}^{-1/}$
bei mittlerer, $C_\mathrm{n} = 5 \cdot 10^{-7}\,\mathrm{m}^{-1/3}$ bei starker Turbulenz).

Im Gegensatz zu (6.5) stellt man experimentell jedoch fest, daß $\sigma_{\ln S}^2$ nicht beliebig
mit $L^{11/6}$ anwächst, sondern mit $\sigma_{\ln 2}^2 = 2,4$ einen Sättigungswert erreicht. Für
Lichtwege, die nahe am Boden verlaufen, wird dieser Wert nach 1 km bis 2 km
Weglänge erreicht, für Weltraumstrecken kann Sättigung nur erwartet werden,
wenn die Sendewinkel bezüglich der Erdoberfläche einige Grad nicht überschreiten
[6.6].

Für die Phasenfluktuationen zwischen zwei auf der Wellenfront gelegenen und
um ϱ getrennten Punkten wird theoretisch die Beziehung

$$\sigma_\Phi^2(\varrho) \sim \varrho^{5/3} \lambda^{-2} L \tag{6.6}$$

abgeleitet [6.4, 6.6]. Die räumliche Kohärenz des Strahles ist beträchtlich gestört,
wenn $\sigma_\Phi(\varrho_0) \approx \pi$. Die zugehörige räumliche Kohärenzlänge ϱ_0 ist in Bild 6.4 für
verschiedene Wellenlängen wiedergegeben.

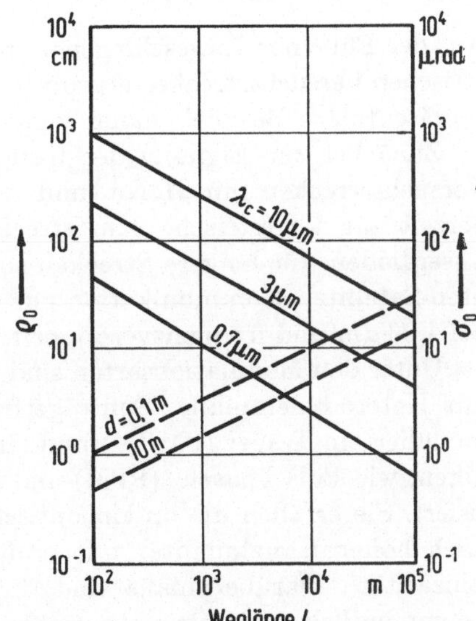

Bild 6.4. Ausgezogene Kurven: Räumliche Phasenkohärenzlänge ϱ_0 in Abhängigkeit von der Weglänge L bei verschiedenen Wellenlängen. Strichlierte Kurven:
Standardabweichung $\sigma_\Theta = \left[\overline{(\Theta - \overline{\Theta})^2}\right]^{1/2}$
vom Ankunftswinkel Θ in Abhängigkeit
von L. Beides bei mittlerer Turbulenz
[6.4].

---

[1] Berechnet wird die Varianz der logarithmierten Intensitäten: $\sigma_{\ln S}^2 = \overline{(x - \bar{x})^2}$
mit $x = \ln S$.

Phasen und Intensitätsfluktuationen ändern sich bei Variation der Wellenlänge innerhalb von 0,1 nm nur geringfügig. Bei zwei um eine Oktave verschiedenen Wellenlängen sind die Erscheinungen jedoch völlig unkorreliert. Wie (6.5) und (6.6) und Bild 6.4 zeigen, ist langwellige Laserstrahlung durch turbulente Medien wesentlich geringer gestört als kurzwellige Strahlung. Da auch die Streuverluste mit der Wellenlänge stark zurückgehen, sind Laser mit langwelliger Strahlung, wie der CO_2-Laser, für atmosphärische Richtfunkstrecken am besten geeignet. Eventuell störende Wasserdampfabsorptionen können beim CO_2-Laser durch Verwendung von CO_2-Isotopenmolekülen weitgehend vermieden werden.

Die Strahlaufweitung infolge atmosphärischer Turbulenz hat u.a. zur Folge, daß bei vertikalem Durchgang durch die Atmosphäre (das entspricht etwa 3 km parallel zur Erdoberfläche) bestenfalls eine Winkelauflösung von 2 Bogensekunden oder 10^{-5} rad erreicht wird. Im Hinblick auf hohe Winkelauflösung ist es also sinnlos, Spiegel mit größerem Durchmesser als $D \approx 10^5 \lambda$ zu verwenden ($D \approx 6$ cm für HeNe-Laser, $D \approx 1$ m für CO_2-Laser). Größere Spiegel erhöhen nur die Lichtstärke. Umgekehrt kann auch durch Verwendung sehr großer Spiegel über die oben angegebene atmosphärische Strecke der Länge L keine bessere Fokussierung erzielt werden als $10^{-5}L$ (zum Vergleich sei auf Abschnitt 1.3. verwiesen).

6.2.3. Systembetrachtungen

Aus der Fülle der vorgeschlagenen, teils im Laboratorium und auf terrestrischen Versuchsstrecken erprobten Laserrichtfunksysteme sollen einige repräsentative Beispiele näher vorgestellt werden.

Zunächst zur Eignung der Komponenten: Obwohl eine Reihe von Versuchsstrecken mit HeNe- und Ar-Lasern betrieben wurden, stehen derzeit für terrestrische Kurzstrecken nur noch Lumineszenz- und Laserdioden, für längere Strecken sowie für Erde-Satelliten- und Satelliten-Satelliten-Kommunikation nur CO_2- und Nd:YAG-Laser, letzterer bei 1,06 μm und frequenzverdoppelt, zur Diskussion.

Unter den Modulationsarten sind optische Frequenzmodulation (FM) mit Heterodynempfang, Subträgerfrequenzmodulation mit intensitätsmoduliertem Träger (FM/IM) und eine Reihe von Pulsmodulationstechniken, wie Puls-Phasen- (PPM) und Puls-Code-Modulation (PCM) favorisiert. Sie erfüllen die an ein optisches System gestellten Forderungen nach hoher Kanalqualität mit großer Dynamik und hohem Grad an Linearität[1]. Darüberhinaus sind die genannten Modulationstechniken unempfindlich gegenüber atmosphärischen Intensitätsfluktuationen, da

---

[1] Elektrooptische Ampliduden- oder Intensitätsmodulation (Abschnitt 1.4) kann beispielsweise die Linearitätsanforderungen nicht erfüllen.

bei ihnen, im Gegensatz etwa zur analogen Amplitudenmodulation, eine Amplitudenschwankung keine Signalstörung auslöst. Atmosphärische Phasenschwankungen können jedoch bei allen Frequenz- und Phasen- modulationstechniken Störungen erzeugen.

Analoge Intensitätsmodulation wird nur bei einfachen, mit Lumines- zenzdioden ausgerüsteten Sprechfunkgeräten in Betracht gezogen. Labor- gerät dieser Art haben eine Reichweite von wenigen Kilometern und eine Streckensicherheit von etwa 90 %.

Für breitbandige terrestrische Kurzstrecken sind PPM- oder PCM- Verfahren unter Verwendung direkt modulierbarer Laser- oder Lumines- zenzdioden vorgesehen. Die Sender werden gelegentlich in Arrays ver- wendet und gestatten Impulszeiten bis zu 1 ns. Richtfunksysteme dieser Art mit Reichweiten bis zu 1 km und Bandbreiten bis zu 2 Mbit/s sind dazu gedacht, für Ton-, Bild- und Datenübertragung anstelle von Kabeln zur Überbrückung kurzer Strecken, etwa von Hauptverkehrsadern, eingesetzt zu werden [6.3].

Für größere terrestrische Strecken sind PCM-Techniken unter Ver- wendung modengekoppelt oszillierender Laser im Gespräch (Abschnitt 1.2.). Der dafür am besten geeignete Laser, der Nd:YAG-Laser (1,06 μm oder – frequenzverdoppelt 0,53 μm), kann bis zu 10^9 Impulse/s emittieren, die mit einem nachgeschalteten Modulatorkristall moduliert werden. Eine geeignete Schaltung am Detektor öffnet diesen nur zu den Impuls- erwartungszeiten. Zusätzlich zur spektralen und räumlichen Filterung kann somit eine zeitliche Diskriminierung des Signals gegenüber dem Rauschen vorgenommen werden (Pulse gated binary modulation, PGBM). Mit Systemen dieser Art wurden etwa 200 Mbit/s übertragen [6.10]. Nachrichtentechnisch am weitesten fortgeschritten (obwohl mit HeNe-Laser aufgebaut), ist eine von der Nippon Electric Co. (NEC) zwischen Yokohama und Tamagawa aufgebaute Laserrichtfunkstrecke, die mit drei Verstärkerstationen eine Strecke von 14 km in zwei Rich- tungen überbrückt. Die mit PCM/IM betriebene Strecke ist für kommer- zielle Nutzung gedacht, vermag in drei Kanälen je 13,7 MHz Bandbreite zu übertragen und zeigt im 24-h-Einsatz etwa 1 %, während der Tag- zeiten etwa 0,4 % Ausfallzeiten. Bei der hohen Niederschlagsneigung in Japan stellt dies eine beachtliche Leistung dar. Technische Daten der Strecke sind in Tabelle 6.3 gegeben; eine schematische Darstellung der Sender- und Empfängerseite ist in Bild 6.5 gezeigt [6.11, 6.12].

Für Nachrichtenübertragung mittels Laser im Weltraum werden neben dem oben erwähnten PGBM-System mit Nd:YAG-Laser vor allem optische FM-Systeme mit Heterodynempfang unter Verwendung frequenzstabiler CO_2-Laser diskutiert. Diese Laser stehen inzwischen mit Brennlebensdauern von 10000 h zur Verfügung und geben in vernünf- tigen Abmessungen gute Ausgangsleistungen. Als noch offenes Problem

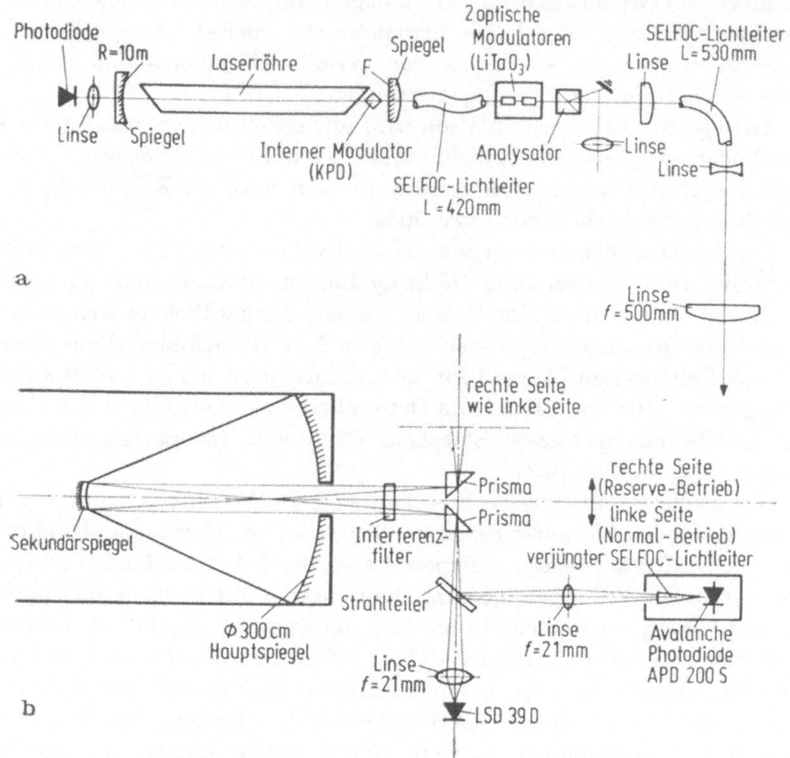

Bild 6.5. Sende- und Empfangsseite der NEC-Richtfunkstrecke [6.11].

Tabelle 6.3. Technische Daten von Lasersystemen

	NEC, PCM/IM [6.11]	Hughes, Optische FM [6.13]
Wellenlänge (μm)	0,63; HeNe, modengekoppelt	10,6; CO_2
Leistung (W)	0,003; in jedem von zwei reduntanten Sendern	1
Detektor	Si-Avalanche PhD	Ge:Hg (21 K), Heterodyn-E., 30 MHz Zf
Modulator	Li-Tantalat	GaAs, Phasenmodulation
Modulation	PCM/IM	Optische FM, intern
Codierung	PCM Delta	analog
PCM Bitrate	$\approx$ 124 M bit/s	
Basisbandbreite	13,7 MHz je Kanal, 3 Kanäle	5 MHz, Fernsehkanal
Reichweite	14 km, 3 Repeaterstationen, Repeaterabstand 2,5 km bis 25 km	25 km, S/N: 50 dB

muß vorläufig die Breitbandmodulation dieser Laser angesehen werden. Wegen der geringen Linienbreite der CO_2-Linien ist die mit geringer Modulationssteuerleistung durchführbare interne Frequenzmodulation nur bis zu Bandbreiten von 50 MHz möglich[1]. Für externe Modulation mit GaAs- oder CdTe-Modulatoren werden jedoch so hohe Steuerspannungen benötigt, daß 100 MHz derzeit noch nicht überschritten wurden. Optische FM-Systeme wurden an verschiedenen Stellen erprobt [6.3, 6.15], wobei mit CO_2-Lasern maximal 5 MHz (1 Fernsehbild), mit HeNe-Lasern bei 3,39 μm etwa 25 MHz Bandbreite übertragen wurden. Den schematischen Aufbau einer im Goddard Space Flight Center der NASA entwickelten CO_2-Heterodyn-Empfangsstation zeigt Bild 6.6.

Obwohl optische FM-Systeme, bedingt durch die hohen Anforderungen an die Frequenzkonstanz von Sender- und Lokaloszillator und die störanfällige Justierung der zu überlagernden Lichtbündel, als aufwendig und unpraktisch gelten, stehen sie bei der Verwirklichung von Laser-Satelliten-Übertragungsstrecken wegen ihrer niedrigen rauschäquivalenten Eingangsleistungen ernsthaft zur Diskussion.

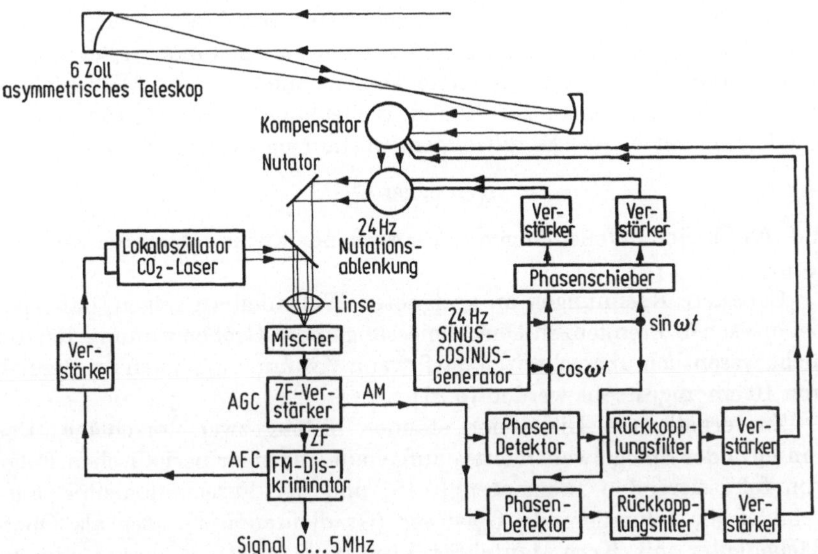

Bild 6.6. Heterodynempfänger, Blockdiagramm. Die Strahlung wird durch ein asymmetrisches Teleskop (bezüglich der optischen Achse) fokussiert und tritt durch zwei Ablenkeinrichtungen. Der Kompensator gleicht Richtungsschwankungen aus. Nach dem Verlassen des Nutators erfährt ein nicht genau zentrierter Strahl eine Rotation um die Sollachse (hier mit 24 Hz). Das Mischungssignal zeigt in diesem Fall eine Amplitudenmodulation, die ein Steuersignal für den Nutator liefert. Die im Mischer erzeugte Zwischenfrequenz wird durch automatische Frequenzkontrolle auf 30 MHz konstant gehalten [6.14].

---

[1] Die in der Bandbreite unbegrenzte Auskoppelmodulation (Abschnitt 1.4.) liefert eine Amplitudenmodulation.

6.3. Optische Nachrichtentechnik mit Wellenleitern

6.3.1. Überblick

Da atmosphärische Lasernachrichtenstrecken nicht so betriebssicher wie kommerzielle Strecken sind, lag es nahe, in Analogie zur Hochfrequenztechnik, nach geschlossenen, dem Einfluß der Atmosphäre entzogenen Lichtwellenleitern Ausschau zu halten, die eine Nutzung des Lasers für ortsfeste Nachrichtenübertragungssysteme ermöglichen.

Beim Bemühen, Lichtwellenleiter zu realisieren, sah man sich zunächst prinzipiellen Schwierigkeiten gegenübergestellt:

a) Die Dämpfung durch Absorption und Streuung in den bekannten optischen Materialien der üblichen Qualität war so hoch, daß längere Strecken damit nicht überbrückt werden konnten.

b) Um Abstrahlungsverluste und Modenumwandlung durch schwankende Abmessungen von Querschnitt und Oberfläche eines Wellenleiters zu vermeiden, muß dieser auf Bruchteile der Lichtwellenlänge genau gearbeitet sein.

c) Sofern man einen Lichtleiter nicht nur geradlinig, sondern auch flexibel mit unterschiedlichen Krümmungen verlegen möchte, muß man dafür sorgen, daß durch geeignete Dimensionierung von Wellenleiterbreite d, Krümmungsradius R und Wellenlänge λ die Führungseigenschaft erhalten bleibt. Es gilt allgemein die Ungleichung [6.21]

$$R > \text{const } d^3/\lambda^2, \tag{6.7}$$

die für kleine Wellenlängen entsprechend kleine Querabmessungen fordert.

Genauere Rechnungen an geeigneten Wellenleitern zeigen, daß man bei optischen Frequenzen Querabmessungen der Größenordnung 100 μm nicht wesentlich überschreiten darf, wenn Krümmungsradien im Bereich von 10 cm angestrebt werden [6.21].

Zur ernsthaften Diskussion standen bislang zwei Vorschläge: Der Linsen- oder Spiegelwellenleiter, aufgebaut aus einer periodischen Folge von fokussierenden Elementen [6.18] und der Faserwellenleiter, ausgebildet als fokussierende Glasfaser (Gradientenfaser) oder als Oberflächenleiter mit Kern-Mantel-Struktur [6.22, 6.23]. Während Linsenleiter die Forderungen nach geringer Streckendämpfung leicht erfüllen, hinsichtlich der Flexibilität jedoch schwerwiegende Nachteile bringen, lassen sich mit Faserleitungen zwar auf einfache Weise hochflexible optische Kabel herstellen; die Forderungen nach geringen Dämpfungsverlusten schienen jedoch lange Zeit unerfüllbar zu sein. Der entscheidende Durchbruch gelang den Corning-Glas-Werken mit einer Faser, deren Dämpfung in schmalen Spektralbereichen auf 20 dB/km [6.25], in weiteren Entwicklungsschritten dann auf 2 dB/km gesenkt werden konnte. Dieser bedeutende Erfolg bei einer der wesentlichen Komponenten eines optischen Nachrichtensystems mit geführten Wellen entfachte eine breite internationale Aktivität: Optische Fasersysteme mit Halbleiterlasern als Sender und Avalanche-Dioden als Empfänger sind seither der erklärte Favorit der optischen Nachrichtentechnik. Den Übertragungseigenschaften optischer Fasern und dem Aufbau von Faserstrecken ist daher der überwiegende Teil der folgenden Ausführungen gewidmet. Am Anfang soll eine kurze Behandlung des Linsenwellenleiters stehen.

6.3.2. Linsenwellenleiter

Eine periodische Folge von Linsen der Brennweite f im Abstand $L < 2f$ (Bild 6.7) entspricht hinsichtlich der Strahlkonzentrierung und Strahlführung einem optischen Resonator mit sphärischen Spiegeln vom Radius $R = 2f$ im Abstand L (Abschnitt 1.2.2.). Ein in einer linear ausgerich-

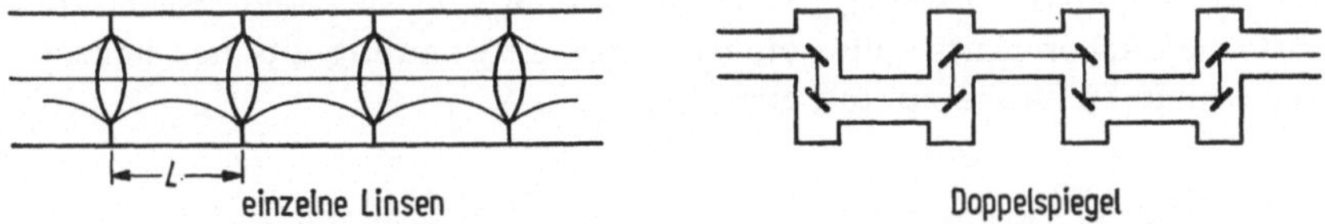

Bild 6.7. Verschiedene Strahlwellenleiter (schematisch). a) Linsenwellenleiter; b) Spiegelwellenleiter, ermöglicht abrupte Richtungsänderungen.

teten Linsenleitung verlaufender Strahl bleibt eingefangen, solange die Stabilitätsbedingung (1.2) erfüllt ist. Neben Absorptionsverlusten im Linsenmaterial und Reflexionsverlusten an den Oberflächen erleidet ein Lichtbündel Beugungsverluste an den Linsenrändern. Diese sind am geringsten bei konfokaler Anordnung ($L = 2f$). Insgesamt muß man mit Verlusten von mindestens 1 % je Linse rechnen, so daß sich bei Abständen von 1 m Dämpfungswerte um 1 dB/km ergeben. Diese günstigen Werte dürfen jedoch nicht darüber hinwegtäuschen, daß in der Praxis eine zuverlässige Strahlführung nicht ohne weiteres gewährleistet ist. Eine erste Störung bewirken die gaserfüllten Zwischenstrecken, die beispielsweise bei Temperaturgradienten von 10^{-3} K auf 5 cm Bündeldurchmesser zu einer Auslenkung von 5 cm auf 1,5 km führt [6.19]. Die stärkste Einschränkung ergibt sich im Hinblick auf Krümmungen. Der minimale Krümmungsradius, mit dem Linsenleitungen verlegt werden können, ohne daß allzu große Verluste durch Auswanderung des Bündels entstehen, ist durch

$$r_{\min} = \sqrt{L^3/\lambda} \tag{6.8}$$

gegeben [6.27]. Schon für den indiskutabel kleinen Linsenabstand $L = 10$ m ergibt dies den Wert $r_{\min} = 30$ km. Dies bedeutet, daß einerseits Richtungsänderungen nur unstetig mittels Prismen oder Spiegelkombinationen vorgenommen werden können, und daß andererseits die Justierung der Einzellinsen oder Spiegel mit extrem hoher Genauigkeit vorgenommen und aufrechterhalten werden muß. Wie Berechnungen zeigen [6.36], tritt schon bei einer relativen Verschiebung der Einzelelemente von 10^{-6} ihres Durchmessers gegenüber der optischen Achse eine starke Anregung unerwünschter Ausbreitungsmoden mit höherer Dämpfung auf. Allgemein müssen die Winkel- bzw. Versetzungsstörungen in der Größenordnung von 10^{-4} im quadratischen Mittel gehalten werden, wenn eine Zusatzdämpfung vom Zehnfachen des normalen Wertes vermieden werden soll. Versuche in den Bell-Laboratorien an mehreren hundert Meter langen unterirdischen Strecken haben ergeben, daß man die optischen Elemente eines Linsenleiters auf automatisch geregelte Halterungen montieren muß, wenn ein konstanter Betrieb aufrechterhalten werden soll [6.27, 6.28]. Obwohl auch von anderen bedeutenden nachrichtentechnischen Firmen Versuchsstrecken mit Linsenleitern aufgebaut werden [6.24], scheint wegen des technischen und wirtschaftlichen Aufwandes eine breitere Anwendung aus der heutigen Sicht nicht in Frage zu kommen.

6.3.3. Gradientenfaser mit Selbstfokussierung

Läßt man gedanklich den Abstand zwischen den ideal dünnen Linsen eines Linsenwellenleiters gegen Null gehen, so erhält man ein kontinuierlich führendes Medium. Es zeichnet sich dadurch aus, daß der Brechungsindex von einem Maximalwert auf der Achse zum Rand des Querschnitts hin stetig abfällt. Derartige Wellenleiter wurden zuerst mit gasgefüllten, geheizten Rohren [6.29], später mit Glasstäben und Glasfasern realisiert [6.31, 6.35]. Das Brechungsindexprofil kann durch langsamen Ionenaustausch (z. B. Thallium $\rightarrow$ Kalium) in Glasstäben oder durch rasche Diffusion beim Ziehen aus konzentrisch angeordneten Schmelzen mit Gläsern unterschiedlicher Brechungsindizes erhalten werden.

Bei parabolischem Brechungsindexverlauf[1]

$$n = n_0 \left(1 - \frac{1}{2}\, a^2 r^2\right), \tag{6.9}$$

---

[1] Typische Faserparameter: $a^2 = 1{,}5$ mm^{-2} bis $0{,}2$ mm^{-2} und Brechungsindexdifferenz zwischen Faserzentrum ($r = 0$) und Faserrand ($r = r_{\mathrm{R}}$): $\Delta n = 0{,}012$ bis $0{,}015$.

längs des Faserradius können paraxiale[1] Lichtbündel nach den Gesetzen der Strahlenoptik behandelt werden [6.20]. Ein im Abstand r_0 von der Achse unter dem Winkel φ_0 eingetretener Lichtstrahl pendelt demnach gemäß

$$r = r_0 \cos az + \frac{\varphi_0}{a\,\varphi} \sin az \qquad (6.10)$$

mit der Periode $L = 2\pi/a$ um die Achse. Tritt ein paralleles Lichtbündel ein, so wird es, wie in Bild 6.8 gezeigt, längs der Achse periodisch fokussiert. Entsprechend den Gesetzen der Strahlenoptik haben alle Strahlen

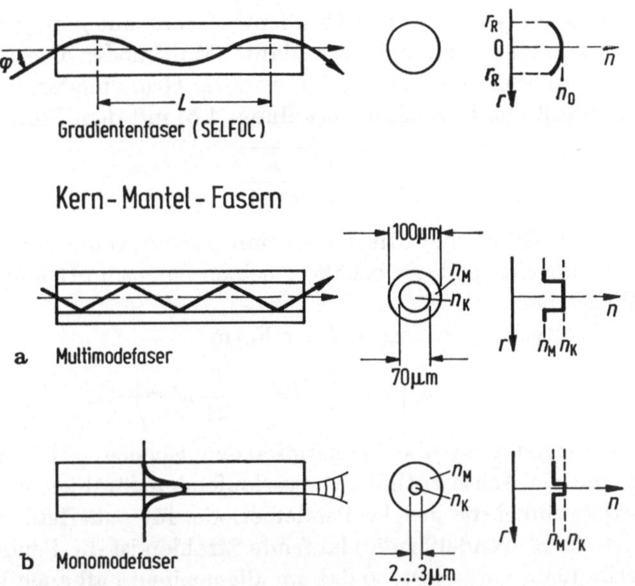

Bild 6.8. Glasfaserwellenleiter. Bei der Kern-Mantel-Monomodefaser ist die Intensitätsverteilung über dem Querschnitt angedeutet. Die Strahlung divergiert nach dem Austritt.

etwa die gleiche Laufzeit durch die Faser, gleich ob sie sich in der Achse oder pendelnd bewegen. Dies beruht anschaulich darauf, daß sie sich in den optisch dünneren Randzonen schneller fortpflanzen als im optisch dichteren Kern. Eine wellenoptische Betrachtung der fokussierenden Faser zeigt, daß ähnlich wie bei Linsenleitern oder Laserresonatoren mit sphärischen Spiegeln ein Spektrum von TEM-Moden vorliegt [6.20]. Die Gruppengeschwindigkeiten der einzelnen Moden sind jedoch in Übereinstimmung mit der strahlenoptischen Aussage nur sehr wenig voneinander

---

[1] Der Winkel φ zwischen Strahl und Faserachse ist so klein, daß $\tan\varphi \approx \sin\varphi \approx \varphi$ und $\cos\varphi \approx 1$ gesetzt werden können.

unterschieden. Nachrichtentechnisch ist dies von großer Bedeutung, da in diesem Fall – sieht man von der Materialdispersion einmal ab – nur eine geringe Pulsverbreiterung bei der Übertragung kurzer Pulse zu erwarten ist (Abschnitt 6.4.). Für Strahlen, die unter beliebigem Winkel φ die Achse schneiden, berechnet man einen Laufzeitunterschied

$$\Delta t \sim (\Delta n)^2 \tag{6.11}$$

gegenüber den paraxialen Strahlen. Δn ist dabei der während der Pendelperiode durchlaufende Brechungsindexunterschied. Bei Kern-Mantel-Fasern findet man, wie in (6.23) noch gezeigt werden wird, daß $\Delta t \sim \Delta n$. Da $\Delta n \ll 1$, ist somit bei gegebener maximaler Brechungsindexdifferenz bei parabolischen Gradientenfasern mit geringeren Laufzeiteffekten zu rechnen als bei Kern-Mantel-Multimoden-Fasern.

Der Grundmodus der Faser zeigt, wie die Grundmoden TEM_{00} der Laser, eine Gaußsche Intensitätsverteilung (1.5) mit dem Fleckradius

$$w = \sqrt{\frac{\lambda}{\pi n_0 a}}. \tag{6.12}$$

Wird daher ein Gaußscher Laserstrahl mit gleich großer Strahltaille w in die Faser eingekoppelt, so behält er seinen Querschnitt längs des gesamten Weges bei.

Wenn ein Brechungsindexprofil der Form

$$n = n_0 \left(1 - \frac{1}{2}\, a^2 r^2 + \frac{5}{24}\, a^4\, r^4 \right) \tag{6.13}$$

vorliegt, so zeigen zwar alle in meridionalen Ebenen – d.h. in Faserschnitten, die die Achse enthalten – verlaufenden Strahlen unabhängig vom Eintrittswinkel die gleiche Pendelperiode, für außerhalb der Meridianschnitte (z.B. wendelförmig) laufende Strahlen ist die Pendelperiode jedoch geringfügig verändert, so daß im allgemeinen Fall auch bei einem Brechungsindexprofil nach (6.13) mit Laufzeitunterschieden gerechnet werden muß [6.32, 6.34].

Realistischerweise muß man davon ausgehen, daß das Brechungsindexprofil kommerzieller Fasern vom idealen Verlauf abweicht und auch die paraxiale Näherung – beispielsweise bei stärkeren Krümmungen – unzulässig ist. Im allgemeinen werden somit mehr oder weniger große Laufzeitunterschiede für verschiedene Moden auftreten. Um bei gekrümmter Faserachse zumindest die Führungseigenschaften der Faser aufrechtzuerhalten, darf der Strahl die durch $r = r_\text{R}$ gekennzeichnete Berandung des Wellenleiters nicht erreichen. Der zulässige Krümmungsradius ist bei einmaliger Krümmung durch

$$R > \frac{2}{a^2 r_\text{R}} \tag{6.14}$$

gegeben. Dieser Radius R vergrößert sich erheblich, wenn sich die Krümmung fortwährend nach Größe und Richtung ändert. Eine besonders starke Beeinträchtigung der Strahlführung tritt dann ein, wenn die Korrelationsreichweite u der Richtungsschwankungen (d.h. die durchschnittliche Streckenlänge, auf der Änderungen eintreten) mit der Undulationsperiode l durch die Beziehung

$$l = 2\pi u \tag{6.15}$$

verknüpft ist [6.21].

Für diesen ungünstigsten Fall läßt sich die zulässige mittlere Krümmung $K = \sqrt{\overline{K^2}}$ bei der Streckenlänge s aus der Beziehung

$$s\,\overline{K^2} = 2r_{\mathrm{R}}^2 a^3 \tag{6.16}$$

berechnen.

Wertet man die theoretischen Ergebnisse anhand typischer Faserparameter aus, so zeigt sich, daß an die Strahlführungseigenschaften der Gradientenfaser auf längere Strecken wahrscheinlich keine allzu großen Erwartungen geknüpft werden dürfen (z.B. erhält man mit den typischen Faserparametern [6.35] $a = 0{,}6\ \mathrm{mm^{-1}}$, $r_{\mathrm{R}} = 0{,}25\ \mathrm{mm}$ und $s = 1\ \mathrm{km}$ die Größen $l = 10\ \mathrm{cm}$, $R > 25\ \mathrm{mm}$; $1/K \approx 12\ \mathrm{m}$).

Für optische Verbindungen auf kurzen Wegstrecken haben sich Gradientenfasern dagegen sehr gut bewährt. Da sie außerdem mit konischen Erweiterungen versehen werden können ohne ihre Führungseigenschaften zu verlieren, eignen sie sich hervorragend als Koppelelemente zur gegenseitigen Anpassung verschieden großer Querschnitte.

Die Streckendämpfung kommerzieller Graidentenfasern (SELFOC von Nippon Sheet Glass Co., Osaka) konnte innerhalb kurzer Zeit auf unter $100\ \mathrm{dB/km}$ gesenkt werden; Laboratoriumswerte liegen bei $20\ \mathrm{dB/km}$ bis $50\ \mathrm{dB/km}$ im Bereich von $0{,}85\ \mu\mathrm{m}$. Die jüngste Entwicklung an SELFOC-Fasern zielt offensichtlich darauf hin, innerhalb einer relativ kleinen Kernzone einen sehr steilen Gradienten zu erzeugen. Es ist zu erwarten, daß sich derartige Fasern ähnlich wie die noch zu behandelnden Monomode-Mantelfasern (Abschnitt 6.3.4.) verhalten, d.h. nur verschwindend kleine Laufzeitdispersion zeigen.

6.3.4. Ummantelte Kernfasern

6.3.4.1. Ausbreitungsmoden. Kern-Mantel-Fasern sind aus einem (im allgemeinen zylindrischen) Glaskern und einem Glasmantel mit etwas geringerem Brechungsindex aufgebaut ($\Delta n/n \approx 0{,}5\,\%$ bis $5\,\%$). In einem Faserkern, dessen Durchmesser d groß gegenüber der Lichtwellenlänge λ_0

ist, kann die Lichtausbreitung geometrisch-optisch durch all die Strahlen
beschrieben werden, die durch wiederholte Totalreflexion an der Kern-
Mantel-Grenzfläche unter verschiedenen Winkeln durch die Faser laufen.
Ist der Durchmesser des Faserkerns vergleichbar mit der Wellenlänge,
muß aufgrund der dann dominierenden Interferenzeffekte eine wellenoptische Betrachtung durchgeführt werden. Sie zeigt, daß die Lichtausbreitung durch eine endliche und je nach Faserdimensionierung verschieden große Zahl von ausbreitungsfähigen Moden beschrieben wird. Bei
größeren Kerndurchmessern können den einzelnen Moden geometrisch-
optische Laufrichtungen zugeordnet werden. Die Feld- und Intensitätsverteilung der Moden ist nicht nur auf den Kern beschränkt, sondern
greift je nach Modentyp und Kerndurchmesser mehr oder weniger stark
auf den Außenraum über (Bild 6.11).

Kernfasern sind demnach als typische Oberflächenwellenleiter anzusehen. Der Mantel dient nur dem Schutz der Kernoberfläche gegen
mechanische Verletzungen und Verschmutzung. Die Manteldicke muß
so stark gewählt werden, daß die außerhalb des Kerns laufende quer-
gedämpfte Welle an der Mantelberandung nur noch verschwindende
Intensität aufweist. Für Dickkernfasern, bei denen der Kern nur von
einer dünnen Lichthaut umgeben ist, sind demgemäß nur dünne Mäntel
(Kerndurchmesser 20 μm bis 70 μm; Mantelstärke 2 μm bis 10 μm), bei

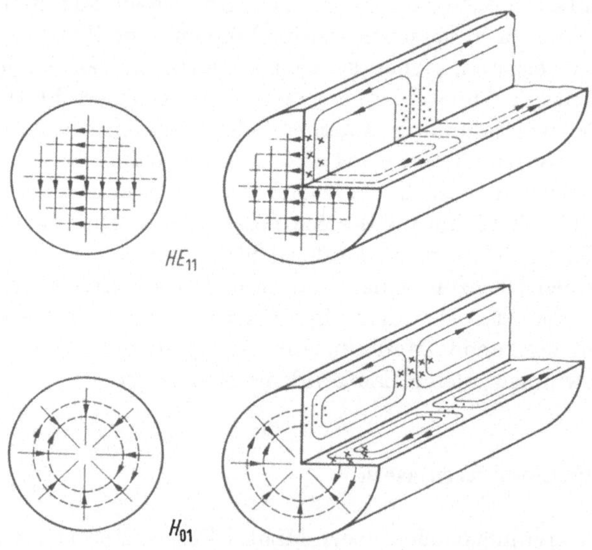

Bild 6.9. Verlauf der elektrischen Feldlinien (gestrichelt) und der magnetischen Feldlinien (aus-
gezogen) beim Grundmodus HE_{11} und beim transversal-elektrischen Modus H_{01} (TEM_{01}) von
zylindrischen Kern-Mantel-Lichtleitfasern [6.40].

Dünnkernfasern dagegen große Mantelstärken nötig (Kerndurchmesser 1 µm bis 5 µm, Mantelstärke 10 µm bis 50 µm).

Die Lösungen der Eigenwertgleichungen des zylindrischen dielektrischen Wellenleiters zeigen, daß im allgemeinen vier verschiedene Klassen von Wellenformen ausbreitungsfähig sind, die sich hinsichtlich der Feldkomponenten in Ausbreitungsrichtung unterscheiden [6.33, 6.40]: E_{0m}-Moden[1] mit elektrischer und H_{0m}-Moden[1] mit magnetischer Feldkomponente, sowie hybride HE_{nm}- und EH_{nm}-Wellenformen mit elektrischen und magnetischen Feldkomponenten in Ausbreitungsrichtung. Der Index n zählt die Anzahl der Nullstellen der jeweiligen Längskomponenten über dem halben Faserumfang, m die Nullstellen in radialer Richtung (Bild 6.9).

In einer Faser mit vorgegebenem Brechungsindexunterschied $\Delta n = n_1 - n_2$ zwischen Kern und Mantel ist ein Modus mit bestimmter Ordnung n und m bei der Wellenlänge λ jedoch nur dann ausbreitungsfähig, wenn der Kerndurchmesser d einen Grenzdurchmesser $d_g(\lambda_0, n_1, n_2)$ nicht unterschreitet. Eine Ausnahme hierzu macht allein der Grundmodus HE_{11}, für den kein Grenzdurchmesser existiert.

Im Hinblick auf die Bedeutung der ausbreitungsfähigen Moden für die Signalübertragungseigenschaften der Kern-Mantel-Faser soll die bislang qualitative Aussage noch formelmäßig erhärtet werden.

Es seien $k_1 = 2\pi n_1/\lambda$ und $k_2 = 2\pi n_2/\lambda$ die Ausbreitungskonstanten einer Welle für das Kern- bzw. Mantelmaterial. Da sich ein Modus, wie oben erwähnt, im Kern und Mantel ausbreitet, muß für seine Ausbreitungskonstante h

$$k_1 \geq h \geq k_2 \tag{6.17}$$

gelten. Mit den Ansätzen

$$h^2 = k_1^2 - \left(\frac{2u}{d}\right)^2, \qquad h^2 = k_2^2 + \left(\frac{2w}{d}\right)^2 \tag{6.18}$$

ist jeder Modus bei gegebenen Werten von n_1, n_2, d und λ durch u-w-Paare charakterisiert. Der funktionale Zusammenhang von u und w wird aus den Lösungen der Eigenwertgleichung des zylindrischen dielektrischen Wellenleiters ersichtlich [6.33]. Die Lösungskurven für die einzelnen Moden sind in Bild 6.10 gezeigt. Da nach (6.18) u und w auch der Beziehung

$$u^2 + w^2 = \left(\frac{\pi d}{\lambda}\right)^2 (n_1^2 - n_2^2) = \varrho^2(d, \lambda, n_1, n_2) \tag{6.19}$$

genügen müssen, geben die Schnittpunkte der Lösungskurven mit dem nach (6.19) dargestellten Kreis an, welche Moden bei gegebenem ϱ, d.h. bei gegebenen Faserparametern, ausbreitungsfähig sind.

Man erkennt, daß als einziger der HE_{11}-Modus für $w \to 0$ dem Koordinatenursprung zustrebt, also für beliebig kleine Werte von ϱ existent ist, alle anderen Moden jedoch durch Grenzparameter $u_{n,m}$ charakterisiert sind, die sie nicht unter-

---

[1] E_{0m}-Moden werden auch als TM_{0m}-, H_{0m}-Moden auch als TE_{0m}-Moden bezeichnet [6.33].

schreiten können (Tabelle 6.4). Für $w \to 0$ geht $h \to k_2$; das bedeutet anschaulich, daß der betreffende Modus immer stärker in den Mantelbereich gedrängt wird und schließlich nicht mehr geführt wird (Bild 6.11).

Der Grenzdurchmesser für den H_{01}-Modus berechnet sich bei gegebenem λ zu

$$d_g(H_{01}) = \frac{2{,}405\,\lambda_0}{\pi\,\sqrt{n_1^2 - n_2^2}}.\qquad (6.20)$$

Man kann (6.18) auch nach λ auflösen und damit die Grenzwellenlänge λ_g oder die Grenzfrequenz f_g eines Modus definieren.

Für $d < d_g(H_{01})$ [oder $\lambda > \lambda_g(H_{01})$] wird in der Faser nur der HE_{11}-Modus geführt. Fasern dieser Art werden als Monomodefasern bezeichnet.

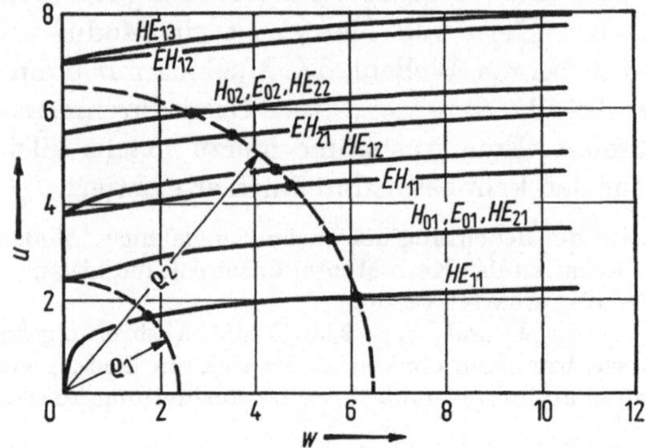

Bild 6.10. Lösungen des Eigenwertproblems für Moden in Kern-Mantel-Lichtleitfasern. Die Lösungskurven schneiden die Ordinate bei den Grenzparametern u_{nm}. Sobald $\varrho(d, \lambda_0, n_1, n_2) < u_{n,m}$, ist der betreffende Modus nicht mehr ausbreitungsfähig.

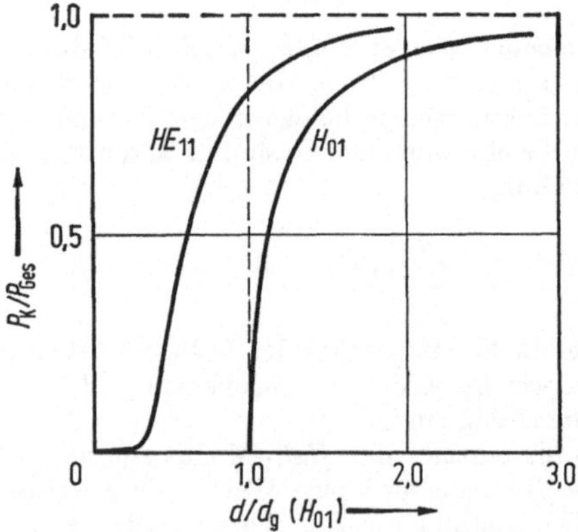

Bild 6.11. Verteilung der in der Faser transportierten Lichtleistung auf Kern (P_K) und Mantel ($P_M = P_{ges} - P_K$) bei verschiedenen Kerndurchmessern. $d_g(H_{01})$ ist der Grenzdurchmesser [6.20] des H_{01}-Modus.

Der Grenzdurchmesser liegt üblicherweise im Bereich einiger λ. Er kann zwar theoretisch durch Wahl eines kleinen Brechungsindexsprunges Δn groß gemacht werden, doch scheitert dies in der Praxis daran, daß eine definierte Grenzfläche zwischen Kern- und Mantelmaterial in diesem Fall schwer zu realisieren ist. Im allgemeinen sollte $\Delta n/n$ den Wert 0,5 % nicht unterschreiten. Typischer Monomodebetrieb wird für $2 < \varrho < 2{,}4$ durchgeführt. Für kleinere Werte von ϱ (6.19) wird die Intensität schon stark im Mantelbereich geführt, so daß die Führungsqualitäten der Faser geringer werden und in Krümmungen mit Abstrahlung gerechnet werden muß.

Tabelle 6.4. Grenzparameter u_{nm} für Moden des zylindrischen
Kern-Mantel-Wellenleiters

Modus		
H_{0m}	$u_{01} = 2{,}405$	$u_{02} = 5{,}52$
E_{0m}	$u_{01} = 2{,}405$	$u_{02} = 5{,}52$
HE_{1m}	$u_{11} = 0$.	$u_{12} = 3{,}83, \quad u_{13} = 7{,}02$
HE_{2m}	$u_{21} = 2{,}405$	$u_{22} = 5{,}52$
EH_{1m}	$u_{11} = 3{,}83$	$u_{12} = 7{,}02$
EH_{2m}	$u_{21} = 5{,}15$	$u_{22} = 8{,}42$

6.3.4.2. Dispersion in Kern-Mantel-Fasern. Eine Abschätzung der bei einer Signalübertragung auftretenden Verzerrungen kann aus den Laufzeitunterschieden der an der Übertragung beteiligten Wellengruppen gewonnen werden. Laufzeitunterschiede ergeben sich

durch gleichzeitige Ausbreitung in verschiedenen Moden;

durch die Materialdispersion des Kern- und Mantelglases;

aufgrund der Wellenleiterdispersion für die verschiedenen, an der Übertragung (auch in einem Modus) beteiligten Frequenzen.

Die Laufzeit einer Wellengruppe der Mittenfrequenz $\omega = 2\pi f$ ist durch die Gruppengeschwindigkeit $v_g = \mathrm{d}\omega/\mathrm{d}h$ zu $t = l/v_g$ gegeben. Der Laufzeitunterschied zweier Wellengruppen i und j ist demnach

$$\Delta t = l\left(\frac{1}{v_{gi}} - \frac{1}{v_{gj}}\right) = \frac{l\Delta v_g}{v_{gi}v_{gj}} \,. \tag{6.21}$$

Falls sich zwei Frequenzgruppen in einem Modus ausbreiten, kann Δt durch

$$\Delta t = \frac{1}{v_g^2}\frac{\mathrm{d}v_g}{\mathrm{d}f}\Delta f \tag{6.22}$$

beschrieben werden. Die Dispersion $\mathrm{d}v_g/\mathrm{d}f$ setzt sich im allgemeinen aus der Wellenleiterdispersion für den betreffenden Modus und aus der Dispersion des Materials zusammen. Für kleine Brechungsindexunterschiede zwischen Kern und Mantel können die beiden Anteile rechnerisch getrennt werden [6.38].

Die Wellenleiterdispersion $(\mathrm{d}v_\mathrm{g}/\mathrm{d}f)_\mathrm{w}$ läßt sich in Abhängigkeit von den Faserparametern für die einzelnen Moden berechnen. Bild 6.12 zeigt ein Dispersionsdiagramm, woraus die Änderung der Gruppengeschwindigkeit mit der Frequenz zu entnehmen ist. Für eine Monomodefaser mit $\Delta n/n \approx 0{,}5\,\%$ liegt $(\mathrm{d}v_\mathrm{g}/\mathrm{d}f)_\mathrm{w}$ bei $10^{-9}\,\mathrm{m\ s^{-1}\,Hz^{-1}}$ [6.40]. Solange

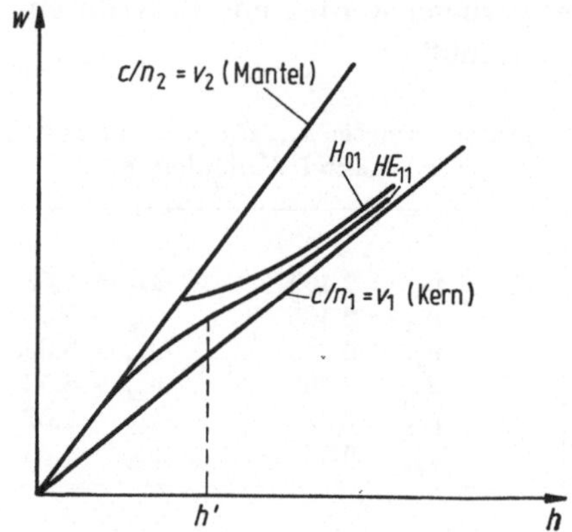

Bild 6.12. Dispersionsdiagramm einer Kern-Mantel-Lichtleitfaser ohne Berücksichtigung von Materialdispersion. Die Gruppengeschwindigkeit ist durch $v_g = \mathrm{d}\omega/\mathrm{d}h$ gegeben. Die Dispersionskurve des Grundmodus HE_{11} schmiegt sich für niedrige Frequenzen der Geraden des Mantelglases an (Steigung $v_2 = c/n_2$, Intensität überwiegend im Mantel), für hohe Frequenzen der Geraden des Kernglases ($v_1 = c/n_1$, Intensität überwiegend im Kern). Die Wellenleiterdispersion $\mathrm{d}v_g/\mathrm{d}f$ des Grundmodus wird Null im Bereich des Wendepunktes $h = h'$ und in den oben skizzierten Grenzbereichen. Da für $h > h'$ bereits höhere Moden angeregt sind und für $h \to 0$ die Führungseigenschaften des Wellenleiters nachlassen, kann effektiv in den dispersionsfreien Bereichen nicht gearbeitet werden.

$\Delta n/n < 1\,\%$ gilt, ist die Wellenleiterdispersion stets klein gegenüber der Materialdispersion, die bei den gängigen Fasermaterialien Werte um $10^{-8}\,\mathrm{m\ s^{-1}\,Hz^{-1}}$ erreicht. Setzt man in (6.22) $v_\mathrm{g} \approx c/n$, so läßt sich für Monomodefasern der Laufzeitunterschied für verschiedene spektrale Breite Δf der Strahlung einfach berechnen. Zahlenwerte für Lumineszenz- und Laserdioden sowie Nd:YAG-Laser sind in Tabelle 6.5 aufgeführt. Die Pulsverbreitung liegt etwa bei 1 ns/km für jedes Prozent relativer Bandbreite der Strahlung [6.38].

Bei Multimodenfasern ist der Einfluß der Materialdispersion gegenüber den Laufzeitunterschieden der einzelnen Moden zu vernachlässigen. Unter der Annahme, daß alle Moden angeregt sind, die gleiche Dämpfung erfahren und längs des Laufweges s keine Modenumwandlungen stattfinden, können je Kilometer Laufzeitunterschiede bis zu 30 ns für einen relativen Brechungsindexunterschied von 1 % auftreten. Auf das gleiche

Tabelle 6.5. Laufzeitunterschied zweier um $\Delta\nu$ getrennter Frequenzgruppen
in Monomodefasern aufgrund der Materialdispersion

Sender	Relative Bandbreite in %	Laufzeitunterschied je Längeneinheit in ns/km
Lumineszenzdiode	4	4
GaAs-Laser	0,1	0,1
Nd:YAG	0,01	0,01

Ergebnis führt eine geometrisch-optische Betrachtung, die sich auf den
Wegunterschied zwischen einem axialen und einem nahe am Grenz-
winkel φ der Totalreflexion verlaufenden Strahl stützt (Bild 6.8). Man
erhält in diesem Fall mit $\sin\varphi \approx 1 - \Delta n/n$

$$\Delta t/s = \Delta n/cn. \tag{6.23}$$

In der Praxis weisen die Fasern längs des Laufweges Störstellen und
Krümmungen auf, an denen die Strahlungsenergie in andere Ausbreitungsmoden gelangen kann. Im Mittel muß damit gerechnet werden,
daß Moden mit geringer und Moden mit hoher Verzögerung gleichermaßen an der Ausbreitung teilhaben, so daß sich die einzelnen Verzögerungen um einen Mittelwert konzentrieren und die tatsächliche
Pulsverbreiterung beträchtlich geringer ist, als durch den obigen Maximalwert von 30 ns/km angegeben.

Die Verbreiterung eines Gaußschen Pulses längs des Laufweges s
wurde unter Annahme einer starken Modenkopplung in [6.41] theoretisch untersucht. Es ergibt sich eine Verbreiterung, die gemäß

$$\Delta t \sim \sqrt{s} \tag{6.24}$$

wächst.

6.3.5. Verluste optischer Faserwellenleiter

6.3.5.1. Überblick. Die Verluste in optischen Faserwellenleitern entstehen
durch Absorption des Lichtes im Kern- und Mantelmaterial, durch
Streuung an Inhomogenitäten wie Schlieren, Staub- oder Lufteinschlüs-
sen, durch Störungen der Fasergeometrie wie Aufweitungen oder Verengungen des Faserkerns und durch Abstrahlung in Faserkrümmungen.
Die Gesamtverluste eines Lichtkabels bestimmen im wesentlichen die
Länge der Übertragungsstrecken zwischen Sender und Empfänger oder
zwischen Leitungsverstärker, so daß die Wirtschaftlichkeit von optischen
Fasersystemen nicht zuletzt durch die Dämpfung des Kabels entschieden
wird.

6.3.5.2. Absorptionsverluste. Die Absorptionsverluste werden in erster Linie durch Schwermetallionen und durch Wasser hervorgerufen. Kommerzielle optische Gläser zeigen in Massivform Dämpfungen im Bereich einiger 100 dB/km; die Dämpfung von Quarzgläsern mit geringem Wassergehalt kann im Sichtbaren oder nahen IR unter 3 dB/km liegen (Suprasil W 1 [6.43]). Durch sorgfältigen Ziehprozeß können die Massivglaswerte bei der Faser annähernd erhalten bleiben. Bei Kern-Mantel-Fasern der Länge L läßt sich die auf Absorption beruhende Dämpfung gemäß

$$\vartheta L = 4{,}35 \, \frac{\alpha_1 P_1 + \alpha_2 P_2}{P_1 + P_2} \, L \, , \qquad (6.25)$$

aus den Absorptionskoeffizienten[1] α von Kern und Mantel und den im Kern und Mantel geführten Lichtleistungen P ermitteln.

6.3.5.3. Streuverluste. Die Streuverluste von optischen Blockmaterialien zeigen in guter Näherung eine Wellenlängenabhängigkeit proportional zu λ^{-4}. Werden so bei gutem Quarzglas, dem besten optischen Material bezüglich Streuung, bei 1 µm Streuverluste von einigen Zehnteln dB/km gemessen [6.43], so sind diese bei 0,5 µm schon um den Faktor 16 gestiegen. Wenn das Massivmaterial zu Fasern gezogen wird, tritt in der Regel eine Zunahme der Streuverluste ein. Neben der Rayleigh-Streuung wird dabei auch eine deutliche Streuung in Vorwärtsrichtung beobachtet. Die höchsten Streuverluste werden bei den klassischen Ziehverfahren, dem Stab-Rohr- und dem Doppeldüsenverfahren, offensichtlich durch den Ummantelungsprozeß hervorgerufen, der die Qualität der Kern-Mantel-Grenzschicht entscheidend beeinflußt [6.44 bis 6.46]. Mit neu entwickelten Ziehtechnologien ist es jedoch grundsätzlich möglich, Kern-Mantel-Fasern herzustellen, deren Gesamtdämpfung in bestimmten Wellenlängenbereichen unterhalb von 5 dB/km liegt (Bild 6.13).

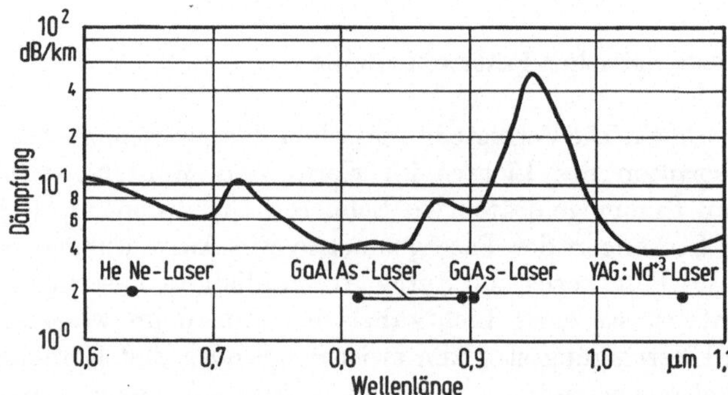

Bild 6.13. Spektrale Abhängigkeit der Dämpfung einer Kern-Mantel-Faser (Corning Glass).

---

[1] Siehe Fußnote 2 Seite 238.

6.3.5.4. Abweichungen von der idealen Fasergeometrie. Der Einfluß von unregelmäßigen Änderungen der Faserkernbegrenzung, von Tapern, Stoßstellen und Krümmungen ist in [6.20, 6.45] theoretisch ausführlich behandelt. Wir beschränken uns hier auf eine kurze qualitative Wiedergabe der wesentlichen Ergebnisse.

Schwankungen in der Wellenleiterbegrenzung führen zu einer Abstrahlung in den Außenraum, bei Multimodenfasern außerdem zu einer erheblichen Modenkonversion. Der Intensitätsverlust ist dabei maximal, wenn die Störstellen etwa in Größe des Faserkerndurchmessers, bei Monomodefasern also in Größe der Wellenlänge, liegen. Bei konischen Verengungen der Faser sind die Verluste durch das Verhältnis von Taperlänge L_T zu Kerndurchmesser d gegeben. Taper mit exponentieller Aufweitung zeigen dabei für $L_T/d > 10$ geringere Abstrahlverluste als lineare Taper. Bei diesen nehmen die Verluste für $L_T/d > 10$ etwa linear mit wachsendem L_T/d ab [6.20] und erreichen bei $L_T/d = 50$ etwa 1 %, bei $L_T/d = 500$ etwa $1^0/_{00}$. Letzteres entspricht einer Faserlänge von etwa 1 mm.

Die Strahlungsverluste an Krümmungen lassen sich angenähert durch die Beziehung

$$\vartheta_K \sim e^{-\gamma R} \tag{6.26}$$

beschreiben, wobei die Konstante γ durch die Parameter des Wellenleiters festgelegt und R der Biegeradius ist. Bei Monomodefasern setzen die Krümmungsverluste um so früher ein, je stärker die Welle im Mantelbereich geführt ist. Für Fasern, deren Kerndurchmesser knapp unterhalb des in Abschnitt 6.3.4. definierten Grenzdurchmessers $d_g(H_{01})$ liegt, sind im Hinblick auf Strahlungsverluste theoretisch Biegeradien unter 1 mm zulässig. In der Praxis ist die untere Begrenzung der Biegeradien jedoch durch die mechanische Biegefestigkeit bestimmt, die Mindestradien von einigen Millimetern fordert.

6.3.6. Aufbau von Faserstrecken

In vereinfachter Form dargestellt, besteht eine Faserstrecke aus den in Bild 6.14 gezeigten Komponenten: Laser, Modulator für die Laserstrahlung oder für den Laser selbst, Koppelelemente für die Strahlführung, Lichtkabel, Zwischenverstärker, Detektor. Je nach Anwendungszweck werden an die Einzelkomponenten dabei unterschiedliche Anforderungen gestellt. Wir wollen diese Forderungen anhand zweier verschiedener Konzepte, einer breitbandigen Monomodeleitung und einer aus schmalbandigen Multimodenfasern aufgebauten Faservielfachleitung näher erläutern.

Herzstück der Monomodebreitbandstrecke ist der in Abschnitt 6.3.4.
behandelte modenreine dielektrische Wellenleiter, mit dem Bandbreiten
bis zu 10 GHz über Strecken von einigen Kilometern übertragen werden
könnten. Als Sender sind in erster Linie bei Zimmertemperatur kontinuierlich oder mit hoher Pulsfrequenz ermittierende Laserdioden im
Gespräch. Eine prinzipielle Schwierigkeit liegt bei der Verwendung von
Diodenlasern in der Einkopplung der rechtecksymmetrischen Laser-
moden in den dünnen Kern der kreissymmetrischen Monomodefasern.

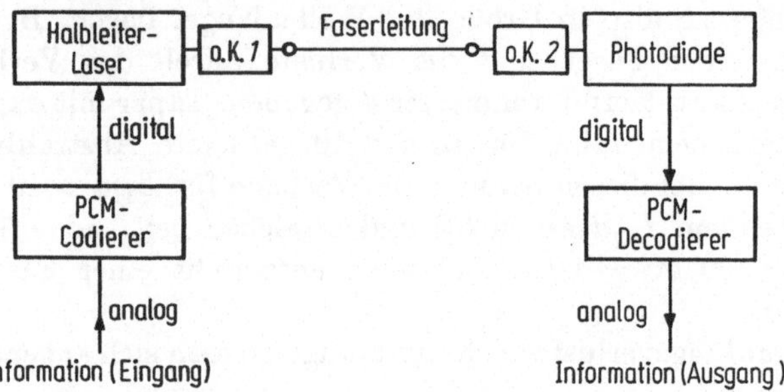

**Bild 6.14. Schematische Darstellung einer Faserstrecke mit Halbleiterlaser, optischen Koppel-
elementen (o.K.) und Detektor.**

Im Hinblick auf Weitverkehrsstrecken mit großen Verstärkerabstän-
den könnten auch andere Laser mit größerem Bauvolumen, wie Nd:YAG-
Laser oder die in Kapillartechnik aufgebauten Gaswellenleiterlaser Bedeutung erlangen [6.47]. Sie lassen sich ausgezeichnet im Grundmodus
(auch bei Modenkopplung) betreiben, so daß Anpassungsschwierigkeiten
an die Faser weitgehend entfallen. Im Gegensatz zu Laserdioden müßte
die Strahlung dieser Laser jedoch durch externe Modulatoren (Abschnitt
1.4.) moduliert werden.

Als Zwischenverstärker bietet sich eine Kombination aus Halbleiter-
detektor, Basisbandverstärker und Lasersender an. Der Nachteil dieser
elektronischen Verstärker besteht darin, daß die breitbandige Verstärkung im elektrischen Bereich stattfindet. Es ist daher von großer Bedeutung, die Eignung optischer, auf dem Laserprinzip beruhender Verstärker
als Zwischenverstärker für breitbandige Faserleitungen zu untersuchen
[6.48, 6.49]. Für die Detektion kommen beim heutigen Stand der Technik
ausschließlich Halbleiter-Avalanche-Photodioden in Frage. Aufbau und
Kenndaten solcher Detektoren sind in Abschnitt 1.5. zu finden.

Als schwächstes Glied einer Breitband-Monomode-Strecke ist vorläufig der Lasersender anzusehen. Bei den dafür in erster Linie in Betracht gezogenen GaAs-Lasern ist im Hinblick auf Lebensdauer, Kohärenz der Strahlung und schnelle direkte Modulation noch erhebliche

Entwicklungsarbeit zu leisten. Als weitgehend noch ungelöstes technisches Problem muß ferner die reproduzierbare Verbindung von Monomodekabeln (Spleißtechnik) angesehen werden. Wegen der dünnen Faserkerne ist eine Positioniergenauigkeit von etwa 0,1 μm erforderlich. Die bisher im Labor entwickelten Kabelstecker [6.50] sind für eine Verlegung auf freier Strecke nicht geeignet.

Eine große Übertragungsbandbreite läßt sich im Prinzip auch mit einer Vielzahl zu einem Faserbündel zusammengefaßter Multimodenfasern erreichen [6.51]. Wie in Abschnitt 6.3. gezeigt, können mit einer Einzelfaser Bitflüsse von mehr als 30 Mbit/s über eine Strecke von 1 km Länge übertragen werden. Wegen der üblicherweise großen Kerndurchmesser von etwa 50 μm entfallen die für Monomodestrecken so schwerwiegenden Einkoppelprobleme. Die Laser dürfen in dem für Laserdioden üblichen Multimodebetrieb arbeiten und selbst für inkohärent strahlende Lumineszenzdioden ergeben sich noch gute Einkoppelwirkungsgrade. Die Verkoppelung von Diode und Faser kann auf einfache Weise durch Verkleben geschehen [6.52]. Wenngleich eine technisch einwandfreie Spleißtechnik auch für Multimodenfasern und für Faserbündel noch entwickelt werden muß, so ist sie doch wegen der um einer Größenordnung geringeren Positioniergenauigkeit (einige Mikrometer) weitaus einfacher zu realisieren als bei der Monomodestrecke.

Beim heutigen Stand der Verstärker- und Diodentechnik können für Glasfaserstrecken Verstärkerfelddämpfungen von 40 dB bis 45 dB zugelassen werden. Unter Verwendung dämpfungsarmer Fasern (Bild 6.13) könnten daher Strecken von mehreren Kilometern Länge ohne Zwischenverstärker überbrückt werden. Im einzelnen wird sich die Dimensionierung nach den durch Senderbandbreite und Faserdispersion bestimmten Signalverzerrungen richten müssen.

Für die Modulation bei Faserstrecken werden allgemein PCM-Techniken vorgesehen. Analoge Modulationsverfahren sind allenfalls für Schmalbandstrecken (Kabelfernsehen, 5 MHz) von Bedeutung.

Ein Vergleich der Übertragungskapazitäten von Glasfaserleitungen mit herkömmlichen Übertragungsstrecken kann anhand von Tabelle 6.6 vorgenommen werden. Als Vergleichsmaß dient die Zahl der möglichen Fernsprechkanäle mit je 3,1 kHz analoger Bandbreite bei einem Trägerabstand von 4 kHz, entsprechend einer Bitrate von 64 kbit/s. Es ist angenommen, daß mit n-Kanälen 5 n Sprechkreise gebildet werden können.

Mit einem aus etwa 300 Einzelfasern aufgebautem optischem Kabel könnten bei Multimodenausbreitung auf 1 km Strecke insgesamt 70 000 Fernsprechkreise oder 500 Bildfernsprechkreise bedient werden. Bei Verwendung von Monomodefasern mit 1 GHz Bandbreite je Faser erhöhen sich diese Zahlen auf 2 Millionen bzw. 16 000.

Tabelle 6.6. Breitbandübertragungsmittel [6.21]

| Über-tragungs-mittel | Einzelelement | | Vielfachbündel | | | | | Ver-stärker-abstand km |
| | Durchmesser mm | Frequenz-bereich | Kanalzahl | Anzahl der Elemente | Gesamt-durch-messer mm | Sprechkreise für | | |
						Fern-sprechen	Bildfern-sprechen	
Koaxiales Paar	10	30 kHz bis 60 MHz	10800	20	76	108000	1000	1,6
Richtfunk	–	6 GHz	2700/Träger	8 Träger	–	10800	70	50
Hohlkabel	70	20 GHz bis 100 GHz	4000/Träger	65 Träger	78	260000	2000	30
Glasfaser-kabel:								
Monomode	0,1	$3 \cdot 10^{14}$ Hz	14000 je Faser	300	*	$2,1 \cdot 10^6$	16000	<10
Multimode	0,1	$3 \cdot 10^{14}$ Hz	400	300	*	$7 \cdot 10^4$	500	<10

* Der Gesamtdurchmesser hängt weitgehend von der Art der Verkabelung ab. Als Richtwert können 10 mm angenommen werden.

Ein Einsatz von Glasfaserkabeln ist in den verschiedensten Ebenen eines Kommunikationsnetzes denkbar [6.21, 6.53]. Aktuelle Anwendungsbeispiele wären der Bildfernsprechverkehr bis hin zu Bezirksebenen und das Kabelfernsehen, das über das konventionelle Angebot hinaus auf eine Reihe neuer Dienste erweitert werden könnte.

Inwieweit diese Zukunftsperspektiven realisierbar sind, wird der Fortschritt bei der Entwicklung der Einzelkomponenten und ihrer Verknüpfung zu technisch einsatzfähigen Systemen erweisen müssen.

6.3.7. Integrierte Optik

Beim derzeitigen Entwicklungsstand optischer Faserübertragungsstrecken werden neben den Faserwellenleitern auch klassische optische Komponenten wie Linsen, Strahlteiler, Spiegel und dergleichen vorgesehen. Diese Komponenten sind empfindlich hinsichtlich Justierung, benötigen viel Platz und sind insgesamt relativ teuer. Es ist nun prinzipiell möglich, durch bestimmte Ausbildung und Kombination optischer Wellenleiter miniaturisierte optische Komponenten zu realisieren, die die Funktion der obengenannten klassischen Komponenten übernehmen können. In Analogie zu den integrierten elektrischen Schaltkreisen kann man sich auf diese Weise integriert optische Schaltkreise realisiert denken, die klein, stabil und billig sind und mit deren Hilfe Lichtströme verkoppelt, verzweigt, gefiltert, moduliert oder verstärkt werden könnten [6.54, 6.55].

Typische Elemente der integrierten Optik sind der eindimensionale Streifenleiter, in seiner Wirkungsweise vergleichbar einer optischen Faser mit Rechteckquerschnitt, und der Schichtleiter, bei dem sich das Licht in zwei Dimensionen frei ausbreiten kann (Bild 6.15). Um Monomodebetrieb realisieren zu können, liegen die Querabmessungen – beim Schichtleiter die Schichtdicke h – zwischen 0,5 und 5 µm bei etwa 1% Brechungsindexunterschied zwischen dem führenden Kern und dem umgebenden Mantelmaterial.

Praktisch einsatzfähige Schichtleiter mit Dämpfungswerten zwischen 0,1 dB/cm und 1 dB/cm lassen sich durch Kathodenzerstäubung von Glas [6.56], durch Hochfrequenzpolymerisation [6.57], durch Ionenimplantation [6.58] oder durch Abschneiden einer höherbrechenden Schicht aus Lösungen [6.59] herstellen. Durch

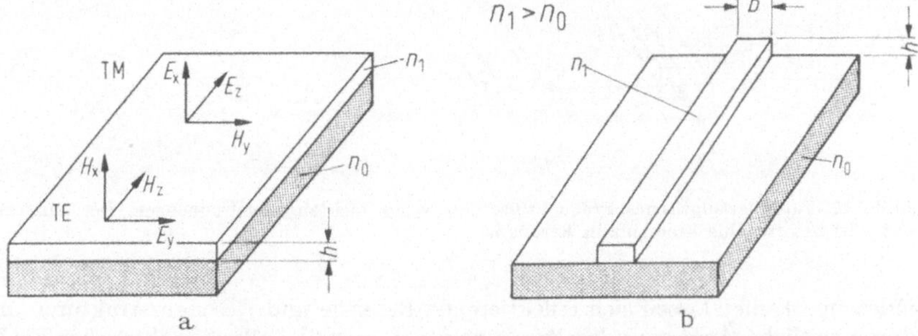

Bild 6.15. Eindimensionaler Streifenleiter und zweidimensionaler Schichtleiter. Wenn $n_1 > n_0$, kann eine Welle geführt werden. Es sind TE- und TM-Wellen ausbreitungsfähig (Abschnitt 1.2.2.).

elektronenoptische Belichtung und nachfolgende Ionenätzung können aus Schichtleitern Streifenleiter mit der erforderlichen Geradheit der begrenzenden Streifenwände (<10 nm) herausgeschnitten werden. Eine einfache Möglichkeit besteht auch darin, schmale Bahnen in ein plastisches Material zu prägen und diese dann mit dem Kernmaterial zu füllen [6.60].

Die möglichen Anwendungen integriert optischer Bauteile soll an einigen Beispielen erläutert werden: Da die Oberflächenwellen bei einem Streifenleiter wie bei Mantelfasern sich auch in das Mantelmaterial erstrecken, kann man mit zwei eng nebeneinander geführten Streifenleitern einen optischen Richtungskoppler realisieren (Bild 6.16). Durch Kombination aus kreisförmigem Streifenleiter – einem optischen Resonator – und Richtungskopplern entstehen Filter mit definiertem Durchlaßbereich (Bild 6.17). Durch räumlich periodische Änderung des Brechungs-

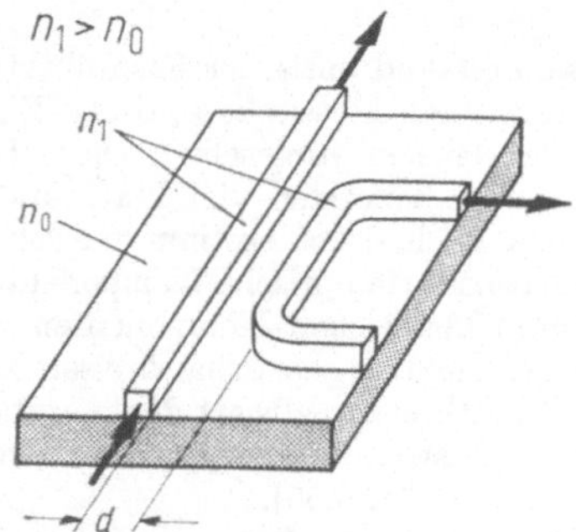

Bild 6.16. Integriert-optischer Richtungskoppler (schematische Darstellung). Durch das im Außenraum des geraden Wellenleiters exponentiell abfallende Feld wird eine Kopplung erzielt. Ist der optische Abstand d veränderbar, so kann ein variabler Kopplungsgrad eingestellt werden.

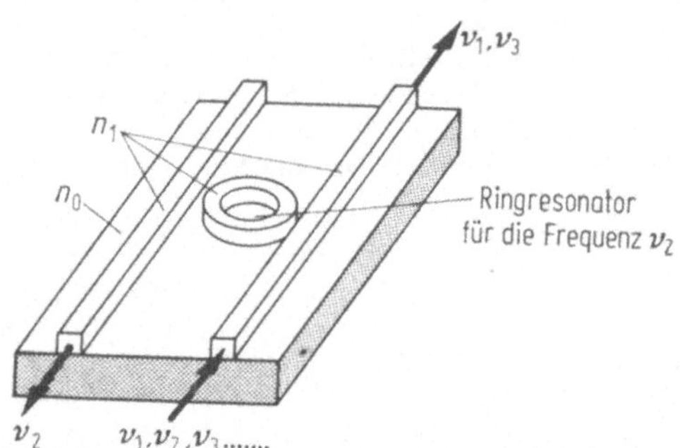

Bild 6.17. Integriert-optisches Frequenzfilter; ν_1, ν_2, ν_3 Lichteingangsfrequenzen. Der Ringresonator ist nur für eine Frequenz in Resonanz.

index im Streifen lassen sich reflektierende Bereiche und Resonanzstrukturen und durch zeitliche Änderung des Brechungsindex mittels äußerer elektrischer Felder elektrooptische Modulatoren realisieren. Werden Wellenleiterstrukturen aus laseraktiven Materialien aufgebaut, so lassen sich daraus optische Sender und Verstärker herstellen. Ein bedeutendes Beispiel hierfür ist der GaAs-DHS-Laser

(Abschnitt 1.2.). Auch optische (mit Lumineszenzdioden) gepumpte Nd-dotierte Schichten können für Verstärkung herangezogen werden [6.61].

In zweidimensionalen Schichten kann das Licht gebrochen und gebeugt werden, so daß eine räumliche Modulation möglich wird. Zum Empfang der Strahlung steht im Avalanche-Detektor mit Quereinstrahlung (Abschnitt 1.5.) schließlich ein schneller, der Wellenleiterstruktur angepaßter Detektor zur Verfügung [1.63].

Bis zu einer technischen Anwendung integrierter optischer Systeme sind noch eine Reihe physikalischer und technologischer Probleme zu lösen und offene systemtheoretische Fragen zu klären. Verglichen mit anderen Teilgebieten der optischen Kommunikation befindet sich die Integrierte Optik noch weitgehend im Anfangsstadium. Ein technischer Einsatz ist für das nächste Jahrzehnt nicht zu erwarten. Für die Zukunft können integrierte optische Systeme jedoch sowohl für die optische Nachrichtenübertragung als auch für die optische Datenverarbeitung Bedeutung gewinnen.

6.4. Literatur

6.1 Optical Communication. Proc. IEEE 58 (1970) Special Issue.

6.2 Pratt, W. K.: Laser communication systems. New York: Wiley 1969.

6.3 Sander, A.: Laser-Übertragungssysteme und -Modulationsverfahren, Techn. Ber. A 465 T Br. 5 des FTZ, Darmstadt (1971).

6.4 Davis, J. I.: Consideration of atmospheric turbulence in laser system design. Appl. Opt. 5 (1966) 139–147.

6.5 Hodara, H.: Laser wave propagation through the atmosphere. Proc. IEEE 54 (1966) 368–375.

6.6 Lawrence, R. S.; Strohbehn, J. W.: A survey of clear-air propagation effects relevant to optical communications. Proc. IEEE 58 (1970) 1523–1545.

6.7 Kerr, J. R.; Titterton, P. J.; Kraemer, A. R.; Cooke, C. R.: Atmospheric optical communications systems. Proc. IEEE 58 (1970) 1691–1709.

6.8 Tatarski, V. I.: Wave propagation in a turbulent medium, New York: McGraw-Hill 1961;
–: Wellenausbreitung in turbulenter Atmosphäre. (Russisch). Moskau: Nauka 1967.

6.9 Fussgaenger, K.: CO_2-Laser communication through an urban atmosphere. Siemens Forsch.- u. Entwickl. Ber. 2 (1973) 105–112.

6.10 Ross, M.; Green, S. I.; Brand, J.: Short-pulse optical communications experiment. Proc. IEEE 58 (1970) 1719–1726.

6.11 Masuda, T.; Uchida, T.; Ueno, Y.; Shimamura, T.: An experimental high-speed PCM/AM optical communication system using mode locked HeNe-gas laser. Nippon Electr. Comp., Research and Development 19 (1970) 1–14.

6.12 Saito, S.: Optical communication in Japan. IEEE Trans. Commun. COM-20 (1972) 725–730.

6.13 Goodwin, F. E.; Nussmaier, T.: Optical heterodyn communication experiments at 10.6 µ. IEEE J. Quant. Electron. QE-4 (1968) 612–617.

6.14 Schiffner, G.; Peruso, C. J.: Simulation of 10.6 µ laser space communications system. Paper (The 14), 1971 Spring Meeting of Opt. Soc. Amer., Tucson (1971).

6.15 Goodwin, F. E.: A review of operational laser communication systems. Proc. IEEE 58 (1970) 1746–52.

6.16 Höhn, D. H.: Zur Ausbreitung eines Laserstrahls in der Atmosphäre. Optik 30 (1969) 161–170, 234–256.

6.17 Gruß, R.: Übertragung von Laserstrahlung durch die Atmosphäre. Nachr.-Techn. Z. 22 (1969) 184–192.

6.18 Goubau, G.; Schwering, F.: On the guided propagation of electromagnetic wave beams. IRE Trans. on Antennas and Propagation AP-9 (1961) 248–56.

6.19 Miller, S. E.; Tillotson, L. C.: Optical transmission research. Proc. IEEE 54 (1960) 1300–1311.

6.20 Marcuse, D.: Light transmission optics. New York: Van Nostrand Reinhold Comp. 1972.

6.21 Larsen, H.: Lichtkabel und ihre Anwendung zur Übertragung von Nachrichten. Siemens Forsch.- u. Entwickl.-Ber. 1 (1972) 139–152.

6.22 Kao, K. C.; Hockham, G. A.: Dielectric-fibre surface waveguides for optical frequencies. Proc. IEEE 113 (1966) 1151–1158.

6.23 Marcatili, E. A. J.; Schmeltzer, R. A.: Hollow metallic and dielectric waveguides for long distance optical transmission and lasers. Bell Syst. Techn. J. 43 (1964) 1783–1809.

6.24 Masuda, T.; Uchida, T.; Ueno, Y.: Development of laser communications systems. Nippen Electr. Comp. Research & Development 20 (1971) 36–51.

6.25 Kapron, F. P.; Keck, D. B.; Maurer, R. D.: Radiation losses in glass optical waveguides. Appl. Phys. Letters 10 (1970) 423–425.

6.26 Keck, D. B.; Schultz, P. C.; Zimar, F.: Attenuation of multimode glass optical waveguides. Appl. Phys. Letters 5 (1972) 215–217.

6.27 Miller, S. E.: Directional control in lightwave guidance. Bell Syst. Techn. J. 43 (1964) 1727–1739.

6.28 Marcatili, E. A. J.: Ray propagation in beam wave guides with redirections. Bell Syst. Techn. J. 45 (1966) 105–114.

6.29 Marcuse, D.; Miller, S. E.: Analysis of a tubular gas lens. Bell Syst. Techn. J. 43 (1964) 1759–1782.

6.30 Börner, M.: Mehrstufiges Überlagerungssystem für in Pulscodemodulation dargestellte Nachrichten. DBP Nr. 1254513 vom 21. 12. 1966.

6.31 Pearson, A. D.; French, W. G.; Rawson, E. G.: Preparation of a light focussing glass rod by ion exchange techniques. Appl. Phys. Letters 15 (1969) 76–77.

6.32 Kawakami, S.; Nishizawa, J.: An optical waveguide with the optimum distribution of the refractive index with reference to waveform distortion. IEEE Trans. Microwave Theory a. Techn. 16 (1968) 814–818.

6.33 Snitzer, E.: Cylindrical dielectric waveguide modes. J. Opt. Soc. Amer. 51 (1961) 491–198.

6.34 Rawson, E. G.; Herriott, D. R.; McKenna, J.: Analysis of refractive index distributions in cylindrical, graded index glass rods (grin rods) used as image relays. Appl. Opt. 3 (1970) 753–759.

6.35 Kita, H.; Uchida, T.: Fokussierende Glasfasern und Stäbe. Laser u. angew. Strahlentechn. 2 (1971) 39–41.

6.36 Larsen, H.: Die Beugungsdämpfung des optischen Strahlwellenleiters mit statistischen Fehlern. Frequenz 20 (1966) 1–10.

6.37 Gloge, D.: Weakly guiding fibres. Appl. Opt. 10 (1971) 2252–2258.

6.38 Gloge, D.: Dispersion in weakly guiding fibres. Appl. Opt. 11 (1971) 2442–2445.

6.39 Gloge, D.; Tynes, A. R.; Duguay, M. A.; Hansen, J. W.: Picosecond pulse distortion in optical fibres. IEEE J. Quant. Electron. QE-8 (1972) 217–221.

6.40 Krumpholz, O.: Modenreine Glasfaser-Lichtwellenleiter. Wiss. Ber. AEG-Telefunken 44 (1971) Nr. 2, S. 64–70.

6.41 Marcuse, D.: Pulse propagation in multimode dielectric waveguides. Bell Syst. Techn. J. 6 (1972) 1199–1232.

6.42 Tynes, R. A.; Pearson, A. D.; Bisbee, D. L.: Loss mechanism and measurements in clad glass fibres and bulk glass. J. Opt. Soc. Amer. 61 (1971) 143–153.

6.43 Pinnow, D. A., Rich, T. C.: Optical absorption and scattering in low glasses. Topical Meeting on Integrated Optics, Las Vegas 1972, Paper Tu A 4.

6.44 Jacobsen, A.; Neuroth, N.; Reitmayer, F.: Absorption and scattering losses in glasses and fibres for light guidance. J. Amer. Soc. 54 (1971) 186–187.

6.45 Snyder, A. W.: Radiation loss due to variation of radius in dielectric or optical fibres. IEEE Trans. MTT-18 (1970) 608–615.

6.46 Jacobsen, A.: Probleme bei der Herstellung dielektrischer Lichtwellenleiter. Wiss. Ber. AEG-Telefunken 44 (1971) Nr. 2, S. 71–73.

6.47 Smith, P. W.: A waveguide gas laser. Appl. Phys. Letters 5 (1971) 132–134.

6.48 Schicketanz, D.; Zeidler, G.: Anwendung von Laserverstärkern im Glasfaser-Übertragungssystem. Nachrichtenübertragung mit Laser, Ulm 1972. NTZ-Report 14.

6.49 Personick, S. D.: Applications for quantum amplifiers in simple digital optical communication. Bell Syst. Techn. J. 52 (1973) 117–133.

6.50 Börner, M.; Gruchmann, D.; Guttmann, J.; Krumpholz, O.; Löffler, W.: Lösbare Steckverbindung für Ein-Mode-Glasfaserlichtwellenleiter, Arch. elektr. Übertr. 26 (1972) 288–289.

6.51 Geckeler, S.; Schicketanz, D.; Zeidler, G.: Nachrichtenübertragung mit Multimode-Glasfasern. Nachr.-Techn. Z. 26 (1973) 30–32.

6.52 Burrus, C. A.: Small-area high-radiance light-emitting diodes coupled to multimode optical fibres, Topical Meeting on Integrated Optics, Las Vegas 1972, Paper WB-3.

6.53 Ohnsorge, H.; Maslowski, S.: Laser-Nachrichtensysteme mit Glasfaserkanälen. Techn. Rdsch. 8 (1973) 37–41.

6.54 Miller, S. E.: Integrated optics: An introduction. Bell Syst. Techn. J. 48 (1969) 2059–2069.

6.55 Miller, S. E.: A survey of integrated optics. IEEE J. Quant. Electron. QE-8 (1972) 199–205.

6.56 Goell, J. E.; Standley, R. D.: Integrated optical circuits. Proc. IEEE 58 (1970) 1504.

6.57 Tien, P. K.: Light waves in thin films and integrated optics. Appl. Opt. 10 (1971) 2395–2413.

6.58 Standley, R. D.; Gibson, W. M.; Rodgers, J. W.: Properties of ion-bombarded fused quartz for integrated optics. Appl. Opt. 11 (1972) 1313.

6.59 Ulrich, R.; Weber, H. P.: Solution-deposited thin films as passive and active light-guides. Appl. Opt. 11 (1972) 428–434.

6.60 Ulrich, R.; Weber, H. P.; Chandross, E. A.; Tomlinson, W. J.; Franke, E. A.: Embossed optical waveguides. Appl. Phys. Letters 20 (1972) 213–215.

6.61 Grabmaier, J. G.; Grabmaier, B. C.; Kersten, R. Th.; Plättner, R. D.; Zeidler, G. J.: Epitaxially grown Nd-laser films. Phys. Letters 43 A (1973) 219 bis 220.

7. Optische Datentechnik

7.1. Einleitung

Optische Datenaufzeichnung auf Filmen oder Mikrofilmen und optische Datenübertragung durch Diapositiv- oder Filmprojektoren sind Techniken des Alltags. An den Kontaktstellen zwischen Mensch und Datenverarbeitungsmaschine – also bei Dateneingabe-, Datenausgabe- oder Datensichtgeräten – gehören optische Informationsdarstellungen durch Texte, Zeichnungen oder Abbildungen zur Praxis heutiger Datentechnik. Zweidimensionale Fourier-Transformationen transparenter Objekte, Filterungen und Korrelationsanalysen, Verfahren zur Zeichenerkennung und Nachrichtenkodierung, Methoden zur Bildverbesserung, Bildauswertung und Bildvervielfachung, sowie Prinzipien zur Speicherung digitaler Information zählen zum Arbeitsgebiet aktueller optischer Datentechnik.

Da viele der letztgenannten Anwendungen vorzugsweise mit kohärentem Licht ausgeführt werden, haben kohärent-optische Datenverarbeitungsverfahren und Speichermethoden seit der Bereitstellung von Laserlichtquellen für die Praxis starkes Interesse gewonnen. Holographische Techniken haben insbesondere bei der Filterung und Datenspeicherung neue Wege geöffnet.

Gegenstand optischer Informationsverarbeitung ist normalerweise eine transparente Vorlage, die flächenhaft ausgedehnt ist und einen kohärenten Lichtstrahl amplituden- und phasenmoduliert. Optisch zu verarbeitende Objekte müssen mindestens einige Lichtwellenlängen groß sein. Vorteilhaft ist, daß Lichtstrahlen als optische Übertragungskanäle große Datenmengen parallel und mit hoher Geschwindigkeit verarbeiten können. Außerdem lassen sich Lichtstrahlen mit einfachen Mitteln fokussieren oder aufweiten. Das hohe optische Auflösungsvermögen, das im wesentlichen durch die Lichtwellenlänge gegeben ist, erlaubt ferner sehr große Speicherdichten bei der Datenaufzeichnung.

OptischeRechenverfahren sind mit verhältnismäßig geringemAufwand durchführbar, solange keine übertriebenen Anforderungen an beugungsbegrenzt arbeitende optische Bauteile gestellt werden. Sehr einfach und schnell funktionieren z. B. lineare Fourier-Transformationen zweidimensionaler Transparenzen, lineare Filterungen und Korrelationsanalysen. Zur Ausführung nichtlinearer Transformationen ist die Optik weniger geeignet; hier sind elektronische Digitalcomputer vorzuziehen. Damit kohärent-optische Datenverarbeitungsanlagen in der Praxis erfolgreich eingesetzt werden können, müssen beim gegenwärtigen Stand der Technik noch geeignete kohärent-optische Dateneingabe- und Datenausgabewandler marktreif gemacht werden. Ferner sind optische Aufzeichnungsmaterialien, die keine naßchemische Nachbehandlung erforderlich machen, ein Schreiben und Lesen ohne Zeitverzögerung erlauben und möglichst reversibel arbeiten, höchst wünschenswert.

7.2. Optische Informationsverarbeitung

7.2.1. Zweidimensionale Fourier-Transformation und Faltung

Grundlage optischer Analogrechenverfahren sind zweidimensionale Fourier-Transformationen, die mit Hilfe gut korrigierter dünner Konvexlinsen ausgeführt werden. Zur Begründung sei daran erinnert, daß die Lichterregung bzw. das Beugungsbild in der hinteren Brennebene einer monochromatisch beleuchteten dünnen Linse in Fraunhoferscher Näherung als Fourier-Integral geschrieben werden kann [7.1]. In Bild 7.1 stellt der Buchstabe K die zu transformierende Transparenz $g(x, y)$ dar.

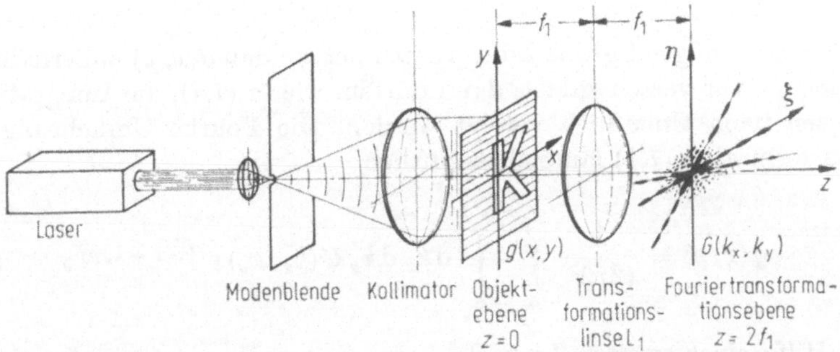

Bild 7.1. Zweidimensionale Fourier-Transformation mit Hilfe einer dünnen Linse L_1.

Sie steht in der Dateneingabeebene $z = 0$ im Brennweitenabstand f_1 vor der Linse L_1. Wird das Objekt mit einem kohärenten ebenen Wellenfeld ausgeleuchtet, dann entsteht in der Umgebung des Brennpunktes in der hinteren Brennebene der Linse L_1 eine Lichtamplitudenverteilung, die zur Fourier-Transformierten $G(k_x, k_y)$ der Funktion $g(x, y)$ proportional ist:

$$G(k_x, k_y) = \int\limits_{-\infty}^{+\infty} \int\limits_{-\infty}^{+\infty} \mathrm{d}x\,\mathrm{d}y\, g(x, y)\, e^{-j(k_x x + k_y y)}. \tag{7.1}$$

Die Wellenzahlen k_x und k_y, die man in der angewandten Optik auch Raumfrequenzen nennt, sind durch

$$k_x = \frac{2\pi}{\lambda}\,\frac{\xi}{f_1} \quad \text{und} \quad k_y = \frac{2\pi}{\lambda}\,\frac{\eta}{f_1} \tag{7.2}$$

mit den räumlichen Koordinaten ξ und η der Fourier-Transformationsebene $z = 2f_1$ verknüpft. λ ist die Lichtwellenlänge. (7.1) besagt, daß sich bei der gezeichneten Anordnung die Lichtamplitudenverteilung im Fernfeld durch eine zweidimensionale Fourier-Transformation aus der Lichtamplitudenverteilung $g(x, y)$ im Nahfeld des kohärent strahlenden Objektes ergibt. Die Funktion $G(k_x, k_y)$ ist das Raumfrequenzspektrum, und die Lichtintensitätsverteilung $|G(k_x, k_y)|^2$ ist das Wiener-Spektrum oder Leistungsspektrum (power spectrum) in der Fourier-Transformationsebene. Bild 7.2 zeigt das Leistungsspektrum des Buchstabens K.

Bild 7.2. Leistungsspektrum des Buchstabens K.

Wird eine genügend große Linse verwendet, so daß $g(x, y)$ außerhalb der Linsenapertur verschwindet, dann dürfen, wie in (7.1), die Integrationsgrenzen nach Unendlich verlegt werden. Die Fourier-Umkehrung zur Transformation (7.1) lautet bekanntlich

$$g(x, y) = \frac{1}{(2\pi)^2} \int\limits_{-\infty}^{+\infty} \int\limits_{-\infty}^{+\infty} \mathrm{d}k_x\,\mathrm{d}k_y\, G(k_x, k_y)\, e^{j(k_x x + k_y y)}. \tag{7.3}$$

Mit Hilfe einer zweiten Linse L_2 kann die zur Fourier-Transformierten $G(k_x, k_y)$ proportionale Lichtamplitudenverteilung wieder in ein Bild des Objekts zurücktransformiert werden. Die Linse L_2 steht in Bild 7.3 in der Ebene $z = 2f_1 + f_2$ und erzeugt in ihrer hinteren Brennebene $2(f_1 + f_2)$ eine Amplitudenverteilung proportional zu

$$\frac{1}{(\lambda f_1)^2} \int\limits_{-\infty}^{+\infty} \int\limits_{-\infty}^{+\infty} \mathrm{d}\xi\,\mathrm{d}\eta\, G(k_x, k_y)\, e^{-j(k_{x'} x + k_{y'} y)}. \tag{7.4}$$

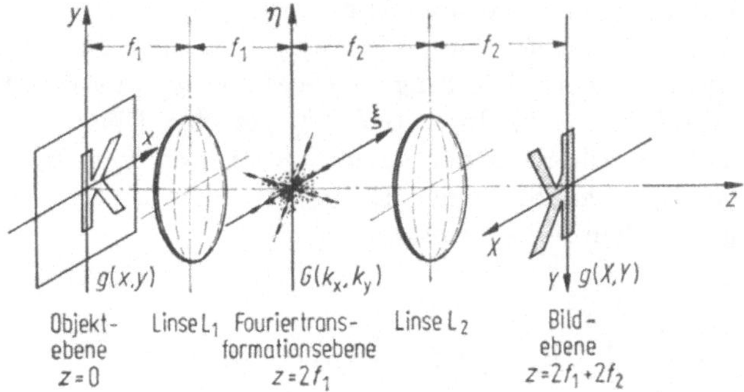

Bild 7.3. Zweifache ebene Fourier-Transformation.

Integriert wird über die Fourier-Transformationsebene, und es ist

$$k'_x = \frac{2\pi}{\lambda} \frac{\xi}{f_2} \quad \text{und} \quad k'_y = \frac{2\pi}{\lambda} \frac{\eta}{f_2} . \tag{7.5}$$

Führt man in der Ebene $z = 2f_1 + 2f_2$ die Koordinaten

$$X = - \frac{f_1}{f_2} x \quad \text{und} \quad Y = - \frac{f_1}{f_2} y \tag{7.6}$$

ein und beachtet (7.2) und (7.5), dann läßt sich das Integral (7.4) folgendermaßen umformen:

$$\frac{1}{(2\pi)^2} \int_{-\infty}^{+\infty} \int_{-\infty}^{+\infty} dk_x \, dk_y \, G(k_x, k_y) \, e^{j(k_x X + k_y Y)} = g(X, Y). \tag{7.7}$$

Das heißt, daß die zweifache Fourier-Transformation ein invertiertes und im Brennweitenverhältnis f_1/f_2 maßstabsverändertes Bild der ursprünglichen Objektfunktion $g(x, y)$ erzeugt.

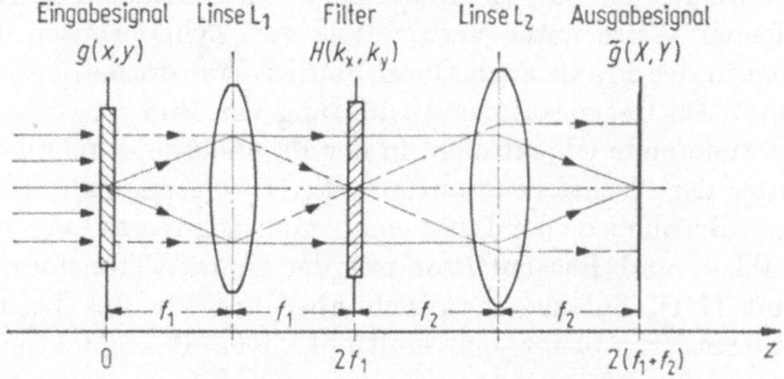

Bild 7.4. Optische Raumfrequenzfilterung.

In der Fourier-Transformationsebene $z = 2f_1$ nach Bild 7.3 und Bild 7.4 können auf einfache Weise Filterungen durchgeführt werden. Die Linse L_1 transformiert das Eingabesignal $g(x, y)$ aus der Ebene $z = 0$ in die Amplitudenverteilung $G(k_x, k_y)$ in der Ebene $z = 2f_1$. Dort befindet sich ein Filter mit der Amplitudentransmission $H(k_x, k_y)$. Durch Überlagerung entsteht in der Ebene $z = 2f_1 + 2f_2$ eine Amplitudenverteilung, die dem Faltungsintegral [7.2]

$$\tilde{g}(X, Y) = \frac{1}{(2\pi)^2} \int\limits_{-\infty}^{+\infty} \int\limits_{-\infty}^{+\infty} \mathrm{d}k_x \, \mathrm{d}k_y \, G(k_x, k_y) \, H(k_x, k_y) \, e^{j(k_x X + k_y Y)}$$

$$= \int\limits_{-\infty}^{+\infty} \int\limits_{-\infty}^{+\infty} \mathrm{d}X' \, \mathrm{d}Y' g(X', Y') h(X - X', Y - Y') \tag{7.8}$$

proportional ist. Zusätzlich zu (7.5) und (7.6) wurden die normierten Integrationsvariablen

$$X' = \frac{f_1}{f_2} x', \qquad\qquad Y' = \frac{f_1}{f_2} y' \tag{7.9}$$

eingeführt. Die Impulsantwortfunktion $h(x, y)$ des Filters ist die Fourier-Umkehrung zu $H(k_x, k_y)$. Ausgabesignal einer solchen Anordnung ist also das mit der Impulsantwortfunktion des Filters gefaltete Eingabesignal. Photodetektoren oder photographische Emulsionen messen in der Ebene $z = 2f_1 + 2f_2$ die Lichtintensitätsverteilung $|\tilde{g}(X, Y)|^2$.

Zweidimensionale Integrale der Klasse (7.8) können optisch auf einfache Weise ausgewertet werden. Sie treten z. B. als Faltungsintegrale, Kreuz- und Autokorrelationsfunktionen bei räumlichen Spektralanalysen, bei der Auswertung von Antennenstrahlungsdiagrammen und bei Integraltransformationen auf. Eindimensionale Integrationen führt man in entsprechender Weise unter Verwendung von Zylinderlinsen durch. Häufig werden in der Praxis auch Quasi-Fourier-Transformationsanordnungen benützt. Im Gegensatz zur Ausführung von Bild 7.1 steht dabei das zu transformierende Objekt nicht in der Brennebene, sondern direkt vor oder hinter der Transformationslinse L_1. In diesem Fall erscheint in der hinteren Brennebene der Linse eine Amplitudenverteilung, die bis auf einen Zahlen- und Phasenfaktor mit der Fourier-Transformierten übereinstimmt [7.1]. Solange man sich aber nur für das Leistungsspektrum interessiert, bleibt ein multiplikativer Phasenfaktor ohne Einfluß.

7.2.2. Kohärent-optische Raumfrequenzfilterung

Die einfachste Filterung ist eine Beschränkung des Raumfrequenzspektrums durch Blenden. Hochpaß-, Tiefpaß-, Bandpaß- und Richtungsfilter gehören zu dieser Klasse binärer Filter (Bild 7.5). Hochpaßfilter

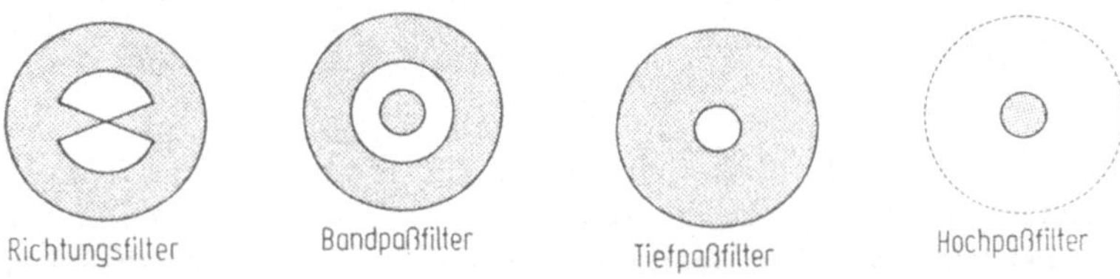

Bild 7.5. Binäre Raumfrequenzfilter.

eignen sich zur Erhöhung des Bildkontrasts und zur Verbesserung der Kantenschärfe verwaschener Bilder, und durch Tiefpaßfilterung lassen sich beispielsweise äquidistante Scan-Linien oder Rasterpunkte von Bildern, die in einer Scan-Technik hergestellt wurden, unterdrücken (Bild 7.6). Man kann binäre Filter auch verwenden, um periodische Signale aus einem statistischen Rauschuntergrund hervorzuheben [7.3]. Das Filter läßt gebeugtes Licht nur dort passieren, wo die spektralen Beugungsordnungen des Signals erscheinen. Auch Störsignale von Vielfachreflexionen, die auf Seismogrammen auftreten, können durch binäre Filterung unterdrückt werden [7.4].

Neben diesen einfachsten Filtern, die für gewisse Raumrichtungen durchlässig und für andere undurchlässig sind, gibt es auch Amplituden-

Bild 7.6. Rasterunterdrückung durch Tiefpaßfilterung. Nach Winzer und Kachel (unveröffentlicht).

filter mit abgestuftem Transmissionsverhalten. Ferner werden nicht nur
Amplitudenfilter, sondern auch Phasenfilter verwendet. Maréchal [7.5]
hat erstmals Kombinationen aus Absorptions- und Phasenplatten systematisch untersucht und zur Bildverbesserung erfolgreich angewandt.
Elegante holographische Techniken [7.6] ermöglichen heute die Herstellung komplexer Filter. Dazu zählen auch synthetische Hologramme,
deren Interferenzmuster berechnet und von einem geeigneten Zeichengerät aufgeschrieben werden.

Vander-Lugt-Filter

Zur Herstellung von Raumfrequenzfiltern hat Vander Lugt [7.7] eine
holographisch interferometrische Methode nach Bild 7.7 vorgeschlagen,
die auch bei komplizierten Objekten anwendbar ist. Man erhält Filter-
masken, die in der Fourier-Transformationsebene sowohl die Phasen als
auch die Amplituden der Transmissionsfunktion steuern.

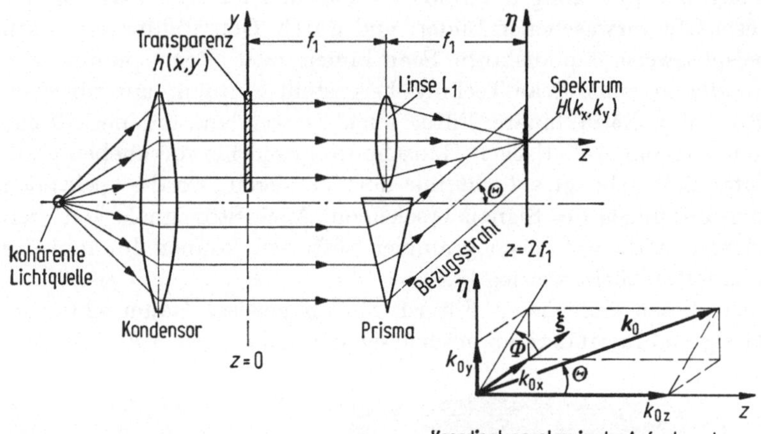

Bild 7.7. Herstellung eines Vander-Lugt-Filters.

Die Linse L_1 erzeugt in der Ebene $z = 2f_1$ die Fourier-Transformierte
$H(k_x, k_y)$ der Transparenz $h(x, y)$. Durch Überlagern mit der Bezugs-
welle $U_0 \exp(j\boldsymbol{k}_0 \cdot \boldsymbol{r})$, die vom Prisma her in die Aufnahmeebene $z = 2f_1$
einläuft, wird ein Interferenzfeld gebildet und als Flächenhologramm
intensitätsmäßig in lichtempfindlichem Material (z.B. einer dünnen
photographischen Emulsion) aufgezeichnet. Die Lichtintensität, die in
der Ebene $z = 2f_1$ in Bild 7.7 empfangen wird, ist proportional zu

$$\begin{aligned}
S(k_x, k_y) &= |U_0\, \mathrm{e}^{j\boldsymbol{k}_0 \cdot \boldsymbol{r}} + H(k_x, k_y)|^2 \\
&= |U_0|^2 + |H(k_x, k_y)|^2 + U_0 H^*(k_x, k_y)\, \mathrm{e}^{j\boldsymbol{k}_0 \cdot \boldsymbol{r}} \\
&\quad + U_0^* H(k_x, k_y)\, \mathrm{e}^{-j\boldsymbol{k}_0 \cdot \boldsymbol{r}}.
\end{aligned} \tag{7.10}$$

Der Ursprung des Ortsvektors r kann ohne Einschränkung der Allgemeingültigkeit ins Zentrum der Hologrammaufnahmeebene $z = 2f_1$ gelegt werden, so daß mit Bezug auf das Koordinatensystem von Bild 7.7 gilt:

$$k_0 \cdot r\big|_{z\,=\,2f_1} = f_1 \begin{pmatrix} \sin\Theta\,\cos\Phi \\ \sin\Theta\,\sin\Phi \\ \cos\Theta \end{pmatrix} \begin{pmatrix} k_x \\ k_y \\ 0 \end{pmatrix}. \tag{7.11}$$

Wird zur Aufnahme der Interferenzstruktur Hologrammaterial verwendet, dessen Amplitudentransparenz linear von der Lichtintensitätsverteilung während der Aufnahme abhängt, dann ist die reelle Transmissionsfunktion des Filters im wesentlichen durch $S(k_x, k_y)$ gegeben. Das Signal, das in der Datenausgabeebene $z = 2f_1 + 2f_2$ eines Experiments nach Bild 7.4 erscheint, wenn das Vander-Lugt-Filter in der Ebene $z = 2f_1$ eingesetzt wird, ist proportional zu

$$\tilde{g}(X, Y) = \frac{1}{(2\pi)^2} \int\limits_{-\infty}^{+\infty} \int\limits_{-\infty}^{+\infty} dk_x\, dk_y\, G(k_x, k_y)\, S(k_x, k_y)\, e^{j(k_x X + k_y Y)}. \tag{7.12}$$

Durch Einsetzen von (7.10) in (7.12) ergibt sich nach kurzer Umformung

$$\tilde{g}(X, Y) = |U_0|^2 g(X, Y) + \int\limits_{-\infty}^{+\infty} \int\limits_{-\infty}^{+\infty} dX'\, dY'\, g(X', Y')\, \varphi_{hh}(X - X', Y - Y')$$

$$+ U_0\varphi_{gh}(X + f_1 \sin\Theta\cos\Phi,\ Y + f_1 \sin\Theta\sin\Phi)$$

$$+ U_0^*\varrho_{gh}(X - f_1 \sin\Theta\cos\Phi,\ Y - f_1 \sin\Theta\sin\Phi). \tag{7.13}$$

Die beiden ersten Glieder in (7.13) sind für optische Filterungen von untergeordneter Bedeutung. Der Schwerpunkt dieser Lichtverteilungen liegt jeweils auf der optischen Achse, also im Zentrum der Datenausgabeebene $z = 2f_1 + 2f_2$ nach Bild 7.4. Das erste Glied ist dabei das nicht abgebeugte, aber intensitätsmäßig abgeschwächte Eingabesignal, und das zweite Glied ist die Faltung des Eingabesignals g mit der Autokorrelationsfunktion

$$\varphi_{hh}(X - X', Y - Y') =$$
$$\int\limits_{-\infty}^{+\infty} \int\limits_{-\infty}^{+\infty} dX''\, dY''\, h(X'', Y'')\, h^*(X'' + X' - X, Y'' + Y' - Y) \tag{7.14}$$

der Transparenz h. Bedeutungsvoll für die optische Datenverarbeitung sind das dritte und vierte Glied in (7.13), nämlich die Kreuzkorrelation

$$\varphi_{gh}(X + f_1 \sin\Theta\cos\Phi,\ Y + f_1 \sin\Theta\sin\Phi)$$
$$= \int\limits_{-\infty}^{+\infty} \int\limits_{-\infty}^{+\infty} dX'\, dY'\, g(X', Y')\, h^*(X' - X - f_1 \sin\Theta\cos\Phi,$$
$$Y' - Y - f_1 \sin\Theta\sin\Phi) \tag{7.15}$$

und die Faltung

$$\varrho_{gh}(X - f_1 \sin \Theta \cos \Phi, \; Y - f_1 \sin \Theta \sin \Phi)$$

$$= \int\limits_{-\infty}^{+\infty} \int\limits_{-\infty}^{+\infty} dX' \, dY' \, g(X', Y') \, h(X - f_1 \sin \Theta \cos \Phi - X',$$

$$Y - f_1 \sin \Theta \sin \Phi - Y') \tag{7.16}$$

der Funktionen g und h. Die normierten Koordinaten X'', Y'' in (7.14) sind entsprechend (7.9) mit positivem Vorzeichen definiert. Das Zentrum des Kreuzkorrelationssignals φ_{gh} liegt in der Datenausgabeebene $z = 2f_1 + 2f_2$ am Ort $X = -f_1 \sin\Theta \cos\Phi$, $Y = -f_1 \sin\Theta \sin\Phi$, während das Zentrum des Faltungssignals ϱ_{gh} unter den Koordinaten $X = f_1 \sin\Theta \cos\Phi$, $Y = f_1 \sin\Theta \sin\Phi$ erscheint. In Bild 7.8 ist die Lichtverteilung in der

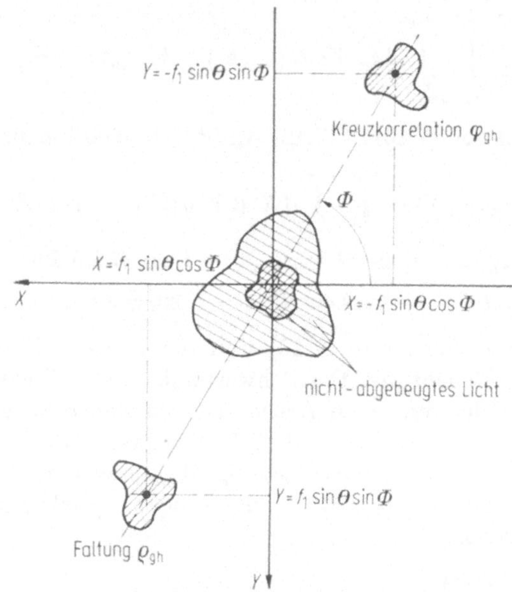

Bild 7.8. Signale in der Datenausgabeebene bei einer Vander-Lugt-Filterung.

Datenausgabeebene nach einer Vander-Lugt-Filterung schematisch dargestellt. Wählt man im praktischen Aufbau $\Phi = \pi/2$, dann liegen die Schwerpunkte von Kreuzkorrelations- und Faltungssignal auf der Y-Achse einander gegenüber. Damit diese beiden Signale getrennt und ungestört beobachtet und ausgewertet werden können, ist bei der Filteranfertigung darauf zu achten, daß der Einfallswinkel Θ des Bezugsstrahls bzw. die Trägerfrequenz $(2\pi/\lambda) \sin\Theta$ genügend groß gemacht wird. Man

kann außerdem durch geeignete Wahl des Verhältnisses von Objektstrahl – zu Bezugsstrahlintensität das Vander-Lugt-Filter gleichzeitig
mit einer Bandpaß- oder Hochpaßcharakteristik versehen [7.8] (Abschnitt 7.2.4.).

Neben der Filterherstellung nach Vander Lugt haben sich auch die
Verfahren von Lohmann [7.9] und Lee [7.10] zur Anfertigung komplexer
Filter bewährt. In beiden Fällen wird das gewünschte Filter $H(k_x, k_y)$
synthetisch mit Hilfe eines Computers hergestellt. Bei der Filterung
erscheint das Ausgabesignal wie beim Vander-Lugt-Filter außerhalb der
optischen Achse.

7.2.3. Angepaßte Filterung und Zeichenerkennung

Bei der angepaßten Filterung wird in der Datenausgabeebene die Autokorrelationsfunktion des Eingabesignals gebildet. Ein räumlich trans-
lationsvariantes Filter mit der Impulsantwortfunktion $h(x, y)$ ist dem
Signal $p(x, y)$ definitionsgemäß angepaßt, wenn bis auf eine multiplikative Konstante gilt [7.1]:

$$h(x, y) = p^*(-x, -y) \quad \text{bzw.} \quad H(k_x, k_y) = P^*(k_x, k_y). \qquad (7.17)$$

Die Funktionen H und P sind die Fourier-Transformierten von h und p.
Vander-Lugt-Filter sind für die angepaßte Filterung bestens geeignet,
denn die Transmissionsfunktion eines Filters, das holographisch von der
Transparenz $p(x, y)$ hergestellt wurde, enthält gleichzeitig die beiden
konjugiert komplexen Terme $P(k_x, k_y)$ und $P^*(k_x, k_y)$. Stimmen Eingabesignal und Filter überein, dann erscheint anstelle der Kreuzkorre-
lationsfunktion (7.15) die Autokorrelationsfunktion

$$\varphi_{pp}(X + f_1 \sin\Theta \cos\Phi, \; Y + f_1 \sin\Theta \sin\Phi)$$
$$= \int\limits_{-\infty}^{+\infty} \int\limits_{-\infty}^{+\infty} \mathrm{d}X' \, \mathrm{d}Y' \, p(X', Y') \, p^*(X' - X - f_1 \sin\Theta \cos\Phi,$$
$$Y' - Y - f_1 \sin\Theta \sin\Phi). \qquad (7.18)$$

Im Gegensatz zur sonst üblichen Hologrammwiedergabe wird bei der
kohärent-optischen Korrelationsanalyse das holographische Filter mit
dem komplizierten Objektwellenfeld des Eingabesignals bzw. mit dessen
Fourier-Transformierter bestrahlt und dadurch das einfachere, im allgemeinen ebene oder sphärische Bezugswellenfeld rekonstruiert. Häufig
kann daher das Autokorrelationssignal durch eine weitere Transformationslinse als heller Fleck in die Ausleseebene fokussiert werden. Im
kohärent-optischen Korrelator nach Bild 7.9 befindet sich in der Ausleseebene eine Fernsehkamera, die das Korrelationssignal auf einen

Bildschirm überträgt. Weicht das Eingabesignal von der im Filter gespeicherten Funktion $p(x, y)$ ab, dann entsteht kein Autokorrelationssignal, sondern ein Kreuzkorrelationssignal, das intensitätsärmer und
weniger scharf fokussiert ist. Insofern ist das Detektorsignal des kohärent-optischen Korrelators ein Maß für die Übereinstimmung zwischen
Eingabesignal und Vergleichssignal.

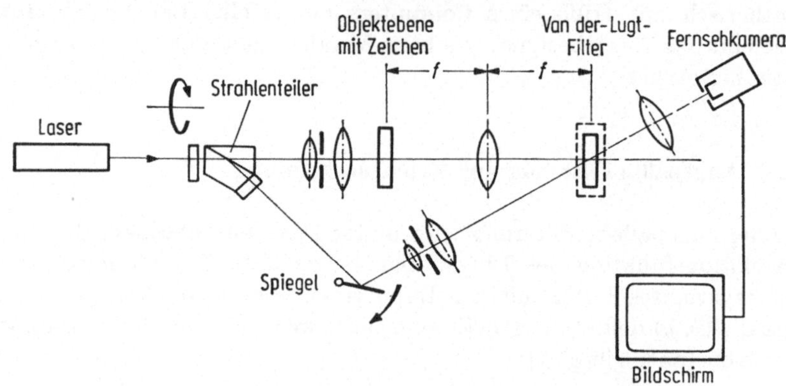

Bild 7.9. Kohärent-optischer Korrelator [7.11].

Bei Zeichenerkennungsproblemen wird entweder eine Vielzahl von
Transparenzen mit dem Filter eines bestimmten Charakters oder eine
bestimmte Transparenz mit einem Filtersatz vieler Charaktere korreliert.
In der Praxis hat man es gewöhnlich mit einer Kombination aus beiden,
miteinander verwandten, Aufgabenstellungen zu tun. Stellvertretend für
den gesamten Problemkreis soll im folgenden der erstgenannte Fall
etwas ausführlicher erörtert werden. Das Eingabesignal könnte z. B. eine
transparente Textbuchseite sein und das angepaßte Filter zu einem
bestimmten, im Text zu suchenden Buchstaben oder Wort gehören. Im
Eingabesignal

$$g(x, y) = \sum_{m=1}^{M} \sum_{n=1}^{N_m} p_m\left(x - x_m^{(n)}, y - y_m^{(n)}\right) \qquad (7.19)$$

bezeichnet der Index m einen der insgesamt M verschiedenartigen
Charaktere. Jeder Charakter p_m kann dabei mehrfach, und zwar an verschiedenen Orten der Dateneingabeebene vorkommen. Diese Orte der
insgesamt N_m gleichartigen Charaktere p_m sind durch die Schwerpunktskoordinaten $x_m^{(n)}$, $y_m^{(n)}$ gekennzeichnet. Der Korrelator enthält nun ein
Vander-Lugt-Filter zu dem speziellen Charakter $h_l(x, y) = p_l(x - x_l,$
$y - y_l)$, dessen Schwerpunktskoordinaten x_l, y_l in der Dateneingabeebene außerhalb der optischen Achse liegen dürfen. In der Filterebene

wird die Fourier-Transformierte

$$G(k_x, k_y) = \sum_{m=1}^{M} \sum_{n=1}^{N_m} P_m(k_x, k_y)\, \mathrm{e}^{-j\left(k_x x_m^{(n)} + k_y y_m^{(n)}\right)} \qquad (7.20)$$

des Eingabesignals (7.19) mit den holographisch gespeicherten Filter-funktionen

$$H_l(k_x, k_y) = P_l(k_x, k_y)\, \mathrm{e}^{-j(k_x x_l + k_y y_l)}, \qquad (7.21\,\mathrm{a})$$

$$H_l^*(k_x, k_y) = P_l^*(k_x, k_y)\, \mathrm{e}^{j(k_x x_l + k_y y_l)} \qquad (7.21\,\mathrm{b})$$

überlagert. Dabei ist $P_\nu(k_x, k_y)$ die Fourier-Transformierte von $p_\nu(x, y)$. Die Korrelationssignale ergeben sich nun sofort durch Einsetzen von (7.20) und (7.21 b) in das Integral (7.15) zu

$$\varphi_{gh} = \varphi_{ll}\left(X - X_{ll}^{(n)},\, Y - Y_{ll}^{(n)}\right) + \sum_{\substack{m=1 \\ m \neq l}}^{M} \varphi_{ml}\left(X - X_{ml}^{(n)},\, Y - Y_{ml}^{(n)}\right), \qquad (7.22)$$

mit den Autokorrelationssignalen

$$\varphi_{ll} = \sum_{n=1}^{N_m} \int_{-\infty}^{+\infty} \int_{-\infty}^{+\infty} \mathrm{d}X'\, \mathrm{d}Y'\, p_l(X', Y')\, p_l^*\left(X' - X + X_{ll}^{(n)},\, Y' - Y + Y_{ll}^{(n)}\right),$$
$$\qquad (7.23)$$

und den Kreuzkorrelationssignalen

$$\sum_{\substack{m=1 \\ m \neq l}}^{M} \varphi_{ml} = \sum_{\substack{m=1 \\ m \neq l}}^{M} \sum_{n=1}^{N_m} \int_{-\infty}^{+\infty} \int_{-\infty}^{+\infty} \mathrm{d}X'\, \mathrm{d}Y'\, p_m(X', Y')$$
$$\times\, p_l^*\left(X' - X + X_{ll}^{(n)},\, Y' - Y + Y_{ll}^{(n)}\right), \qquad (7.24)$$

wobei neben (7.6) und (7.9) folgende Koordinaten eingeführt wurden:

$$X_{\nu l}^{(n)} = \left(x_\nu^{(n)} - x_l\right) - f_1 \sin\Theta \cos\Phi, \qquad (7.25\,\mathrm{a})$$

$$Y_{\nu l}^{(n)} = \left(y_\nu^{(n)} - y_l\right) - f_1 \sin\Theta \sin\Phi. \qquad (7.25\,\mathrm{b})$$

Die Koordinaten $X_{\nu l}^{(n)}$, $Y_{\nu l}^{(n)}$ beschreiben die Lage der verschiedenen Korrelationssignale um die Bezugsstrahlrichtung herum und hängen vom Schwerpunktabstand zwischen der Impulsantwortfunktion des Filters und den Charakteren des Dateneingabesignals ab. Autokorrelationssignale, die das Vorhandensein des gesuchten Charakters im Eingabesignal anzeigen, werden im allgemeinen durch Intensitätsmessungen registriert. Eine Ansprechschwelle sorgt dabei für die Unterdrückung unerwünschter Störsignale. In Bild 7.10 ist schematisch dargestellt, wie sich die Lage von Korrelations- und Faltungssignalen aus den hergeleiteten Formeln ergibt. Dabei erhält man die Faltungssignale durch Einsetzen der Funktionen (7.20) und (7.21 a) in das Integral (7.16).

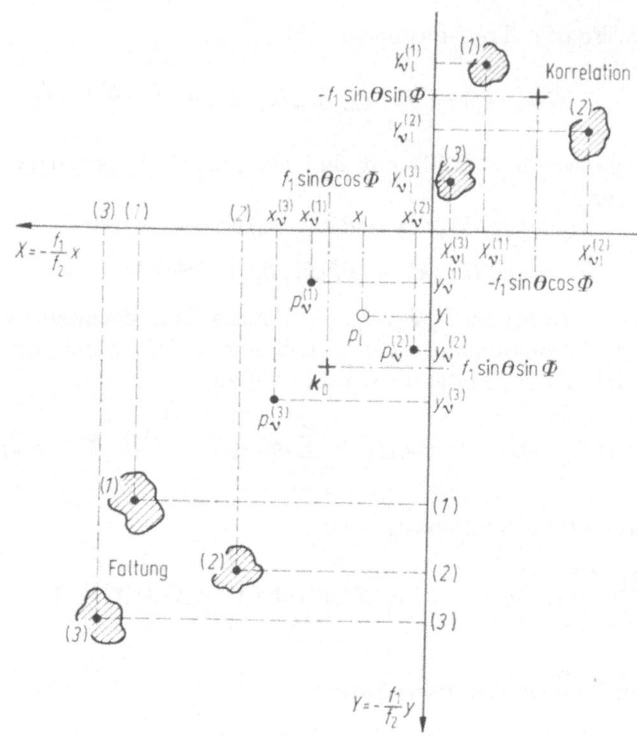

Bild 7.10. Korrelations- und Faltungssignale in der Datenausgabeebene bei der Korrelations-
analyse dreier Eingabesignale $p_\nu^{(1)}$, $p_\nu^{(2)}$, $p_\nu^{(3)}$ mit dem Vergleichssignal p_1. Die Lichtsignale in der
Detektorebene sind der Einfachheit halber mit (1), (2) und (3) bezeichnet. Bei den Korrelations-
signalen sind die Koordinaten nach Gl. (7.25) angegeben, und k_0 kennzeichnet die Bezugsstrahlrichtung bei der Herstellung des Vander-Lugt-Filters.

Das Resultat eines Demonstrationsexperimentes von Winzer [7.11],
bei dem aus einem Schriftfeld die Lage der Buchstaben X zu ermitteln
war, ist in Bild 7.11 wiedergegeben. Bei niedrig eingestellter Ansprechschwelle des Detektors sind neben den kräftigen Autokorrelationssignalen
für den Buchstaben X noch deutliche Kreuzkorrelationssignale für die
Buchstaben A, K, V und Y zu erkennen. Die Festlegung der Ansprechschwelle des Detektors ist ein Kompromiß zwischen Empfindlichkeit
und Zuverlässigkeit des Korrelators.

Man kann die Selektivität erhöhen, wenn man bei der Filterherstellung durch geeignete Wahl des Intensitätsverhältnisses zwischen Objekt-
und Bezugsstrahl für eine zusätzliche Bandpaß- oder Hochpaßcharakteristik sorgt [7.8]. Insbesondere hat sich die zusätzliche Verwendung
von Differentiationsfiltern bewährt, so daß nicht nur Funktionen, sondern auch deren Ableitungen miteinander verglichen werden. Differen-

tiationen werden optisch auch als Raumfrequenzfilterungen ausgeführt. Wenn $G(k_x, k_y)$ die Fourier-Transformierte des Eingabesignals $g(x, y)$ ist, dann ist $jk_x G(k_x, k_y)$ die Fourier-Transformierte zu $(\partial/\partial x)\, g(x, y)$, wie sich sofort durch Differenzieren der Fourier-Darstellung des Signals $g(x, y)$ zeigen läßt. Also wird durch das Filter $H(k_x) = jk_x$ erreicht, daß das Ausgabesignal proportional zur Ableitung des Eingabesignals nach x ist. Entsprechend ist auch eine zweidimensionale Gradientenbildung nach x und y möglich [7.12]. Differentiationsfilter erhöhen die Selektivität, erschweren aber gleichzeitig die Erkennung von Varianten gleichartiger Charaktere.

Optische Korrelatoren sind empfindlich gegenüber Maßstabsveränderungen und Drehungen des Charakters in der Dateneingabeebene. Beispielsweise werden unterschiedlich große oder gegeneinander verdrehte gleichartige Buchstaben nicht als gleichartig erkannt. Noch komplizierter wird das Zeichenerkennungsproblem, wenn etwa in Texten verschiedene Schrifttypen (Schreibmaschine, lateinisch, gotisch, Handschrift, usw.) vorkommen [7.13], oder wenn Fingerabdrücke identifiziert werden sollen. Bei manchen Anwendungen können hier Mehrkanalkorrelatoren Abhilfe schaffen. Zu jedem Charakter gibt es einen ganzen Filtersatz, den man in einer einzigen hochauflösenden Photoplatte (2000 bis 3000 Linien/mm) holographisch speichern kann. Bei der Filterherstellung hat jede Variante des zu speichernden Charakters ihren eigenen Beleuchtungsstrahl, und die Hologrammanfertigung erfolgt vorzugsweise simmultan mit Hilfe einer einzigen Bezugswelle. Stimmt der zu identifi-

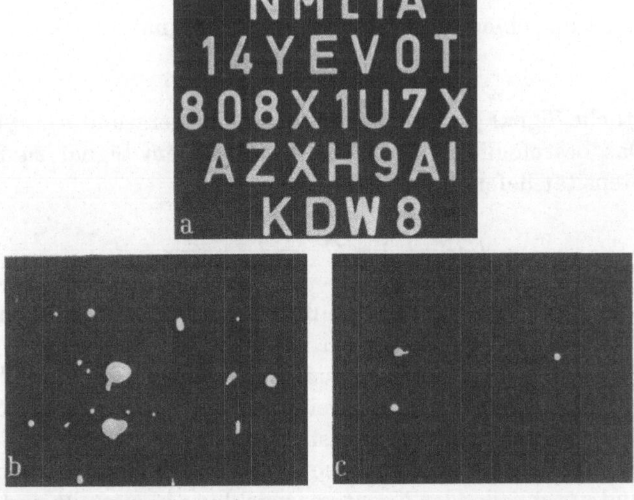

Bild 7.11. Erkennung des Buchstabens X. a) Schriftfeld; b) Korrelationssignale bei niedriger Ansprechschwelle; c) Korrelationssignale bei hoher Ansprechschwelle.

zierende Charakter mit einer Varianten des gespeicherten Charakters
überein, dann entsteht ein kräftiges Autokorrelationssignal. Es gibt
verschiedene Ausführungsformen von Mehrkanalkorrelatoren [7.14];
ein Modell nach Winzer [7.11] ist in Bild 7.12 dargestellt. Wenn sehr
ähnliche Symbole, wie z.B. die Buchstaben O und Q, nicht mehr mit
zureichender Sicherheit durch Intensitätsmessungen von Korrelations-
signalen voneinander unterscheidbar sind, dann werden zusätzliche
Merkmalfilter erforderlich, die nur auf den geringfügigen Unterschied
zwischen den fraglichen Symbolen – z.B. den Querstrich im Q – ansprechen [7.15].

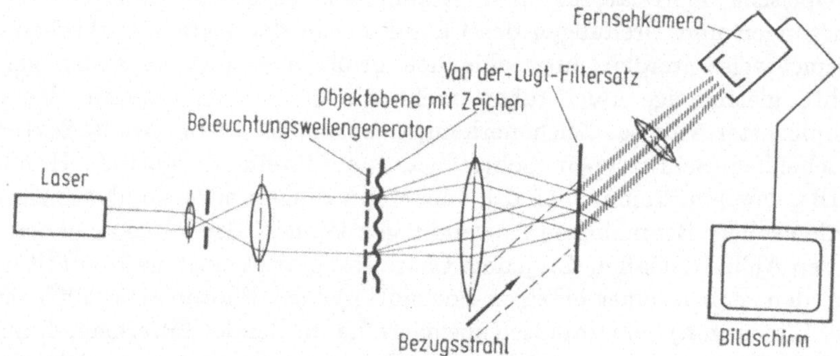

Bild 7.12. Mehrkanalkorrelator. Die Zentren der Raumfrequenzspektren zu verschiedenen Varianten eines Charakters sind bei dieser Ausführungsform räumlich getrennt. Mit Hilfe eines optischen
Kreuzgitters wird der Beleuchtungsstrahl vervielfacht.

Häufig ist aus einem verrauschten Eingabesignal

$$g(x, y) = p(x, y) + n(x, y), \qquad (7.26)$$

das eigentliche Signal $p(x, y)$ aus dem Rauschuntergrund $n(x, y)$ heraus-
filtern. Das bestmögliche Verhältnis von größtem Signal zu mittlerer
Rauschintensität liefert das Filter [7.3]

$$H(k_x, k_y) = C \frac{P^*(k_y, k_x)}{|N(k_x, k_y)|^2} . \qquad (7.27)$$

C ist ein konstanter Faktor. Bei weißem Rauschen, also bei konstantem
Wiener-Spektrum $|N(k_x, k_y)|^2$ reduziert sich das Filter (7.27) auf die
einfache Form (7.17). Ist das Rauschspektrum $|N(k_x, k_y)|^2$ bekannt,
dann kann das Filter (7.27) in zwei Schritten hergestellt werden. Ein
transparenter Film mit der Transmissionsfunktion $|N|^{-2}$ wird nach
üblichen photographischen Methoden durch eine Belichtung proportional
zu $|N|^2$ und anschließender Negativentwicklung hergestellt und gemein-
sam mit einem Vander-Lugt-Filter für $p(x, y)$ in die Filterebene eines

Korrelators gebracht. Häufig wird anstelle des angepaßten Filters auch das inverse Filter $H(k_x, k_y) \sim P^{-1}(k_x, k_y)$ angewandt, das in der Datenausgabeebene ein scharf fokussiertes Detektorsignal liefert.

Eine Variante optischer Zeichenerkennungsverfahren ist die holographische Verschlüsselung und Rekonstruktion von Information durch Verwendung komplizierter, nicht einfach reproduzierbarer und nur dem Eingeweihten bekannter Bezugs- und Wiedergabewellenfelder [7.6, 7.16].

7.2.4. Bildverbesserung

Kein optisches Aufnahmesystem liefert ein perfektes, vollkommen fehlerfreies Bild. Durch Bildverbesserungsverfahren soll nicht die Aufnahmetechnik, sondern die Qualität von bereits aufgenommenen Bildern nachträglich verbessert werden. Der Informationsgehalt eines Bildes kann nachträglich nicht erhöht werden, aber es ist möglich, unerwünschte Bestandteile und Strukturen, die z.B. von Bildüberlagerungen, Verzerrungen, Verwaschungen, Unschärfen, Rauschbeiträgen usw. herrühren, zu eliminieren oder zumindest zu reduzieren. Um ein Bild verbessern zu können, muß man die spezifische Art der Störung kennen.

Bei zweidimensionalen monochromatisch leuchtenden Bildern, die durch eine reelle Objektfunktion zweier Variabler x und y beschrieben werden können, ist eine Verbesserung durch Filterungen möglich. Wenn $f(x, y)$ die Objektfunktion des perfekten und $g(x, y)$ die des gestörten Bildes ist, dann kann die Wirkung des Aufnahmesystems formal durch einen Operator Ω, angewandt auf $f(x, y)$, wie folgt beschrieben werden:

$$g(x, y) = \Omega f(x, y). \tag{7.28}$$

Im Idealfall bestünde das Bildverbesserungsverfahren im Auffinden des inversen Operators Ω^{-1} mit $\Omega^{-1}\Omega = 1$, so daß gilt:

$$\Omega^{-1}(gx, y) = f(x, y). \tag{7.29}$$

In praxi gibt es keine exakte Inversion, aber häufig kann man, wie das Blockdiagramm von Bild 7.13 verdeutlicht, das gestörte Bild $g(x, y)$ in ein verbessertes $\hat{f}(x, y)$ überführen. Die Bildstörung setzt sich in den meisten Fällen aus einem linearen –, einem nichtlinearen – und einem

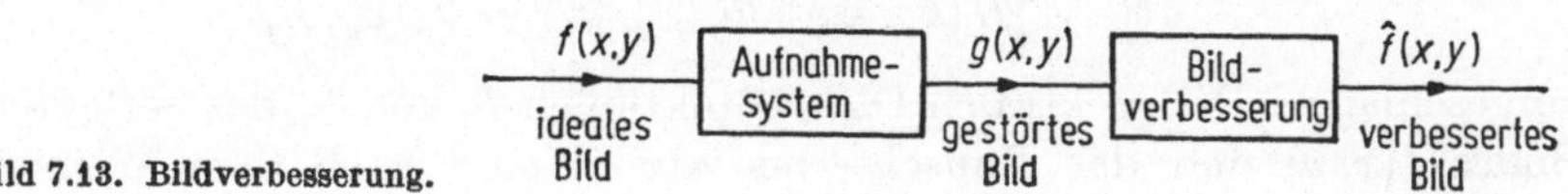

Bild 7.13. Bildverbesserung.

Rauschbeitrag zusammen. Nichtlinearitäten und Rauschen hängen wesentlich vom Detektor, also vom Filmmaterial ab. Bei Vernachlässigung von Nichtlinearitäten und Rauschbeiträgen und unter der Voraussetzung, daß das lineare System translationsinvariant ist, kann die Objektfunktion des gestörten Bildes als Faltungsintegral geschrieben werden:

$$g(x, y) = \int\limits_{-\infty}^{+\infty} \int\limits_{-\infty}^{+\infty} \mathrm{d}x', \mathrm{d}y'\, f(x', y')\, h(x - x', y - y')$$

$$= \frac{1}{(2\pi)^2} \int\limits_{-\infty}^{+\infty} \int\limits_{-\infty}^{+\infty} \mathrm{d}k_x\, \mathrm{d}k_y\, F(k_x, k_y)\, H(k_x, k_y)\, \mathrm{e}^{j(k_x x + k_y y)}\,. \tag{7.30}$$

Hier ist $h(x, y)$ die Impulsantwortfunktion des Aufnahmesystems. Maßstabsveränderungen durch die Aufnahmeapparatur wurden der Einfachheit halber nicht berücksichtigt. Gibt man das Signal $g(x, y)$ in eine Filteranordnung nach Bild 7.4, dann erscheint in der Fourier-Transformationsebene die Amplitudenverteilung $G(k_x, k_y) = F(k_x, k_y) H(k_x, k_y)$. Durch Überlagerung mit dem Filter [7.17]

$$Q(k_x, k_y) = \frac{H^*(k_x, k_y)}{|H(k_x, k_y)|^2} \tag{7.31}$$

entsteht die gesuchte Transmissionsfunktion $F(k_x, k_y)$ des perfekten Bildes. Das Filter (7.31) kann bei Kenntnis der Impulsantwortfunktion $h(x, y)$ des Aufnahmesystems in gleicher Weise wie das Filter $P^*/|N|^2$ von (7.27) hergestellt werden.

Normalerweise enthält das Bild einen Rauschuntergrund, so daß anstelle des Eingabesignals (7.30) geschrieben werden muß:

$$g_n(x, y) = g(x, y) + n(x, y), \tag{7.32}$$

wobei $g(x, y)$ als Faltungsintegral (7.30) darstellbar sein soll. Der Rauschterm $n(x, y)$, der auch das Filmkornrauschen durch die photographische Emulsion enthalten möge, hängt stark vom jeweiligen Experiment ab. Eine exakte Lösung des Problems ist jetzt im allgemeinen nicht mehr möglich, aber man kann eine Näherungslösung $\hat{f}(x, y)$ finden, die das perfekte Bild $f(x, y)$ approximiert. Mehrere Autoren [7.18] bis [7.20] haben dazu die Verwendung des translationsinvarianten Filters

$$Q_n(k_x, k_y) = \frac{H^*(k_x, k_y)\, \Phi_f(k_x, k_y)}{|H(k_x, k_y)|^2\, \Phi_f(k_x, k_y) + \Phi_n(k_x, k_y)} \tag{7.33}$$

vorgeschlagen. Die spektralen Dichtefunktionen Φ_f und Φ_n des perfekten Bildes $f(x, y)$ und des Rauschterms $n(x, y)$ sind nach dem Wiener-

Khintchine-Theorem [7.21] als Fourier-Transformierte der Autokorrelationsfunktionen

$$\varphi_f(x, y) = \langle \Delta f(x', y') \, \Delta f(x' + x, y' + y) \rangle, \qquad (7.34\,\mathrm{a})$$

$$\varphi_n(x, y) = \langle n(x', y') \, n(x' + x, y' + y) \rangle \qquad (7.34\,\mathrm{b})$$

definiert, wobei $\Delta f(x, y) = f(x, y) - \langle f(x, y) \rangle$ ist und die eckigen Klammern den statistischen Erwartungswert ausdrücken. Die Optimierung erfolgte so, daß die mittlere quadratische Abweichung $\langle \, | \hat{f}(x, y) - f(x, y)|^2 \rangle$ zum Minimum gemacht wird.

In vielen praktischen Fällen sind Verbesserungen mit Hilfe der Filter (7.31) oder (7.33) nicht hinreichend. Mitunter ist das Detektorrauschen bzw. Filmkornrauschen nicht völlig statistisch, sondern mit dem aufgenommenen Bild korreliert. Auch spielen häufig nichtlineare Verzerrungen eine wesentliche Rolle. Die Frage nach geeigneten Filtern kann dann nicht unabhängig von Objekt und Aufnahmegerät beantwortet werden. Nicht nur bei nichtlinearen Verzerrungen, sondern auch bei linear deformierenden Systemen bieten sich oft nichtlineare, systemangepaßte Filter als zweckmäßig an [7.22]. Solche Filter werden bevorzugt mit Hilfe von Computern synthetisch angefertigt und dann in einer optischen Filteranlage eingesetzt.

Zur Bildverbesserung, insbesondere bei übereinanderbelichteten Photos, wurden auch holographische Subtraktionsverfahren erprobt [7.23]. Sofern es gelingt, von dem zu subtrahierenden Wellenfeld ein Hologramm anzufertigen, kann das holographisch rekonstruierte Wellenfeld dem vom Objekt kommenden um 180° phasenverschoben kohärent überlagert werden, so daß sich die störenden Amplituden im Überlagerungsgebiet gegenseitig auslöschen.

Obwohl reale optische Abbildungssysteme nicht besser als beugungsbegrenzt arbeiten können, ist es möglich, Bildverbesserungen über die Beugungsgrenze des Aufnahmegeräts hinaus zu betreiben. Zu diesem Zweck muß das durch die Aufnahmeapparatur begrenzte Raumfrequenzspektrum $H(k_x, k_y)$ vor der Filterherstellung mit Hilfe geeigneter Rechenverfahren [7.24] analytisch fortgesetzt werden. Dadurch werden auch die gesuchten Spektren $F(k_x, k_y)$ bzw. $\hat{F}(k_x, k_y)$ analytisch fortgesetzt, so daß das nach der Filterung ausgegebene Bild über die Beugungsgrenze der Aufnahmeapparatur hinaus verbessert ist. Die Anwendbarkeit der Methode ist wesentlich durch das Rauschen begrenzt [7.25]; sie hat praktisch nur dann Erfolg, wenn das zu verbessernde Bild mit sehr gutem Signal zu Rauschverhältnis aufgenommen wurde. Anwendungen werden z. B. in der Mikroskopie gesehen.

7.2.5. Simulation von Antennen-Strahlungs-Diagrammen

Da Fourier-Transformationen, die nach (7.1) den Zusammenhang
zwischen Nahfeld und Fernfeld eines kohärenten Senders herstellen,
optisch leicht durchführbar sind, bieten sich optische Analogrechner
zum Studium von Antennenstrahlungsdiagrammen an [7.14]. Gibt man
die zweidimensionale Feldverteilung der zu untersuchenden Antenne als
Eingabesignal $g(x, y)$ in einen optischen Fourier-Transformator, dann
kann man in der Ausgabeebene die Fernfeldverteilung abtasten oder
aufzeichnen. Das Strahlungsdiagramm kann im optischen Wellenlängenbereich visuell beobachtet werden. Voraussetzung für die praktische
Anwendbarkeit dieses elegant einfachen Verfahrens ist die Existenz
eines geeigneten Dateneingabemodulators.

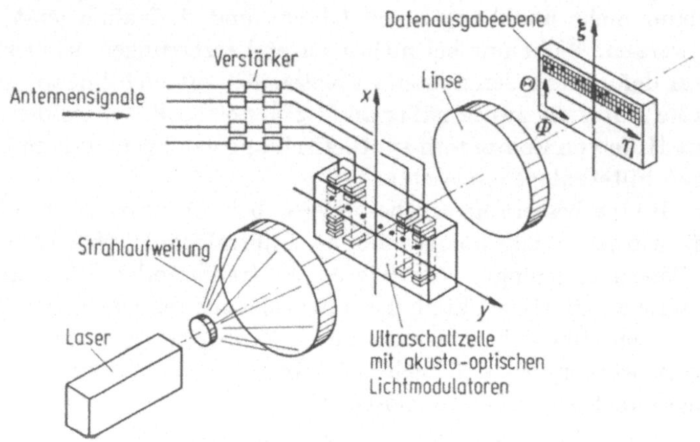

Bild 7.14. Optische Auswertung von Antennensignalen.

Auch zur Weiterverarbeitung von Antennensignalen wurden kohärent-optische Verfahren erarbeitet. Eine Methode nach Arm et al. [7.26],
die in Bild 7.14 schematisch wiedergegeben ist, verwendet einen Satz
akusto-optischer Lichtmodulatoren (Abschnitt 1.4.) als Eingabewandler,
um die Signale einer Phased-Array-Antennenwand einem kohärent-
optischen Rechner einzugeben. Hier werden die Signale optisch parallel
weiterverarbeitet und auf einen Filmstreifen oder eine Photodetektormatrix ausgegeben. Die Polarkoordinaten Θ und Φ des angepeilten
Zieles können in der Datenausgabeebene direkt abgelesen werden, während die Entfernung zwischen Ziel und Antennenort, also die Radial-
koordinate R, durch übliche Laufzeitmessungen zu bestimmen ist.

7.2.6. Auswertung von Seitensichtradardaten

Eine anspruchsvolle und erfolgreich erprobte Nahfeld-Fernfeld-Transformation wird bei der kohärent-optischen Auswertung von Seitensichtradarsignalen durchgeführt [7.27]. Von den Szenen, die durch Radarimpulse abgetastet wurden, erhält man hochaufgelöste, visuell auswertbare zweidimensionale Bilder. Seitensichtradargeräte, die von Flugzeugen mitgeführt werden, arbeiten mit synthetischen Antennenaperturen. Indem ein einzelnes Antennenelement zeitlich nacheinander die Position sämtlicher Elemente einer gedachten großen Linearantenne einnimmt, wird eine große effektive Antennenapertur simuliert und das aperturabhängige Auflösungsvermögen sehr stark erhöht[1].

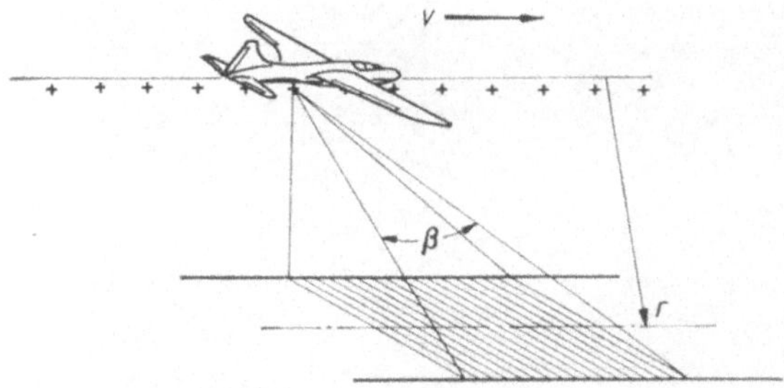

Bild 7.15. Seitensichtradaraufnahme.

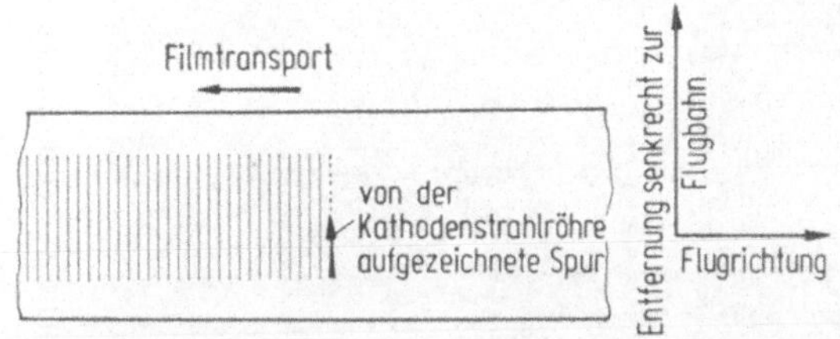

Bild 7.16. Aufzeichnung der Radarsignale auf Filmstreifen.

Das Flugzeug, das in Bild 7.15 mit konstanter Geschwindigkeit parallel zur Erdoberfläche fliegt, sendet senkrecht zur Flugbahn eine Folge kurzer, zeitlich mit einem Bezugssignal kohärenter Radarimpulse aus. Von den Zielpunkten werden Radarechos zurückgestreut, dopplerverschoben empfangen und mit dem Bezugssignal phasenrichtig über-

---

[1] Zwei Punkte im Abstand $\lambda r/D$ können von einer stationären Antenne noch aufgelöst werden. Dabei ist r die Entfernung zwischen Antenne und Zielort, D die Antennenapertur und λ die Mikrowellenlänge.

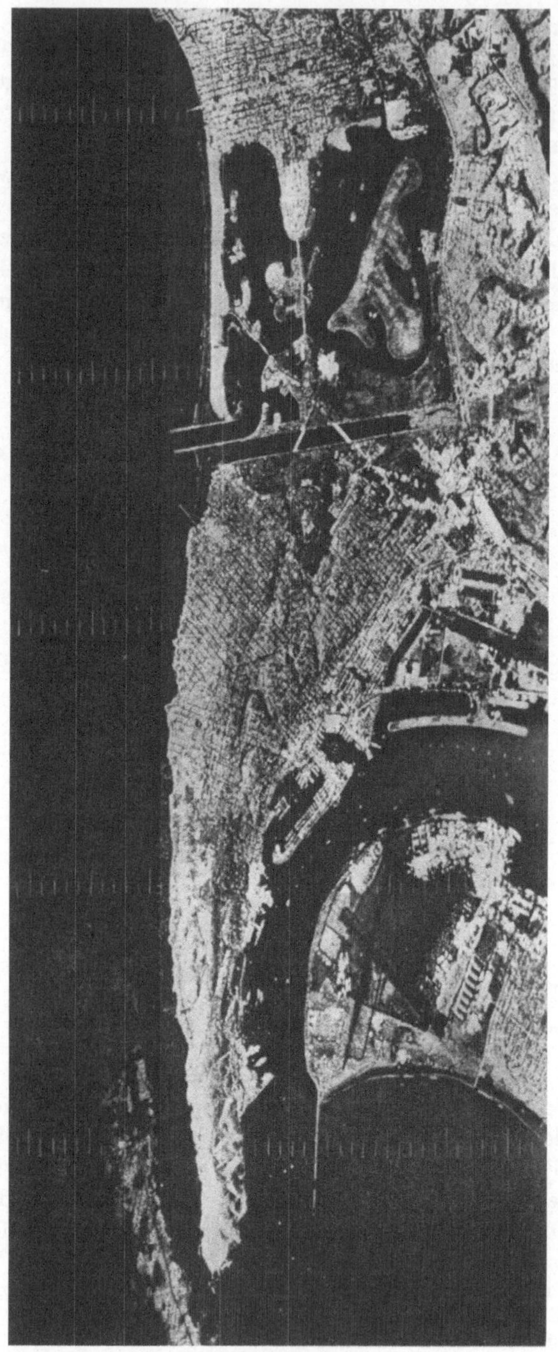

Bild 7.17. Rekonstruktion einer Radaraufzeichnung der SanDiego Bay [7.28].

lagert. Die dabei entstehenden Interferenzstrukturen werden verstärkt, als Intensitätsmodulation auf eine Kathodenstrahlröhre gegeben und auf einem Filmband, das am Bildschirm der Röhre vorbeigeführt wird, aufgezeichnet. Für jeden abgestrahlten Radarimpuls zeichnet der Elektronenstrahl eine Spur senkrecht zur Transportrichtung des Films auf, so daß jede Vertikalspur in Bild 7.16 Information über alle getroffenen Zielpunkte enthält. Der Filmtransport wird mit der Fluggeschwindigkeit synchronisiert. Bei Verwendung von gepulstem Radar ist die senkrecht zur Flugbahn gemessene Entfernung zwischen Ziel und Antenne – die Koordinate r in Bild 7.15 – in Spurrichtung registriert. Sie ergibt sich auf konventionelle Weise durch Laufzeitmessung. Die Zielkoordinate parallel zur Flugbahn – der Azimutwinkel β in Bild 7.15 – ist als Interferenzstruktur in Transportrichtung des Films aufgezeichnet. Man kann die gespeicherten Interferenzstrukturen so deuten, daß für jeden Zielpunkt, von dem ein Radarecho empfangen wird, ein eindimensionales, in Transportrichtung des Films ausgedehntes Zonenlinsenhologramm hergestellt wurde.

Wird der Filmstreifen später in einem kohärent-optischen Analogrechner, der der Aufnahmegeometrie angepaßt wurde, weiterverarbeitet, dann entsteht in der Datenausgabeebene für jeden getroffenen Zielpunkt ein Fokus. Die Kanäle des Analogrechners sind Zeilen, die näherungsweise parallel zur Längsrichtung des Films verlaufen. Sämtliche rekonstruierten Bildpunkte ergeben zusammengefaßt eine flächenhafte optische Abbildung der abgetasteten Szene. Synchron mit der Filmbewegung in der Dateneingabeebene wird ein zweiter unbelichteter Film an einem vertikalen Spalt in der Datenausgabeebene vorbeigeführt. Dabei wird die aufgenommene und optisch rekonstruierte Szene wie ein photographisches Bild aufgezeichnet. In Bild 7.17 ist das rekonstruierte Bild einer Seitensichtradaraufzeichnung wiedergegeben. Man beachte, daß Bilder dieser Qualität auch bei Nacht oder bei dichter Bewölkung aufgenommen werden können. Ferner haben Cutrona und Hall [7.29] gezeigt, daß das Auflösungsvermögen fokussierender synthetischer Seitensichtradarantennen von der Entfernung zwischen Ziel und Antenne unabhängig ist.

7.3. Optische Datenspeicherung

7.3.1. Eignung optischer Verfahren zur Datenspeicherung

Die Leistungsfähigkeit einer modernen Datenverarbeitungsanlage hängt wesentlich von den ihr zur Verfügung stehenden Speichereinheiten ab. Um auch in Zukunft den ständig wachsenden Anforderungen an eine

schnelle Verarbeitung großer Datenmengen gerecht zu werden, sind
Massenspeicher erforderlich, die bei kurzen Zugriffszeiten und vertret-
baren Kosten je Informationseinheit Zugang zu großen Speicherkapazitäten auf kleinstmöglichem Raum ermöglichen. Als Zugriffszeit bezeichnet man die Zeitspanne, die zwischen dem Ansteuersignal am Speicher-
eingang und dem Erscheinen des ersten Signals am Speicherausgang
verstreicht. Mit wachsender Speicherkapazität werden bei heutigen

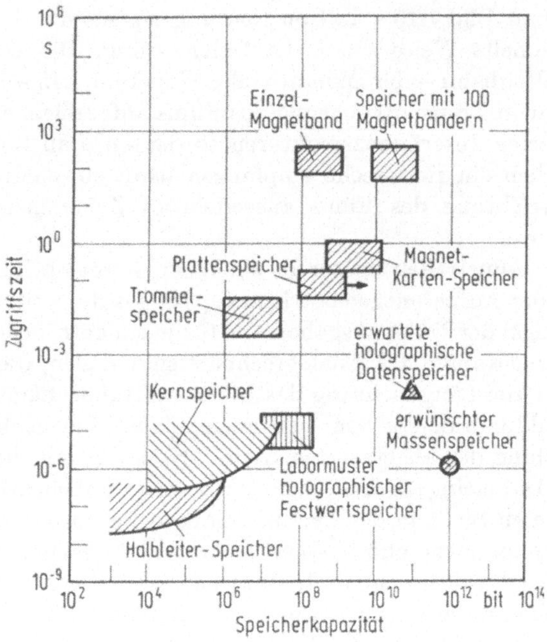

Bild 7.18. Speicherhierarchie [7.30].

Datenspeichern die Zugriffszeiten länger. Insbesondere führt der bei
sehr hohen Speicherkapazitäten erforderliche mechanische Transport
von Datenträgern, wie z.B. das Abspulen von Magnetbändern, not-
wendigerweise zu langen Zugriffszeiten. Bild 7.18 vermittelt einen Überblick über bestehende und erwünschte Speicheranlagen. Die eingetra-
genen Zahlenwerte sollen als Anhaltspunkte dienen und unterliegen
Veränderungen, die sich naturgemäß im Laufe der technischen Weiterentwicklung auf dem Speichersektor ergeben. Ein aus gegenwärtiger
Sicht anvisierter idealer Massenspeicher ist mit einer Speicherkapazität
von 10^{12} bit und einer Zugriffszeit von 1 µs eingetragen. Man ist bestrebt,
sich diesem Ziel so gut wie möglich zu nähern.

Erfolgsversprechende Entwicklungen haben auf dem Gebiet der Kohärenzoptik begonnen, und es sind ernsthafte Bestrebungen im Gange, die Hierarchie der bewährten und hochentwickelten magnetischen Speicherverfahren und Halbleitertechnologien um eine optische Komponente zu erweitern. Es wurde schon erwähnt, daß aufgrund des hohen optischen Auflösungsvermögens, das im wesentlichen von der Lichtwellenlänge abhängt, optisch auch hohe Speicherdichten erzielbar sind. Information, die sich durch flächenhaft ausgedehnte Transparenzen darstellen läßt, kann kohärent-optisch parallel verarbeitet und in analoger oder digitalisierter Form gespeichert werden. Als Analoginformation bezeichnet man bildhafte Darstellungen und Zeichnungen, wobei auch mehrere Graustufen vorkommen dürfen. Optische Analogspeicherung ist z.B. bei der geläufigen Mikrofilmtechnik mit typischen Verkleinerungen bis etwa 1:40 üblich. Digitalisierte Information wird in einem Null-Eins-Raster kodiert dargestellt. Da in der modernen Datenverarbeitungstechnik die Digitalspeicherung Vorrang genießt, werden im folgenden auch bevorzugt optische Verfahren zur Speicherung digitaler Daten beschrieben.

Die Informationseinheit 1 bit wird optisch zweckmäßig und auf kleinstmöglichem Raum als Lichtpunkt bzw. als Lichtquelle dargestellt. Digitalisierte Information besteht dann aus einer rasterförmigen Anordnung von Lichtquellen. Vereinbarungsgemäß entspricht einer aufleuchtenden Lichtquelle eine binäre Eins und einer nichtaufleuchtenden eine binäre Null. Geht man davon aus, daß zwei benachbarte Punkte im Abstand von 1 µm optisch noch aufgelöst werden können, dann kommt man bei flächenhafter Datenaufzeichnung zu der außerordentlich attraktiven und mit magnetischen Speichertechniken nicht erreichbaren Speicherdichte von 10^6 bit/mm².

Bit-Muster können mit kohärentem Licht sowohl punktweise als auch holographisch als Interferenzstruktur auf lichtempfindliches Material geschrieben werden. Man unterscheidet bit-, wort- und blockorganisierte Speicher. Beim bitorganisierten Speicher geschehen Datenaufzeichnung und Wiedergabe wie beim magnetischen Speicherband, Bit für Bit in zeitlicher Folge. Von wortorganisierten Speichern werden Bytes (1 Byte ist üblicherweise ein 8-bit-Wort plus 1 Sicherheitsbit) und von blockorganisierten Speichern Informationsmengen von typischerweise einigen 10^4 bit parallel verarbeitet. Für die Parallelaufzeichnung von Worten und Blöcken in Archivspeichern genießen holographische Techniken eine Vorrangstellung. Die Holographie benötigt prinzipiell kohärente Lichtquellen, aber auch bei der Bit-für-Bit-Speicherung werden vorzugsweise Laser eingesetzt, weil kohärente Lichtstrahlen sehr scharf fokussiert werden können. Sowohl bei der holographischen als auch bei der lokalisierten Speicherung wird ferner zum Einschreiben der Information ein geeigneter Lichtmodulator und zum Festhalten der Daten lichtempfindliches Aufzeichnungsmaterial benötigt.

Ergänzend sei angemerkt, daß auch Datenspeicher entwickelt wurden, die optische Aufzeichnungsmaterialien, aber keine Laser verwenden. Ein Beispiel hierfür ist das IBM 1360 Photo-Digital-Speichersystem, wovon Exemplare mit Kapazitäten von $1,02 \cdot 10^{12}$ bit und $3,4 \cdot 10^{11}$ bit in Betrieb genommen wurden [7.31]. Als Speichermaterial dienen photographische Silberhalogenidfilme; geschrieben wird mit einem Elektronenstrahl und gelesen mit einem Kathodenstrahl Flying-Spot-Scanner.

7.3.2. Lokalisierte Speicherung digitaler Daten

Es gibt optische Speichertechniken, bei denen mit Hilfe eines modulierten und fokussierten Laserstrahls digitalisierte Information auf lichtempfindliche Materialien geschrieben wird. Als Datenträger eignen sich, wie bei magnetischen Speichern, Bänder, Platten oder Trommeln. Geeignete Aufzeichnungsmaterialien für reine Festwertspeicher sind z.B. photographische Filme oder Spezialfolien, in die durch den fokussierten Laserstrahl kleine Löcher gebrannt werden, ohne daß ein nachfolgender photochemischer Entwicklungsprozeß nötig ist. Typischerweise werden bei einem Lochdurchmesser von 5 μm und einem Mittelpunktsabstand benachbarter Löcher von 10 μm in der Praxis Speicherdichten von 10^4 bit/mm² verwirklicht. Dabei sind Datenraten von einigen 10^6 bit/s und mehr realistisch.

Änderbare Speicher machen optisch beschreibbares und wieder löschbares Aufzeichnungsmaterial erforderlich. Solche Speichermaterialien sind heute noch Gegenstand intensiver Forschungs- und Entwicklungsarbeit. Kurze Ausführungen über einige in Aussicht gestellte löschbare Aufzeichnungsmaterialien folgen in Abschnitt 7.3.6. Zunächst werden im folgenden einige Beispiele optischer Informationsspeicher mit punktweiser Datenaufzeichnung besprochen.

a) UNICON (Unidensity Coherent Light Recorder/Reproducer)

Bei diesem Lasermassenspeicher der Precision Instrument Company [7.32] schreibt ein elektro-optisch modulierter und scharf fokussierter Laserstrahl Punkt für Punkt binäre Daten in Form kleiner Löcher auf metallbeschichtete Polyesterfolien. Die Folien werden in Streifen von 31,25 Zoll Länge, 4,75 Zoll Breite und 0,007 Zoll Dicke als Datenträger verwendet. Jeder Streifen enthält parallel angeordnete Aufzeichnungsspuren mit zusammen rund $2,28 \cdot 10^9$ bit Speicherkapazität. Zum Schreiben und Lesen werden die Streifen automatisch auf einer mit etwa 1500 U/min rotierenden Trommel befestigt. Dieser Schreib- und Lesetrommel ist ein Karussellmagazin angeschlossen, das beim 10^{12}-bit-Speicher 18 Pakete von jeweils 25 Streifen enthält. Der Streifenaustausch zwischen Magazin und Trommel geschieht innerhalb weniger Sekunden, und die Zugriffszeit innerhalb eines Streifens beträgt im ungünstigsten Fall 350 ms. Beim Schreiben und Lesen auf der Trommel wird ein Mikroskopobjektiv verwendet, das mit einem Galvanometerspiegel kombiniert ist. Bild 7.19 zeigt das vereinfachte Blockdiagramm eines 10^{12}-bit-UNICON-Speichers mit 2 Schreib-Lese-Kanälen und zugehöriger Steuerung.

Die gespeicherten Daten dieser Anlage sind nicht flüchtig und können praktisch beliebig oft zerstörungsfrei ausgelesen werden. Unmittelbar nach dem Einschreiben können die aufgezeichneten Daten auf ihre Richtigkeit hin überprüft werden, da das Aufzeichnungsmaterial nach der Speicherung nicht nachbehandelt werden muß. Wenn man von vornherein etwas Speicherplatz für Korrekturen frei läßt, sind nachträglich auch noch geringfügige Änderungen oder Ergänzungen möglich.

b) Magneto-optische Datenspeicherung

Feste Substanzen wie z. B. MnBi, EuO oder auch ferrimagnetische Granate wie etwa GdIG, die einen großen magneto-optischen Effekt aufweisen, eignen sich als löschbare Speichermaterialien [7.33] bis [7.35]. Sie sind insbesondere für die lokalisierte Datenaufzeichnung bei bitorganisierten Speichern interessant. Die zu speichernden Daten werden thermisch in dünne Schichten des Aufzeichnungsmaterials eingeschrieben. Dazu wird das Speichermedium von einem leistungsstarken fokussierten Laserstrahl punktweise über die magnetische Umwandlungstemperatur (Curie-Temperatur bei MnBi oder EuO) erhitzt. Beim Abkühlen in einem äußeren Magnetfeld werden die beschriebenen Stellen, die definitionsgemäß Eins-Informationen darstellen, gegenüber ihrer Umgebung ummagnetisiert. Zum Schreiben eignen sich vorzugsweise energiereiche Impulslaser reproduzierbarer Intensität. Ausgelesen wird mit einem linear polarisierten Laserstrahl geringer Leistung, der das Speichermaterial nicht bis zum magnetischen Umwandlungspunkt erhitzen kann. Durch den Faraday-Effekt (beim Auslesen in Transmission, also bei Durchstrahlung der Speicherschicht) oder durch den magneto-optischen Kerr-Effekt (beim Auslesen in Reflexion) wird die Polarisationsebene von Licht, das beschriebene Stellen trifft, gegenüber der Polarisationsebene von Licht, das unbeschriebene Stellen trifft, gedreht. Ein nachgeschalteter Analysator sperrt für Null-Information und läßt nur Eins-Information auf den opto-elektronischen Auslesedetektor (Photodiode oder Photomultiplier) durch.

Solche Speicher können sowohl mit stationärem Datenträger und abgelenktem Laserstrahl als auch mit stationärem Laserstrahl und be-

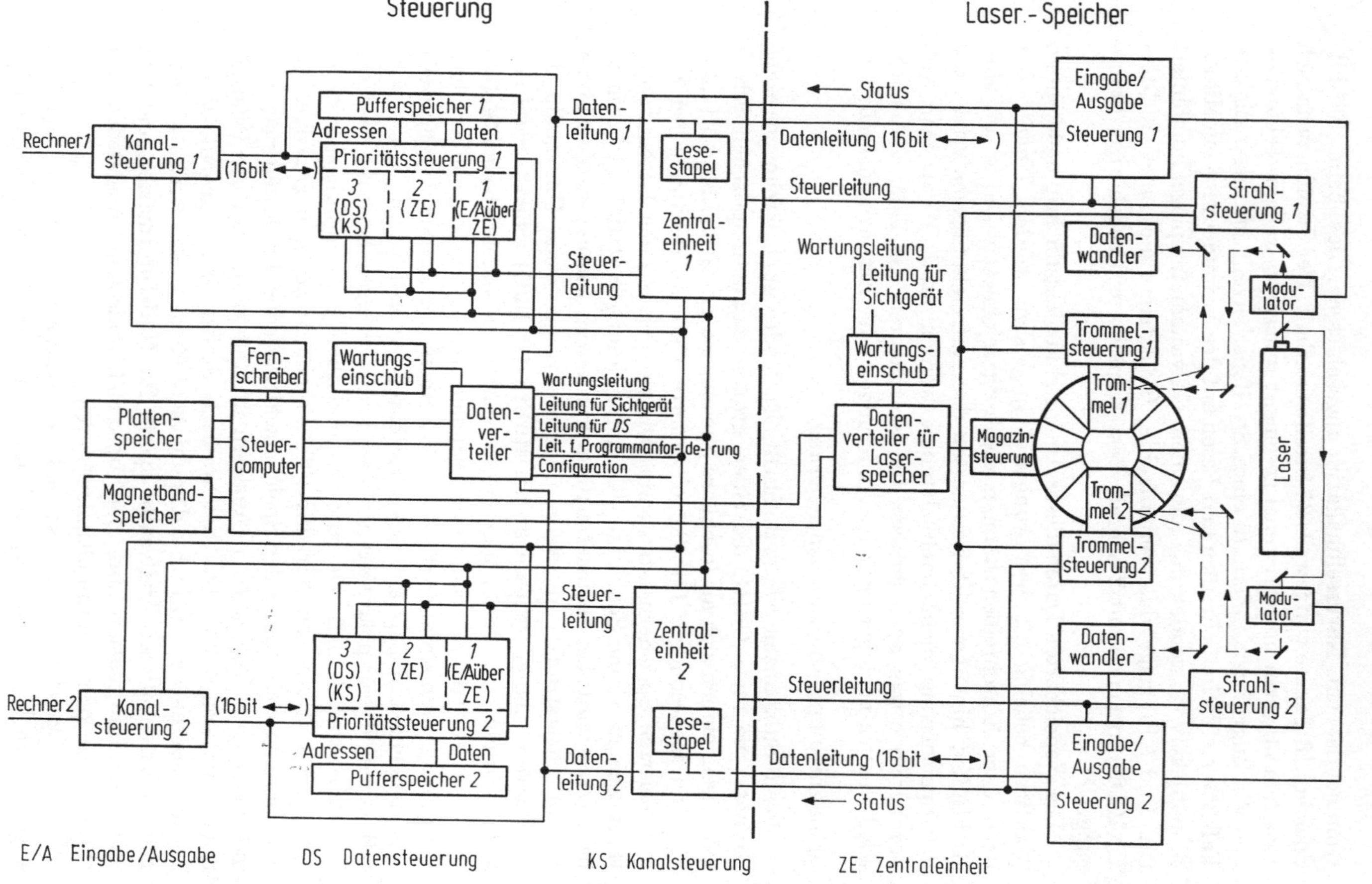

Bild 7.19. Blockdiagramm eines 10^{12}-bit-UNICONS mit 2 Lese-Schreib-Kanälen und zugehöriger Steuerung [7.32].

wegtem Datenträger aufgebaut werden. Das letztgenannte Konzept wird zumeist bevorzugt und stellt unter Verwendung einer rotierenden Speicherscheibe ein optisches Analogon zum magnetischen Plattenspeicher dar.

7.3.3. Blockorganisierte holographische Festwertspeicher

Seitdem leistungsstarke kohärente Lichtquellen zur Verfügung stehen, ist auch das von Gabor [7.36] bis [7.38] entdeckte holographische Aufzeichnungsverfahren für die Datenspeicherung bedeutungsvoll geworden. In Hologrammen sind bekanntlich keine photographischen Abbildungen, sondern die von kohärent strahlenden oder kohärent beleuchteten Objekten ausgehenden Wellenfelder intensitätsmäßig festgehalten.

a) Prinzip des blockorganisierten holographischen Datenspeichers

Grundkonzeptionen für die Anwendung holographischer Verfahren zur blockweisen Speicherung digitaler Daten wurden von Vitols [7.39] sowie von Smits und Gallaher [7.40] angegeben und in der Folgezeit von zahlreichen Forschungs- und Entwicklungslaboratorien aufgegriffen, weiterentwickelt und in verschiedenen Abwandlungen als Festwertspeicher verwirklicht [7.41] bis [7.43]. Während optische Speicher mit lokalisierter Datenaufzeichnung zwar hohe Speicherdichten erreichen, aber häufig mechanische Bewegungen des Datenträgers vorsehen und daher auch mit Zugriffszeiten ähnlich jenen heutiger Band- und Plattenspeicher operieren, haben blockorganisierte holographische Datenspeicher Aussicht, die anvisierte Vereinigung von großer Speicherkapazität mit sehr kurzer Zugriffszeit zu erreichen.

Das holographisch zu speichernde Bit-Muster wird durch ein ebenes, zweidimensionales Raster kohärent strahlender Lichtquellen dargestellt. Beim Festwertspeicher genügt im einfachsten Fall als Lichtquellenraster eine Datenmaske, bei der definitionsgemäß gelochte Rasterpositionen Eins-Informationen kennzeichnen. Eine solche Datenmaske von einigen Quadratzentimetern Querschnitt repräsentiert einen Informationsblock von typischerweise 10^4 bit. Zur Hologrammanfertigung stellt man die Datenmaske entsprechend Bild 7.20 in einen konvergenten Laserstrahl, dem durch das Lochmuster der Maske digitale Information aufmoduliert wird. Dieser Objektstrahl wird im Bereich seiner engsten Taille mit einem kohärenten Bezugsstrahl überlagert und das resultierende Interferenzfeld in einem Unterhologramm von wenigen Quadratmillimetern Flächeninhalt aufgezeichnet. Sämtliche Beugungswellen, die von den zahlreichen Löchern der Datenmaske ausgehen, sind dabei im gesamten Unterhologrammgebiet gespeichert, so daß auch Teilbereiche des Unterhologramms jeweils die volle Information über das komplette Bit-Muster

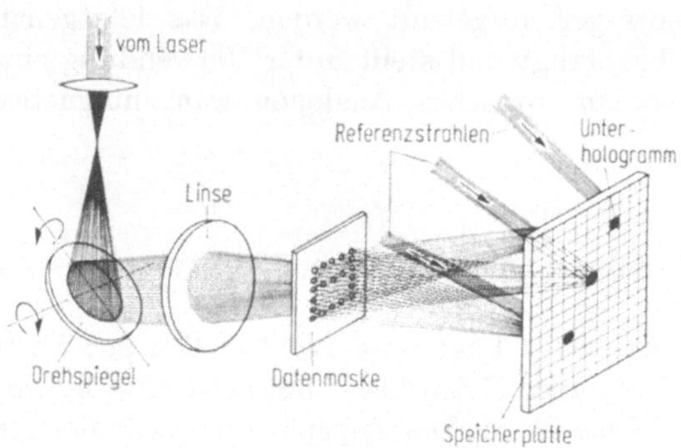

Bild 7.20. Herstellung einer holographischen Speicherplatte. Als Lichtablenker für den Objektstrahl dient ein kardanisch aufgehängter Drehspiegel, der zur Strahlfokussierung mit einer Kondensorlinse kombiniert ist.

enthalten. Der Datenträger wird dicht mit solchen Unterhologrammen
belegt, wovon jedes einen anderen Informationsblock der Größenordnung 10^4 bit enthält. Im Schreibgerät müssen bei der Anfertigung einer
Speicherplatte Datenmasken ausgewechselt werden. Die Speicherplatte
selbst bleibt raumfest, während nach jedem Datenmaskenwechsel
Objekt- und Bezugsstrahl mit Hilfe geeigneter Lichtablenker auf die
neue Unterhologrammposition nachzuführen sind.

Der Lesevorgang ist in Bild 7.21 skizziert. Für schnelles Lesen scheiden
mechanische Datenträgerbewegungen aus. Daher wird der Wiedergabestrahl mit Hilfe eines schnell und wahlfrei umtastbaren Lichtablenkers
auf die gewünschte Unterhologrammposition gerichtet. Der Wiedergabestrahl ist in Bild 7.21 jeweils die Umkehrung des zur Aufnahme benützten

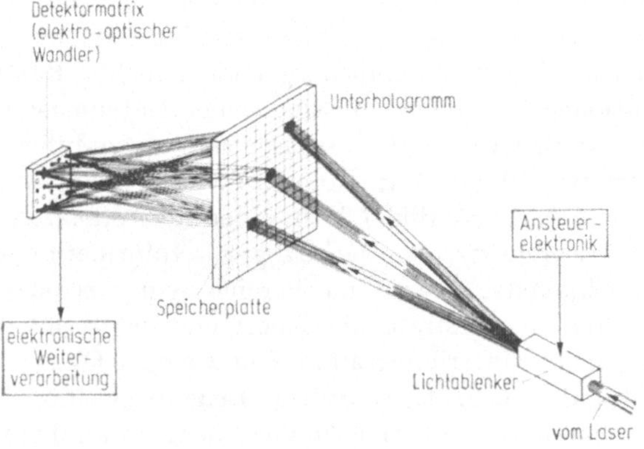

Bild 7.21. Auslesen einer holographischen Speicherplatte.

Bezugsstrahls. Somit ist gewährleistet, daß reelle Bit-Muster rekonstruiert werden, die alle von derselben Detektormatrix am ursprünglichen Objektort aufgefangen werden können. Die Detektormatrix hat auf jeder Rasterposition einen Photodetektor, wandelt die optischen Signale in elektronische um und leitet sie – im allgemeinen über einen Zwischenspeicher – zur Datenausgabe bzw. zur Dateneingabe des angeschlossenen Rechners weiter.

Zur Ansteuerung der Unterhologramme benützt man elektrooptische [7.44, 7.45] oder akusto-optische [7.46, 7.47] Lichtablenker. Elektro-optische Ablenkstufen arbeiten digital. Sie bestehen nach Bild 1.17 aus einem elektro-optischen Polarisationsschalter und einer Polarisationsweiche. Die Polarisationsebene des einfallenden linear polarisierten Laserstrahls kann im Polarisationsschalter durch ein elektrisches Feld zwischen zwei orthogonalen Lagen geschaltet werden. Man bedient sich dazu des elektro-optischen Kerr-Effekts verschiedener Flüssigkeiten bzw. des Pockels-Effekts in Kristallen. Die Polarisationsweiche – z.B. ein doppelbrechendes Wollaston-Prisma – setzt die Änderung der Polarisationsrichtung in eine Richtungsänderung des Laserstrahls um. Jede Ablenkstufe dieser Bauart liefert zwei Strahlrichtungen, so daß eine Kette von N-Stufen zu 2^N-Ablenkrichtungen führt (Abschnitt 1.3.).

Beim akusto-optischen Ablenker wird der Laserstrahl in einem geeigneten Medium an Ultraschallwellen im Frequenzbereich zwischen etwa 10 MHz und 500 MHz gebeugt (Bild 1.18 und Tabelle 1.4). Der Ablenkwinkel ergibt sich aus dem Verhältnis von Licht – zu Schallwellenlänge. Durch Änderung der Schallwellenlänge bzw. der Schallfrequenz wird somit eine kontinuierliche Strahlablenkung erreicht. Mit Hilfe einer geeigneten Ansteuerelektronik [7.48] lassen sich auch diskrete Ablenkpositionen nach freier Wahl einstellen. Zur zweidimensionalen Strahlablenkung genügen nach diesem, auf dem Debye-Sears-Effekt basierenden Verfahren, zwei Ablenkstufen. Die in einer Ablenkzelle erreichbaren Ablenkwinkel liegen im Bereich bis zu 1° und werden durch ein anschließendes optisches Teleskopsystem bis auf etwa das Zehnfache vergrößert.

Als Aufzeichnungsmaterialien für Festwertspeicher werden heute vorwiegend Silberhalogenidemulsionen auf Glasplatten benützt [7.49, 7.50]. Bei der Hologrammaufnahme wird die Datenmaske vorteilhafterweise mit einer Phasenmaske [7.51] kombiniert, die die Phasenlagen der kohärent strahlenden und periodisch angeordneten Lichtquellen statistisch verwürfelt. Dadurch wird vermieden, daß in der Aufnahmeebene des Hologramms intensive, in räumlich periodischer Folge wiederkehrende Interferenzmaxima auftreten [7.52, 7.53]. Solche Interferenzmaxima, deren lokale Intensität dem Quadrat der Strahleranzahl proportional ist, sind für regelmäßig angeordnete kohärente Strahlungsquellen typisch. Sie würden bei der Hologrammanfertigung zu lokalen Übersteuerungen des Aufzeichnungsmaterials führen. Das hätte zur Folge, daß bei der nachfolgenden Rekonstruktion aufgrund nichtlinearer Transmissionseigenschaften der übersteuerten photographischen Schicht Geisterpunkte – das sind Eins-Aussagen auf Null-Rasterplätzen – entstünden und der Hologrammwirkungsgrad stark abnehmen würde.

Kurz zusammengefaßt charakterisieren folgende wesentliche Merkmale den blockorganisierten holographischen Datenspeicher:

1. Mit jedem Ausleseprozeß fallen gleichzeitig Informationsmengen von beispielsweise 10^4 bit parallel auf der Detektormatrix an.

2. Der kohärente Auslesestrahl kann nahezu trägheitslos abgelenkt und in wahlfreiem Zugriff auf jedes gewünschte Unterhologramm der Speicherplatte gerichtet werden. Es resultieren vorteilhaft kurze Blockzugriffszeiten im Mikrosekundenbereich.

3. Bei der holographischen Aufzeichnung ist jedes Bit über das gesamte Unterhologramm verschmiert. Der Speicher ist daher weitgehend unempfindlich gegenüber Störungen durch Staub oder Kratzer.

4. Sämtliche holographisch gespeicherten Informationsblöcke eines Datenträgers können ohne Verwendung einer Zusatzoptik mit Hilfe einer einzigen Detektormatrix beugungsbegrenzt ausgelesen werden.

b) Leistungsgrenzen blockorganisierter holographischer Datenspeicher

In Abschnitt 7.3.1. wurde hervorgehoben, daß eine Speicherdichte von rund 10^6 bit/mm² optisch noch auflösbar ist. Bei einem schnellen holographischen Datenspeicher ohne mechanisch bewegten Datenträger, kann jedoch eine derart hohe Speicherdichte prinzipiell nicht auf beliebig großen Speicherflächen verwirklicht werden – selbst dann nicht, wenn höchstauflösendes, ideales Aufzeichnungsmaterial zur Verfügung stehen würde. Praktikable Speicherdichten liegen ein bis zwei Zehnerpotenzen unter dem obengenannten Wert.

Für die Leistungsfähigkeit des Speichers gibt es Grenzen, die von den physikalisch-technischen Möglichkeiten einzelner Komponenten abhängen. Solche Grenzen sind z.B. verfügbare Laserleistung, Laserlichtwellenlänge und Kohärenzlänge, Auflösungsvermögen, Bandbreite und Umschaltgeschwindigkeit des Lichtablenkers, Auflösungsvermögen und Transmissions- oder Reflexionsverhalten des Speichermaterials, Empfindlichkeit, Technologie und Verschaltungstechnik der Detektormatrix. Zusätzlich haben aber Leistungsgrenzen, die daher rühren, daß die Einzelkomponenten in der Gesamtanlage miteinander gekoppelt sind, fundamentale Bedeutung. Mit zunehmender Gesamtspeicherkapazität müssen sowohl die Speicherfläche als auch die Flächen der Detektormatrix und des Dateneingabewandlers – beim Festwertspeicher sind das die erwähnten Datenmasken – vergrößert werden. Das hat einerseits technologische Konsequenzen für die Herstellung großer Auslesematrizen, die nicht mehr in integrierter Halbleitertechnik ausgeführt werden können. Andererseits führen sehr große Dateneingabewandler auch zu komplizierten Strahlführungsproblemen mit extremen Anforderungen an optische Bauteile wie Linsen und Spiegel [7.54, 7.55].

Zur Verdeutlichung dieses Sachverhalts ist in Bild 7.22 eine einfache Ausleseanordnung skizziert. Dem quadratischen Datenträger mit der

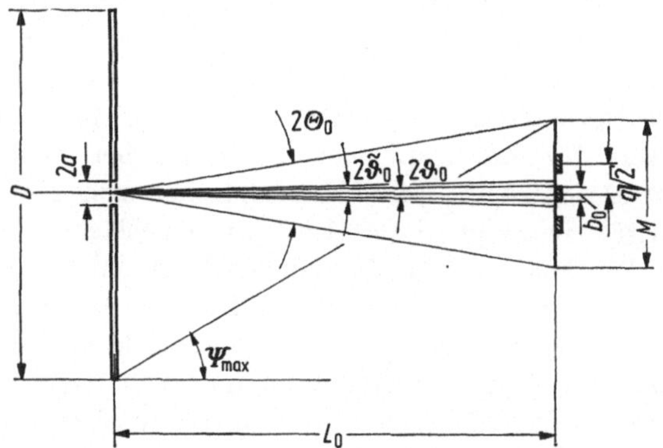

Bild 7.22. Anordnung von Speicherplatte und Detektormatrix.

Diagonalen D steht die quadratische Detektormatrix mit der Diagonalen M im Abstand L_0 gegenüber. Die Gesamtkapazität N des Datenträgers mit der effektiven Speicherfläche $H_{\text{eff}} = D^2/2$ ist auf kreisförmige Unterhologramme vom Radius a zu je m^2 bit Speicherinhalt verteilt. Die Auslesematrix trägt daher ein Raster von $m \cdot m$ Photodetektoren mit dem gegenseitigen Mittelpunktsabstand q. Mit Rücksicht auf die geometrische Anordnung und unter Beachtung der klassischen Beugungsoptik ergibt sich folgende effektive Speicherdichte [7.56]:

$$n_{\text{eff}} = \frac{N}{H_{\text{eff}}} = \frac{1}{2\pi}\left(\frac{\alpha'\gamma}{\beta\lambda}\right)^2 \tan^2\Theta_0. \tag{7.35}$$

Der Zahlenfaktor α' lautet bei kreisförmigen Unterhologrammen $\alpha' = 1/0{,}61$. Die Füllfaktoren β und γ sind durch $\beta = q/b_0$ und $\gamma^2 = H/H_{\text{eff}}$ definiert, wobei $b_0 \approx 1{,}22\lambda L_0/a$ der Durchmesser des zentralen Beugungsscheibchens und H der mit Information belegte Anteil der Gesamtspeicherfläche ist.

Die Beugungsscheibchen, die von der Detektormatrix aufgefangen werden, sind unterschiedlich groß. Die größten und am stärksten elliptisch verzerrten Beugungsscheibchen stammen von Unterhologrammen in den Ecken der Speicherplatte. Ein Berühren der größten benachbarten Beugungsscheibchen wird durch die Sicherheitsforderung

$$\cos^{-3} \Psi_{max} \leq \beta \tag{7.36}$$

ausgeschlossen.

Wegen des Zusammenhangs

$$\tan \Theta_0 = \tan \Psi_{max} - \frac{\sqrt{H_{eff}}}{\sqrt{2}\, L_0} > 0 \tag{7.37}$$

ist immer $\Theta_0 < \Psi_{max}$, so daß durch Festlegung eines größtzulässigen Winkels Ψ_{max} auch der Bildraumwinkel Θ_0 begrenzt, und wegen (7.35) eine obere Schranke für die effektive Speicherdichte vorgegeben wird. Eine effektive Speicherdichte der Größenordnung 10^4 bit/mm² ist ein guter Richtwert für holographische Datenspeicher mit stationärem flächenhaftem Datenträger. Ein Massenspeicher von 10^{10} bit Gesamtspeicherkapazität benötigt dann 1 m² Speicherfläche. Wie aus der rechten Seite der Beziehung (7.37) ersichtlich ist, muß mit wachsender Speicherfläche auch der Abstand zwischen Speicherfläche und Detektormatrix zunehmen, wenn nicht gleichzeitig der Bildraumwinkel Θ_0 und damit die effektive Speicherdichte abnehmen soll. Das bedeutet, daß auch die Diagonale $M = 2L_0 \tan\Theta_0$ der angepaßten Detektormatrix mit zunehmender Speicherkapazität des Datenträgers größer werden muß. Eine weiterführende Systemanalyse zeigt ferner [7.55], daß bei einer optimierten Speicheranlage die Flächen von Datenträger und Detektormatrix etwa gleich groß sind. Krümmt man die Oberfläche des Daten-

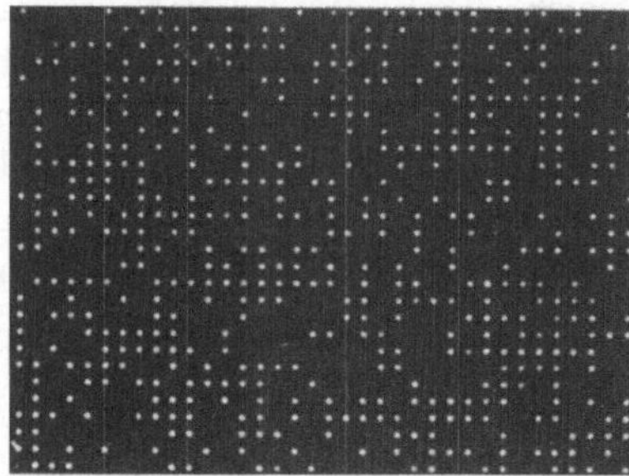

Bild 7.23. Ausschnitt aus der Rekonstruktion aus einem Unterhologramm.

trägers kugelförmig, dann erhält die Auslesematrix ein etwas größeres Gesichtsfeld [7.56]. Wollte man einen 10^{10}-bit-Speicher nach der Konzeption von Bild 7.20 und Bild 7.21 aufbauen, dann wären beim Schreiben Linsen erforderlich, die sowohl Datenmasken von etwa 1 m² Flächeninhalt auszuleuchten, als auch den Information tragenden Objektstrahl auf die Unterhologrammpositionen der in kurzem Abstand folgenden Speicherplatte zu schwenken und fokussieren gestatten.

c) Ausführungsbeispiel eines blockorganisierten holographischen Datenspeichers

In Forschungs- und Entwicklungslaboratorien wurden Versuchsmuster mit Datenträgerkapazitäten unter 10^8 bit aufgebaut. Ein Siemens-Modell enthält rund $2 \cdot 10^7$ bit auf einer Speicherfläche von 42 cm².

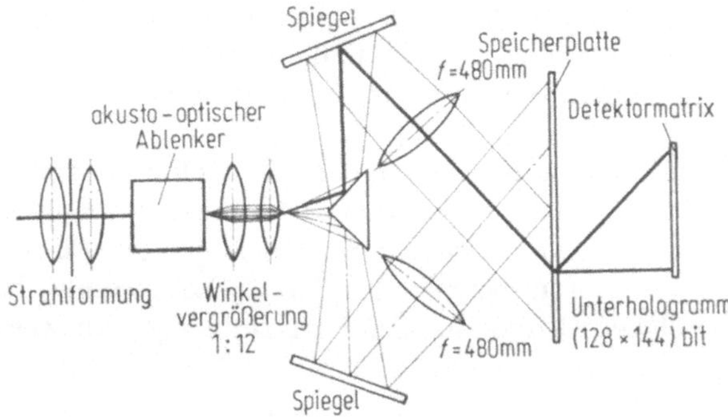

Bild 7.24. Leseteil des Speichers. Zwei Gruppen parallelversetzter Auslesestrahlen gehören zu jeweils $16 \cdot 32$ Unterhologrammen.

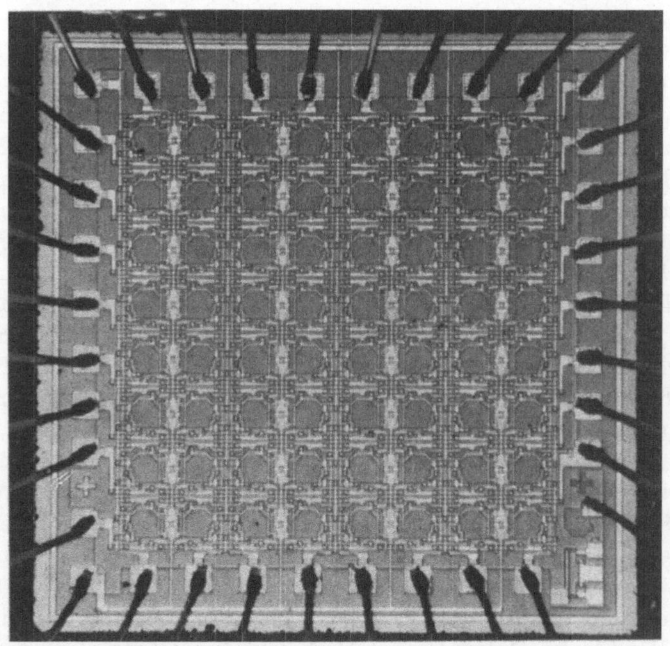

Bild 7.25. Auslesematrix mit 8×8 Detektoren. Jeder Photodiode ist eine Flipflopspeicherzelle zugeordnet. Durchmesser der Photodiode 100 µm, Mittelpunktsabstand benachbarter Dioden 200 µm, Ansprechenergie je Diode 1 pJ.

Diese Speicherkapazität ist auf $32 \cdot 32$ Unterhologramme zu je rund $2 \cdot 10^4$ bit aufgeteilt. Ein Ausschnitt aus einem rekonstruierten Bit-Muster eines Unterhologramms ist in Bild 7.23 wiedergegeben. Die Anlage arbeitet mit zwei Bezugs- und Wiedergabestrahlrichtungen, wie der in Bild 7.24 skizzierte Strahlengang deutlich macht. Der akusto-optische Lichtablenker mit Ablenkzellen aus Jodsäurekristallen erreicht einen Wirkungsgrad von 50 % je Ablenkstufe. Durch Variation der Schallfrequenz zwischen 50 MHz und 100 MHz können die $32 \cdot 32$ Unter-hologramme innerhalb weniger Mikrosekunden wahlfrei addressiert werden.

Zum Auslesen eignet sich eine MOS-Flipflop-Matrix. In ihr werden die optischen Signale in elektronische umgewandelt und zwischen-gespeichert. Für das Labormodell wurden angepaßte Chips nach Bild 7.25 mit $8 \cdot 8$ Detektoren hergestellt [7.57]. Die gesamte Detektormatrix kann aus solchen Grundbausteinen zusammengesetzt werden.

7.3.4. Wortorganisierte holographische Festwertspeicher

Bei diesem Speichertyp werden kleine Informationsblöcke von einem oder wenigen Bytes holographisch gespeichert. Zum Auslesen ist gewöhn-lich eine lineare Kette von Photodetektoren hinreichend. Im Gegensatz zum blockorganisierten holographischen Massenspeicher, bei dem das Lesen einen leistungsstarken Laser erfordert, genügt zum Auslesen des wortorganisierten Speichers eine Laserleistung von wenigen Milliwatt. Für die Speicherung haben sich synthetische Fourier-Transformations-hologramme bewährt, so daß ein Rechner mit angeschlossenem opti-schem oder elektronischem Zeichengerät die Rolle des Dateneingabe-wandlers übernimmt.

Bild 7.26 zeigt das Schema des byteorganisierten Speichers nach Shew [7.58]. Datenträger ist ein Filmstreifen, der von einer transparenten rotierenden Trommel gehalten wird und sämtliche $2^8 = 256$ Kombina-tionen binärer 8-bit-Worte als synthetische Fourier-Transformations-hologramme enthält. Die gespeicherten Worte können rasch, beliebig oft und in beliebiger Reihenfolge aus diesem Gerät ausgelesen und weiter-verarbeitet werden. Im Versuchsaufbau wurde mit einem 3-mW-HeNe-Laser und 9 Photodioden Byte für Byte ausgelesen. Experimentell wurde eine Speicherdichte von 10^4 bit/mm² und eine Wortzugriffszeit von wenigen Millisekunden erzielt.

Auch das HRMR-Speichersystem (Human Readable/Machine Read-able) des Electro-Optics Center, Radiation Inc. (Harris-Intertype) [7.59] arbeitet mit synthetischen Hologrammen. Die auf branchenüblichen Mikrofilmkarten gespeicherte Analoginformation wird auf derselben

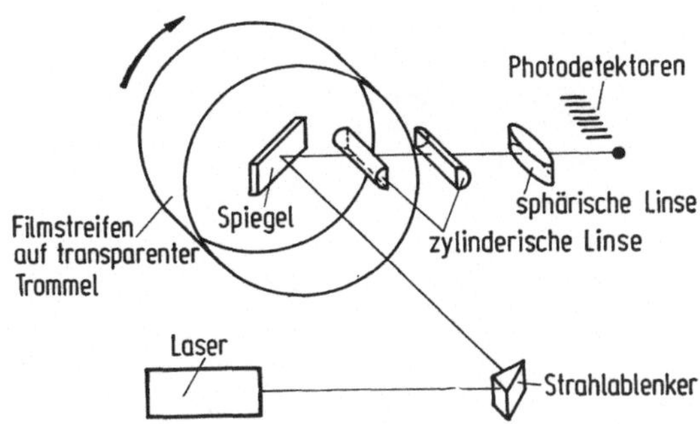

Bild 7.26. Byteorganisierter Speicher mit synthetischen Hologrammen.

Karte zusätzlich holographisch in digitalisierter Form redundant gespeichert. Für den Informationsinhalt von rund $2{,}5 \cdot 10^6$ bit einer 60seitigen Mikrofilmkarte genügt bei einer Speicherdichte von etwa $3 \cdot 10^3$ bit/mm² ein sonst leerer Streifen von 1/4 Zoll $\times$ 4 Zoll. Die gerechneten eindimensionalen Fourier-Transformationshologramme werden von einem fokussierten und über einen Drehspiegel abgelenkten Laserstrahl geringer Leistung auf die Mikrofilmkarte geschrieben. Die zu speichernde Information wird dem Laserstrahl elektro-optisch aufmoduliert. Man kann aus solchen Mikrofilmkarten die gespeicherte Information wahlweise in der dem menschlichen Auge angemessenen Analogform oder in der für maschinelle Weiterverarbeitung zweckmäßigen Digitalform auslesen. Gelesen werden die digitalen Daten mit GaAs-Laserdioden und zwei Photodetektorketten, die die optischen Signale in elektronische umwandeln.

7.3.5. Holographische Bandspeicher

Die RCA-Laboratorien haben unter dem Namen „Selecta Vision" ein Versuchsmuster eines kohärent-optischen Bandspeichers zur Aufzeichnung von Fernsehprogrammen fertiggestellt. Das Fernsehprogramm wird Bild für Bild holographisch als Analoginformation in einem geeigneten Aufzeichnungsmaterial gespeichert.

Aber auch zur sequentiellen Aufzeichnung und Wiedergabe digitaler Daten wurden neben der in Abschnitt 7.3.2. beschriebenen lokalisierten Speicherung holographische Verfahren entwickelt. Zeitlich variable Signale werden Bit für Bit auf Bändern, Platten oder Trommeln aufgezeichnet und Bit für Bit wieder ausgelesen. Diese bitorganisierten Speicher haben gewöhnlich mechanisch bewegte Datenträger und erreichen daher Zugriffszeiten, die mit jenen magnetischer Band- oder

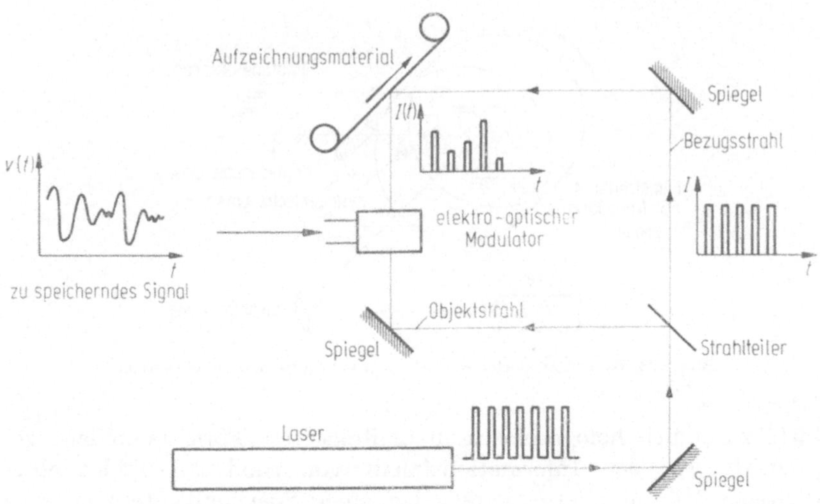

Bild 7.27. Holographischer Bandspeicher, Schreibteil.

Plattenspeicher vergleichbar sind. Auf dem Datenträger ist aber jedes Informationsbit als flächenhaft ausgedehntes Hologramm gespeichert. Um hohe Speicherdichten zu erzielen, werden die einzelnen Hologramme geringfügig gegeneinander versetzt im Aufnahmemedium überlagert.

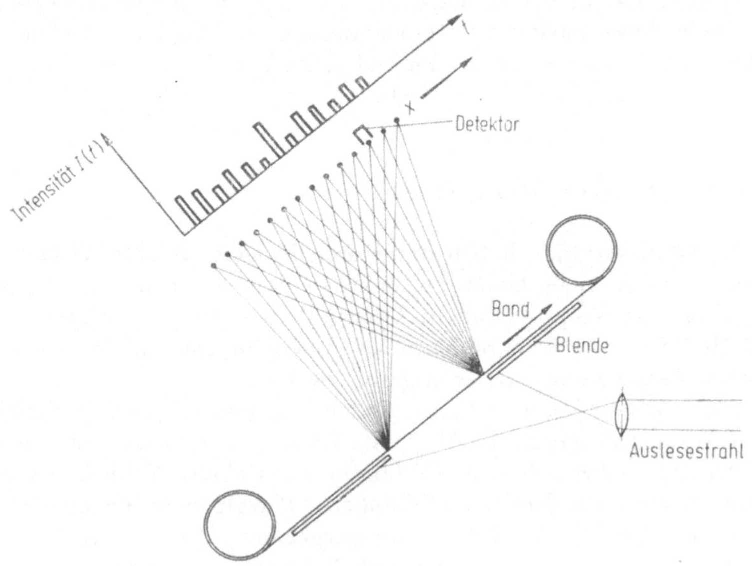

Bild 7.28. Holographischer Bandspeicher, Leseteil.

Die Versetzung bewirkt, daß die aus mehreren Hologrammen eines Überlagerungsgebiets beim Lesen gemeinsam rekonstruierten Lichtpunkte räumlich getrennt erscheinen und einzeln detektiert werden können.

Das Schreib- und Leseprinzip eines holographischen Bandspeichers der Siemens-Forschungslaboratorien [7.60] ist in den Bildern 7.27 und 7.28 dargestellt. Dem gepulsten Objektstrahl wird das zeitlich variable Eingangssignal elektro-optisch als Amplitudenmodulation aufgeprägt. Jeder Tastimpuls wird als eindimensionales Hologramm auf dem Speicherband aufgezeichnet. Bandvorschub und Pulsfrequenz sind so synchronisiert, daß die einzelnen Hologramme möglichst dicht überlagert werden, bei der Wiedergabe aber noch getrennt auflösbare Punkte liefern.

Beim Lesen durchläuft das Speicherband den Wiedergabestrahl. Dabei wandert die aus dem beleuchteten Hologrammgebiet rekonstruierte Kette unterschiedlich heller Punkte mit der Filmbewegung an einem ortsfesten Detektor vorbei, induziert dort einen Wechselstrom, der nach Verstärkung und Filterung das gespeicherte Eingabesignal reproduziert. Von dieser Technik erwartet man preisgünstige Speicher mit redundanter Datenaufzeichnung und einer Speicherdichte, die mindestens eine Zehnerpotenz über der magnetischer Bandspeicher liegt.

7.3.6. Löschbare holographische Datenspeicher

Grundvoraussetzung für lösbare optische Speicher – ob mit lokalisierter oder holographischer Datenaufzeichnung – ist ein geeignetes reversibles Speichermaterial. Technisch voll einsatzfähige löschbare Aufzeichnungsmaterialien, die auch die Anforderungen für blockorganisierte holographische Datenspeicherung zufriedenstellend erfüllen, sind heute noch nicht auf dem Markt. An ihrer Entwicklung und Präparation wird jedoch gearbeitet. Einen kleinen Überblick über einige optische Aufzeichnungsmaterialien vermittelt Tabelle 7.1.

Reversible Speichermaterialien für blockorganisierte holographische Datenspeicher müssen bei zeitlicher und thermischer Stabilität nicht nur ein schnelles, möglichst ermüdungsfreies Schreiben, Lesen, Löschen und Wiederbeschreiben ermöglichen, sondern auch einen genügend großen Hologrammwirkungsgrad und einen zufriedenstellenden Signal-Störlicht-Abstand vorweisen. Fehlerfreies Schreiben und Lesen von Datenblöcken der Größenordnung 10^4 bit erfordert ferner hohes Auflösungsvermögen (> 1500 Linien/mm), hohe Empfindlichkeit und einen großen Dynamikbereich mit möglichst gut linearer Transmissions- oder Reflexionscharakteristik. Magneto-optische Substanzen wie die in Abschnitt 7.3.2. erwähnten MnBi-, EuO- und ferrimagnetischen Granatschichten mit

Tabelle 7.1. Einige optische Speichermaterialien

Material	Änderbar	Stabilität	Auflösungs-vermögen in mm^{-1}	Hologrammwirkungsgrad[1] bei Zweistrahlinterferenz in %	Schreibenergie in $\mu Ws/cm^2$	Literatur
Photoemulsionen	nein	sehr groß	3000	bis 70 (bei gebleichten Volumen-hologrammen)	10 bis 100	[7.61]
Dichromatisierte Gelatine	nein	groß	2000	bis 85	10^5	[7.62]
MnBi	ja	groß	2000	bis 0,04	$> 10^4$	[7.63, 7.64]
$LiNbO_2$	ja	groß	1500	> 40	10^6	[7.65]
Thermoplast	ja	groß	1000	bis 33	10^2	[7.66]
Photochromglas	ja	gering	1500	1 bis 2	$5 \cdot 10^4$	[7.67]

[1] abhängig von der Lichtwellenlänge und der Liniendichte.

Wirkungsgraden wesentlich unter 0,1%, dürften sich aus dieser Sicht mehr für die sequentielle und weniger für die blockorganisierte holographische Datenaufzeichnung eignen. Es wurde allerdings gezeigt, daß auf MnBi-Schichten auch Hologramme aufgezeichnet werden können [7.63, 7.64].

Für die holographische Datenspeicherung sind thermoplastische Filme vielversprechend [7.66]. Auf diesen organischen Substanzen werden Oberflächenreliefs erzeugt, die die Intensitätsverteilung der gespeicherten Interferenzstruktur wiedergeben. Die Herstellung des Reliefs geschieht über einen Zwischenschritt. Da der thermoplastische Film selbst nicht lichtempfindlich ist, kombiniert man ihn mit einer Photoleiterschicht. Durch Belichten der Kombination aus Thermoplast und elektrisch geladenem Photoleiter entsteht eine Ladungsverteilung, die die eingestrahlte Lichtintensitätsverteilung wiederspiegelt. Diese Ladungsverteilung wird auf die thermoplastische Oberfläche abgesetzt und thermisch in ein Oberflächenrelief umgewandelt. Die hierin gespeicherte Information kann mit kohärentem Licht in Reflexion ausgelesen werden. Thermoplastische Hologramme sind bei Zimmertemperatur stabil und können thermisch gelöscht werden.

Als optische Speichermaterialien eignen sich auch ferroelektrische Kristalle wie z.B. $LiNbO_3$, $LiTaO_3$, $BaTiO_3$ und $BaNaNb_5O_{15}$ [7.65]. Durch Belichten entsteht eine elektronische Ladungsverteilung, die anschließend thermisch in eine stabile ionische umgewandelt wird. Über den elektrooptischen Effekt wird eine Brechungsindexvariation hervorgerufen, die zur eingestrahlten Lichtintensitätsverteilung proportional ist. Auch in photoleitende As_2S_3-Filme wurden mit Erfolg Hologramme eingeschrieben und wieder gelöscht [7.68].

Erwähnt seien ferner die Photochrome, also die Klasse der optisch reversibel verfärbbaren Aufzeichnungsmaterialien. Hierzu gehören Alkalihalogenidkristalle, in denen optisch Farbzentren erzeugt werden, ferner Photochromgläser und organische Spiropyrane [7.67].

Beim reinen Festwertspeicher können Schreib- und Leseapparatur als zwei Einzelgeräte räumlich voneinander getrennt aufgebaut werden. Das ist beim änderbaren Speicher nicht mehr erlaubt; es muß in einer einzigen Anlage geschrieben und gelesen werden. Ferner sind für den schnellen löschbaren Speicher mechanisch auszuwechselnde Datenmasken als Dateneingabewandler ungeeignet. Erforderlich sind schnelle schaltbare Dateneingabewandler, die eine hohe Schreibgeschwindigkeit möglich machen, damit einerseits große Archive innerhalb vertretbarer Zeitspannen gefüllt und andererseits Blöcke nach Wunsch rasch geändert werden können. Will man beispielsweise einen 10^{10}-bit-Speicher in einem Tag füllen, dann ist eine Schreibrate von etwas mehr als 10^5 bit/s erforderlich.

Ebenso wie Speichermaterialien sind auch Materialien und Verschaltungstechniken für Dateneingabewandler gegenwärtig noch Gegenstand intensiver Forschungs- und Entwicklungsarbeit. Für die Herstellung schaltbarer Arrays untersucht man z. B. folgende Substanzen [7.69]:

1. Transparente ferroelektrische Keramiken wie PLZT versprechen Schaltzeiten von einigen Mikrosekunden. PLZT besteht aus $PbZrO_3$, $PbTiO_3$ und La_2O_3 und besitzt Speicherwirkung. Streulicht und Ermüdungserscheinungen des Materials bereiten gegenwärtig noch Schwierigkeiten.

2. Mit ferroelektrischen Kristallen wie $Gd_2(MoO_4)_3$ wurden Schaltzeiten von wenigen Millisekunden und darunter erzielt. Ideale physikalische Eigenschaften für einen Dateneingabewandler im Schaltbereich weniger Mikrosekunden haben $Bi_4Ti_3O_{12}$-Kristalle. Jedoch ist die zugehörige elektronische Ansteuerung schwierig und heute noch nicht gelöst.

3. Nematische Flüssigkristalle werden schaltungstechnisch beherrscht. Sie lassen Schaltzeiten von mehreren Millisekunden zu. Ermüdungserscheinungen des Materials bei vielen Schaltzyklen können noch nicht ausgeschlossen werden.

4. Bei Membran-Licht-Modulatoren [7.70] werden Arrays von etwa 0,1 μm dicken reflektierenden Metallmembranen elektrisch angesteuert und in Vibration versetzt. Die vibrierenden Elemente werden im Hologramm nicht als Lichtpunkte registriert. Diese Technik verspricht Schaltzeiten von wenigen Millisekunden und darunter.

5. Die Transparenz von CdS-Einkristallen kann durch thermisches Verschieben ihrer Absorptionskante gesteuert werden. Von Dateneingabewandlern, die nach diesem Prinzip arbeiten [7.71] werden Schaltzeiten von einigen Millisekunden erwartet.

Bild 7.29 stellt das von Rajchman [7.72] vorgeschlagene Prinzip eines änderbaren blockorganisierten holographischen Datenspeichers dar. Der Laserstrahl wird durch eine elektro-optische Polarisationszelle hinter dem Lichtablenker auf Schreiben oder Lesen geschaltet. Ein wesentliches Bauelement des Speichers ist die Latrix (Light Accessible Transistor Matrix), die sowohl als Dateneingabewandler beim Schreiben als auch als Photodetektormatrix beim Lesen fungiert. Beim Schreiben wird der Dateneingabewandler mit Hilfe eines angepaßten holographischen Linsensystems ausgeleuchtet. Die Fokussierung des Objektstrahls auf die gewünschte Unterhologrammposition des Datenträgers besorgt eine Kondensorlinse. Beim Lesen wird das rekonstruierte Bit-Muster von der auf Detektion umgeschalteten Latrix aufgefangen und zwischengespeichert. Von hier aus kann die Information entweder elektronisch weitergeleitet oder auf ein in der Zwischenzeit gelöschtes Unterhologrammgebiet des Datenträgers zurückgeschrieben werden.

Man kann auch Dateneingabewandler vorsehen, die nicht in Transmission, sondern in Reflexion arbeiten, und es gibt technische Lösungen, die die Funktion von Dateneingabewandler und Detektormatrix räumlichen trennen. Aber in jedem Fall sind die aus Geometrie und Beugungsoptik ableitbaren Leistungsgrenzen zu beachten, die nicht nur für den Festwertspeicher, sondern auch für den änderbaren Holographiespeicher mit stationärem Datenträger gelten.

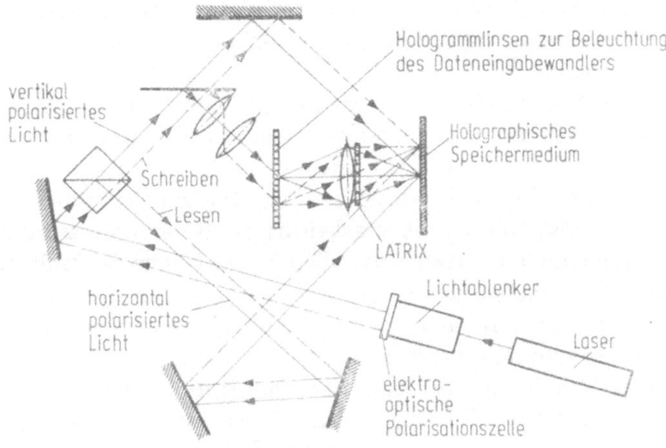

Bild 7.29. Änderbarer holographischer Datenspeicher.

7.3.7. Ausblick

Optische Speicher zielen in erster Linie auf die preisgünstige Archivierung großer Datenmengen. Holographische Speichertechniken bringen den Vorteil redundanter Aufzeichnung digitaler Daten. Bei geringen Hologrammwirkungsgraden müssen für diesen Vorteil erhöhte Laserleistungen in Kauf genommen werden. Bei blockorganisierten Holographiespeichern mit nichtbewegten Datenträgern sind sehr kurze Zugriffszeiten und hohe Datenraten möglich. Auf großen stationären Speicherflächen kann aber die höchstauflösbare optische Speicherdichte nicht voll ausgenützt werden.

Blockorganisierte holographische Datenspeicher mit Datenträgerkapazitäten bis zu 10^8 bit und Blockzugriffszeiten von wenigen Mikrosekunden wurden verwirklicht. Geht man von vorhandenen blockorganisierten Holographiespeichern aus, dann ist es naheliegend, die im schnellen Zugriff verfügbare Gesamtspeicherkapazität im nächsten Schritt durch Kombination großer Speicherflächen mit mehreren Auslesematrizen und evtl. auch mehreren Lichtablenkern zu erhöhen. Nimmt man andererseits mechanisches Auswechseln von Datenträgern zu je rund 10^8 bit Speicherinhalt bei Plattenwechselzeiten von Sekunden und mehr in Kauf, dann können etwa 10^{12} bit in Magazinräumen von ungefähr 1,5 m³ untergebracht werden. Zu den Blöcken eines Datenträgers bleibt der Zugriff innerhalb von Mikrosekunden erhalten. Sollen jedoch 10^{10} bit und mehr aus einem flächenhaften Datenträger mit Hilfe einer einzigen Detektormatrix schnell ausgelesen werden, dann sind bis zur Beherrschung großer Speicherflächen, großer Ein- und Ausgabewandler einschließlich der notwendigen Lichtstrahlführungen noch große Anstrengungen erforderlich.

Es sind auch Untersuchungen im Gange, nicht nur die flächenhafte holographische Speicherung, sondern auch die dreidimensionale holographische Aufzeichnung in dicken Hologrammedien praktisch nutzbar zu machen [7.73]. In einem vorgegebenen Hologrammvolumen werden hierbei unter Verwendung unterscheidbarer Referenzstrahlrichtungen oder unterschiedlicher Laserlichtwellenlängen mehrere Informationsblöcke zeitlich nacheinander eingeschrieben. Die verschiedenen Datenblöcke können auch unabhängig voneinander wieder aus dem gemeinsamen Speichervolumen ausgelesen werden. Ob dieses Prinzip zu einer wesentlichen Erhöhung der Kapazität holographischer Datenspeicher praktisch eingesetzt werden kann, ist heute noch nicht endgültig geklärt. Man weiß, daß mit einer Abnahme des Hologrammwirkungsgrads zu rechnen ist [7.74], jedoch dürfte die Weiterverfolgung und Untersuchung dieser Speichertechnik im Hinblick auf den zukünftigen Bedarf an Datenverarbeitungsanlagen eine lohnende Aufgabe sein.

7.4. Literatur

7.1   Goodman, J. W.: Introduction to Fourier optics. New York: McGraw-Hill 1968.

7.2   Sneddon, I. N.: Fourier transforms. New York: McGraw-Hill 1951.

7.3   Vander Lugt, A.: A review of optical data-processing techniques. Optica Acta 15 (1968) 1.

7.4   Jackson, P. L.: Diffractive processing of geophysical data. Appl. Opt. 4 (1965) 419.

7.5   Maréchal, A.; Croce, P.: Un filtre de fréquences spatiales pour amélioration du contraste des images optiques. Compt. Rend. Acad. Sci. Paris 237 (1953) 607.

7.6   Kiemle, H.; Röß, D.: Einführung in die Technik der Holographie. Frankfurt: Akad. Verlagsges. 1969.

7.7   Vander Lugt, A.: Signal detection by complex spatial filtering. IEEE Trans. on Inform. Theory IT-10 (1964) 139.

7.8   Lowenthal, S.; Belvaux, Y.: Reconnaissance des formes par filtrage des fréquences spatiales. Opt. Acta 14 (1967) 245.

7.9   Lohmann, A. W.; Paris, D. P.: Computer generated spatial filters for optical data processing. J. Opt. Soc. Amer. 56 (1966) 1413.

7.10 Wai Hon Lee: Filter design for optical data processors. Pattern Recognition J. 2 (1970) 127.

7.11 Winzer, G.: Automatische Erkennung von Buchstaben und Fingerabdrücken. Umschau in Wiss. u. Techn. 23 (1971) 837.

7.12 Eguchi, R. G.; Carlson, F. P.: Linear vector operations in coherent optical data processing systems. Appl. Opt. 9 (1970) 687.

7.13 Rohland, W. S.; Traglia, P. J.; Hurley, P. J.: The design of an OCR system for reading handwritten numerals. Proc. Fall Joint Computer Conference, San Francisco, Calif. 1968 Bd. 33/2.

7.14 Preston, Jr., K.: Coherent optical computers. New York: McGraw-Hill 1972.

7.15 Caulfield, H. J.; Maloney, W. T.: Improved discrimination in optical character recognition, Appl. Opt. 8 (1969) 2354.

7.16 Collier, R. J.; Burckhardt, Ch. B.; Lin, L. H.: Optical holography. New York, London: Academic Press 1971.

7.17 Stroke, G. W.: Image deblurring and aperture synthesis using a posteriori processing by Fourier-transform holography. Opt. Acta 16 (1969) 401.

7.18 Helstrom, C. W.: Image restoration by the method of least squares. J. Opt. Soc. Amer. 57 (1967) 297.

7.19 Slepian, D.: Linear least-squares filtering of distorted images. J. Opt. Soc. Amer. 57 (1967) 918.

7.20 Horner, J. L.: Optical restoration of images blurred by atmospheric turbulence using optimum filter theory. Appl. Opt. 9 (1970) 167.

7.21 Cummins, H. Z.; Swinney, H. L.: Light beating spectroscopy. In „Progess in Optics", Bd. VIII, hrsg. v. E. Wolf. Amsterdam: North-Holland 1970.

7.22 Frieden, B. R.: Optimum nonlinear processing of noisy images. J. Opt. Soc. Amer. 58 (1968) 1272.

7.23 Bromley, K.; Monahan, M. A.; Byant, J. F.; Thompson, B. J.: Holographic subtraction. Appl. Opt. 10 (1971) 174.

7.24 Frieden, B. R.: Evaluation, design and extrapolation method for optical signals, based on use of the prolate functions. In „Progress in Optics", Bd. IX, hrsg. v. E. Wolf. Amsterdam: North-Holland 1971.

7.25 On image enhancement. Pattern Recognition J., Special issue, Mai 1970.

7.26 Arm, M.; King, M.; Aimette, A.; Lambert, L. B.: A high-data-rate multichannel electro-optical recorder for pulsed signals. Proc. Symp. Mod. Optics, hrsg. v. J. Fox. Brooklyn, N. Y.: Polytechnic Press 1967.

7.27 Cutrona, L. J. et al.: On the application of coherent optical processing techniques to synthetic-aperture radar. Proc. IEEE 54 (1966) 1026.

7.28 Arnold, E. M.: Receiving and recording the wide dynamic range of signals of a side-looking radar system. 13th Symp. AGARD Avionics Panel, Mailand 1967.

7.29 Cutrona, L. J.; Hall, G. O.: Comparison of techniques for achieving fine azimuth resolution. IRE Trans. Military Electron. MIL-6 (1962) 119.

7.30 Kaufmann, H.: Die Zukunft der Computer-Technologie. Elektron. Rechenanlagen 12 (1970) 138.

7.31 Gustlin, D. P.; Prentice, D. D.: Dynamic recovery techniques guarantee system reliability. Proc. Fall Joint Computer Conference, San Francisco, Calif., Dezember 1968, Bd. 33/2, S. 1389.

7.32 Gray, E. E.: Unicon mass memory. Intermag Conference, Kyoto, Japan, April 1972.

7.33 Mehrere Arbeiten über magneto-optische Materialien und ihre Anwendungen: J. Appl. Phys. 40 (1969) u. J. Appl. Phys. 41 (1970).

7.34 Bernal, G. E.: Mechanism of Curie-point writing in thin films of manganese bismuth. J. Appl. Phys. 42 (1971) 3877.

7.35 Unger, W. K.; Räth, R.: Thermomagnetic writing in homogeneous MnBi films. IEEE Trans. MAG-7 (1971) 885–890.

7.36 Gabor, D.: A new microscopic principle. Nature 161 (1948) 777.

7.37 Gabor, D.: Microscopy by resonstructed wave-fronts. Proc. Roy. Soc. London A 197 (1949) 454.

7.38 Gabor, D.: Microscopy by reconstructed wave-fronts II. Proc. Phys. Soc. London B 64 (1951) 449.

7.39 Vitols, V. A.: Hologram memory for storing digital data. IBM Techn. Disclosure Bull. 8 (1966) 1581.

7.40 Smits, F. M.; Gallaher, L. E.: Design considerations for a semipermanent optical memory. Bell. Syst. Techn. J. 46 (1967) 1267.

7.41 Anderson, L. K. et al.: 1970, Sixth Intern. Quantum Electronics Conference, Kyoto, Japan, Sept. 1970.

7.42 Lipp, J.; Reynolds, J. L.: Proc. United States-Japan Seminar on Information Processing by Holography, Washington, D. C., Oktober 1969, New York–London: Plenum Press 1971.

7.43 Eschler, H.; Goldmann, G.; v. Hundelshausen, U.; Graf, P.; Lang, M.; Braidt, A.; Eith, G.: Labormuster eines holographischen Festwertspeichers. Optik 37 (1973) 516.

7.44 Schmidt, U.; Thust, W.: Digital light deflection. IEEE J. Quant. Electron. QE-5 (1969) 351.

7.45 Kulcke, W. et al.: A fast digital indexed light deflector. IBM J. Res. Dev. 8 (1964) 64.

7.46 Gordon, E. I.: A Review of acoustooptical deflection and modulation devices. Appl. Opt. 5 (1966) 1629.

7.47 Eschler, H.: Gegenüberstellung elektrooptischer und akustooptischer Lichtablenksysteme. Elektro-Optik Seminar des Internat. Elektronik-Zentrums des INEA, München, Januar 1972.

7.48 Eschler, H.: Schnell umtastbare digital programmierbare Hochfrequenzgeneratoren zur Ansteuerung akustooptischer Lichtablenker. Frequenz 26 (1972) 124.

7.49 Goldmann, G.: Holographic storage of digital data masks. Optik 34 (1971) 312.

7.50 Goldmann, G.: Recording of digital data masks in quasi Fourier holograms. Optik 34 (1971) 254.

7.51 Burckhardt, C. B.: Use of a random phase mask for the recording of Fourier transform holograms of data masks. Appl. Opt. 9 (1970) 695.

7.52 Lang, M.; Goldmann, G.; Graf, P.: A contribution to the comparison of single exposure and multiple exposure storage holograms. Appl. Opt. 10 (1971) 168.

7.53 Goldmann, G.; Lang, M.: Investigation of the distribution of information on storage holograms. Comptes Rendues du Symposium Internat. d'Holographie, hrsg. v. Ch. Viénot, J. Bulabois, J. Pasteur. Besançon 1970, S. 12 bis 13.

7.54 Graf, P.: Holographic memories. Proc. of the IEEE Computer Group Conference, Washington, D. C., 1970.

7.55 Graf, P.; Lang, M.: Geometrical aspects of consistent holographic memory design. Appl. Opt. 11 (1972) 1382.

7.56 Lang, M.: Holographische Datenspeicher mit Kapazitäten von mehr als 10^8 Bit. Optik 37 (1973) 501.

7.57 Jäntsch, O.; v. Hundelshausen, U.; Feigt, I.; Hering, W.: Detektormatrix für einen holographischen Datenspeicher. Siemens Forsch.- u. Entwickl.-Ber. 2 (1973) 34–38.

7.58 Shew, L. F.: A byte-oriented holographic encoding technique for data storage systems. Sixth Internat. Quantum Electronics Conference Kyoto, Japan, Sept. 1970.

7.59 Kozma, A.; Lee, W. H.; Peters, P. J.: Holographic recording and retrieval system. IEEE/OSA Conference on Laser Engineering and Applications, Washington, D. C., Juni 1971.

7.60 Rüll, H.; Kiemle, H.: Recording of time-dependent electrical signals by one-dimensional holograms. Opt. Commun. 7 (1973) 158.

7.61 Buschmann, H. T.: Bleichprozesse zur Erzeugung rauscharmer lichtstarker Phasenhologramme. Optik 34 (1971) 240.

7.62 Curran, R. K.; Shankoff, T. A.: The mechanism of hologram formation in dichromated gelatin. Appl. Opt. 9 (1970) 1651.

7.63 Mezrich, R. S.: Curie-point writing of magnetic holograms on MnBi. Appl. Phys. Letters 14 (1969) 132.

7.64 Lee, T. C.: Mn Bi films as potential storage media in holographic optical memories. Appl. Opt. 11 (1972) 384.

7.65 Staebler, D. L.; Amodei, J. J.: Thermally fixed holograms in $LiNbO_3$. Ferroelectrics 3 (1972) 107.

7.66 Urban, J. C.; Meier, R. W.: Thermoplastic xerographic holography. Appl. Opt. 5 (1966) 666.

7.67 Bosomworth, D. R.; Gerritsen, H. J.: Thick holograms in photochromic materials. Appl. Opt. 7 (1968) 95.

7.68 Keneman, S. A.: Hologram storage in arsenic trisulfide thin films. Appl. Phys. Letters 19 (1971) 205.

7.69 Mehrere Arbeiten über schaltbare optische Arrays: Proc. of the 1971 IEEE Symposium on Applications of Ferroelectrics in Ferroelectrics 3, Februar 1972.

7.70 Preston, Jr., K.: The membrane light modulator and its application in optical computers. Opt. Acta 16 (1969) 579.

7.71 Hill, B.; Schmidt, K. P.: A fast access holographic memory. 1st European Electro-Optics Markets and Technology Conference, Genf, Sept. 1972.

7.72 Rajchman, J. A.: Promise of optical memories. J. Appl. Phys. 41 (1970) 1376.

7.73 van Heerden, P. J.: A new optical method of storing and retrieving information. Appl. Opt. 2 (1963) 387.

7.74 Lang, M.: On the diffraction efficiency of transmittance storage holograms. Opt. Commun. 3 (1971) 229.

8. Analyse und Photochemie

8.1. Einleitung

Die räumliche und zeitliche Kohärenz machen zusammen mit der hohen
Leuchtdichte den Laser zu einem außerordentlich wertvollen Instrument
für Analyse und Photochemie. Die Zahl der Methoden, die die elastische
und inelastische Streuung sowie die Absorption ausnützen, ist deshalb
bereits sehr groß. Zum Teil befinden sie sich noch im Entwicklungs-
stadium, einige sind bereits fester Bestandteil der experimentellen Technik geworden. Der Abschnitt 8 soll einen möglichst umfassenden Überblick über die heute bekannten Verfahren geben, weshalb aus Platz-
mangel auf die Behandlung vieler Einzelheiten verzichtet werden muß.
Die zitierte Literatur ist daher auch mit dem Ziel ausgewählt, diesen
Mangel möglichst auszugleichen.

8.2. Analyse durch elastische Lichtstreuung

8.2.1. Einführung

Die elastische Streuung des Lichtes an Teilchen führt zu einer Schwächung des durchgehenden Lichtes und zu einer für die Gestalt und
Größe eines Teilchens charakteristischen räumlichen Verteilung des
Streulichtes. Die Streulichtanteile vieler Teilchen überlagern sich. Aus
der Messung des Streulichtes oder der Schwächung des durchgehenden
Lichtes lassen sich unter bestimmten Voraussetzungen die Konzentration
und die Größenverteilung von Streuzentren in Gasen und Flüssigkeiten
bestimmen. Messungen an einzelnen Teilchen oder an vielen Teilchen
in großer Entfernung (z. B. Wolken) sind nur mit Lasern möglich. Die
verschiedenen Meßmethoden werden nach einem kurzen Überblick über
die Gesetze der Streuung beschrieben.

Die Vorteile optischer Meßverfahren gegenüber anderen (z. B. Ab-
scheidung auf einem Filter und mikroskopische Auswertung) liegen in
der kurzen Meßzeit und der einfachen Probennahme. Obwohl sich die
meisten Lasermeßverfahren noch im Versuchsstadium befinden, darf man
annehmen, daß sie in Zukunft praktische Bedeutung erlangen werden.

8.2.2. Elastische Lichtstreuung

Die Grundlage für die Messung der Lichtstreuung bildet die aus den Maxwellschen Gleichungen abgeleitete Theorie von G. Mie[1]. Demnach ist die von einem Teilchen unter dem Winkel ϑ zur Einfallsrichtung in den Raumwinkel $d\Omega$ gestreute Lichtleistung gegeben durch

$$P(\vartheta) = S_0 \frac{1}{2} \left[i_1(\vartheta) + i_2(\vartheta)\right] (\lambda^2/4\pi^2)\, d\Omega = S_0(d\sigma/d\Omega)\, d\Omega. \quad (8.1)$$

S_0 ist die Leistungsdichte des einfallenden Lichtes mit der Wellenlänge λ, $i_1(\vartheta)$ und $i_2(\vartheta)$ sind die Streufunktionen für Streulicht, dessen Polarisation senkrecht bzw. parallel zur Beobachtungsebene steht, die von der Einfallsrichtung und der Beobachtungsrichtung aufgespannt wird. Die Streufunktionen hängen ab von Größe, Gestalt, Brechungsindex und Absorption der Teilchen. Für Kugeln und Zylinder lassen sich die Streu-

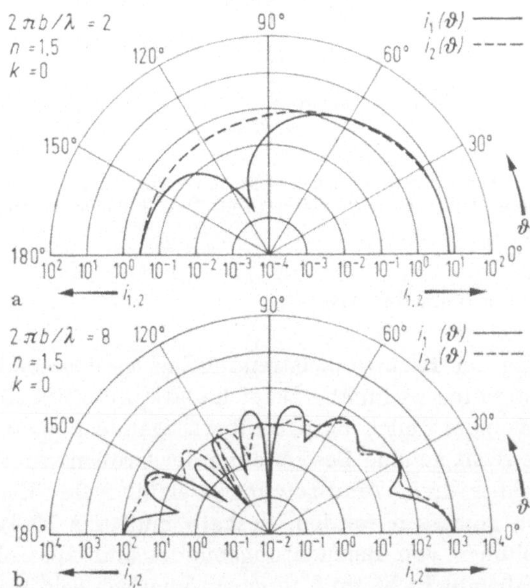

Bild 8.1. Streufunktionen kugelförmiger Streuzentren (b Radius des Streuzentrums). a) Rayleigh-Streuung: Bei strenger Gültigkeit der Rayleigh-Formel sind Vor- und Rückwärtsstreuung gleich stark. Dieser Fall tritt nur im molekularen Bereich ein, wo das Teilchen als einzelner Dipol zu betrachten ist. b) Mie-Streuung: Die Teilchen sind nicht mehr klein gegen die Wellenlänge. Durch Interferenz zwischen den Elementarwellen, die von verschiedenen Stellen der Oberfläche ausgehen und von Wellen, die das Teilchen durchlaufen, entsteht eine komplizierte Winkelabhängigkeit, bei der die Vorwärtsstreuung stark überwiegt. Mit steigender Teilchengröße nähert sich die Intensitätsverteilung immer mehr der Beugungsfigur einer Scheibe mit dem Durchmesser des Teilchens.

---

[1] Eine ausführliche Darstellung dieser Theorie findet sich in [8.1].

funktionen berechnen [8.2][1]. Darauf beruht die Bestimmung von Größe, Konzentration und Form von Streuzentren aus dem gemessenen Streulicht. Den komplizierten Verlauf der Streufunktionen zeigt Bild 8.1. Die Abhängigkeit des totalen Wirkungsquerschnittes $\sigma = \int_0^{4\pi} (\mathrm{d}\sigma/\mathrm{d}\Omega)\,\mathrm{d}\Omega$ vom Teilchenradius b gibt Bild 8.2 in normiertem Maßstab an. Die Mehrfachstreuung ist sehr schwer zu erfassen. Da sie nur bei großer Dichte der Streuzentren einen Anteil von mehr als 5 % am Streulicht hat, wird sie in der Praxis vernachlässigt.

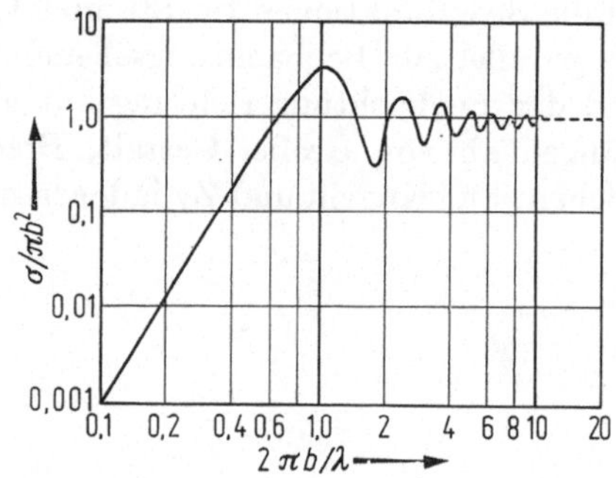

Bild 8.2. Totaler Wirkungsquerschnitt einer nicht absorbierenden Kugel. Bei absorbierenden Streuzentren zeigen die Oszillationen eine stärkere Dämpfung (b Radius des Streuzentrums).

8.2.3. Messung der Vorwärtsstreuung

Die Auswertung der Kleinwinkelstreuung hat zwei besondere Vorteile. Die Vorwärtsstreuung ist im Mie-Bereich stark und zeigt eine eindeutige Abhängigkeit von der Teilchengröße (überwiegende Beugung am Rand), so daß sie eine recht genaue Bestimmung der Größenverteilung erlaubt. Dazu müssen aber drei Voraussetzungen erfüllt sein: Es darf nur an einem Teilchen gemessen werden, deshalb muß das Meßvolumen (gemeinsames Volumen von Beleuchtungsbündel und Aerosolstrom) klein sein[2], das einfallende Licht muß monochromatisch sein und fast ebene Wellenfronten haben. Alle drei Bedingungen lassen sich mit Laserlicht erfüllen, wenn man den Aerosolstrom durch eine hinreichend kleine Strahltaille leitet. Das Schema des optischen Aufbaus eines Teilchen-

---

[1] Für unregelmäßig geformte Teilchen lassen sich nur qualitative Aussagen machen.

[2] Wenn die Ungleichung $n V_\mathrm{m} \leqq 10^{-1}$ erfüllt ist (n Teilchendichte, V_m Meßvolumen), ist nach der Poisson-Statistik (2.17) die Wahrscheinlichkeit, daß das Meßvolumen zwei Teilchen enthält, kleiner als 5 %.

spektrometers zeigt Bild 8.3 [8.3]. Es eignet sich für Teilchendurchmesser zwischen 0,2 µm und 10 µm. Die untere Grenze bestimmt die Rayleigh-Streuung des Trägergases, die obere Grenze ist durch den Streuwinkel von ± 7,5° festgelegt. Die maximal zulässige Konzentration ist $n \approx 2 \cdot 10^3$ cm^{-3}.

Mit steigender Teilchenkonzentration muß das Meßvolumen verkleinert werden, um sicherzustellen, daß die Messung nur an einem Teilchen geschieht. Mit der dafür notwendigen schärferen Fokussierung steigt aber der Divergenzwinkel des Beleuchtungsbündels, so daß die Messung bei größerem Streuwinkel durchzuführen ist. Sie ist daher nicht mehr unabhängig vom Brechungsindex der Teilchen. Geräte, deren Aufbau dem in Bild 8.3 gezeigten ähnlich ist und die für Teilchendurchmesser zwischen 0,14 µm und 1 µm bzw. Wassertropfen mit Durchmessern zwischen 20 µm und 100 µm geeignet sind, werden in [8.4] bzw. [8.5] beschrieben. Die Abhängigkeit vom Brechungsindex läßt sich eliminieren, wenn man das Verhältnis zwischen zwei unter verschiedenen Winkeln gemessenen Streulichtleistungen bildet [8.6].

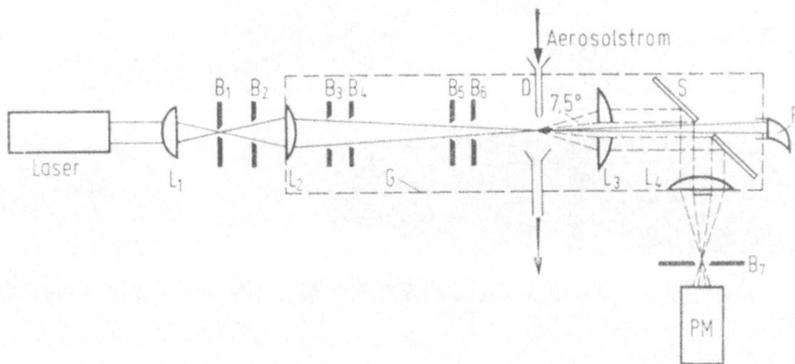

Bild 8.3. Schema eines Teilchenspektrometers [8.3]. Das Licht durchläuft zuerst ein Raumfrequenzfilter (L$_1$ und B$_1$), das nur Licht des TEM$_{00}$-Modus in die Meßkammer einläßt. Die astigmatische Linse L$_2$ erzeugt ein flaches Lichtband mit einer Höhe von etwa 90 µm, das vom Aerosolstrom senkrecht durchsetzt wird. Die Blenden B$_3$ bis B$_6$ dienen zum Ausblenden von Streulicht der Linse L$_2$. Die Düse D hat einen Durchmesser von 400 µm, so daß das Meßvolumen etwa $2 \cdot 10^{-2}$ mm^3 umfaßt. Durch L$_3$, L$_4$, den Spiegel S und B$_7$ gelangt das Streulicht auf den Photomultipier PM. Das ungestreute Licht wird in der Falle F absorbiert. Das Gehäuse G schützt gegen Fremdlicht.

Die Anwendungsmöglichkeiten für Messungen der Vorwärtsstreuung liegen in der Betriebskontrolle (z.B. Zementindustrie) und in der Kontrolle des Aerosolgehaltes an Arbeitsplätzen. Hier wäre es besonders wichtig, Fasern (z.B. Asbest, Baumwolle) zu erkennen. Die Bestimmung der Form ist aber bisher noch nicht möglich, doch wird an der Lösung dieses Problems gearbeitet.

8.2.4. Messung der Rückstreuung (Lidar)

Besondere Bedeutung für die Untersuchung der Atmosphäre hat die
Messung der Rückstreuung. Die oben angegebenen Voraussetzungen
können hier nicht mehr erfüllt werden, so daß Teilchengröße und Konzentration nicht gleichzeitig bestimmt werden können[1]. Der kleine Streuquerschnitt für Rückstreuung (1 bis 2 Zehnerpotenzen kleiner als für
Vorwärtsstreuung) macht den Einsatz leistungsstarker Laser (Festkörperlaser, N_2-Laser) notwendig. Man mißt mit den in Abschnitt 2.5.3.
beschriebenen Lidargeräten, und erhält also die Rückstreuung als
Funktion der Entfernung.

Die wichtigsten Meßaufgaben sind derzeit die Bestimmung von
Inversionsschichten durch Messung der charakteristischen Aerosolschichten, Messungen von Wolkenhöhen und Messung der Rauchemission
von Schornsteinen.

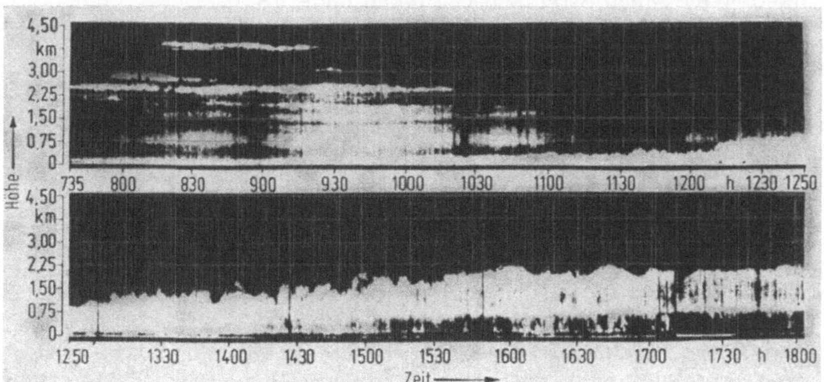

Bild 8.4. Fortlaufende Registrierung von Lidarsignalen [8.7]. Jedem Laserpuls entspricht eine
vertikale, helligkeitsmodulierte Zeile (logarithmische Verstärkung, um große Unterschiede der
Signalamplitude darzustellen). Die Auflösung von Dunstschichten im Lauf des Vormittags ist
deutlich zu erkennen. Später nimmt der Aerosolgehalt in Bodennähe zu.

Aerosolschichten und Wolken geben ein Rückstreusignal, das sich
von der Streuung der wolkenfreien Atmosphäre deutlich abhebt. Dadurch läßt sich die Basis einer Wolke sehr genau ausmessen. Ist die
Extinktion einer Wolke nicht zu stark, so lassen sich auch noch darüber-
liegende, nicht sichtbare Wolkenschichten bestimmen. Die Reichweite
der größten Geräte geht bis etwa 100 km. Die zeitliche Änderung des

---

[1] Mittlere Werte für Teilchendichte und Teilchengröße eines Ensembles von
Streuzentren lassen sich bestimmen, wenn Transmissionsmessungen mit zwei verschiedenen Wellenlängen erfolgen [8.10].

Lidarsignales läßt sich gut verfolgen, wenn die Signalhöhe zur Helligkeitssteuerung eines Oszillographenstrahles verwendet wird, und die einzelnen Signale nebeneinander aufgezeichnet werden (B-cope [2.15]). Ein Beispiel dafür zeigt Bild 8.4.

8.2.5. Messung der Extinktion

Das Rückstreusignal der wolkenfreien Atmosphäre erlaubt unter bestimmten Bedingungen den Extinktionskoeffizienten αL der Atmosphäre und damit die Sichtweite zu bestimmen. Nach (2.13) ist die Rückstreuung bei vollständiger Überlappung von Empfängergesichtsfeld und gesendetem Bündel dem Quotienten Transmission/Meßentfernung^2 proportional. Unter der nur bedingt erfüllbaren Voraussetzung einer homogenen Atmosphäre erhält man also aus der zeitlichen Abnahme des

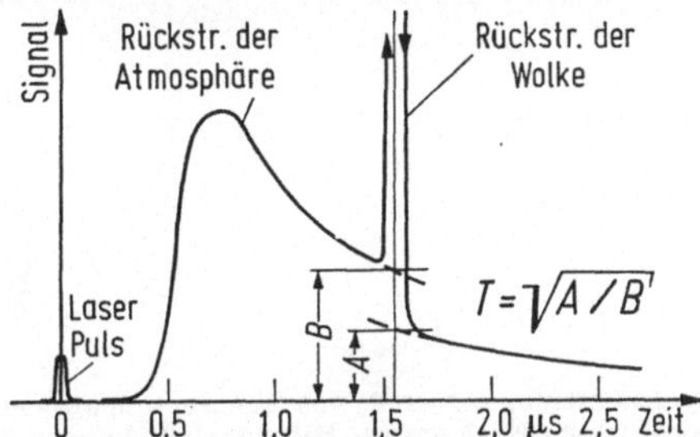

Bild 8.5. Ermittlung der Transmission einer Rauchwolke aus der Rückstreuung der wolkenfreien Atmosphäre [8.9].

Rückstreusignales die Extinktion der Atmosphäre[1] und damit die Sichtweite [8.8].

Das Lidarsignal zeigt nach dem Durchgang durch eine Wolke den in Bild 8.5 schematisch dargestellten Verlauf. Das Verhältnis der Signalhöhe nach und vor der Wolke ist proportional dem Quadrat der Transmission der Wolke, da sie vom Streulicht zweimal durchlaufen wird [8.9].

Das Verfahren ist außerordentlich empfindlich. Die Schwierigkeit bei seiner Anwendung liegt in der hohen Belastung des Detektors bei starkem Zielecho. Man erhält daher systematisch zu große Transmissionswerte.

8.2.6. Messung der Verluste in einem Laserresonator

Ein besonders empfindliches Verfahren zur Bestimmung von Teilchengrößen, das technisch allerdings nicht einfach ist, beruht auf der Messung

---

[1] Durch Messung unter zwei verschiedenen Winkeln kann auch in inhomogener Atmosphäre die Sichtweite bestimmt werden [8.8].

der durch ein streuendes Teilchen verursachten Verluste in einem Laserresonator [8.11]. Das Schema der Anordnung zeigt Bild 8.6.

Für das Verhältnis der Leistungen mit und ohne Streuteilchen gilt:

$$P_\mathrm{s}/P_0 = \{[4g_0^2 L^2 - (a + \gamma)^2]/(1 + \gamma/a)^2\}\,[1/(4g_0^2 L^2 - a^2)] \qquad (8.2)$$

mit g_0 als Kleinsignalverstärkung, L als Resonatorlänge, a als Verluste
des Resonators und γ als zusätzlicher Verlust durch ein Streuteilchen.
Die Anordnung ist so zu wählen, daß der Zähler des ersten Bruchs in (8.2)
nicht verschwindet. Bild 8.7 zeigt P_s/P_0 als Funktion von γ.

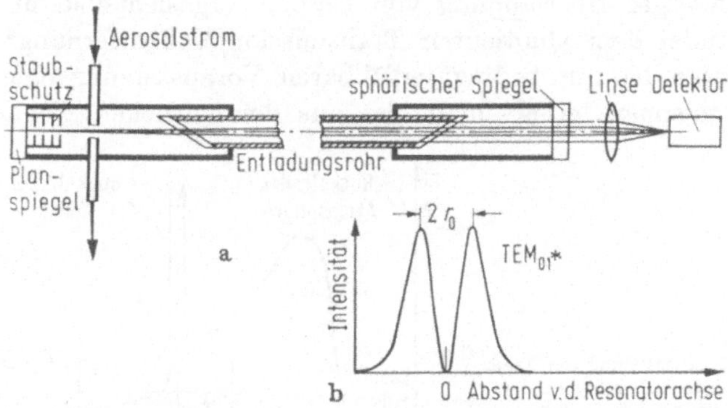

Bild 8.6. Bestimmung der Größe von Streuzentren aus den Verlusten eines Laserresonators [8.11].
Ein absorbierender Fleck auf der Mitte des gekrümmten Spiegels erzwingt den Betrieb des Lasers
im TEM$_{01*}$-Modus (siehe auch Bild 1), dessen rotationssymmetrische Intensitätsverteilung im
Teilbild b dargestellt ist. Dieser Modus hat gegenüber dem TEM$_{00}$-Modus den Vorteil, daß die
Streuverluste von der Lage der Streuzentren relativ zur Resonatorachse unabhängig sind, solange
die Abweichung unter r_0 bleibt. Die Photodiode registriert den Leistungsverlust. Die Verstärkung
der Röhre und die eigentlichen Resonatorverluste müssen konstant bleiben, deshalb sind Staub-
ablagerungen auf den Spiegeln und Brewster-Fenstern sorgfältig zu vermeiden.

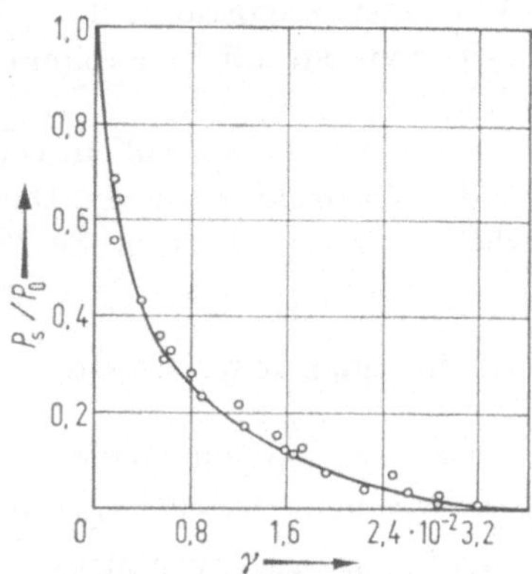

Bild 8.7. Relative Laserleistung als Funktion des Streuverlustes [8.11].

Der von einem Teilchen mit dem Radius b erzeugte Verlust[1] ist im Falle eines TEM_{01*}-Modus gegeben durch

$$\gamma = 8\,(b/w)^2\,e^{-1}, \tag{8.3}$$

w ist der $1/e$-Radius des TEM_{00}-Modus an der Stelle, an der das Teilchen den Resonator durchläuft. Durch geeignete Geometrie ist dafür zu sorgen, daß immer nur ein Teilchen das Lichtbündel durchläuft. Das Verfahren eignet sich auch zur Messung sehr kleiner Teilchen.

8.3. Laserspektroskopie

8.3.1. Einführung

In der Absorptionsspektroskopie mit breitbandigen Lichtquellen ist das Auflösungsvermögen $\lambda/\Delta\lambda$ bei Prismen- und Gitterspektralapparaten auf etwa 10^5, bei hochauflösenden Interferometern auf etwa $2 \cdot 10^7$ begrenzt. In dieser Größenordnung liegen aber auch die durch Doppler-Effekt und Stöße verursachten Linienbreiten, die daher mit den erwähnten Geräten nicht mehr ausgemessen werden können. Die Emissionsbandbreite von Lasern kann dagegen um Zehnerpotenzen kleiner sein als diese Linienbreiten, so daß hohe Auflösung erreichbar wird. Ferner ermöglicht die hohe spektrale Energiedichte in einem Bereich von der Größe der natürlichen Linienbreite eine Sättigung des untersuchten Überganges, so daß auf einfache Weise Messungen unter Ausschaltung des Doppler-Effektes möglich sind.

Die Vorteile des Lasers für die Fluoreszenzspektroskopie sind die starke Anregung, die zu hoher Empfindlichkeit führt, und die Möglichkeit, Lebensdauern direkt aus dem zeitlichen Abklingen der Fluoreszenz nach Anregung mit Impulsen, die kurz gegen die Lebensdauer der angeregten Zustände sind, zu bestimmen.

Die großen Fortschritte der Raman-Spektroskopie waren nur durch den Einsatz von Lasern als Pumplichtquellen möglich. Die Bedeutung der Laser für dieses Gebiet läßt sich auch daraus ermessen, daß bereits einige industriell hergestellte Laser-Raman-Spektrometer käuflich sind.

Während spektroskopische Messungen ohne Laser einen Aufbau der Apparatur auf engem Raum erfordern, erlaubt die Bündelungsfähigkeit des Laserlichtes auch eine Spektralanalyse weit entfernter Proben (Absorption, Fluoreszenz und Raman-Effekt). Damit ergibt sich die

---

[1] Die Oszillationen des totalen Streuquerschnitts (Bild 8.2) spielen bei Messungen im Resonator keine Rolle mehr [8.11]. Die Messung ist daher unabhängig von Brechzahl und Absorption. Bereits für $b \approx \lambda$ ist der Streuquerschnitt ausschließlich durch den Teilchenradius bestimmt.

Möglichkeit, Struktur und Zusammensetzung der Atmosphäre sowie deren zeitliche Änderung bis in große Höhen zu messen. Mit diesem Verfahren sind schon viele atmosphärische Daten bestimmt worden. Fernmessungen in der Nähe der Erdoberfläche können zur Kontrolle der Luftverschmutzung Anwendung finden. Diese Methoden, die sich noch weitgehend im Versuchsstadium befinden, werfen hinsichtlich Reichweite, Empfindlichkeit, Entfernungsauflösung und Aufwand besondere Probleme auf, die hier nicht behandelt werden können. Ein kritischer Vergleich findet sich in [8.20, 8.45, 8.46].

Ein neues Arbeitsgebiet bildet die nichtlineare Spektroskopie, mit der neben anderen Effekten auch solche, die aus der Mikrowellenspektroskopie bekannt waren, im optischen Bereich nachgewiesen werden konnten [8.12].

8.3.2. Laser für die Spektroskopie

Die zahlreichen Meßmethoden und die Breite des zu überdeckenden Spektralbereiches bringen es mit sich, daß fast alle Laser für die Spektroskopie Verwendung finden. Besonders wichtig sind aber schmalbandige[1], kontinuierlich abstimmbare Laser, da sie ein Abtasten von Linienprofilen mit hoher Auflösung bzw. eine präzise Einstellung der Emissionswellenlänge auf den zu untersuchenden Übergang ermöglichen.

Zu dieser Gruppe gehören die Farbstofflaser, deren Spektrum von 0,34 µm bis 1,2 µm und nach Frequenzverdopplung[2] auch bis ins Ultraviolette reicht. Ihre Bandbreite kann durch konstruktive Maßnahmen bis auf 10^{-3} cm^{-1} gesenkt werden. Farbstofflaser arbeiten bei hoher Leistung vorwiegend im Impulsbetrieb.

Von 0,32 µm bis 34 µm erstreckt sich der durch Variation der Zusammensetzung erreichbare Emissionsbereich von Halbleiterlasern. In einem Bereich von knapp 100 cm^{-1} ist jeder dieser Laser durch Ändern bestimmter Betriebsparameter kontinuierlich abstimmbar (abgesehen

---

[1] Die Bandbreite kann nicht ohne weiteres angegeben werden, da sie je nach Lasertyp und Bauweise stark variieren kann. Parametrische Oszillatoren (Fußnote 1 S. 324) haben meistens große Bandbreiten (0,25 cm^{-1}) und finden für die hier diskutierten Messungen noch keine Anwendung.

[2] Beim Durchgang durch Materie erzeugt eine Lichtwelle eine Polarisation. Bei geringer Leistungsdichte ist diese der Feldstärke proportional. Bei den mit Lasern erreichbaren Leistungsdichten wird der Zusammenhang nicht linear und die Polarisation ist als Potenzreihe der elektrischen und magnetischen Feldstärke der Lichtwelle anzusetzen. Die verschiedenen Terme beschreiben „nichtlineare Effekte", wie z.B. Frequenzvervielfachung, Frequenzmischung (parametrischer Oszillator), optischer Kerr-Effekt usw. Die Gesamtheit dieser Effekte bilden den Gegenstand der „nichtlinearen Optik", einer wissenschaftlichen Disziplin, die im wesentlichen erst durch die Erfindung des Lasers entstehen konnte.

von Modensprüngen) [8.13]. Sie besitzen mit etwa $3 \cdot 10^{-6}$ cm^{-1} zwar extrem kleine Bandbreite, haben jedoch nur geringe Leistung (Milliwatt) und müssen auf 77 K gekühlt werden.

Ein kontinuierlich abstimmbarer IR-Laser relativ hoher Leistung läßt sich unter Ausnützung der Spin-Flip-Raman-Streuung in InSb realisieren [8.14]. Als Pumplaser für einen in einer Magnetspule angeordneten InSb-Kristall dienen der CO-Laser (5,3 μm bis 6,2 μm) oder der CO$_2$-Laser (9,2 μm bis 14 μm). Der Abstimmbereich beträgt ± 160 cm^{-1} (1. Stokes- bzw. Antistokes-Raman-Streuung) von jeder Pumplinie aus. Abgestimmt wird durch Verändern des Magnetfeldes.

Für die Raman-Spektroskopie ist eine Abstimmung der Pumpwellenlänge nicht notwendig. Wichtig sind aber kurze Wellenlängen und hohe Leistung. Daher werden Ionenlaser, der N$_2$-Laser, Farbstoff- und Festkörperlaser, letztere auch mit Frequenzverdoppelung, eingesetzt. Trotz der relativ geringen Leistung dienen auch mit HeNe-Lasern häufig als Pumplichtquellen.

8.3.3. Absorptionsspektroskopie

Den prinzipiellen Aufbau von Einrichtungen für Absorptionsmessungen zeigt Bild 8.8. Auflösungsvermögen und Empfindlichkeit hängen von den Eigenschaften der verwendeten kohärenten Lichtquelle und der Registriereinrichtung ab [8.65].

Die erste Messung mit hoher Auflösung (etwa 10^{-3} cm^{-1}) geschah 1966 mit einem abstimmbaren HeNe-Laser bei 3,39 μm an der C-H-Schwingung verschiedener Kohlenwasserstoffe [8.15]. Aus der gemessenen Stoßverbreiterung konnten Wirkungsquerschnitte bestimmt werden. Als Beispiel für die Ermittlung eines sehr komplexen Spektrums sei die Untersuchung der ν_3-Bande von SF$_6$ (Bild 8.9) mit einem Halbleiterlaser [8.17] erwähnt. Spin-Flip-Raman-Laser dienten zur Untersuchung der Spektren von NH$_3$ [8.18] und NO [8.19].

Unter der auch für abstimmbare Laser im allgemeinen erfüllten Bedingung, daß die Bandbreite des Lasers kleiner ist als die Breite der Absorptionslinie und wenn keine Sättigung auftritt, ist die von einem Empfänger bei einer Wellenlänge λ_1 registrierte Leistung $P_E(\lambda_1)$ gegeben durch

$$P_E(\lambda_1) = T_A(L)\,K(L)\,P_0(\lambda_1)\exp[-\int_0^L \sigma n(L')\,\mathrm{d}L'], \qquad (8.5)$$

mit $K(L) < 1$ als Geometriefaktor, der berücksichtigt, daß nicht der volle Bündelquerschnitt empfangen wird [Abschnitt 2.4.2. (2.11) bis (2.13)], $T_A(L)$ als Transmission der Atmosphäre, P_0 als Laserleistung,

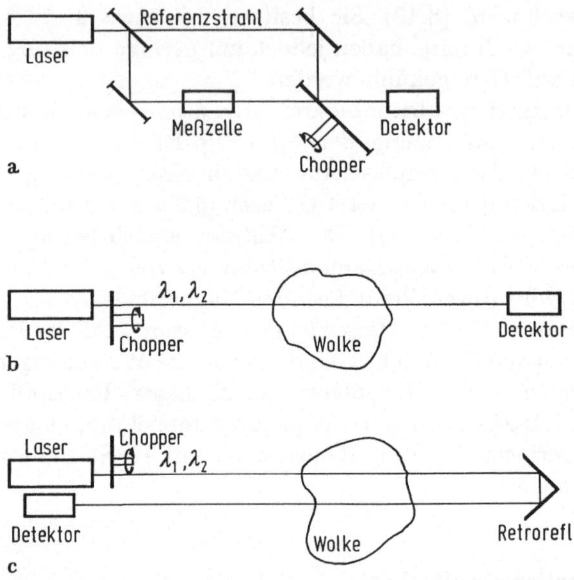

Bild 8.8. Anordnungen für Absorptionsmessungen. a) Labormessung: Das zu untersuchende Gas kann stationär sein oder die Meßzelle durchströmen. In den Lichtweg wird bei Verwendung eines CW-Lasers ein Chopper geschaltet. Statt dessen kann das Laserlicht auch eine schwache Frequenzmodulation erhalten, dann registriert der Detektor die erste Ableitung der Absorptionskurve nach der Frequenz. Die Genauigkeit steigt durch Verwendung eines Referenzstrahles. Die Auswerteinrichtung enthält oft ein System zur Rauschunterdrückung [8.16]. b) und c) Fernmessung: Bei hoher Laserleistung kann statt des Retroreflektors die diffuse Streuung vorhandenen Zieles ausgenützt werden. Chopper oder Frequenzmodulation und Auswertung wie oben.

$n\,(L)$ als Teilchendichte, σ als Wirkungsquerschnitt für Absorption und L als Gesamtlänge des Lichtweges.

Die Entfernungsabhängigkeit gemäß (8.5) ist nur bei Fernmessungen, bei denen man allerdings nur einen Mittelwert der Konzentration erhält, von Bedeutung. In diesem Fall ist vor allem die Transmission der Atmosphäre unbekannt. Durch Abstimmen des Lasers auf eine der Wellenlänge λ_1 möglichst naheliegende Wellenlänge λ_2, für die keine Absorption vorliegt, kann das Produkt aus Transmission und Geometriefaktor bestimmt werden. Es ist

$$T_\mathrm{A}(L)\,K(L) = P_\mathrm{E}(\lambda_2)/P_0(\lambda_2)\,. \tag{8.6}$$

Nach einem anderen Verfahren [8.66, 8.67] mißt man das Rückstreusignal der Atmosphäre, dessen Stärke durch (2.13) gegeben ist, bei zwei eng benachbarten Wellenlängen λ_1, λ_2, von denen eine mit einer Absorptionslinie des nachzuweisenden Stoffes zusammenfällt. Das Verhältnis R der beiden Detektorsignale ist unter der Annahme, daß die Mie- und die Rayleigh-Streuung im interessierenden Wellenlängenbereich frequenzunabhängig ist und räumlich nur langsam variiert, gegeben durch

$$R = C \cdot \exp\left[-2\int_0^L (\sigma_{\lambda 1} - \sigma_{\lambda 2})\, n\,(L')\, \mathrm{d}\,L'\right]. \tag{8.7}$$

C ist eine Gerätekonstante, die Absorptionsquerschnitte $\sigma_{\lambda 1}$ und $\sigma_{\lambda 2}$ sind einer Labormessung zugänglich. Für n ergibt sich der Mittelwert

$$n = \ln\,(R_1/R_2)/(\sigma_{\lambda 2} - \sigma_{\lambda 1})\,L. \tag{8.8}$$

Durch Variation von L (geeignete Torschaltung des Detektors) kann auch die Entfernungsabhängigkeit von n bestimmt werden. Eine Auflösung von 15 m sollte möglich sein. Mit diesem Verfahren konnte ein Anteil von 0,2 ppm NO_2 in etwa 4 km Entfernung nachgewiesen werden [8.68].

Messungen der Absorption bekannter Linien erlauben die Bestimmung der Konzentration der absorbierenden Stoffe und sind daher für die Kontrolle von Luftverunreinigungen von Interesse. Die Vorteile gegenüber den bisherigen chemischen Methoden sind schnellere Messung, Kontrolle an der Quelle und die Möglichkeit zur Überwachung ausgedehnter Gebiete. Diese Möglichkeiten sind bisher vor allem theoretisch untersucht worden [8.20]. Als eines der wenigen praktischen Beispiele sei die Bestimmung der Konzentration von C_2H_4 mit einer Auflösung unter 0,1 ppm erwähnt [8.21, 8.22]. Der einfache Aufbau und die hohe

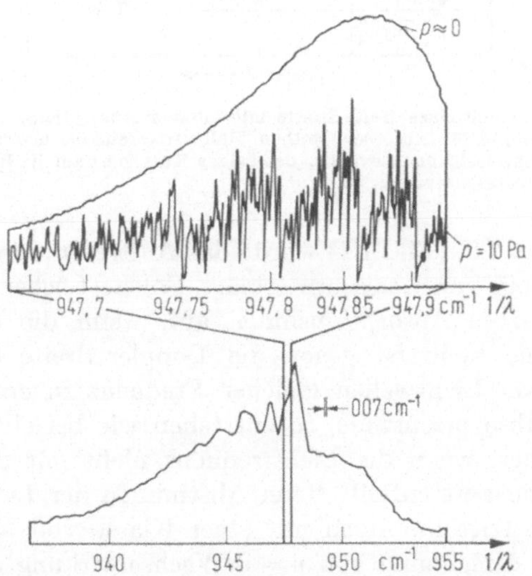

Bild 8.9. Spektrum von SF_6 (ν_3-Schwingung) mit hoher Auflösung [8.17]. Die untere Kurve wurde mit einem Gitterspektrographen aufgenommen (Auflösung 0,07 cm⁻¹), die obere Kurve zeigt einen schmalen Ausschnitt aus der unteren Kurve mit der hohen Auflösung (3 · 10⁻⁶ cm⁻¹) eines Halbleiterlasers.

erreichbare Empfindlichkeit [siehe (8.5), $\sigma = 10^{-13}$ cm^2 bis 10^{-18} cm^2] läßt erwarten, daß Absorptionsmessungen praktische Bedeutung zur Kontrolle von Luftverunreinigungen erlangen werden.

Die Spektrallinien von Gasen zeigen eine Doppler-Breite, die durch die Geschwindigkeitsverteilung der Atome bzw. Moleküle bestimmt ist. Die Absorptionsspektroskopie mit Lasern ermöglicht die Messung dieser Linienbreite. Die natürliche Linienbreite oder Linien, deren Abstand kleiner als die Doppler-Breite ist, können nur aufgelöst werden, wenn es gelingt, den Doppler-Effekt zu umgehen. Dies wird möglich, wenn das obere Niveau des Absorptionsübergangs durch starke Einstrahlung eine merkliche Besetzung erreicht und sich die Absorption daher der Sättigung nähert. (Bei gleicher Besetzung im oberen und unteren Niveau verschwindet die Absorption!).

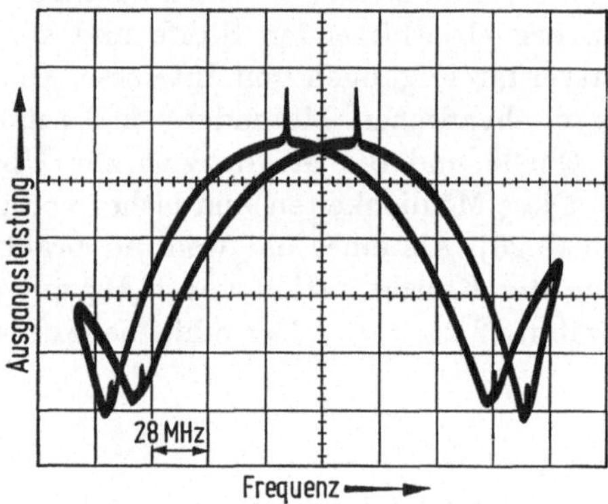

Bild 8.10. Ausgangsleistung eines HeNe-Lasers mit interner Absorptionszelle als Funktion der Frequenz ($\lambda = 3,39$ μm) [8.23]. Absorber: Methan. Halbwertsbreite des inversen Lamb-dip: etwa 400 kHz. Die Frequenzverschiebung zwischen den beiden Kurven ist auf die Hysterese des elektrostriktiv abgestimmten Resonators zurückzuführen.

Im Abschnitt 1.2. (Bild 1.4) wurde das Auftreten von „Löchern" im Verstärkungsprofil von Gaslasern erklärt. Solche Löcher treten auch in dopplerverbreiterten Absorptionslinien auf, wenn die Breite der eingestrahlten Linie klein ist gegen die Doppler-Breite des Absorbers. Durchlaufen zwei Lichtwellen gleicher Frequenz in entgegengesetzter Richtung die Absorptionszelle, so entstehen wie bei einem Einmodenlaser zwei Löcher, wenn die Lichtfrequenz nicht mit der Linienmitte des Absorbers zusammenfällt. Beim Abstimmen der Lichtfrequenz auf die Linienmitte tritt nur noch mit einer Klasse von Molekülen (oder Atomen) in der Umgebung von $v = 0$ Wechselwirkung auf, so daß die Absorption ein Minimum zeigt.

Die ersten Untersuchungen dieses Effekts erfolgten an Stoffen, deren Absorptionslinien mit einer Gaslaserlinie übereinstimmten. Um die notwendige Leistungsdichte zu erreichen, setzte man die Absorptionszelle in den Resonator ein [8.23]. Bild 8.10 zeigt den Verlauf der Leistung eines Einmoden-HeNe-Lasers mit einer Absorptionszelle als Funktion der Frequenz. Beim Erreichen der Mitte der Absorptionslinie, die fast mit der Mitte des verstärkenden Übergangs zusammenfällt, führt die Abnahme der Absorption zu einem scharfen Maximum der Laser-leistung[1], dessen Halbwertsbreite durch die natürliche Linienbreite und Stöße bestimmt ist.

Bild 8.11 zeigt den prinzipiellen Aufbau einer Apparatur zur Messung an einer Absorptionszelle außerhalb des Resonators. Linien des SF_6 (Linienbreite etwa 1,6 MHz, CO_2-Laser als Lichtquelle) [8.24], Relaxa-tionseffekte in Ne-Entladungen (HeNe-Laser als Lichtquelle) [8.25], die Hyperfeinstruktur einer Linie des J_2 (P(117) des 21–1-Bandes des $B \leftarrow X$-Überganges in J_2 bei 568,2 nm, Auflösung besser als 10^8, Kr-Laser)

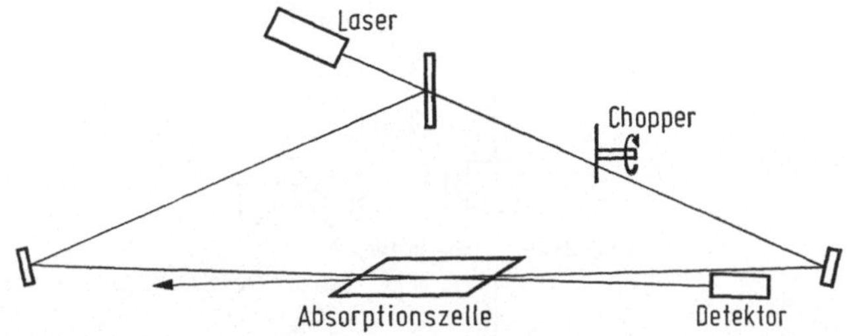

Bild 8.11. Schema eines Aufbaus für Sättigungsspektroskopie [8.26]. Die Verwendung einer externen Absorptionszelle hat den Vorteil, daß die in der einen Richtung laufende Welle hohe Leistung haben kann und daher Sättigung hervorruft, während die gegenläufige mit geringer Leistung als Probe dient.

[8.26] und der Na-D-Linien (Farbstofflaser, Auflösung 7 MHz) [8.27] konnten mit Anordnungen dieser Art gemessen werden.

Die Sättigungsspektroskopie liefert über die Bestimmung der sonst nicht meßbaren homogenen Linienbreiten von Gasen Aussagen über die Stöße zwischen Molekülen (oder Atomen) und die Wechselwirkung zwischen Licht und Molekülen (oder Atomen). Die so entdeckten schma-len Absorptionslinien, die mit Laserübergängen zusammenfallen, er-möglichen extrem genaue Stabilisierungen von Lasern (z. B. $\Delta \nu / \nu = 10^{-13}$ beim HeNe-Laser bei 3,39 µm durch Methan). Eine Wellenlänge des HeNe-Lasers wird vermutlich bald statt der roten 86-Krypton-Linie als Wellenlängennormal dienen.

---

[1] „Inverser Lamb-dip": Der übliche Lamb-dip des Lasers (Bild 1.4) wird durch den entgegengesetzten Effekt im Absorber überkompensiert.

8.3.4. Fluoreszenzspektroskopie

Fluoreszenzspektroskopie ist die Analyse der spontan emittierten Strahlung angeregter Atome oder Moleküle. Wellenlängen und Intensitäten des Fluoreszenzlichtes ermöglichen eine Identifizierung und Konzentrationsbestimmung der emittierenden Stoffe. Diese Intensität ist bei der für analytische Zwecke häufigen Anregung durch Absorption der Pumplichtintensität proportional. Mit Lasern als Pumplichtquellen ist daher große Empfindlichkeit erreichbar. Abstimmbare Laser ermöglichen dabei die selektive Anregung bestimmter Niveaus[1]. Beispiele für die empfindliche Analyse ($10^{-2}\ \mu\mathrm{g\ cm^{-3}}$ bis $1\ \mu\mathrm{g\ cm^{-3}}$) mit Hilfe von Farbstofflasern enthält [8.28].

Auch für die Fernanalyse zur Kontrolle der Luftverunreinigung wird die Verwendung der Fluoreszenzstrahlung diskutiert [8.20]. Die Anordnung besteht in diesem Fall aus einem Lidar-Gerät (Abschnitt 2.5.3.)

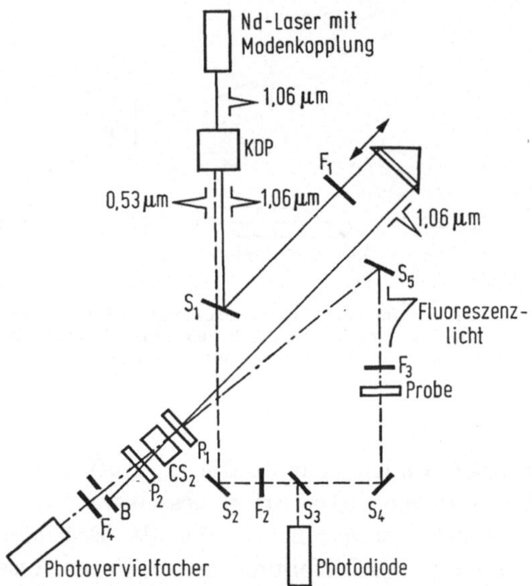

Bild 8.12. Versuchsaufbau zur Messung kurzer Fluoreszenzlebensdauern [8.30]. Ein einzelner Impuls eines Lasers mit Modenkopplung wird durch Frequenzverdopplung in zwei Pulse aufgelöst, die durch Spiegel S und Filter F auf getrennten Wegen geführt werden. Die mit CS₂ gefüllte Zelle ist eine Kerrzelle, die durch das Feld des Pulses mit 1,06 μm geöffnet wird (die beiden Polarisatoren P₁, P₂ sind gekreuzt aufgestellt). Durch Verschieben des Umlenkprismas P zwischen aufeinander folgenden Lichtimpulsen kann der zeitliche Verlauf des Fluoreszenzlichtes analysiert werden (die Photodiode dient zur Kontrolle der Leistung des Pumplichtes).

---

[1] Das Fluoreszenzspektrum eines molekularen Gases unter geringem Druck und bei selektiver Anregung nur eines Niveaus enthält viel weniger Linien als das Absorptionsspektrum. Mit steigendem Druck steigt die Zahl der Linien, weil sich die Anregungsenergie durch Stöße rasch auf andere Niveaus verteilt.

mit einem Farbstoff- oder N_2-Laser als Lichtquelle. Der Empfänger wird durch Filter oder einen Monochromator auf die gewünschte Wellenlänge eingestellt. Im Gegensatz zur Absorptionsspektroskopie kann die Konzentration in Abhängigkeit von der Entfernung bestimmt werden, indem der Empfänger nur zu der Zeit eingeschaltet wird, die der interessierenden Entfernung entspricht. Die Entfernungsauflösung nimmt allerdings mit steigender Fluoreszenzlebensdauer ab und liegt für Rotations-Schwingungs-Übergänge schon in der Größenordnung von 100 m bis 1000 m [8.20]. Als erfolgreiches Beispiel sei die Messung des Natriumgehaltes der oberen Atmosphäre (bis 90 km) genannt [8.29].

Da sich mit Lasern extrem kurze Lichtimpulse ($< 10^{-12}$ s) erzeugen lassen, kann die Zeit für die Anregung kurz gegen die Fluoreszenzlebensdauer gemacht werden. Aus der zeitlichen Abnahme des Fluoreszenzlichtes (Bild 8.12), das nicht immer exponentiell abklingt [8.31], erhält man sehr genaue Werte für die Lebensdauer der angeregten Zustände. Aus ihnen lassen sich beispielsweise Rückschlüsse auf Stoßprozesse zwischen einfachen Molekülen ziehen [8.32] bis [8.34].

8.3.5. Raman-Spektroskopie

Beim Raman-Effekt tritt Licht in Wechselwirkung mit Energiezuständen von Molekülen oder Festkörpern. Dadurch ändert sich die Frequenz des Streulichtes [8.35, 8.36]. Das Streulichtspektrum ist für die betreffende Substanz charakteristisch. Die Raman-Streuung gibt über Energiezustände Auskunft, von denen aus keine strahlenden Übergänge existieren. Hierin liegt ihre große Bedeutung[1].

Laser haben gegenüber den früher vorwiegend als Pumplichtquellen verwendeten Quecksilberdampflampen eine Reihe von Vorteilen:

a) Ihre geringere Linienbreite führt zu höherem Auflösungsvermögen.

b) Die hohe Kohärenz ermöglicht durch Fokussieren Messungen an extrem kleinen Proben (bis 10^{-3} mm³ [8.38]) und Messungen an entfernten Proben (Raman-Lidar).

c) Die lineare Polarisation erlaubt zusammen mit dem durch die Kohärenz bedingten kleinen Öffnungswinkel eine genaue Bestimmung des Depolarisationsgrades und des Streukoeffizienten.

d) Die Erweiterung des Spektrums der Erregerlinien, vor allem zu langen Wellenlängen hin, ermöglicht die Verminderung der Fluoreszenzstrahlung und die Untersuchung von farbigen oder durch UV-Licht zersetzbaren Substanzen.

---

[1] Auf die mit Lasern möglichen stimulierten Streuprozesse wird hier nicht eingegangen. Eine Übersicht gibt [8.37].

e) Die hohen Bestrahlungsstärken machen kurze Meßzeiten möglich, z.T. unterhalb von Millisekunden, so daß auch unbeständige Substanzen oder der Ablauf von Reaktionen untersucht werden können. Anregung mit kurzen Impulsen und Registrierung mit Photomultipliern mit Torschaltung erlaubt eine Unterdrückung der Fluoreszenzstrahlung [8.39].

f) Mit abstimmbaren Lasern (Farbstofflasern) kann der Resonanz-Raman-Effekt bei der Annäherung der Erregerwellenlänge an eine Absorptionslinie ausgenützt werden, bei der der Wirkungsquerschnitt um Größenordnungen ansteigt.

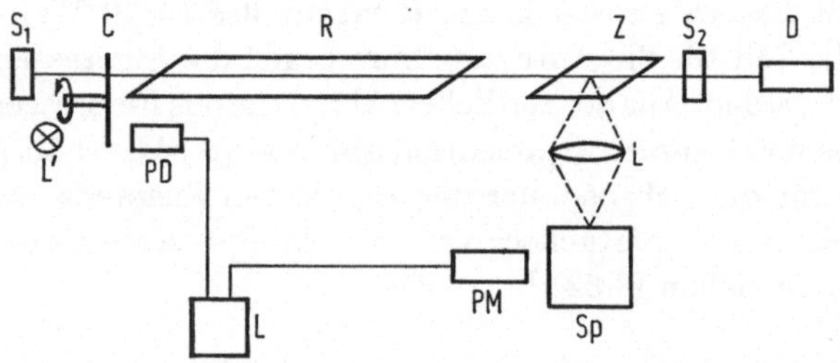

Bild 8.13. Schema einer Laser-Raman-Anordnung mit photoelektrischer Registrierung [8.40]. S_1, S_2 Laserspiegel, R Laserröhre (He–Ne, Ar^+, Kr^+), Z Raman-Zelle mit Brewster-Fenstern, C Chopper, D Detektor zur Leistungskontrolle, L Linse, Sp Spektrograph, PM Photomultiplier, L Lock-in-Verstärker. Bei stark streuenden oder absorbierenden Substanzen muß die Zelle außerhalb des Resonators stehen. Statt einer photoelektrischen ist auch photographische Registrierung möglich.

Den schematischen Aufbau einer Raman-Anordnung für Labormessungen zeigt Bild 8.13[1]. Mit solchen Anordnungen wurde eine große Zahl von Gasen, Flüssigkeiten, Polymeren und Festkörpern untersucht, auf die hier nicht eingegangen werden kann (Übersichtsartikel: [8.41, 8.42]).

Eine Anordnung für Fernmessungen (Raman-Lidar) zeigt Bild 8.14. Messungen der Raman-Rückstreuung geben Aufschluß über die Struktur

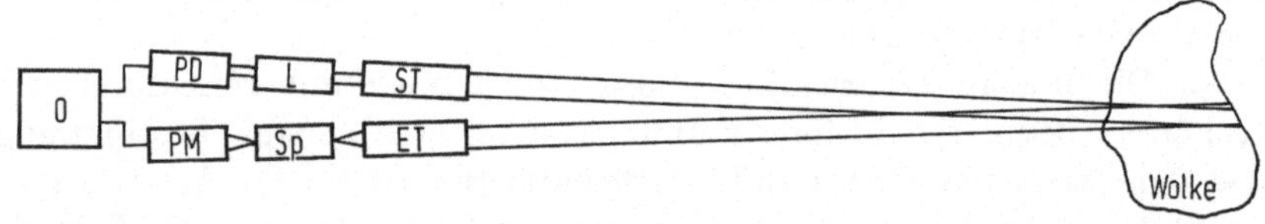

Bild 8.14. Schema eines Lidarsystems zur Messung der Raman-Rückstreuung. L Impulslaser (Rubin, Nd-YAG mit Frequenzverdopplung, Farbstofflaser, N_2-Laser), ST Sendeteleskop, PD Detektor für das Startsignal, ET Empfangsteleskop, Sp Spektrograph (auch geeignete Filter verwendbar), PM Photomultiplier, O Oszillograph oder ein anderes Auswertgerät.

[1] Kommerzielle Raman-Spektrometer stellen her: Jarell-Ash, Spectra Physics, Perkin Elmer, Beckman Instruments, Lary and Spex in den USA, Huet und Coderg in Frankreich und Japan Electro Optics in Japan.

(Zusammensetzung und Temperatur) und den Schadstoffgehalt der Atmosphäre. Wegen der außerordentlich kleinen Streuquerschnitte (10^{-28} cm² bis 10^{-29} cm²) sind sehr leistungsfähige Laser und hochempfindliche Empfänger notwendig [8.43]. Auch mit den leistungsfähigsten Geräten bleibt die Reichweite auf etwa 1 km begrenzt. Die Konzentration des zu untersuchenden Stoffes wird durch Vergleich seiner Streuintensität mit der bekannten des Stickstoffs ermittelt. Auf diese Weise konnte der Gehalt von SO_2 (300 ppm), CO_2 und H_2O ebenso wie der von Kohlenwasserstoffen (1,7 ppm) in der Luft bestimmt werden [8.43]. Andere nachgewiesene Gase sind: NO, H_2S, CH_4, CO und H_2CO [8.44]. Messungen mit Raman-Lidar erlauben auch eine ausgezeichnete Entfernungsauflösung.

8.4. Laser in der Mikroanalyse

8.4.1. Einführung

Beim Auftreffen fokussierter Laserstrahlen auf kondensierte Materie entstehen, wenn eine bestimmte Energieschwelle überschritten ist, Elektronen, Ionen und neutrale Teilchen. Kinetische Energie, Temperatur, Ionisierungsgrad und abgetragene Masse hängen von der Pulsdauer, der Leistung und dem bestrahlten Stoff ab. Diese Effekte lassen sich wegen der guten Fokussierbarkeit für einige mikroanalytische Verfahren ausnützen.

Die Lasermikroanalyse hat gegenüber anderen Methoden eine Reihe von Vorteilen: Die Proben können beliebig geformt sein und müssen nicht besonders präpariert werden. Auch nichtleitendes Material und biologische Substanzen können untersucht werden. Kleine Einschlüsse von 50 µm bis 100 µm Durchmesser können analysiert werden, ohne daß das Wirtsmaterial stört.

In den meisten Fällen dienen gepulste Festkörperlaser mit und ohne Güteschaltung als Lichtquellen. Farbstofflaser haben den Vorzug, daß ihre Emissionswellenlänge an die Absorption des zu untersuchenden Stoffes angepaßt werden kann.

8.4.2. Mikrospektralanalyse

Zur Mikrospektralanalyse wird eine geringe Menge der Probe durch einen Laserlichtimpuls verdampft. Der Impuls eines Lasers mit Güteschaltung erzeugt eine Plasmawolke, deren Emission häufig für die spektroskopische Untersuchung mit den üblichen Methoden ausreicht.

Dient dagegen ein frei schwingender Impulslaser zur Abtragung, so ist eine Anregung der Dampfwolke mit einer elektrischen Entladung zwischen zwei, dicht über der bestrahlten Stelle angebrachten, Elektroden unerläßlich. Die Optimierung der Charakteristik dieser Entladung geschieht empirisch durch Einstellen von Induktivität, Kapazität und Ladespannung des Entladungskreises[1].

Eine quantitative Analyse ist mit Hilfe von Eichkurven, die mit Eichproben gewonnen wurden, möglich. Dafür genügt eine verdampfte Masse von etwa $1\,\mu g$, wobei die Nachweisgrenze bei etwa $1^0/_{00}$ liegt. Bei größerer Masse steigt die Meßgenauigkeit. Mikrospektralanalysen sind an zahlreichen Stoffsystemen durchgeführt worden (Beispiele in [8.48]).

8.4.3. Mikrogasanalyse

Die massenspektrometrische Untersuchung der vom Laser erzeugten Dampfwolke ist empfindlicher (im Bereich von einigen ppm) als die Mikrospektralanalyse. Mit diesem Verfahren lassen sich auch spektroskopisch nicht nachweisbare Elemente wie Kohlenstoff, Wasserstoff, Stickstoff und Sauerstoff erfassen und die verschiedenen Isotope eines Elements unterscheiden.

Beim Verdampfen eines Festkörpers freigesetzte Gase können ebenfalls massenspektroskopisch ermittelt werden (z. B. Untersuchung des Gasgehalts von Aufdampfschichten [8.49] und von Meteoriten [8.50]).

8.5. Photochemie

8.5.1. Übersicht

Licht kann in vielfältiger Weise chemische Reaktionen auslösen oder beeinflussen. Dieser Abschnitt behandelt nur solche photochemischen Prozesse, für die die typischen Lasereigenschaften Voraussetzung sind, oder eine wesentliche Verbesserung bekannter Methoden ermöglichen.

Die Ausnützung der Monochromasie, der Emission kurzer Impulse und der hohen Leistung von Lasern hat in den letzten Jahren zu wesentlichen Fortschritten in der Photochemie geführt. Dies gilt in besonderem Maße für die Steuerung von Reaktionen, durch die selektive Anregung wenigstens eines Reaktionspartners[2]. Damit ergeben sich u. a. neue

---

[1] Ein käufliches Gerät ist der Lasermikroanalysator LMA 1 der Optischen Werke Jena [8.47].

[2] Chemische Reaktionen mit selektiver Anregung verlaufen oft anders als bei nicht selektiver Anregung [8.51].

Möglichkeiten zur Isotopentrennung, von denen man vermutet, daß sie sich zur Herstellung von hochreinen und relativ billigen Isotopen eignen.

Für die Untersuchung der Kinetik chemischer Reaktionen sind Laser in zweifacher Hinsicht von Bedeutung. Einmal kann durch Photolyse mit kurzen Impulsen das Zeitverhalten angeregter Moleküle und Radikale in photochemischen Reaktionen untersucht werden, zum anderen gibt die Emission chemischer Laser Auskunft über den Reaktionsablauf im Laser.

8.5.2. Reaktionen mit selektiver Anregung (Isotopentrennung)

Reaktionen mit Schwingungsanregung: Die Photochemie mit breitbandigen Lichtquellen führt in Molekülen zur Anregung zahlreicher Zustände. Die geringe Bandbreite der Laseremission erlaubt dagegen die selektive Besetzung eines bestimmten Anregungszustandes. Insbesondere kann mit abstimmbaren Lasern (Abschnitt 8.3.2.) in einem Gemisch von Molekülen, die aus verschiedenen Isotopen zusammengesetzt sind, eine bestimmte Molekülsorte angeregt werden, da sich die Anregungsenergien von Molekülen, die aus verschiedenen Isotopen aufgebaut sind, geringfügig unterscheiden.

Ein Molekül kann im Elektronengrundzustand Energie in den Freiheitsgraden der Translation, Rotation und Schwingung aufnehmen. Die Energien in diesen Freiheitsgraden entsprechen Wellenlängen im infraroten Spektralbereich. Da viele chemische Reaktionen unter der Beteiligung angeregter Schwingungszustände verlaufen, eignen sich IR-Laser zur Beeinflussung chemischer Reaktionen.

Wenn keine Reaktion eintritt, wird das durch die selektive Anregung gestörte thermische Gleichgewicht durch Verteilung der Anregungsenergie auf alle Freiheitsgrade durch Stöße wiederhergestellt, so daß nach dem Ablauf dieser Relaxationsprozesse die Temperatur des ganzen Systems erhöht ist. Eine chemische Reaktion, die unter dem Einfluß der selektiven Anregung bevorzugt ablaufen soll, muß daher genügend schnell sein, um mit den Relaxationsprozessen konkurrieren zu können. Damit eine Isotopentrennung möglich wird, muß sie so schnell sein, daß kein nennenswerter Energieaustausch durch Stöße zwischen den verschiedenen Molekülsorten stattfinden kann. Das Auffinden geeigneter Reaktionen stellt die wesentliche Schwierigkeit in der Anwendung dieses Verfahrens dar.

Das einzige bisher veröffentlichte Beispiel für dieses Prinzip ist die Trennung von Deuterium und Wasserstoff [8.52]. Durch Bestrahlen von Methanol mit einem HF-Laser läßt sich die OH-Valenzschwingung so aktivieren, daß eine rasche Bromierung stattfindet. In Mischungen aus

CH_3OH und CD_3OD verläuft die Reaktion mit Br_2 nur mit der Wasser-stoffverbindung. Die Anreicherung des CD_3OD erreichte auf diese Weise 95 %. Es sollte möglich sein, auch andere Isotope nach diesem Prinzip zu trennen.

Prädissoziation: Unter Prädissoziation versteht man den Zerfall eines Moleküls mit mindestens zwei Leuchtelektronen nach der Anregung eines diskreten Elektronenzustandes der beiden Leuchtelektronen, dessen Energie höher ist als die Energie der Dissoziationsgrenze bei Anregung eines Leuchtelektrons [8.36] (Bild 8.15). Die Dissoziation stellt sich

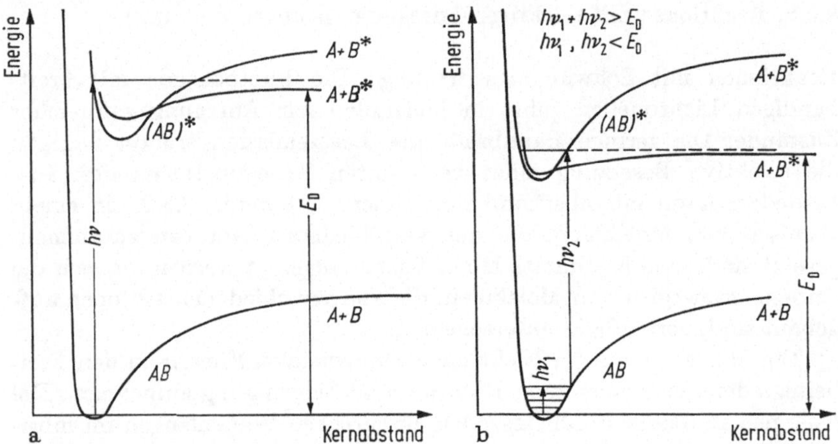

Bild 8.15. Prädissoziation. a) Einstufenprozeß; b) Zweistufenprozeß. Die Bandbreite von ν_1 muß hinreichend klein sein, damit eine selektive Anregung erzielt wird. Die Bandbreite von ν_2 kann groß sein, so daß nicht unbedingt ein Laser notwendig ist. A, B Atome oder Radikale im Grundzustand, B* Atom oder Radikal in einem angeregten Zustand, AB Molekül.

innerhalb einer Zeit ein, die kurz ist gegen die Lebensdauer des angereg-ten Zustandes, so daß die Deaktivierung durch Stöße keine wesentliche Rolle spielt. Bei der Anwendung dieses Verfahrens für die Isotopen-trennung liegt die Schwierigkeit in der Suche nach geeigneten Absorp-tionslinien.

Durch Einstrahlen von UV-Licht[1] in Formaldehyd konnten Wasser-stoff und Deuterium in einem Schritt getrennt werden, indem nur das D_2CO-Molekül zersetzt wurde [8.53].

Zweistufenprozesse: Die beiden oben erläuterten Verfahren ermög-lichen die Isotopentrennung durch selektive Anregung eines Moleküls durch einen Absorptionsvorgang. Durch Anregung mit zwei Photonen kann eine Trennung auch durch die Photodissoziation (Bild 8.16) oder

---

[1] Bildung der Summenfrequenz eines Rubin- und eines Farbstofflasers in einem nichtlinearen Kristall (Fußnote 2 S. 324).

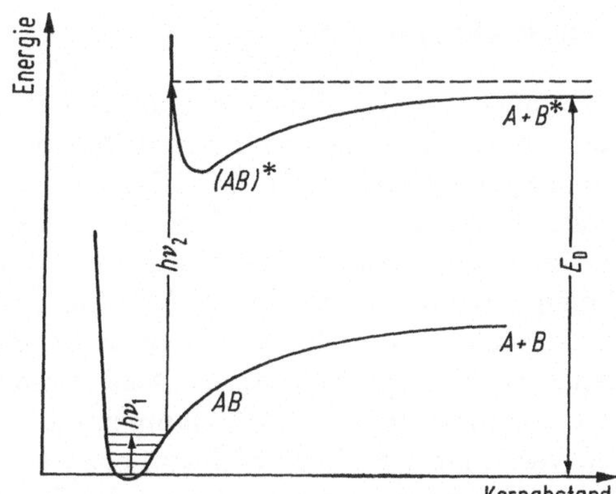

Bild 8.16. Photodissoziation. Es gelten die in Bild 8.15 b angegebenen Bedingungen. Bezeichnungen siehe Bild 8.15.

ebenfalls über die Prädissoziation (Bild 8.15 b) stattfinden. Die selektive Anregung eines Schwingungszustandes eines Isotopenmoleküls im Elektronengrundzustand ist nämlich wegen der relativ stärkeren Isotopieverschiebung einfacher als die eines Elektronenzustandes.

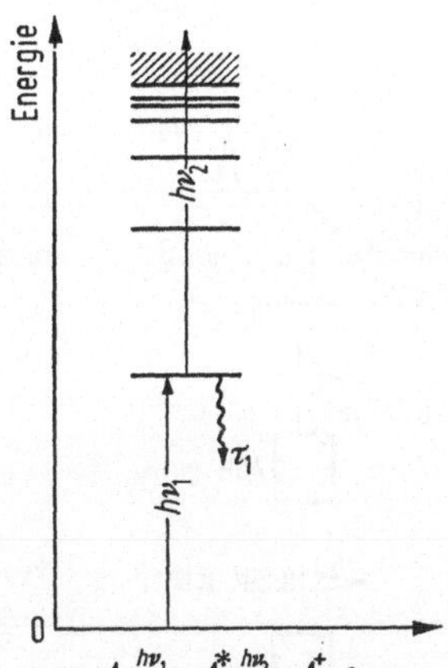

Bild 8.17. Photoionisation. Im ersten Absorptionsprozeß wird ein Elektronenzustand des Isotops selektiv besetzt. Im zweiten Schritt tritt Ionisation des Atoms ein. Für die Photonenenergien gelten die gleichen Bedingungen wie in Bild 8.15 b.

Der Vollständigkeit halber soll auch noch die Photoionisation durch einen Zweistufenprozeß angeführt werden (Bild 8.17), obwohl sie kein photochemischer Prozeß ist. Sie eignet sich wegen der hohen notwendigen Photonenenergien weniger für Moleküle als für Atome [8.54]. Die ionisierten Atome werden durch elektrische und magnetische Felder abgetrennt [8.55].

Zweiphotonenprozesse sind bisher zu Untersuchungen an Rb-Atomen [8.54], NH_3-Molekülen [8.56] und zur Trennung von N_2-Isotopen [8.64] benützt worden.

8.5.3. Reaktionskinetik

Laserphotolyse: Die Blitzlichtphotolyse ist eine wichtige photochemische
Technik. Sie besteht darin, mit Hilfe eines kurzen energiereichen Lichtimpulses in einem gasförmigen, flüssigen oder festen Medium Atome oder
Moleküle anzuregen oder Moleküle zu spalten. Ein zweiter Lichtimpuls
mit kontinuierlichem Spektrum dient dann zur Aufnahme eines Absorp-
tionsspektrums mit zeitlicher Auflösung [8.57], aus dem die Änderung
der Besetzung von Zuständen oder die Konzentration von Reaktions-
partnern oder -produkten ermittelt werden kann. Durch den Einsatz
von Lasern anstelle von Blitzlampen läßt sich die Zeitauflösung wesentlich verbessern, weil die Lichtimpulse sehr kurz sein können und durch
geeignete Anordnung gleichzeitig das Kontinuum erzeugen können, so
daß sich die Verzögerung zwischen den beiden Impulsen mit Hilfe
variabler Lichtwege sehr genau einstellen läßt. Das Kontinuum kann
man entweder durch die Fluoreszenz eines Farbstoffes [8.58, 8.59]
(Bild 8.18a) oder mit einem vom Laserimpuls ausgelösten Durchbruch

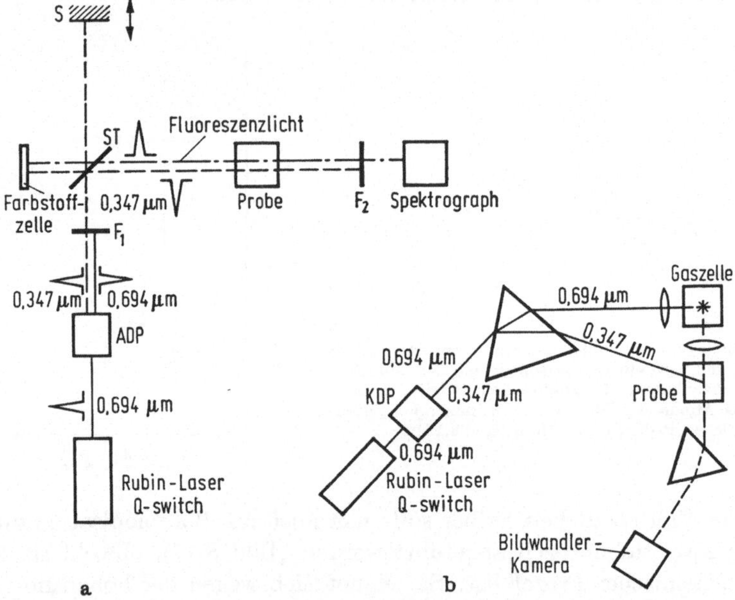

Bild 8.18. Laserphotolyse. a) Erzeugung des Kontinuums durch Fluoreszenz in einem Farbstoff
[8.57]: Durch Einstellen des Spiegels S kann die Zeitdifferenz, mit der die beiden Impulse die
Probe erreichen, variiert werden. Aufeinanderfolgende Messungen mit unterschiedlicher Zeitdifferenz geben Aufschluß über zeitabhängige Prozesse in der Probe. F_1, F_2 Filter, ADP Ammo-
nium-Dihydrogenphosphat. b) Erzeugung des Kontinuums mittels Gasdurchbruch [8.60]: Auf der
Photokathode der schnellen Bildwandlerkamera wird mit Hilfe des Prismas P ein spektral aufgelöstes Bild des Laserfunkens entworfen. Durch rasches Ablenken des Elektronenstrahls der
Kamera entsteht mit einem Laserimpuls ein zeitlich aufgelöstes Absorptionsspektrum der Probe.

in einem geeigneten Gas [8.60] (Bild 8.18b) erzeugen (Abschnitt 5.6.). Die Zeitauflösung erreicht mit der neuesten Technik den Bereich von Pikosekunden [8.59].

Untersuchung chemischer Laser: Bei exothermen chemischen Reaktionen tritt ein erheblicher Teil der Reaktionswärme als Anregungsenergie der Reaktionsprodukte auf, die anschließend durch Relaxationsprozesse in andere Energieformen übergeht. Bei vielen dieser Reaktionen besteht zwischen den Rotations-Schwingungs-Niveaus der Reaktionsprodukte Inversion, so daß die Anregungsenergie durch stimulierte Emission in kohärente Strahlung umgesetzt werden kann. Diese Tatsache wird zur Erzeugung von IR-Strahlung in chemischen Lasern ausgenützt [8.61].

Die Untersuchung des Emissionsverhaltens chemischer Laser erlaubt Rückschlüsse auf die ablaufenden chemischen Elementarprozesse. Man erhält so Angaben über die relaxierenden Stöße [8.62] und über summarische Geschwindigkeitskonstanten [8.63].

8.6. Literatur

8.1 Van de Hulst, H. C.: Light scattering by small particles. New York: McGraw Hill 1941.

8.2 Giese, R. H.; de Bary, E.; Bullrich, K.; Vinnemann, C. D.: Tabellen der Streufunktionen $i_1(\varphi)$, $i_2(\varphi)$ und des Streuquerschnitts $K(\varphi, m)$ homogener Kügelchen nach der Mieschen Theorie. Abhdlg. Dt. Akad. Wiss., Klasse Mathem., Phys. u. Techn., Bd. VI, Berlin 1961.

8.3 Gebhardt, J.; Bol, J.; Heinze, W.; Letschert, W.: Ein Teilchengrößenspektrometer für Aerosole unter Ausnutzung der Kleinwinkelstreuung der Teilchen in einem Laserstrahl. Staub 30 (1970) 238–245.

8.4 Bol, J.; Gebhardt, W.; Heinze, W.; Petersen, W.-D.; Wurzbacher, G.: Ein Streulicht-Teilchengrößenspektrometer für submikroskopische Aerosole hoher Konzentration. Staub 30 (1970) 475–479.

8.5 Blau Jr., H. H.; Cohen, M. L.; Lapson, L. B.; v. Thuma, P.; Ryan, R. T.; Watson, D.: A prototype cloud physics laser nephelometer. Appl. Opt. 9 (1970) 1798–1803.

8.6 Grarratt, C. C.: Light-scattering with laser sizes particulate matter. Opt. Spectra, Jan. 1973, 35.

8.7 Uthe, E. E.: Lidar observations of particulate distributions over extended areas. 4. Laser Radar Conf., Tucson, Ariz., 1972.

8.8 Borchardt, H.; Rössler, J.: Erfahrungen und Überlegungen mit LIDAR am Meterologischen Observatorium Aachen. Ber. d. D. Wetterdienst. 16 (1971) Nr. 125, S. 1–34.

8.9 Cook, C. S.; Bethke, G. W.; Conner, W. D.: Remote measurement of smoke plume transmittance using lidar. Appl. Opt. 11 (1972) 1742–1748.

8.10 Phelps, J. P.: Particle size determination using a laser light transmission technique. NTIS US-Dep. of Commerce AD 832–909, März 1968.

8.11 Schuster, B. G.; Knollenberg, R.: Detection and sizing of small particles in an open cavity gas laser. Appl. Opt. 11 (1972) 1515–1520.

8.12 Brewer, R. G.: Nonlinear spectroscopy. Science 178 (1972) 247–255.

8.13 Hinkley, E. D.: Tunable infrared lasers and their applications to air pollution measurements. J. Opto-Electron. 4 (1972) 69–86.

8.14 Patel, C. K. N.; Shaw, E. D.: Tunable stimulated Raman scattering from mobile carriers in semiconductors. Phys. Rev. B 3 (1971) 1279–1295.

8.15 Gerritsen, H. J.: Tuned laser spectroscopy of organic vapors. In „Physics of Quantum Electronics“, S. 581–590, hrsg. v. P. L. Kelley, B. Lax u. P. E. Tannenwald. New York: McGraw Hill 1966.

8.16 Hieftje, G. M.: Signal-to-noise enhancement through instrumental techniques. Analyt. Chem. 44 (1972) 69A–78A.

8.17 Hinkley, E. P.; Kelley, P. L.: Detection of air pollutants with tunable diode lasers. Science 171 (1971) 635–639.

8.18 Patel, C. K. N., Shaw, R. J., Kerl, R. J.: Tunable spin-flip laser and infrared spectroscopy. Phys. Rev. Letters 25 (1970) 8–11.

8.19 Kreuzer, L. B., Patel, C. K. N.: Nitric oxide air pollution detection by opto-acoustic spectroscopy. Science 173 (1971) 45–47.

8.20 Kildal, H., Byer, R. L.: Comparison of laser methods for the remote detection of atmospheric pollutants. Proc. IEEE 59 (1971) 1644–1663.

8.21 Hinkley, E. D.: Tunable IR lasers and their application to air pollution measurements. Opto-Electron. 4 (1972) 69–86.

8.22 Snowman, R. L., Gillmeister, R. J.: Infrared laser system for extended area monitoring of air pollution. AIAA Paper Nr. 71–1059, Proc. of the Joint Conf. on Sensing of Env. Poll., Palo Alto, Nov. 1971.

8.23 Barger, R. L., Hall, J. L.: Pressure shift and broadening of methane-line at 3.39 µm studied by laser saturated molecular absorption. Phys. Rev. Letters 22 (1969) 4–7.

8.24 Rabinovitz, P.; Keller, R.; LaTourette, J. T.: Lamb-dip spectroscopy applied to SF_6. Appl. Phys. Letters 14 (1969) 376–378.
Basov, N. G.; Kompanets, I. M.; Kompanets, O. N.; Letokhov, V. S.; Nikitin, V. V.: Narrow resonances in the saturation of absorption of SF_6 by CO_2-laser emission. J. Exp. Theoret. Phys. Letters 9 (1969) 345–347.
Goldberg, M. W.; Yusek, R.: High resolution inverted Lamb-dip spectroscopy on SF_6. Appl. Phys. Letters 17 (1970) 349.

8.25 Smith, P. W.; Hänsch, T. W.: Cross-relaxation effects in the saturation of the 6328-Å neon line. Phys. Rev. Letters 26 (1971) 740–743.

8.26 Hänsch, T. W.; Levenson, M. D.; Shawlow, A. L.: Complete hyperfine structure of a molecular iodine line. Phys. Rev. Letters 26 (1971) 946–949.

8.27 Hänsch, T. W.; Shahin, I. S.; Shawlow, A. L.: High-resolution saturation spectroscopy of the sodium D lines with a pulsed tunable dye laser. Phys. Rev. Letters 27 (1971) 707–710.

8.28 Fraser, L. M.; Winefordner, J. D.: Laser-excited atomic fluorescence flame spectroscopy as an analytical method. Analyt. Chem. 44 (1972) 1444–1451.

8.29 Bowman, M. R.; Gibson, A. J.; Sandford, M. C. W.: Atmospheric sodium measured by a tuned laser radar. Nature 21 (1969) 456–457.

8.30 Duguay, M. A.; Hansen, J. W.: Direct measurement of picosecond lifetimes. Opt. Commun. 1 (1969/70) 254–256.

8.31 Moore, C. B.; Wood, R. E.; Hu, B.; Yardley, J. T.: Vibrational energy transfer in CO_2-lasers. J. Chem. Phys. 46 (1967) 4222–4231.

8.32 Yardley, J. T.; Moore, C. B.: Vibrational energy transfer in methane. J. Chem. Phys. 49 (1968) 1111–1125.

8.33 Yardley, J. T.; Moore, C. B.: Intramolecular $V \rightarrow V$ energy transfer in carbon dioxide. J. Chem. Phys. 46 (1967) 4491–4495.

8.34 Heller, D. F.; Moore, C. B.: Relaxation of CO_2 by collisions with H_2O, D_2OH and HDO. J. Chem. Phys. 52 (1970) 1005–1006.

8.35 Brandmüller, J.; Moser, H.: Einführung in die Raman-Spektroskopie. Darmstadt: Steinkopff 1962.

8.36 Herzberg, G.: Molecular spectra and molecular structure. Bd. II. Infrared and Raman spectra. Princeton: D. van Nostrand 1964.

8.37 Schrötter, H. W.: Ramanspektroskopie mit Lasern. II. Teil: Nichtlineare Effekte. Naturwiss. 54 (1967) 607–612.

8.38 Barrett, J. J.: Laser-excited Raman scattering in ultra-small gas samples. Ann. Meeting of the Opt. Soc. Amer., Okt. 1966. J. Opt. Soc. Amer. 56 (1966) 1423.

8.39 Yanney, P. P.: Reduction of fluorescence background in Raman spectra by the pulsed Raman-technique. J. Opt. Soc. Amer. 62 (1972) 1297–1303.

8.40 Leite, R. C. C.; Porto, S. P. S.: Continuous photoelectric recording of the Raman effect in liquids excited by the HeNe-red-laser. J. Opt. Soc. Amer. 54 (1964) 981–983.

8.41 Brandmüller, J.: Ramanspektroskopie mit Lasern. I. Teil: Linearer Ramaneffekt. Naturwiss. 54 (1967) 293–297.

8.42 Hester, R. E.: Raman spectrometry. Analyt. Chem. 44 (1972) 490 R-497 R.

8.43 Hirschfeld, T.; Schildkraut, E. R.; Tannenbaum, H.; Tannenbaum, D.: Remote spectroscopic analysis of ppm-level air pollutants by Raman spectroscopy. Appl. Phys. Letters 22 (1973) 38–40.

8.44 Kobayashi, T. H.; Inaba, H.: Spectroscopic detection of SO_2 and CO_2 molecules in polluted atmosphere by laser Raman radar technique. Appl. Phys. Letters 17 (1970) 139–141.

8.45 Derr, V. E.; Little, C. G.: A comparison of remote sensing of the clear atmosphere by optical radio and acoustic radar techniques. Appl. Opt. 9 (1970) 1976–1992.

8.46 Chany, R. K.; Fouche, D. G.: Gains in detecting pollution. Laser-Focus, Dez. 1972, 43–45.

8.47 Moenke, H.; Moenke-Blankenburg: Einführung in die Laser-Mikrospektralanalyse. 2. Aufl. Leipzig: Akad. Verlagsges. Geest u. Portig 1968.

8.48 Schroth, H.: Quantitative Laser-Mikrospektralanalyse verschiedener Materialien im ungesteuerten und gütegesteuerten Laserbetrieb. Z. Anal. Chem. 261 (1972) 21–29.

8.49 Winters, H. F.; Kay, E.: Gas analysis in films by laser-induced flash evaporation followed by mass spectroscopy. J. Appl. Phys. 43 (1972) 789–793.

8.50 McGrue, C. H.: Isotopic analysis of rare gases with a laser microprobe. Science 157 (1967) 1555–1556.

8.51 Basov, N. G.; Markin, E. P.; Oraevskij, A. N.; Pankratov, A. V.; Skadkov, A. N.: Stimulation of chemical processes by infrared laser radiation. J. Exp. Theoret. Phys. Letters 14 (1971) 165–167.

8.52 Mayer, S. W.; Kwok, M. A.; Gross, R. W. F.; Spencer, D. J.: Isotope separation with the cw hydrogen fluoride laser. Appl. Phys. Letters 17 (1970) 516–519.

8.53 Moore, C. B.: Photochemistry and isotope separation in the ultraviolett: formaldehyde. Bull. Amer. Phys. Soc. 18 (1973) 11.

8.54 Ambartzumian, R. V.; Letokhov, V. S.: Selective two-step photoionization of atoms and photodissociation of molecules by laser radiation. Appl. Opt. 11 (1972) 354–358.

8.55 Verfahren und Vorrichtung zur Trennung von Isotopen. Offenlegungsschrift 2120401.

8.56 Ambartzumian, R. V.; Lethokov, V. S.; Makarov, G. N.; Puretskij, A. A.: Two-step photodissociation of ammonia-molecules excited by laser radiation. J. Exp. Theoret. Phys. Letters 15 (1972) 501–503.

8.57 Norrish, R. G. W.; Porter, G.: Chemical reactions produced by very high light intensities. Nature 164 (1949) 658.

8.58 Porter, G.; Topp, M. R.: Nanosecond flash photolysis. Proc. Roy. Soc. London A 135 (1970) 163–184.

8.59 Bush, G. E.; Jones, R. P.; Rentzepis, P. M.: Picosecond spectroscopy using a picosecond continuum. Chem. Phys. Letters 18 (1973) 178–185.

8.60 Novak, J. R.; Windsor, M. W.: Laser photolysis and spectroscopy: a new technique for the study of rapid reactions in the nanosecond time range. Proc. Roy. Soc. London A 308 (1968) 95–110.

8.61 Wiswall, C. E.; Ames, D. P.; Meme, T. J.: Chemical laser device bibliography. IEEE J. Quant. Electron. QE-9 (1973) 181–188.

8.62 Basov, N. G.; Igoshin, V. I.; Markin, Y. P.; Oraevskij, A. N.: The dynamics of chemical lasers. Kwantovaya elektronika 1971, Nr. 2, S. 3–24.

8.63 Kompa, K. L.; Wanner, J.: Study of some fluorine atom reactions using a chemical laser method. Chem. Phys. Letters 12 (1972) 560–563.

8.64 Ambartsumyan, R. V.; Letokhov, V. S.: Separation of nitrogen with a laser. J. Exp. Theoret. Phys. Letters 17 (1973) 63–65.

8.65 Shimoda, K.: Limits of sensitity of laser spectrometers. Appl. Phys. 1 (1973) 77–86.

8.66 Ahmed, S. A.: Molecular air pollution monitoring by dye laser measurement of differential absorption of atmospheric elastic backscatter. Appl. Opt. 12 (1973) 901–903.

8.67 Byer, R. L.; Garbuny, M.: Pollutant detection by absorption using Mie scattering and topographic targets as retroreflectors. Appl. Opt. 12 (1973) 1494 bis 1505.

8.68 Rothe, K. W.; Brinkmann, U.; Walther, H.: Application of tunable dye lasers to air pollution detection: Measurements of atmospheric NO_2 concentrations by differential absorption. Appl. Phys. 3 (1974) 115–119.

9. Laser in Medizin und Biologie, Laserstrahlenschutz

9.1. Überblick

Der Einsatz von Lasern in Medizin und Biologie steht noch am Anfang einer systematischen Entwicklung. Trotzdem zeichnet sich bereits ein außerordentlich breites Spektrum von Möglichkeiten ab, das die in den Abschnitten 3, 4, 7 und 8 beschriebenen Methoden umfaßt und in Zukunft in Diagnose, Therapie, Physiologie, Biochemie und Zellforschung zu methodischen Verbesserungen führen soll. Schon eine eingehende Behandlung der bisher erzielten Ergebnisse erfordert den Umfang eines eigenen Buches[1]. Deshalb ist hier die Beschränkung auf eine knappe Darstellung der Wechselwirkungen zwischen Laserlicht und biologischen Systemen, auf denen auch der Laserstrahlenschutz beruht, und eine Aufzählung der wichtigsten bisher erprobten Anwendungen notwendig.

Wegen der besonderen Gefahren, die selbst beim Umgang mit leistungsschwachen Lasern auftreten, kommt dem Laserstrahlenschutz für jeden Anwender besondere Bedeutung zu, so daß seine Grundzüge besprochen werden sollen. Die Einhaltung der Schutzvorschriften reduziert diese Gefahren so weit, daß sie nicht schwerer wiegen als z. B. die beim Umgang mit Elektrizität.

9.2. Wechselwirkung zwischen Laserlicht und biologischen Systemen

9.2.1. Allgemeines zur Wechselwirkung

Die Wechselwirkungen zwischen Laserlicht und biologischen Substanzen sind die gleichen wie die mit unbelebten Stoffen. Sie lassen sich einteilen in elastische bzw. inelastische Streuung, Absorption und nichtlineare Prozesse. Die Einzelheiten dieser Wechselwirkungen sind bisher noch wenig erforscht und stellen interessante Probleme für die Grundlagenforschung dar.

---

[1] Die umfassendste Darstellung der bis etwa 1968 erzielten Ergebnisse findet sich in [9.1].

Die verschiedenen Streuprozesse können zu analytischen und diagnostischen Verfahren dienen, die auf den in den Abschnitten 3, 4, 7 und 8 beschriebenen Methoden beruhen.

Die Absorption kann einerseits zu photochemischen Veränderungen führen und so z. B. Stoffwechselvorgänge beeinflussen, andererseits aber auch eine Aufheizung bewirken, die ähnlich wie bei der Materialbearbeitung zum Abtragen, Schneiden oder Denaturieren eingesetzt werden kann. Damit wird der Laser zum Werkzeug für Chirurgie, Zahnheilkunde, Ophthalmologie und Zellforschung.

9.2.2. Absorptionsprozesse

Die Absorption von Strahlung durch biologische Systeme kann zu Veränderungen führen, die entweder eine Schädigung oder eine erwünschte therapeutische Wirkung darstellen können. Wegen der hohen durch Fokussieren erreichbaren Leistungsdichten (Abschnitt 1.3.) sind solche Veränderungen nicht nur mit Hochleistungslasern erreichbar. Die Leistungs- bzw. Energiedichte, bei der eine mit einer festgelegten Methode erkennbare Veränderung auftritt, bezeichnet man als Schwellwert.

Im Hinblick auf den Laserstrahlenschutz sind die Veränderungen des Auges von besonderer Bedeutung. Vorwiegend an Kaninchen und Affen durchgeführte Versuche haben zahlreiche Ergebnisse gebracht, deren Übertragung auf das menschliche Auge zwar unsicher ist, aber den einzigen möglichen Weg zur Bestimmung von Grenzwerten bildet. Man definiert hier als Schwellwert eine mit den Mitteln der Ophthalmologie gerade noch sichtbare Koagulation.

Die brechenden Medien des Auges (Hornhaut, Linse und Glaskörper) sind für Wellenlängen zwischen 0,4 µm und 1,5 µm durchlässig. In diesem Bereich liegt auch die Absorption der Netzhaut (Retina) mit einem Maximum bei etwa 0,56 µm. Licht längerer und kürzerer Wellenlänge wird von den brechenden Medien, vorwiegend der Hornhaut (Cornea) absorbiert.

Die Abbildung durch die Linse bewirkt eine Fokussierung der durch die Regenbogenhaut (Iris) eintretenden Strahlung auf die Netzhaut, die auch aus diesem Grund der empfindlichste Teil des Auges ist. Schäden an ihrer Peripherie beeinträchtigen im allgemeinen das Sehvermögen nicht. Schäden im gelben Fleck (Fovea) verursachen erhebliche Sehstörungen durch die Beeinträchtigung oder den Ausfall der Fixierung. Schäden im Bereich des blinden Flecks infolge der Beschädigung oder Zerstörung des Sehnervs beeinträchtigen das Sehvermögen bis zu völliger Blindheit. Nur sehr schwache Schäden der Netzhaut heilen aus [9.2].

Der Mechanismus der Schädigung scheint im wesentlichen auf der mit der Absorption verbundenen Temperaturerhöhung zu beruhen, wobei die Schwelle bei einer Temperaturdifferenz von etwa 10 K liegt.

Schäden an der Hornhaut (Trübung durch Koagulation) heilen aus, so lange der Schwellwert um nicht mehr als den Faktor 3 überschritten wird. Durch Impulse mit Energien in der Größenordnung von 100 J wird das Auge völlig zerstört.

Die Haut, ein komplexes Gebilde aus verschiedenen Schichten, ist gegen Laserbestrahlung wesentlich unempfindlicher als das Auge. Eine exakte Beschreibung aller Reaktionen ist bisher nicht möglich, doch hat sich hier wie beim Auge ein thermisches Modell auf der Grundlage der Wasserabsorption gut bewährt. Dazu paßt auch die Abnahme der Eindringtiefe mit der Wellenlänge. Temperaturerhöhungen von 20 K bis 30 K, die mit etwa 1 W/cm² innerhalb von Sekunden erreichbar sind, sind als Grenzwert für eine Schädigung anzusehen. Hautschäden heilen im allgemeinen gut aus.

Für eine ausführliche Besprechung dieser Untersuchungen sei auf [5.3] verwiesen.

9.3. Anwendungen

Die bisher bekannten Versuche zur Anwendung von Lasern nützen in erster Linie die durch Fokussierung erzielbaren hohen Leistungsdichten aus.

Als Instrumente für die Chirurgie haben Laser in mehrfacher Hinsicht Bedeutung:

a) Die geringe Eindringtiefe (Abnahme der Leistung auf e^{-1} nach etwa 50 µm) der Strahlung des CO_2-Lasers ermöglicht sehr präzise, saubere Schnitte, bei denen zugleich durch Koagulation Blutgefäße mit weniger als 1 mm Durchmesser verschlossen werden. Damit bieten sich CO_2-Laser für Operationen an blutreichen Geweben (z.B. Leber, Niere, Lunge) an. Nachteilig ist bisher die umständliche Strahlführung über bewegliche Spiegelsysteme [9.3] und Reflexionen an Metalloberflächen (Klammern).

b) Das Licht des Nd-Lasers hat eine Eindringtiefe von etwa 1 mm, weshalb er sich zum Verschluß größerer Gefäße gut eignet. Schnitte lassen sich weniger gut durchführen als mit dem CO_2-Laser. Diesem gegenüber hat er den Vorteil, daß sein Licht durch spezielle Quarzfasern, an denen jedoch noch weitere Entwicklungsarbeit erforderlich ist, geleitet werden kann [9.4].

c) Rubinlaser eignen sich für die Dermatologie zur Entfernung von Hautmalen und gutartigen Tumoren.

d) Laser (Nd, CO_2, A^+) sind besonders geeignet für Mikrooperationen (Stimmbänder, Gehirn [9.5, 9.2]) und Operationen in Hohlräumen. Auch hier sind noch technische Entwicklungen notwendig.

Trotz der vielen schon vorliegenden Erfahrungen sind noch viele Fragen offen, vor allem ist über die toxischen Wirkungen noch nichts bekannt, die auftreten können, wenn große Teile von Geweben zerstört werden. Deshalb und wegen der noch verbesserungsbedürftigen Technik ist ein breiter klinischer Einsatz noch nicht möglich.

Einen festen Platz (zumindest in den USA, wo wenigstens 10000 Patienten behandelt wurden) haben Rubin- und Argonlaser in der Ophthalmologie zur Behandlung von Netzhautablösungen (Rubin oder Argon), Blutungen der Aderhaut (diabetische Retinopathie, Argonlaser) und Tumoren im Auge. Bisher wird auf rein empirischer Grundlage behandelt. Geeignete Geräte sind bereits im Handel [9.6, 9.7].

Im Bereich der Zahnmedizin laufen Versuche zur Kariesbehandlung, die aber noch nicht zu einer Therapie geführt haben [9.1].

Für Untersuchungen von Zellen haben sich Mikromethoden, ähnlich den in Abschnitt 8.4. beschriebenen, bewährt [9.1].

9.4. Laserstrahlenschutz

9.4.1. Primäre Gefahren

Die Notwendigkeit eines Laserstrahlenschutzes folgt unmittelbar aus den Anführungen in Abschnitt 9.2.2. Die Gefahrenquellen sollen noch etwas näher beschrieben werden.

Die größte Gefahr stellt das direkte[1] Licht dar, weil durch die Fokussierung mittels der Augenlinse eine sehr hohe Leistungsdichte auf der Netzhaut entstehen kann. Mit Hilfe von (1.20) bis (1.23) lassen sich die auftretenden Leistungsdichten leicht berechnen (im Dunkeln adaptierter Pupillendurchmesser 7 mm, Brennweite der Augenlinse 17 mm)[2]. Die Erfahrung zeigt allerdings, daß Unfälle durch den direkten Strahl selten sind, weil dessen Verlauf im allgemeinen bekannt ist. Wesentlich gefährlicher sind Reflexionen an spiegelnden Oberflächen (z.B. Flaschen, Linsen), diffuse Reflexion und nichtlineare Streuprozesse (z.B. Brillouin-Streuung), weil sie nicht ohne weiteres vorhersehbar sind. Bei der diffusen Reflexion des Laserlichtes wird dessen Kohärenz gestört, und auf der Netzhaut entsteht nun ein Bild der beleuchteten Fläche. Die Lei-

---

[1] Von Spiegeln abgelenktes Licht verhält sich ebenso wie das direkte Licht.

[2] Da das Auge kein beugungsbegrenztes Bild erzeugt, sind diese berechneten Werte allerdings zu hoch [9.1].

stungsdichte in diesem Bild ergibt sich aus den klassischen Abbildungsgesetzen, vorausgesetzt, daß die Streulichtverteilung, die meist nicht
genau dem Lambertschen Gesetz folgt, bekannt ist.

9.4.2. Schutz gegen die primären Gefahren

Für den Schutz vor den primären Gefahren sind in vielen Ländern Vorschriften in Vorbereitung[1], die z.Z. noch diskutiert werden. Die Diskussion betrifft dabei in erster Linie die Grenzwerte für die zulässige Leistungs- bzw. Energiedichte an der Hornhaut des Auges und auf der
Haut (Tabelle 9.1). Auch diese Diskussion zeigt, daß bisher keine zuverlässigen Daten bekannt sind. Wesentlicher Teil der Unfallverhütung
ist auch hier die Unterrichtung der Benutzer von Lasern über die
Gefahren und ihre Abwendung. Dabei ist allerdings die Bestimmung von
Bestrahlungsstärken, deren Berechnung nicht mit Sicherheit möglich
ist, schwierig[2].

Wo die in Tabelle 9.1 aufgeführten Werte nicht eingehalten werden
können, sind Schutzmaßnahmen notwendig, die auf drei Prinzipien beruhen:

a) Einschränkung des Bereiches, in dem Strahlung auftreten kann.
Sie geschieht durch geeignete Abschirmungen des direkten Strahles und
von möglichem Streulicht (u.U. sind auch die Fenster des Laborraums
abzudecken!).

b) Begrenzung des Personenkreises, der diesen Bereich betreten darf.
Bereiche, in denen gefährliche Strahlung auftreten kann, sind durch
Warnschilder (DIN 4819) zu kennzeichnen[3]. Warnlampen zeigen den
Laserbetrieb an. Wo diese Maßnahmen nicht möglich sind (Messungen
im Freien!), hat der Benutzer dafür zu sorgen, daß Personen nicht gefährdet werden.

c) Begrenzung der Strahlenbelastung des Auges und der Haut. Dem
Augenschutz dienen vollständig anliegende Laserschutzbrillen, deren
Eigenschaften in dem Entwurf DIN 58215 festgehalten sind (siehe auch
[9.9]). Trotzdem soll auch mit Schutzbrille nicht in den direkten Strahl
geblickt werden!

---

[1] In Deutschland gelten für die gewerbliche Wirtschaft seit 1. 4. 73 die „Unfallverhütungsvorschriften Laserstrahlen" der Berufsgenossenschaft für Feinmechanik
und Elektrotechnik. Ferner liegt der Entwurf für die „Bestimmungen für die elektrische Sicherheit an Lasergeräten und -anlagen" VDE 0836 vor.

[2] Bisher ist erst ein Meßgerät auf dem Markt, das die Messung von Bestrahlungsstärken und Energiedichten, wie sie an der Hornhaut auftreten, im Wellenlängenbereich von 0,4 μm bis 1,06 μm erlaubt [9.8]. Hersteller: United Detector Technology, Santa Monica, Calif., USA.

[3] Diese Bereiche heißen „Laserbereiche".

Tabelle 9.1. Maximale zulässige Leistungs- bzw. Energiedichte
von Laserstrahlung [9.10]

Art des Lasers	Bestrahlungszeit	Wellenlänge	
		0,2 μm bis 1,4 μm	10,6 μm
An der Hornhaut des Auges			
cw-Laser	0,15 s	$5 \cdot 10^{-6}$ W cm^{-2}	0,1 W cm^{-2}
Impulslaser	1 μs bis 0,15 s	$5 \cdot 10^{-7}$ J cm^{-2}	0,01 J cm^{-2}
Riesenimpulslaser	1 ns bis 1 μs	$5 \cdot 10^{-8}$ J cm^{-2}	–
An einem diffusen Streuer			
cw-Laser	0,15 s	2 W cm^{-2} bis 3 W cm^{-2}	keine
Impulslaser	1 μs bis 0,1 s	1 J cm^{-2}	Angaben
Riesenimpulslaser	1 ns bis 1 μs	0,1 J cm^{-2}	
Bei Bestrahlung der Haut			
cw-Laser	0,15 s	0,1 W cm^{-2}	0,1 W cm^{-2}
Impulslaser	1 μs bis 0,1 s	0,01 W cm^{-2}	0,01 W cm^{-2}
Riesenimpulslaser	1 ns bis 1 μs	keine Angaben	keine Angaben

Über diese Schutzmaßnahmen hinaus sind die Augen von Personen, die regelmäßig in Laserbereichen arbeiten, in jährlichem Abstand von einem Facharzt für Augenkrankheiten zu kontrollieren.

9.4.3. Schutz gegen sekundäre Gefahren

Bei der Verwendung von Lasern können auch Nebenwirkungen entstehen, wie die Zündung feuergefährlicher oder explosiver Stoffe, Erzeugung gesundheitsschädlicher Gase, Nebel oder Staub. Auch gegen diese sekundären Gefahren sind Maßnahmen zu treffen, wobei die zulässigen Konzentrationen durch andere Vorschriften geregelt sind.

9.4.4. Schlußbemerkung

Eine allgemein gültige Regelung, vergleichbar mit der Strahlenschutz- verordnung für den Umgang mit radioaktiven Stoffen, gibt es für Laser bisher nicht, doch setzt die Unfallverhütungsvorschrift einen allgemein gültigen Maßstab. Es sollte jedoch nicht übersehen werden, daß Laserlicht keine neue Energieform ist, die unvorhersehbare biologische Effekte hervorrufen kann, sondern nur Licht, das sich durch seine Kohärenz von dem inkohärenten Licht unterscheidet, dem der Mensch seit eh und je ausgesetzt ist.

9.5. Literatur

9.1 Wolbarsht, M. L. (Herausg.): Laser applications in medicine and biology. New York, London: Plenum Press 1971.

9.2 Hillenkamp, F.: Gordon-Reserach-Conference, Meriden, USA, 1972. Laser 5 (1973) Nr. 1, S. 34.

9.3 CO_2-Laser für die Chirurgie. Laser 1 (1969) Nr. 4, S. 58.

9.4 Nath, G.: Endlich das ideale Laser-Skalpell für die Medizin, aber auch zur Materialbearbeitung. Laser 4 (1972) Nr. 1, S. 49–50.

9.5 30 throat operations performed in Boston with a CO_2-laser. Laser Focus, Oktober 1972.

9.6 Laser in der Medizin. Laser 3 (1971) Nr. 3, S. 61.

9.7 Der OTI-Grünlicht-Laser-Photokoagulator. Laser 4 (1972) Nr. 1, S. 51.

9.8 Device warns of laser eye damage. Electronics 45 (1972) 11.

9.9 Renz, K.; Mahlein, H. F.: Laserleistung – Laserstrahlenschutz. Arbeitsmed. Sozialmed. Arbeitshyg. 6 (1971) 6–10.

9.10 Unfallverhütungsvorschriften Laserstrahlen VBG 93.

Sachverzeichnis